DEUTSCHE AKADEMIE DER WISSENSCHAFTEN ZU BERLIN

Veröffentlichungen des Instituts
für Geodynamik Jena

Reihe A: Wissenschaftliche Veröffentlichungen
Herausgegeben von Heinz Stiller
Heft 16

Analytische Seismometrie

Von

Wolfgang Ullmann

AKADEMIE-VERLAG · BERLIN
1971

Erschienen im Akademie-Verlag GmbH, 108 Berlin, Leipziger Straße 3—4

Lizenznummer: 202 · 100/635/71
Gesamtherstellung: VEB Druckerei „Thomas Müntzer", 582 Bad Langensalza
Bestellnummer: 2004/A/16, ES 18 E 2
EDV: 761 677 7
30,–
Printed in German Democratic Republic

Inhaltsverzeichnis

Seite

1. Einführung

Systematische Untersuchungen von Erdbeben sind auf objektive Informationen über die seismischen Verrückungen an der Erdoberfläche angewiesen, wozu geeignet konstruierte und installierte Apparaturen verhelfen. Seit mehr als 1800 Jahren wurden verschiedenartige seismische Instrumente verwendet, deren Funktion stets auf der Trägheit der Masse von Festkörpern oder Flüssigkeiten beruht. Jeder dieser Apparate ermöglicht nämlich in bestimmter Weise die Indikation, Messung oder graphische Darstellung von zugelassenen Verlagerungen einer singulären Masse oder separater Massen bezüglich eines starren Körpers, der die seismischen Verrückungen an der Beobachtungsstelle ausführt.

Der schon im Jahre 132 von dem Philosophen CHANG HÊNG erfundene Bebenanzeiger und alle späteren prinzipiell gleichartigen chinesischen „Erdbeben-Wetterhähne" dienten nur zur Bestimmung der Richtung von Epizentren relativ zur Beobachtungsstelle (NEEDHAM, 1959). Kompliziertere Seismoskope, die außerdem den Vergleich der Intensitäten von horizontal oder vertikal gerichteten Stößen des Bezugskörpers und gegebenenfalls dessen Neigungen infolge von Erdbeben zuließen sowie eine Zeitangabe solcher Ereignisse lieferten, sind seit Beginn des 18. Jahrhunderts in Europa konstruiert worden (BARATTA, 1895; EHLERT, 1898).

Die erste Veröffentlichung einer mathematisch fundierten Theorie eines seismischen Instruments datiert aus dem Jahre 1844. Darin wird die hypothetische seismische Verrückung an der Beobachtungsstelle durch eine sehr einfache stoßartige Störungsfunktion dargestellt (FORBES, 1844). Schon der von FILOMARINO am Ende des 18. Jahrhunderts erfundene Apparat brachte ebenso wie das Instrument von FORBES automatische Aufzeichnungen der seismischen Verrückungen zustande, die jedoch keine Diagramme der faktischen Störungsfunktionen waren. Diese und alle anderen mit einer derartigen Registriervorrichtung versehenen seismischen Apparate werden als Seismometer bezeichnet. Hierzu gehören insbesondere PALMIERIs „sismografo", der über die Eruptionen des Vesuvs prävenieren sollte und später auch in Japan verwendet wurde (EWING, 1883), und ZÖLLNERs „Horizontalpendel", das zunächst nur zur Messung von Richtungsänderungen des Schwerefeldvektors an der Beobachtungsstelle infolge der Gezeiten vorgesehen war (ZÖLLNER, 1869, 1872). Die ZÖLLNERsche Aufhängung der Drehmasse hat auf die Konstruktionen der sogenannten Horizontalseismographen maßgebend eingewirkt.

Ein Seismograph liefert automatisch ein Diagramm oder zugleich mehrere Diagramme von einer vektoriellen Zeitfunktion, die für die stetig veränderliche Lage eines Massenpunktes relativ zu einem starren Körper, dem sogenannten Gestell, während dessen seismischer Bewegung charakteristisch ist. Solche graphische Darstellungen werden Seismogramme genannt. Der Massenpunkt gehört einem Festkörper an, der als Gehänge bezeichnet wird (WIECHERT, 1903), weil er am Gestell beweglich hierzu aufgehängt ist. Gestell und Gehänge sind elementare Bestandteile jedes „mechanischen Empfängers" eines Seismographen (GASSMANN, 1951). Den ersten Seismographen scheint CECCHI im Jahre 1875 konstruiert zu haben (AGAMENNONE, 1906).

Daß Seismogramme für die Erdbebenforschung prinzipiell vorteilhafter als andere bisherige seismische Aufzeichnungen sind, erkannte vor allem MILNE (DAVISON, 1927). Ihm und den Seismologen EWING und GRAY gelang es in den achtziger Jahren des 19. Jahrhunderts, während ihres Aufenthalts in Japan leistungsfähigere Seismographen zu bauen. Erstmalig wurde ein Schütteltisch zur Justierung von Seismographen benutzt (EWING, 1883). Der erzielte Informationsgewinn für die Seismologie war beträchtlich. Zudem unterbreiteten PERRY und AYRTON im Jahre 1877 der Asiatic Society of Japan eine bedeutsame Theorie des mechanischen Empfängers eines Seismographen, dessen Gehänge unter der Annahme einer beliebigen periodischen Translation des Gestells in bezug hierauf gedämpfte Torsionsschwingungen ausführt (PERRY und AYRTON, 1879), die jedoch in Japan kaum berücksichtigt wurde. Den ersten mit einer Dämpfungsvorrichtung versehenen mechanischen Empfänger installierte der Geophysiker WIECHERT im Jahre 1898 in Göttingen (WIECHERT, 1899).

Auch die beachtenswerten theoretischen Untersuchungen von POINCARÉ und LIPPMANN über die Integration von Seismogrammen (FOUQUÉ, 1888; LIPPMANN, 1890) sind von den meisten Seismologen im 19. Jahrhundert ignoriert worden. Jede bisherige Seismographen-Theorie setzte translatorische Gestellbewegungen voraus. Dagegen gaben hervorragende Seismologen wie AGAMENNONE, CANCANI, EHLERT, MILNE und SCHLÜTER zu bedenken, daß Neigungen des Gestells, d.h. dessen Drehungen um eine Achse mit konstanter horizontaler Richtung, selbst bei Fernbeben seismologisch relevant sein können (AGAMENNONE, 1894; CANCANI, 1894; EHLERT, 1897; MILNE, 1893). Die Widerlegung dieser Vermutung gelang mittels theoretischer Betrachtungen (SCHMIDT, 1896), denen aber damals keine entscheidende Bedeutung zuerkannt wurde. Den spektakulöseren und überzeugenden Beitrag hierzu lieferte vielmehr der SCHLÜTERsche „Klinograph" (SCHLÜTER, 1903), dessen unzureichende Funktionstüchtigkeit erst etwa 30 Jahre später der Jenaer Physiker SCHMERWITZ nachwies (SCHMERWITZ, 1935).

Die Erfolge von EWING, GRAY und MILNE in Japan haben kurze Zeit darauf die Erdbebenforschung in Europa reaktiviert. Ein weiterer förderlicher Impuls ging von den Aufzeichnungen eines starken Fernbebens am 17. April 1889 durch zwei in Potsdam und Wilhelmshaven installierte gleichartige „Horizontalpendel" aus, womit VON REBEUR-PASCHWITZ astronomisch interessierende Messungen langsamer Änderungen des ebenen Apparatefundaments gegen die Horizontalebene bezweckte. Die Registrierungen erfolgten auf Photopapier, das den Mantel eines um seine Achse rotierenden kreisförmigen Zylinders bildete (VON REBEUR-PASCHWITZ, 1894). Diese Instrumente sind in die Historie der Seismometrie als die ersten photographisch registrierenden Seismographen eingegangen und von EHLERT modifiziert worden (EHLERT, 1898). Seitdem konzentriert sich die apparative Entwicklung in der Seismologie auf die Konstruktion von Seismographen.

Die Verwendung eines Lichtzeigers zur Erzeugung von Seismogrammen ist insofern vorteilhaft, als dadurch keine Reibung auf dem Registrierpapier zustande kommt, die ein mechanischer Indikator verursacht. Infolge dieser Reibung kann die notwendige Vergrößerung der Aufzeichnung einer bestimmten Komponente der Verlagerung des Gehängeschwerpunktes relativ zum Gestell nur dann erreicht werden, wenn die Gehängemasse genügend groß ist. Die Seismographen, bei denen mechanische Indikatoren verwendet und starke derartige Vergrößerungen erzielt werden, waren also dementsprechend voluminös, wie z.B. der sogenannte 21-Tonnen-Universalseismograph der Züricher Erdbebenwarte (DE QUERVAIN und PICCARD, 1924) und der in der Jenaer seismologischen Station seit 1926 funktionierende und erst im Jahre 1964 demontierte WIECHERTsche 15-Tonnen-Horizontalseismograph (WIECHERT, 1906; KRUMBACH, 1928; GERECKE, 1970).

Die Vorzüge der „mechanisch registrierenden" Seismographen sind anfangs auch mit der trügerischen Annahme begründet worden, daß sich das massive Gehänge eines solchen Instruments wegen seiner großen Trägheit entgegen den viel leichteren Drehmassen der „Horizontalpendel" bei kurzperiodischen Boden- bzw. Gestellverrückungen nahezu stationär verhält (AGAMENNONE, 1894). Der tatsächliche Vorteil der mechanischen gegenüber der photographischen Registrierung bestand jedoch darin, daß im ersteren Fall die Seismogramme durch scharfe Indikatorspitzen auf berußtem Papier sehr dünn gezeichnet wurden, während die damaligen Photogramme unerwünscht breite Linien lieferten, wobei weite Amplituden oft unsichtbar blieben, und der aus finanziellen Gründen langsame Transport der Registrierpapiere die Analyse der Seismogramme zusätzlich erschwerte. Inzwischen sind aber diese Mängel behoben worden. Hierzu hat die Theorie der photographischen Registrierung von KAISER wesentlich beigetragen (KAISER, 1935), die KRUMBACH für die Konstruktion seines Horizontalseismographen nutzte (KRUMBACH, 1939). Im letzten Jahrzehnt haben die seismometrischen Registrierverfahren ein hohes technisches Niveau erreicht (BORISEVIČ, 1963, 1965, 1967).

Jeder bisher erwähnte Seismograph zeichnet bestimmte Komponenten der Gehängebewegungen direkt auf, nämlich entweder mittels eines Hebelmechanismus, der mit dem Gehänge mechanisch gekoppelt ist, oder unter Verwendung eines am Gestell und am Gehänge angebrachten Spiegelsystems, in dem ein Lichtstrahlenbündel möglicherweise mehrfach reflektiert wird, um schließlich als optischer Zeiger zu fungieren. Solche seismische Apparate werden direkt registrierende Seismographen genannt. Sie sind auch noch in modernen seismologischen Observatorien anzutreffen, besonders wenn sich diese in seismisch aktiven Gebieten befinden. Ein „indirekt registrierender Seismograph" wird dadurch charakterisiert, daß sein mechanischer Empfänger mit einem elektromechanischen Wandler versehen ist, der die Verlagerungen eines Massenpunktes des Gehänges relativ zum Gestell auf ein elektrisches Netzwerk, dem er als Schaltelement angehört, einwirken läßt, das ein „Output-Element" zur Übermittlung der vom mechanischen Empfänger aufgenommenen seismischen Information enthält. Die älteste und einfachste derartige „Output-Equipment" ist das Galvanometer, das zwar im 19. Jahrhundert vielfach genutzt, dessen Brauchbarkeit für die Seismometrie damals aber nicht erkannt wurde, wenn man von MILNEs Versuch im Jahre 1879 absieht, ein Seismoskop mit einem Galvanometer auszurüsten (MILNE, 1882). Diese Verkennung einer sehr zweckmäßigen apparativen Methode mutet insofern kurios an, als bereits der Seismologe GRAY gleichzeitig Untersuchungen über Seismographen und Galvanometer durchführte (GRAY, 1887).

Den ersten Seismographen, dessen mechanischer Empfänger mit einem

Galvanometer elektrodynamisch gekoppelt ist, konstruierte GOLICYN im Jahre 1903 (GOLICYN, 1907). Übrigens beurteilte auch er die SCHLÜTERschen Neigungs-Experimente skeptisch und modifizierte sie (GOLICYN, 1902, 1905). GOLICYN und WIECHERT, der, wie schon bemerkt wurde, erstmalig einen mechanischen Empfänger mit einer geeigneten Dämpfungsvorrichtung versah, fundierten die instrumentelle Entwicklung durch exakte, mathematisch-physikalische Theorien. In ihren seismometrischen Arbeiten kann man den Abschluß der Pionierzeit der Seismometrie und den Beginn des wissenschaftlichen Gerätebaus in der Seismologie erkennen. GOLICYN hat in seinen Vorlesungen über Seismometrie für Betreuer der russischen seismologischen Stationen und wissenschaftliche Mitarbeiter des Zentralbüros der Seismologischen Kommission in Petersburg auch die wichtigsten Aspekte der Elastizitätstheorie dargelegt, „ohne deren Kenntnis es sehr schwerfallen würde, die Theorie der Fortpflanzungsgesetze der verschiedenen Arten von seismischen Wellen zu verstehen" (GOLICYN). Diese im Jahre 1911 gehaltenen Vorlesungen ergaben das erste wissenschaftliche Lehrbuch der Erdbebenforschung, worin jedoch die Seismometrie dominiert (GOLICYN, 1914).

Ein Seismogramm ist das Diagramm einer stetigen Output-Funktion der Zeit, die generell nicht durch einen geschlossenen mathematischen Ausdruck vollständig beschrieben werden kann. Der Analyse eines Seismogramms liegt immer ein bestimmtes Programm zugrunde, das aus der seismologischen Aufgabe resultiert, die dem Seismographen gestellt ist. Dabei wird das Seismogramm in vorgeschriebener Weise digitalisiert, d.h. durch eine tabellarische Darstellung der betreffenden Output-Funktion ersetzt, was auch mittels eines Analog-Computers erfolgen kann (KOLESNIKOV, PEVZNER und SOLOV'EV, 1963). Mitunter verzichtet man auf Seismogramme und verwendet einen sogenannten Digitalseismographen, der automatisch eine programmgesteuerte äquidistante Folge von Werten der Output-Funktion liefert (DE BREMAECKER, DONOHO und MICHEL, 1962; MILLER, 1963). Theorien und Anwendungen von elektronischen Systemen in der Seismometrie haben zu sehr leistungsfähigen Seismographen verholfen, und diese Entwicklung ist noch nicht abgeschlossen.

Das dem Seismographen aufgetragene seismologische Problem ergibt sich aus einem physikalischen Modell von der totalen oder partiellen Erde. Die Lösung des Problems soll zur Bestätigung, Korrektion oder Modifikation des vorgegebenen Modells beitragen, das der Kontinuumsmechanik entstammt. Die Interpretation einer Output-Funktion basiert auf den Kenntnissen von dem betreffenden globalen oder regionalen Modell und notabene der physikalischen Struktur des verwendeten Seismographen. Wie in allen messenden Naturwissenschaften sind offensichtlich auch in der Seismologie im wesentlichen Inversionsprobleme zu lösen, was nur im Sinne des Verfahrens der sukzessiven Approximation an ein geophysikalisch akzeptables Modell versucht werden kann, wobei die Anfangswerte der geophysikalischen Parameter des Ausgangsmodells möglichst komplexe, vor allem aber durch die Berücksichtigung von festkörperphysikalischen Resultaten begründet sein sollten (STILLER, ULLMANN und WAGNER, 1969), um damit zugleich die eventuelle Mannigfaltigkeit der theoretisch gleichberechtigten Lösungen einzuschränken. Diese Inversionsprobleme können so kompliziert sein, daß sie die Verwendung sogenannter „Geophysical orientated High Speed Computers" erfordern. Jedenfalls ist die Erforschung der problemgemäßen physikalischen Struktur eines Seismographen die fundamentale Aufgabe der analytischen Seismometrie.

Welche Informationen einem Seismogramm zu Anfang der achtziger Jahre des 19. Jahrhunderts entnommen und als aufschlußreich erachtet wurden, da sie eine gewisse Klassifikation der Erdbeben ermöglichten und bisherige simplifizierende Vorstellungen entkräfteten, geht aus einem Bericht von EWING hervor. Er weist auf das sehr graduelle Zu- und Abnehmen der seismischen Verrückungen hin, wobei die maximale Elongation des Gestells erst nach mehreren Schwingungen zustande kommt, und darauf, daß eine Gestellbewegung unregelmäßig verläuft; denn die aufeinanderfolgenden Schwingungen unterscheiden sich deutlich in ihren Amplituden und Perioden. Zudem hebt der Bericht die große Anzahl von Schwingungen infolge eines Bebens und den stetigen Verlauf einer seismischen Erschütterung sowie die außerordentliche Kleinheit der Bodenverrückungen hervor (EWING, 1883). Von MILNE und seinen Mitarbeitern seismographisch registrierte Sprengungen haben einfache Modelle für die Ausbreitung elastischer Wellen ergeben und damit zur Verbesserung der Interpretation von Seismogrammen beigetragen (MILNE und GRAY, 1883). Die vertikalen Bodenverrückungen deutete MILNE als Auswirkung „freier Oberflächenwellen", wie sie schon MALLET prognostiziert hatte (MILNE, 1885; MALLET, 1862). Aber erst RAYLEIGH gelang es, die wellenförmige Fortpflanzung von Scherungen und Volumenänderungen in einem homogenen isotropen elastischen festen Halbraum längs dessen spannungsfreier Berandung exakt nachzuweisen (RAYLEIGH, 1885). Daß sich auch Scherungen ohne Volumenänderungen als Oberflächenwellen ausbreiten können, wenn der Halbraum mit einer planparallelen homogenen Grenzschicht versehen ist, deren Elastizität durch andere LAMÉsche Konstanten charakterisiert wird, hat etwa ein Vierteljahrhundert später LOVE mathematisch demonstriert (LOVE, 1911).

Die naheliegende Annahme einer konzentrisch geschichteten Kugel als Erdmodell aktivierte ein auf dem FERMATschen Prinzip der geometrischen Optik beruhendes intensives Studium der „Erdbebenstrahlen", d.h. der orthogonalen Trajektorien benachbarter Phasenflächen von seismischen Raumwellen. Damit mußten zugleich in der Seismometrie höhere Anforderungen befriedigt werden, und die der Problematik sukzessive besser angepaßten Seismographen lieferten viele neue Informationen über die mögliche physikalische Grobstruktur der Erde. Die zahlreichen diesbezüglichen fundamentalen Untersuchungen, wovon mehrere auch eine praktikable Methode zur Bestimmung der Tiefe des punktförmigen Hypozentrums eines Nah- oder Fernbebens anstrebten, sind schon im ersten Drittel des 20. Jahrhunderts durchgeführt worden (WIECHERT und ZOEPPRITZ, 1907; HERGLOTZ, 1907; WIECHERT und GEIGER, 1910; A. MOHOROVIČIĆ, 1910; GEIGER und GUTENBERG, 1912; SCHMIDT, 1913; ROSENTHAL, 1914; S. MOHOROVIČIĆ, 1914; ZOEPPRITZ, 1919; GUTENBERG, 1926; S. MOHOROVIČIĆ, 1927; INGLADA, 1928). In den sich anschließenden 10 Jahren verhalf die Seismometrie zu einem verfeinerten Erdmodell (BULLEN, 1940, 1942), das auch gegenwärtig von den meisten Seismologen als eine gute Approximation bewertet wird.

Die moderne instrumentelle Seismologie trägt mittels einer Kombination von Verfahren aus der linearen Kontinuumsmechanik zum optimalen Schichtenmodell der Erde bei. Diese Verfahren betreffen die Laufzeiten und Amplituden von Raumwellen (JEFFREYS, 1962), die Dispersion der Oberflächenwellen (OLIVER, 1962) und die Perioden der Eigenschwingungen der Erde (BOLT, 1964). Die JEFFREYSschen Laufzeitkurven konnten anhand der Seismogramme von Kernexplosionen wesentlich korrigiert werden (HERRIN, 1968). Die Oberflächenwellen gehen mit zunehmender Periode stetig in die Eigenschwingungen der Erde über, wobei den RAYLEIGH-Wellen die sphäroidalen und den LOVE-Wellen die kompressionsfreien toroidalen Eigenschwingungen entsprechen (PRESS, 1965). Geringe Differenzen zwischen gemessenen und theoretisch vorgegebenen Periodenwerten von Eigenschwingungen der Erde infolge der Chile- und Alaska-Beben in den Jahren 1960 und 1964 (SMITH,

1967) haben weitere Modellverbesserungen besonders bezüglich der Dichteverteilung ermöglicht.

Mit Hilfe der präzisierten Laufzeitkurven versuchen die Seismologen, die Feinstruktur der einzelnen Schichten des BULLENschen Erdmodells, d.h. der Kruste (0 km - 33 km), des oberen Erdmantels (33 km - 410 km), der Übergangsschicht im Mantel (410 km - 1000 km), des unteren Erdmantels (1000 km - 2900 km), des äußeren Erdkerns (2900 km - 4980 km), der Übergangsschicht im Kern (4980 km - 5120 km) und des inneren Erdkerns (5120 km - 6370 km), instrumentell zu erforschen. Zu diesen regional begrenzten kontinuumsmechanischen Modellen können aber nur solche seismischen Apparaturen verhelfen, deren physikalische Funktion aufs genaueste bekannt ist. Einige Teilbereiche der Kruste, des oberen Mantels und der Übergangsschicht im Erdmantel sind schon eingehender untersucht worden (LANDISMAN, MÜLLER und FUCHS, 1967; JULIAN und ANDERSON, 1968; MAYER-ROSA, 1969; THOMAS, 1969), und es werden nun auch begrenzte elastische Kontinua mit lateralen Homogenitätssprungflächen theoretisch behandelt (MAL und KNOPOFF, 1965; ALSOP, 1966; McGARR und ALSOP, 1967). Die Inhomogenität eines elastischen Kontinuums wird durch den zugehörigen Elastizitätstensor als Ortsfunktion beschrieben, so daß die elastokinetischen Differentialgleichungen für den Vektor des Verrückungsfeldes an jedem Ort nichtlineare Schwingungen ergeben (TEODORESCU, 1966). Bisher ist es jedoch in der theoretischen Seismologie üblich, alle Inhomogenitätsprobleme zu linearisieren, wenn man von vereinzelten Untersuchungen absieht (DUTTA, 1968).

Da eine an der Erdoberfläche oder untertage installierte seismische Station nur lokale Informationen über das seismische Verrükkungsfeld liefern kann, die zur Bestätigung, Korrektion oder Modifikation eines kontinuumsmechanischen Modells verwendet werden, bedeutet die Existenz von mehreren seismischen Stationen eine notwendige Bedingung für die Lösung des behandelten Inversionsproblems. Um die seismischen Daten verschiedener Stationen, die an einem vorgegebenen seismologischen Forschungsprojekt beteiligt sind, korrelieren zu können, müssen die betreffenden Seismographen standardisiert sein. Aber noch immer ist das globale Stations-„Netz" unvollständig und die instrumentelle Ausrüstung vieler seismischer Stationen inadäquat (BÅTH, 1964). Man verfügt jedoch über mehrere regional konzentrierte „homogene" Stationsanlagen, wobei die einzelnen Stationen stets einem bestimmten geometrischen Anordnungsprinzip genügen. Diese sogenannten

Seismic Arrays werden für Nahfeld-Untersuchungen oder aber zur Lokalisation von Hypozentren und Kernexplosionsherden benutzt (TRUSCOTT, 1964; BELLER, 1965; MANCHEE und SOMERS, 1966; SKOKO und SATÔ, 1966; BÅTH, 1967). Die den Seismologen gestellte aktuelle, sehr anspruchsvolle Aufgabe, Erdbeben vorherzusagen, wird mit dem von der Öffentlichkeit erhofften Erfolg ohne derartige Arrays keinesfalls lösbar sein.

Wenn ein Seismograph nicht in einem Epizentralgebiet stationiert ist, darf im allgemeinen angenommen werden, daß sich das Gestell des mechanischen Empfängers infolge eines Bebens nur translatorisch bewegt. Dann gehört der Seismograph einer kompletten Stationsapparatur an, falls diese über alle interessierenden Eigenschaften von solchen einfachen Bewegungsvorgängen informiert. Da sich eine beliebige Translation eines starren Körpers, also insbesondere des Sockels der Apparatur, in drei nicht komplanare Komponenten zerlegen läßt, deren Richtungen vorgegeben sind, gehören zu einer modernen seismischen Apparatur drei separate mechanische Empfänger, wovon jedem die Aufgabe gestellt ist, die problemgemäßen Eigenschaften von genau einer Translationskomponente zu registrieren. Die älteren Seismographen, deren Empfänger absichtlich so konstruiert wurden, daß sie ebene oder räumliche translatorische Bewegungen des Gehänges relativ zum Gestell ermöglichen (BERLAGE, 1932), sind zwar in manchen seismologischen Observatorien noch im Gebrauch. Man hat diese „Zwei-" und „Drei-Komponenten-Seismographen" sowie die später vorübergehend verwendeten „Vektorseismographen" aber nicht weiterentwickelt, um zwischen den mechanischen Indikatoren auftretende unerwünschte Kopplungseffekte zu vermeiden und den Schwierigkeiten, die eine einwandfreie Aufhängung bei derartigen Empfängern bereitet, auszuweichen.

Der bevorzugte „Ein-Komponenten-Seismograph" ist ein Vertikal- oder ein Horizontalseismograph; denn sein mechanischer Empfänger nimmt wenigstens in erster Näherung entweder nur die Vertikalkomponente oder lediglich eine bestimmte Horizontalkomponente der Gestelltranslation auf. Demnach besteht eine komplette seismische Stationsapparatur gemäß ihrer Definition aus einem Vertikal- und zwei Horizontalseismographen, deren Empfänger immer so angeordnet werden, daß sie zueinander orthogonale Komponenten der Translationen des gemeinsamen Sockels aufnehmen, die üblicherweise nordsüdlich und westöstlich gerichtet sind. Die geforderte „Homogenität" einer solchen Apparatur ist schon deswegen ein seismometrisches Problem, weil das Gravitationsfeld auf die dynamische Struktur des Vertikalseismographen anders einwirkt als auf die der beiden theoretisch identischen Horizontalseismographen. Daher unterscheiden sich die Konstruktionen der mechanischen Empfänger des Vertikal- und eines Horizontalseismographen derselben Apparatur wesentlich voneinander, falls die Gehänge nicht relativ zum Gestell linear-translatorisch bewegliche starre Körper wie bei einigen gebräuchlichen kurzperiodischen Seismographen-Typen sind. Derartige Seismographen haben sich in der für das „Upper Mantle Project" der Internationalen Union für Geodäsie und Geophysik zweckdienlichen Tiefenseismik bewährt, deren seismologische Aufgabe darin besteht, die mechanische Feinstruktur von etwa bis zu 70 km tiefen Regionen zu untersuchen (REINHARD, 1954). Einem Vorschlag von GAMBURCEV und GAL'PERIN entsprechend wurden drei identische Empfänger einer solchen Apparatur so angeordnet, daß die paarweise orthogonalen Bewegungsrichtungen der Gehänge diejenigen von drei Kanten eines Würfels mit gemeinsamem Eckpunkt anzeigen, wobei die durch diesen Punkt verlaufende Raumdiagonale des Würfels vertikal gerichtet ist (GAMBURCEV und GAL'PERIN, 1954; GAL'PERIN, 1955; KNOTHE, 1963). Neuerdings wird eine ähnliche Empfänger-Konstellation auch als langperiodische seismische Apparatur erprobt, die sich in einem Bohrloch untertage stationieren läßt (MELTON und KIRKPATRICK, 1970).

Die Unterscheidung zwischen lang- und kurzperiodischen Seismographen erfolgt hier im Hinblick auf die Schwingungsdauer der autonomen Gehängebewegung bei ruhendem Gestell eines mechanischen Empfängers, wozu die Voraussetzung erfüllt sein muß, daß das Gehänge bezüglich des Gestells genau einen Freiheitsgrad hat. Ist diese Schwingungsdauer größer bzw. kleiner als 10 s, dann nennt man den betreffenden Seismographen üblicherweise lang- bzw. kurzperiodisch. Das abgrenzende Zeitmaß kann selbstverständlich nicht exakt definiert werden. Die Konstruktion des Empfängers eines langperiodischen Seismographen muß sich durch eine sehr hohe Präzision auszeichnen. Die Bindungen des Gehänges an das Gestell sollen optimal bewirken, daß sich das gesamte Gehänge oder sein starrer Bestandteil relativ zum Gestell kinematisch wie eine Drehmasse (KLOTTER, 1960) verhält, was die mitunter noch anzutreffende historische Bezeichnung „Pendel-Seismograph" ausdrücken will. Langperiodische Seismographen sind wegen ihrer starken Sensitivität sehr störanfällig (BUIST, 1962).

Zusätzliche mechanische Probleme ergeben sich bei der Konstruktion des Empfängers eines langperiodischen Vertikalseismographen. Eine diesbezügliche fundamentale Untersuchung hat LACOSTE angestellt, indem er für den elastischen Bestandteil des Gehänges eine geeignet angeordnete, vorgespannte Schraubenfeder verwendet (LACOSTE, 1934). Als besonders günstig erweist sich die Vorspannlänge Null (PRESS, EWING und LEHNER, 1958). Von WALZER wurde gezeigt, wie die von der Schraubenfeder auf den starren Körper des Gehänges einwirkende Rückstellkraft teilweise durch ein Magnetfeld erzeugt und damit eine Entlastung der Feder erreicht werden kann (WALZER, 1970). Das Verhalten der mechanischen Empfänger langperiodischer „Pendel-Seismographen" gegenüber allgemeinen Gestellbewegungen, speziell bei RAYLEIGH- und LOVE-Wellen sowie Neigungen und freien Schwingungen der Erde, ist unter der Voraussetzung eingehend diskutiert worden, daß eine linearisierte Bewegungsgleichung für die Darstellung der betrachteten Vorgänge hinreicht (MATUZAWA, SATÔ und HUKUNAGA, 1938; BYERLY, 1952; RODGERS, 1968). KANAI und SEZAWA haben in ihrer mathematischen Theorie zur Begründung der experimentellen Stabilitätsuntersuchungen solcher Empfänger immerhin eine Differentialgleichung vom MATHIEUschen Typ als Bewegungsgleichung berücksichtigt (KANAI und SEZAWA, 1940).

Sieht man von wenigen Ausnahmen ab, wo der Charakter der Kennlinie (KAUDERER, 1958) des den mechanischen Empfänger bei ruhendem Gestell repräsentierenden nichtlinearen elastischen Schwingers mit einem Freiheitsgrad interessiert, so ist festzustellen, daß in der Seismometrie letztlich stets Systeme von linearen Differentialgleichungen behandelt werden, deren konstante Koeffizienten physikalisch interpretierbar und nur experimentell zu bestimmen sind. In fast allen Fällen ergeben sich die Bewegungsgleichungen des betrachteten Seismographen als gewöhnliche Differentialgleichungen, und die Anwendung der LAPLACE-Transformation auf solche Differentialgleichungen zur Lösung von Anfangswertproblemen wird in sehr vielen theoretischen seismometrischen Untersuchungen bevorzugt. Stellvertretend für die zahlreichen derartigen Publikationen soll hier wenigstens eine im Jahre 1965 veröffentlichte Abhandlung von TEUPSER über die „Verallgemeinerung der Theorie elektrodynamischer Seismographen durch frequenzabhängige Koppelung" zitiert werden. Bemerkenswerte unkonventionelle Ideen in der Seismometrie stammen beispielsweise von WEBER, dessen „Theorie der Kombinationsseismographen" eine partielle Differentialgleichung zugrunde liegt und der den zeitlich variablen Drehwinkel des Galvanometerspiegels als iterative Lösung einer VOLTERRAschen Integralgleichung zweiter Art erhält, sowie von INGRAM, der die integrale Lösung für diesen Winkel mit Hilfe einer GREENschen Funktion angibt (WEBER, 1953, 1961; INGRAM, 1960). Auch die von HERVÁS BURGOS vorgenommene Anwendung der APPELLschen Bewegungsgleichungen (NAAS und SCHMID, 1961) auf elektromechanische Systeme ist ein interessanter Beitrag zur modernen Seismometrie, zumal die Bewegungsgleichungen nichtlinear sein dürfen und sogar anholonome Bedingungen ohne weiteres berücksichtigt werden können (HERVÁS BURGOS, 1966). Eine programmatische Darstellung von nichtlinearen Problemen in der Seismometrie wurde im Jahre 1966 veröffentlicht (ULLMANN, 1966).

Die Frühgeschichte der Seismometrie bis zum Beginn des 20. Jahrhunderts haben DEWEY und BYERLY beschrieben (DEWEY und BYERLY, 1969). Nach dem GOLICYNschen Lehrbuch sind mehrere Monographien und Entwicklungsberichte erschienen, um die thematischen und methodischen Aspekte der Seismometrie in einer geschlossenen Form darzulegen sowie die vielen nationalen und zudem weit verstreuten internationalen seismometrischen Publikationen zu koordinieren. Die erste umfang- und inhaltsreiche diesbezügliche Monographie verfaßte BERLAGE. Sie wurde ebenso wie das Lehrbuch „Introduction to Theoretical Seismology" von MACELWANE und SOHON, dessen zweiter Teil ausschließlich die Seismometrie behandelt und sich übrigens schon auf BERLAGEs Ausführungen bezieht, im Jahre 1932 veröffentlicht. Die ins Deutsche übersetzte Auflage des sowjetischen Standardwerkes „Elemente der Seismologie und Seismometrie" von SAVARENSKIJ und KIRNOS erschien im Jahre 1960. Dieses Lehrbuch entstand aus Vorlesungen der Autoren über Seismologie und Seismometrie an der LOMONOSSOV-Universität. Daß darin die Seismometrie etwa ein Drittel zum gesamten Lehrstoff beiträgt, darf als Hinweis auf eine gründliche Ausbildung der sowjetischen Seismologen in dieser Wissenschaft entsprechend den Ansichten von GOLICYN gelten. In den Jahren 1961 und 1963 wurden zwei Sammelbände von seismometrischen Untersuchungen in der Sowjetunion publiziert. Der wissenschaftliche Gerätebau in der Seismologie wird aber auch in einigen anderen Staaten, beispielsweise in Großbritannien, Frankreich und den USA, intensiv betrieben (BENNETT, PARKS und WILLMORE, 1966; DUCLAUX, 1960; PRESS, 1960). Das weltweite Interesse an der seismometrischen Forschung hat erneut das Symposium über seismische Instrumentation und Datenverarbeitung während der wissenschaftlichen Tagung der Europäischen Seismologischen Kommission im September 1970 in Luxembourg zu erkennen gegeben, wobei aktuelle Probleme bezüglich der Stationsseismographen und transportablen seismischen Apparaturen, speziell der Digitalisierung von Output-Funktionen, sowie der internationalen Datensammlung und -verarbeitung behandelt wurden.

Als im Jahre 1923 für die Seismologie ein neues Institutsgebäude in Jena errichtet war, konnte eine in der hiesigen Universitätssternwarte untergebrachte seismische Station mit dem von STRAUBEL und EPPENSTEIN konstruierten photographisch registrierenden Vertikalseismographen übernommen werden (STRAUBEL und EPPENSTEIN, 1908; HECKER, 1924). An der in Jena bis zur Gegenwart kontinuierlich betriebenen seismometrischen Forschung haben sich die meisten ehemaligen Mitarbeiter des Instituts beteiligt, davon besonders eingehend die Physiker und Seismologen HECKER, HERRMANN, KRUMBACH (ein Schüler WIECHERTs), MARTIN, MEISSER und SCHMERWITZ. Mancher ihrer zahlreichen Beiträge ist für spätere am Jenaer Institut und auch an der Bergakademie Freiberg durchgeführte seismometrische Untersuchungen richtungweisend gewesen.

Mit der vorliegenden Abhandlung wird ein neuer Beitrag zur Seismometrie veröffentlicht. Der Titel „Analytische Seismometrie" betont die mathematische Form der physikalischen Theorie. Er ist thematisch jedoch einerseits zu umfassend, da im folgenden nur ein Teilbereich der Seismometrie interessiert, also etwa moderne Seismoskope und sogenannte Strain-Seismographen unberücksichtigt bleiben, und andererseits unvollkommen, weil sich die Methodik nicht auf seismische Apparaturen beschränkt, sondern auch andere elektromechanische und darüber hinaus solche naturwissenschaftliche, beispielsweise mikrobiophysikalische Systeme betrifft, die sich durch ein gleichartiges mechanisches Modell vorteilhaft beschreiben lassen. Wesentliche Bestandteile des Modells sind die Menge der dazu verwendeten Größen, die vorgegebenen Relationen zwischen einigen von ihnen, woraus alle übrigen Beziehungen mathematisch deduziert werden, und die beanspruchte Genauigkeit der Interpretation der im Modell auftretenden Größen und Relationen. Die theoretischen Untersuchungen in der Seismometrie haben sich mit der Zeit in zunehmendem Maße der Mathematik bedient, und es zeigt sich, daß der mathematische Charakter einer Theorie um so stärker ist, je leistungsfähiger das betreffende Modell sein soll.

Im nächsten Kapitel wird das den folgenden Untersuchungen zugrunde liegende Modell eingeführt, das gegenwärtig international gebräuchlichen Seismographen-Kombinationen, insbesondere der in Jena theoretisch entwickelten und experimentell erprobten, an in- und ausländischen seismologischen Observatorien installierten seismischen Stationsapparatur SSJ-I (ULLMANN und TEUPSER, 1963) entspricht, die daher als Prototyp dienen kann, woran sich die generalisierenden Überlegungen orientieren. Die „Output-Equipment" von SSJ-I bilden drei identische Galvanometer, die ebenso wie die elektrischen Netzwerke mit ihren Schaltelementen und auch das gemeinsame Gerätefundament in das betrachtete elektromechanische System einbezogen werden. Das Registriergerät braucht hier nicht zu interessieren.

Die komplexe theoretische Untersuchung einer vollständigen seismischen Apparatur einschließlich ihres Fundaments unterscheidet sich erheblich von den üblichen Darstellungen eines separaten Horizontal- oder Vertikalseismographen, in denen die Gestellbewegung des betreffenden mechanischen Empfängers durch eine von der Zeit abhängige Störungsfunktion beschrieben wird und das Gestell mit dem Instrumentensockel nur als bewegtes Bezugssystem für die zeitlich veränderliche Lage des Gehänges erscheint. Dagegen ist die kinematische Struktur der gesamten Apparatur komplizierter. Sie wird im 3. Kapitel diskutiert. Aus formalen Gründen empfiehlt es sich, dem Fundament sowie jedem Empfänger und Galvanometer sein eigenes Bezugssystem zuzuordnen und optimal anzupassen, wobei die Eigenschaften der verschiedenartigen Aufhängungen berücksichtigt werden müssen.

Die in einem vorgegebenen Zeitintervall stattfindenden seismischen Bewegungen der einzelnen gegeneinander ruhenden Koordinatensysteme beziehen sich auf ein mit der „starren Erde" fest verbundenes Koordinatensystem und dürfen entgegen den üblichen Annahmen auch rotatorisch sein. Diese theoretisch zugelassene kinematische Erweiterung ist notwendig, um die Apparatur unter äußeren Bedingungen studieren zu können, die in seismisch aktiven oder extraterrestrischen Regionen faktisch möglich sind. Deswegen wird im 4. Kapitel die analytische Darstellung von Drehungen des Fundaments ausführlich erörtert und gezeigt, weshalb dazu die CAYLEYschen Koordinaten statt der bekannten EULERschen Winkel verwendet werden.

Die Problematik der im 5. Kapitel analysierten kinematischen Struktur eines „mechanischen Verbands", der sich aus dem Gehänge eines bestimmten Empfängers der Apparatur und des ihm zugeordneten Galvanometers zusammensetzt, konzentriert sich auf das Gehänge des

Empfängers und ist schwieriger, wenn sie den Vertikalseismographen betrifft. In jedem Fall wird die auf das Gestell bezogene Gehängebewegung als eben postuliert. Die Voraussetzungen für die elastischen Aufhängungen sollen darüber hinaus bewirken, daß dem Gehänge eines mechanischen Empfängers relativ zu dessen Gestell nur zwei Freiheitsgrade zuerkannt werden müssen. Anholonome geometrische Bindungen kommen nicht in Betracht. Bei dem Empfänger des Vertikalseismographen bilden ein starrer Körper und eine Schraubenfeder das Gehänge. Daß auch die Motilität dieser Feder selbst dann, wenn dem Gestell ein „harter" Impuls erteilt wird, den sonst akzeptablen kinematischen Bedingungen genügt, ist nicht evident (MALISCHEWSKY, TEUPSER und ULLMANN, 1970; BERCKHEMER, 1968). Theoretisch führt ein geeignet gewählter Punkt des starren Gehänges bzw. Gehängeteils dem elektromechanischen Wandler des Empfängers die seismische Information zu. Bei der Apparatur SSJ-I wird dieser Punkt mit dem Massenmittelpunkt der Wandlerspule identifiziert. Die analytische Darstellung der Dämpfungsvorrichtung des mechanischen Empfängers ist hierzu analog.

Damit die inneren Bindungen der Apparatur auch skleronom sind, müssen die dafür zuständigen, im einzelnen nicht genauer bekannten Zwangskräfte wenigstens in dem vorgegebenen Zeitintervall konstant sein. Die analytischen Ausdrücke der eingeprägten Kräfte, d.h. der am Fundament angreifenden seismischen Kräfte, der Schwerkraft, der elastischen Rückstellkräfte infolge der Aufhängungen und der Schraubenfeder sowie der von den elektromechanischen Wandlern und Dämpfungsvorrichtungen der Empfänger und Galvanometer erzeugten Kräfte, enthalten physikalische Parameter, die sich nur durch Messungen bestimmen lassen und von denen vorausgesetzt wird, daß sie im betreffenden Zeitintervall feste Werte annehmen. Auf Grund dieser Bedingungen enthält das untersuchte Modell keine Größen, die explizite von der Zeit abhängen. Die seismische Apparatur ist also autonom, was keine wesentliche Beschränkung der Allgemeinheit bedeutet, aber doch gewisse mathematische Verfahren vereinfacht.

Das 6. Kapitel befaßt sich hauptsächlich mit der analytischen Darstellung der eingeprägten Kräfte. Alle diesbezüglichen Funktionen sind in ihren Argumenten prinzipiell nichtlinear, stetig und differenzierbar bis zu bestimmten Ordnungen. Anhand der in sonstigen seismometrischen Abhandlungen nicht definierten seismischen Kraftfunktionen, die von dem Ort und der Translations- und Rotationsgeschwindigkeit des Fundaments abhängen können, lassen sich alle interessierenden Bewegungen des Fundaments simulieren und zugleich dynamisch begründen. Insbesondere vermag man nun die lokale seismische Energie im vorgegebenen Zeitintervall zu berechnen, ohne auf diesbezügliche stark idealisierende gebräuchliche Vorstellungen in der Elastizitätstheorie angewiesen zu sein. Wegen der bezweckten hohen Genauigkeit bei der Interpretation der im Modell auftretenden Größen und ihren Beziehungen wird auch die faktisch mögliche Beeinflussung der Apparatur durch ein raumzeitlich veränderliches Schwerefeld diskutiert (REICHENEDER, 1965; FANSELAU, 1966). Die elastischen Rückstellkräfte sind Ortsfunktionen, die nicht notwendig aus einem Potential resultieren. Während für die Dämpfungsfunktionen der Empfänger und Galvanometer schon formal einfache Ansätze hinreichen, empfiehlt es sich, kompliziertere elektromechanische Wandlerfunktionen zuzulassen, die von höheren zeitlichen Ableitungen und wiederholten Integralen ihrer Argumente abhängen können (ULLMANN, 1969). In der Seismometrie werden nichtlineare elektrische Schaltelemente zwar noch nicht systematisch verwendet, obwohl man dadurch unerwünschte nichtlineare mechanische Effekte kompensieren und eine verbesserte Entstörung der Output-Funktionen erzielen kann. Schließlich wird der seismischen Apparatur eine theoretische stabile Gleichgewichtslage in bezug auf das „erdgebundene" Koordinatensystem zuerkannt. Die hierzu notwendigen Bedingungen liefern erste konstruktive Hinweise für die mechanischen Empfänger, die bei SSJ-I realisiert sind.

Möglicherweise unterscheidet sich nach längerer Zeit die faktische Gleichgewichtslage der Apparatur von der theoretischen, weil sich inzwischen die Richtung des Fundaments oder die Temperatur der Umgebung geändert hat. Im 7. und 11. Kapitel werden deshalb die Neigungs- und Temperaturempfindlichkeit eines Empfängers untersucht. Dabei ergibt sich ein neues Maß für die Empfindlichkeit eines Empfängers gegen quasistationäre Neigungen und ein Satz von Relationen zwischen Wärmeausdehnungskoeffizienten und gewissen geometrischen sowie physikalischen Größen, der einer optimalen Anbringung von thermischen Längenänderungskompensatoren zugrunde zu legen ist.

Die Bewegungen der seismischen Apparatur beziehen sich auf ein mit der „starren Erde" fest verbundenes Inertialsystem. Entsprechend der maximalen Anzahl der Freiheitsgrade der Apparatur kommen höchstens 15 Bewegungsgleichungen in Betracht. Die kinetische Energie wird durch eine homogene quadratische Form in den ersten zeitlichen Ableitungen von im allgemeinen 15 generalisierten Koordinaten repräsentiert, deren Koeffizienten Funktionen dieser Koordinaten sind. Die den gewählten Koordinaten zugeordneten generalisierten Kräfte können wegen der möglichen Kompliziertheit der Wandlerfunktionen teilweise entsprechend verflochtene mathematische Strukturen enthalten. Den im 8. Kapitel hergeleiteten und eingehend diskutierten allgemeinen nichtlinearen Bewegungsgleichungen gehören homogene quadratische Formen in den zeitlichen Ableitungen der generalisierten Koordinaten mit ortsveränderlichen Koeffizienten an, deren Definitheitscharakter nicht ohne weiteres zu erkennen ist. Diese Koeffizienten setzen sich in regelmäßiger Weise aus den einfachen partiellen Ableitungen der Koordinaten des positiv definiten kovarianten Energietensors zusammen und sind als CHRISTOFFELsche Symbole erster Art bekannt. Sie werden ebenso wie der Energietensor explizite dargestellt. Dadurch gelangt man zu einigen weiteren, die massengeometrische Konfiguration der Apparatur betreffenden Konstruktionsprinzipien. Wenn das Fundament neben Translationen nur Neigungen ausführt, ergeben sich maximal 13 Bewegungsgleichungen. Hierbei wird jedoch im Sinne der Allgemeinheit der Untersuchungen auch beachtet, daß trägheitsbedingte Rückwirkungen der Gehänge der mechanischen Empfänger auf das Fundament, dem die Empfängergestelle eo ipso angehören, eine solche oder noch einfachere Bewegungsform stören können, und zwar um so intensiver, je kleiner die Masse des starren Fundaments im Vergleich zur Summe der Gehängemassen ist (PASEČNIK, 1952; BYCROFT, 1957; HEIDRICH und JUST, 1959; ROSEMANN, 1959; MAAZ, 1963).

Im 9. Kapitel werden die linearisierten Bewegungsgleichungen analysiert. Sie bilden stets, eventuell aber erst dann, wenn in einigen von ihnen durch mehrfache Differentiation wiederholte Integrale, die mit den Wandlerfunktionen vorkommen, auf ihre Integranden zurückgeführt sind, ein System von gewöhnlichen homogenen Differentialgleichungen für die generalisierten Koordinaten, deren Ordnung im allgemeinen mindestens gleich Zwei ist. Die Integrationstheorie eines solchen Gleichungssystems und das vorteilhafte ROUTHsche Verfahren zur Bestimmung der Integrationskonstanten werden nur angedeutet, da hierüber mehrere Lehrbücher vollständig informieren (KLOTTER, 1960). Vom Energietensor interessieren lediglich dessen Koordinatenwerte, die der theoretischen Gleichgewichtslage der Apparatur zugeordnet und wovon mehrere unter praktikablen massengeometrischen Symmetriebedingungen gleich Null sind. Die linearen Bestandteile der generalisierten Kräfte lassen sich als homogene Linearformen in den Variablen der Kraftfunktionen darstellen, deren physikalisch wichtigste konstante, von Null verschiedene Koeffizienten ebenfalls analysiert werden.

Das ausführlich behandelte Äquivalenz-Problem besteht im wesentlichen in der Aufgabe, die Seismographen der betrachteten Apparatur so zu konstruieren und bezüglich des Fundaments derart anzuordnen, daß man von übereinstimmenden Output-Funktionen je zweier Seismographen in verschiedenen Zeitintervallen auf gleichartige Bewegungen des Fundaments schließen darf, die sich, entsprechend den bevorzugten paarweise orthogonalen seismischen Verrückungskomponenten, nur „richtungsmäßig" voneinander unterscheiden. Dieses Problem wurde in einer solchen komplexen Form noch nicht bearbeitet und erweist sich uneingeschränkt als sehr kompliziert. Deswegen empfiehlt es sich, mögliche trägheitsbedingte Rückwirkungen der Empfängergehänge auf das gemeinsame Fundament und damit vorhandene gegenseitige Beeinflussungen der Seismographen prinzipiell zu ignorieren. Das die Horizontalseismographen der Apparatur betreffende Teilproblem ist offensichtlich dann trivial lösbar, wenn sich das Fundament lediglich translatorisch bewegt und beide Seismographen identisch sind. Kommen auch Rotationen des starren Fundaments in Betracht, so müssen dessen massengeometrische Eigenschaften bekannt sein und eine bestimmte Anordnung der mechanischen Empfänger der identischen Horizontalseismographen relativ zum Fundament berücksichtigt werden. Zuvor hat man einen mit dem Fundament fest verbundenen geeigneten Bezugspunkt für die seismischen Verrückungen anzugeben. Eine generelle Lösung des Äquivalenz-Problems, die auch die Nichtlinearitäten der Apparatur einbezieht, existiert offenbar nicht. Das läßt sofort die erheblich schwierigere Aufgabe erkennen, wonach der Vertikalseismograph den Horizontalseismographen im erläuterten Sinne optimal anzupassen ist. Deshalb liegen diesen Untersuchungen die „rückwirkungsfreien" linearisierten Bewegungsgleichungen zugrunde. Sie fixieren den Standort und liefern neue Konstruktionsvorschriften für den Empfänger des Vertikalseismographen. Die analytischen Betrachtungen des 10. Kapitels sind zwar entsprechend der seismometrischen Bedeutung des Äquivalenz-Problems besonders ausführlich, aber doch nicht vollständig. Insbesondere wird detaillierten technischen Überlegungen und Experimenten die Prüfung überlassen, wie genau jede der erwähnten Konstruktionsvorschriften in praxi befolgt werden kann, und auch von der

Entwicklung der schon im Ansatz neuartigen Theorie der elastischen Aufhängung beim Vertikalseismographen abgesehen, um die allgemeine Übersicht nicht zu verlieren. Die erzielte optimale Anpassung der drei Seismographen bewirkt eine weitere Vereinfachung der Bewegungsgleichungen.

Die eingeprägten Kräfte der seismischen Apparatur resultieren teilweise aus Potentialen, deren Summe das sogenannte zugeordnete Potential der Apparatur ist. Der von den inneren eingeprägten Kräften und dem Schwerefeld herrührende additive Beitrag zu dieser Ortsfunktion, die per definitionem in der theoretischen Gleichgewichtslage der Apparatur den Wert Null annimmt, muß als positiv definite Funktion vorausgesetzt werden, was eine nochmalige Analyse der dynamischen Struktur und elastischen Aufhängungen der Apparatur involviert. Im 12. Kapitel wird nicht nur das zugeordnete Potential unter Beachtung von Drehungen des Fundaments diskutiert, sondern auch eine Energiebilanz durchgeführt, um mehr Informationen über die elektromechanischen Wandler- und Dämpfungsfunktionen der Seismographen zu erhalten, die wenigstens eine effektive Dissipation (FORBAT, 1966) der mechanischen Energie der Gehänge relativ zum Fundament verursachen. Die Berücksichtigung des ONSAGERschen statistischen Symmetrieprinzips (LANDAU und LIFSCHITZ, 1966) ist der Grund dafür, daß keine gyroskopischen Kräfte in Betracht kommen, was eine zusätzliche physikalisch motivierte Bestimmung der dynamischen Struktur der seismischen Apparatur bedeutet.

Das schon mit diesen Ausführungen verbundene Problem der Stabilität der in dem vorgegebenen Zeitintervall stationären Gleichgewichtslage der Apparatur wird im 13. Kapitel behandelt. Den Untersuchungen liegen Methoden von LJAPUNOV zugrunde, deren Anwendung auf technisch-physikalische, speziell elektronische Systeme bereits erfolgt und auch in der analytischen Seismometrie vorteilhaft sein kann. Beispielsweise besteht zwischen der aktuellen Frage nach dem Verhältnis des Signals zum „Rauschen" bei einer Output-Funktion eines Seismographen und den in der LJAPUNOVschen Stabilitätstheorie interessierenden Aussagen über das Stabilitätsverhalten eines gestörten idealen Vorgangs, der sich durch gewöhnliche explizite, im allgemeinen nichtlineare Differentialgleichungen erster Ordnung erfassen läßt, ein enger objektiver Zusammenhang, worauf jedoch hier nicht eingegangen wird. Weil die betrachtete Apparatur autonom ist, vereinfachen sich die LJAPUNOVschen Stabilitätskriterien. Die Anwendung der sogenannten direkten Methode setzt voraus, daß eine LJAPUNOVsche Funktion existiert, zu deren Konstruktion aber keine vollständige Anleitung, sondern günstigenfalls nur systematisches Probieren unter Beachtung einiger praktikabler Hinweise verhilft (HAHN, 1956; BARBASCHIN, 1970). Wegen der erfahrungsgemäß nicht seltenen Kompliziertheit dieses Vorgehens empfiehlt es sich, die asymptotische Stabilität der Gleichgewichtslage „nach der ersten Näherung" im Sinne von LJAPUNOV zu postulieren. Sie erfordert die Diskussion der charakteristischen Gleichung der im 9. Kapitel untersuchten gewöhnlichen homogenen linearen Differentialgleichungen. Dafür sind mehrere zweckdienliche numerische Verfahren entwickelt worden, die sich übrigens auch in der Regelungstechnik bewähren (GILLE, PELEGRIN und DECAULNE, 1960). Außerdem werden den Stabilitätsbereich der seismischen Apparatur betreffende Probleme erörtert.

Die Analyse bleibt mitunter auf seismometrisch relevante Bestandteile der kompletten Apparatur beschränkt, denen bestimmte Untermengen der gewählten 15 generalisierten Koordinaten entsprechen und die mindestens aus zwei Elementen bestehen, wenn etwa bei der Justierung eines Seismographen sein mechanischer Empfänger separat getestet wird. Vermittels einer umkehrbar eindeutigen, dreimal stetig differenzierbaren Transformation gelangt man von den bisherigen zu anderen generalisierten Koordinaten der Apparatur, die ebenfalls in endlichen offenen Intervallen variabel sind. Diese Bedingungen genügen, um jedem autonomen Bestandteil der Apparatur eine elementare Mannigfaltigkeit zuordnen zu können, die für die Menge der potentialen Lagen des betrachteten „mechanischen Teilverbands" bezüglich eines Inertialsystems repräsentativ ist, so daß ihre Dimensionszahl mit der Anzahl der Freiheitsgrade des Apparaturteils übereinstimmt. Die im 14. Kapitel untersuchten verhältnismäßig schwachen geometrischen Eigenschaften solcher Mannigfaltigkeiten, zu deren Definition notabene auch die Entscheidung beiträgt, welche Bewegungsfreiheit dem betreffenden Apparaturteil im vorgegebenen Zeitintervall zukommt, charakterisieren die Topologie der „mechanischen Teilverbände".

Die Ausführungen des 16. und 17. Kapitels gelten für „Mechanismen im erweiterten Sinne" (HUND, 1948), deren Bewegungsgleichungen die Zeit nicht explizite enthalten und sich in die Form der verallgemeinerten LAGRANGEschen Gleichungen erster Art bringen lassen. Das den bisherigen theoretischen Untersuchungen zugrunde gelegte Modell von gegenwärtig international gebräuchlichen seismischen Apparaturen einschließlich ihrer Fundamente ist also ein spezieller derartiger Mechanismus. Es muß noch vorausgesetzt werden, daß jedem der betrachteten autonomen und holonomen Mechanismen topologisch eine elementare, mindestens zweidimensionale Mannigfaltigkeit der Ordnung Drei in der im 14. Kapitel beschriebenen Weise entspricht. Die physikalischen Charakteristika eines solchen Mechanismus verhelfen zu stärkeren geometrischen Eigenschaften der ihm zugeordneten Mannigfaltigkeit, indem ihr insbesondere eine Metrik aufgeprägt wird, die sie als einen RIEMANNschen Raum auszeichnet. Alle diesbezüglichen mathematischen Überlegungen basieren auf der Differentialgeometrie, weshalb ihnen im 15. Kapitel ein differentialgeometrischer Exkurs vorangestellt ist.

Die Elemente einer n-dimensionalen Mannigfaltigkeit ($2 \leqq n \leqq 15$) werden Punkte genannt. Jeder derartige Punkt repräsentiert also eine kinematisch mögliche Lage des untersuchten Mechanismus. Eine gewisse n-dimensionale Umgebung eines beliebigen Punktes der Mannigfaltigkeit, eventuell sogar die gesamte Mannigfaltigkeit, läßt sich in einen höchstens $\binom{n+1}{2}$-dimensionalen EUKLIDschen Raum einbetten und darin als n-dimensionales Flächenstück auffassen. Der zu einer bestimmten Zeit die Lage des Mechanismus kennzeichnende Punkt gehört einem solchen Flächenstück an und erzeugt in ihm ein Kurvenstück, wenn im Mechanismus ein Bewegungsvorgang stattfindet. Die dann wirksamen Zwangs- und eingeprägten Kräfte werden in dem EUKLIDschen Einbettungsraum durch zwei Vektoren dargestellt, wovon einer orthogonal und der andere tangential zum Flächenstück gerichtet ist. Beiden Vektoren wird demzufolge die heuristische Bedeutung von Kräften zuerkannt, die in demselben, mit der Masse Eins behafteten beweglichen Punkt angreifen. Während die tangentiale „Kraft" die Bewegung des „Massenpunktes" verursacht, sorgt die orthogonale „Kraft" dafür, daß der betreffende Punkt in dem Flächenstück verbleibt.

Der heuristische Ansatz der vektoriellen Bewegungsgleichung des an ein n-dimensionales Flächenstück gebundenen „Massenpunktes" entspricht formal völlig der NEWTONschen lex secunda. Da die Zwangskräfte nicht in die Bewegungsgleichungen des Mechanismus eingehen, braucht der Ansatz nur insoweit zu interessieren, als er die kinematischen und „dynamischen" Vorgänge im Flächenstück oder darüber hinaus in der Mannigfaltigkeit beschreibt. Diese interne Interpretation benötigt den EUKLIDschen Einbettungsraum nicht. Der die eingeprägten Kräfte darstellende Vektor liegt in dem n-dimensionalen

Tangentialraum, der sich mit der n-dimensionalen Mannigfaltigkeit in erster Näherung in einer infinitesimalen Umgebung des „Massenpunktes" vereinigt. Durch den Punkt verlaufen entsprechend den gewählten generalisierten Koordinaten des Mechanismus insgesamt n Koordinatenlinien. Ihre Tangentialvektoren in dem betrachteten Punkt spannen ein n-Bein im zugehörigen Tangentialraum auf, der ein EUKLIDscher Raum sein muß, um die skalaren Produkte der linear unabhängigen Tangentialvektoren bilden zu können. Diese Produkte definieren einen zweifach kovarianten, symmetrischen, nicht singulären Tensor. Die zeitlichen Ableitungen der generalisierten Koordinaten im betreffenden Punkt sind die Koordinaten der momentanen Geschwindigkeit des „Massenpunktes" bezüglich des lokalen affinen n-Beins.

Der heuristische Ansatz liefert für die allgemeinen Bewegungsgleichungen des Mechanismus eine Formulierung, in der die zeitlichen Ableitungen der absoluten Differentiale der generalisierten Geschwindigkeiten den entsprechenden, auf dasselbe n-Bein bezogenen „Kraft"-Koordinaten gleichgesetzt werden. Das mit der Masse Eins multiplizierte Quadrat der Geschwindigkeit ergibt die doppelte kinetische Energie des „Massenpunktes". Sie läßt sich also durch eine positiv definite quadratische Form in den zeitlichen Ableitungen der generalisierten Koordinaten ausdrücken, deren Koeffizienten die skalaren Produkte der Vektoren des betreffenden n-Beins sind. Dieser Sachverhalt gilt offenbar in jedem Punkt der Mannigfaltigkeit, die ein RIEMANNscher Raum ist, dessen Metrik der eingeführte, übrigens zweimal stetig differenzierbare Tensor bestimmt. Im 16. Kapitel wird zunächst die heuristische „Dynamik des Massenpunktes im n-dimensionalen RIEMANNschen Raum" entwickelt und ihre weitgehende Analogie zur normalen Dynamik des Massenpunktes hervorgehoben.

Es liegt nahe, die Koordinaten des bisher noch nicht physikalisch konkretisierten metrischen Tensors mit den Koeffizienten der die doppelte kinetische Energie des untersuchten Mechanismus darstellenden quadratischen Form in den zeitlichen Ableitungen der generalisierten Koordinaten zu identifizieren. Dann sind insbesondere die „Kraft"-Koordinaten die generalisierten Kräfte des Mechanismus. Eine andere zweckmäßige Metrisierung der Mannigfaltigkeit liefert einen RIEMANNschen Raum, der aus dem vorhergehenden vermittels einer konformen Abbildung resultiert. Sein metrischer Tensor entspricht im wesentlichen der JACOBIschen Form des Prinzips der kleinsten Wirkung. In ihm beschreibt der „Massenpunkt" während eines Bewegungsvorgangs im Mechanismus eine Bahn, die um so weniger von einer Geodätischen abweicht, je geringer sich die potentialfreien Anteile der eingeprägten Kräfte bemerkbar machen. Für die Integration der Bewegungsgleichungen ist die EUKLIDsche Metrik am günstigsten. Ob ein EUKLIDscher Raum vorliegt, läßt sich anhand des RIEMANNschen Krümmungstensors feststellen. Im 16. Kapitel werden deshalb auch die Bedingungen für einen n-dimensionalen konform EUKLIDschen Raum diskutiert. Dabei wird der seismometrisch wichtige Sonderfall $n = 2$ eingehend behandelt. Es zeigt sich, daß außer der angegebenen konformen oder speziell isometrischen Abbildung keine vorteilhafte Metrik der Mannigfaltigkeit im Sinne eines dem Mechanismus optimal angepaßten topologischen Modells existiert.

Im allgemeinen erhält man keinen EUKLIDschen Raum. Für $n = 2$ ist jedoch immer wenigstens eine gewisse Umgebung eines beliebigen Punktes der zweidimensionalen Mannigfaltigkeit, eventuell sogar die gesamte Mannigfaltigkeit, ein konform EUKLIDscher Raum. Die beiden generalisierten Koordinaten des betrachteten Mechanismus mit zwei Freiheitsgraden können daher stets so gewählt werden, daß sie in dem zugeordneten Konfigurationsraum ein isothermes Koordinatensystem ergeben. Liegt ein n-dimensionaler RIEMANNscher, aber nicht EUKLIDscher Konfigurationsraum vor ($n > 2$), dann vereinfacht sich die Struktur der Bewegungsgleichungen des Mechanismus, wenn diese Gleichungen in geodätischen Koordinaten formuliert sind. Das Problem, sich derartige generalisierte Koordinaten zu verschaffen, wird ebenfalls behandelt.

Im 17. Kapitel erscheint der n-dimensionale Konfigurationsraum als eine bestimmte Fläche in einem 2n-dimensionalen Phasenraum, dessen RIEMANNsche Metrik ein geeignet konstruierter kovarianter Tensor beschreibt, der mit dem des Konfigurationsraumes vollständig bestimmt ist, und zwar so, daß beide Räume zugleich entweder EUKLIDsche Räume sind oder sich davon unterscheiden. Die Betrachtungen erfolgen unter der Voraussetzung, daß die generalisierten Kräfte des Mechanismus nur von den generalisierten Koordinaten und deren ersten zeitlichen Ableitungen abhängen. Der Phasenraum stellt eine Hyperfläche des (2n+1)-dimensionalen RIEMANNschen Bewegungsraumes dar, worin nun auch die Zeit als Koordinate vorkommt. Durch jeden Punkt des Bewegungsraumes verläuft genau eine Integral- oder Bewegungskurve, die eine spezielle Lösung der Bewegungsgleichungen repräsentiert. Die Schlichtheit dieser Gleichungen bewirkt, daß die Zeit als Kurvenparameter der Bewegungskurven verwendbar und die Gesamtheit der möglichen Phasenkurven, d.h. das Phasenporträt des vorgegebenen Mechanismus, selbst schlicht ist. Der eine Phasenkurve erzeugende Phasenpunkt entsteht durch die Projektion des eine Bewegungskurve beschreibenden Punktes längs der jeweiligen Zeitkoordinatenlinie in den Phasenraum. Übrigens hat erst kürzlich SYNGE ähnliche Überlegungen im Rahmen der Quantenmechanik angestellt (SYNGE, 1970).

Mit der vorliegenden Abhandlung wird nicht zuletzt beabsichtigt, in der modernen Seismometrie eine mathematische Methodik einzuführen, die den wachsenden Anforderungen des wissenschaftlichen Gerätebaus in der Seismologie angemessen ist. Die Analyse des Modells von gegenwärtig international gebräuchlichen seismischen Apparaturen liefert einerseits neue, die optimale Struktur einer solchen Apparatur betreffende Aspekte, verweist aber andererseits auf prinzipielle Mängel, die insbesondere die Äquivalenz der „mechanischen Teilverbände" betreffen. Danach stellt sich die Frage, ob nicht doch die von GAMBURCEV und GAL'PERIN für kurzperiodische sowie die von MELTON und KIRKPATRIK für langperiodische seismische Apparaturen bevorzugte Komponentenzerlegung statt der traditionellen, geographisch ausgezeichneten verwendet werden sollte, zumal eine elektronische Anlage die normale Komponentenzerlegung rekonstruieren kann.

Herrn Prof. STILLER ist für sein förderliches Interesse an dieser Publikation und den Herren Prof. MARTIN, Dr. TEUPSER, Dr. MAAZ, Dipl.-Phys. MALISCHEWSKY, Dipl.-Geophys. STELZNER und Dipl.-Phys. DYLLONG für sachdienliche Diskussionen und Literaturhinweise zu danken. Frau KUNZE und Fräulein DIETL fertigten das Typoskript an und lasen zusammen mit Frau DEUTSCHER und den Herren KIEHNE und LIEBAU vom Akademie-Verlag die Korrekturen. Fräulein VOIT beteiligte sich an der Beschaffung und mit Frau KUNZE an der Zusammenstellung der Literatur. Auch ihnen allen sei an dieser Stelle für ihre wertvolle Hilfe gedankt.

2. Der mechanische Verband der seismischen Apparatur

Eine komplette seismische Apparatur eines seismologischen Observatoriums besteht aus zwei Horizontal- und einem Vertikalseismographen. Zu einem Seismographen gehören ein mechanischer Empfänger, ein Spiegelgalvanometer und ein Registriergerät (ULLMANN und TEUPSER, 1963). Selbst wenn die Galvanometer und das gemeinsame Registriergerät in einem separaten Raum des Observatoriums, der Registrierkammer, installiert sind, soll angenommen werden, daß die mechanischen Empfänger und die Galvanometer der Apparatur dasselbe Fundament besitzen.

Im folgenden repräsentieren die lateinischen Minuskeln h,i,j,k, l,m,r,s,u,v als Indizes die Zahlen 1,2,3. Ein mechanischer Empfänger der Apparatur wird mit $\mathfrak{E}^{(k)}$ und das zugehörige Galvanometer mit $\mathfrak{e}^{(k)}$ bezeichnet. Die Empfänger $\mathfrak{E}^{(1)}$ und $\mathfrak{E}^{(2)}$ der beiden Horizontalseismographen sind üblicherweise so angeordnet, daß sich mit $\mathfrak{E}^{(1)}$ die „Ost-West-Komponente" und mit $\mathfrak{E}^{(2)}$ die „Nord-Süd-Komponente" ergibt. Den Empfänger $\mathfrak{E}^{(3)}$ des Vertikalseismographen nennt man dementsprechend die Vertikalkomponente der seismischen Apparatur.

Bei konstanter Temperatur, fehlenden elastischen Schwingungen von Teilen des Fundaments $\mathfrak{G}^*$ gegeneinander und unter weiteren bestimmten Bedingungen, die wenigstens für das Zeitintervall, in dem die Beobachtungen stattfinden, erfüllt sein müssen, kann $\mathfrak{G}^*$ als ein starrer Körper angesehen werden. Die auf den Kenntnissen von der geologischen Struktur des Untergrunds des Observatoriums beruhenden Vorstellungen von den unveränderlichen geometrischen Abmessungen des Fundaments $\mathfrak{G}^*$ sind mit einer gewissen Willkür behaftet. Dagegen ist der Sockel der Empfänger $\mathfrak{E}^{(k)}$ ein hinreichend genau definierter Bestandteil des starren Körpers $\mathfrak{G}^*$. Die Gestelle von $\mathfrak{E}^{(k)}$ und die Gehäuse der Galvanometer $\mathfrak{e}^{(k)}$ können ebenso wie der Instrumentensockel als bestimmte Bestandteile von $\mathfrak{G}^*$ aufgefaßt werden.

Das Gehänge des mechanischen Empfängers $\mathfrak{E}^{(k)}$ bzw. des Galvanometers $\mathfrak{e}^{(k)}$ wird mit $\mathfrak{G}^{(k)}$ bzw. $\mathfrak{g}^{(k)}$ bezeichnet. Das Galvanometergehänge $\mathfrak{g}^{(k)}$ besteht im wesentlichen aus einem Drehspiegel. Während $\mathfrak{G}^{(1)}$ und $\mathfrak{G}^{(2)}$ starre Körper sein mögen, soll sich $\mathfrak{G}^{(3)}$ aus einem starren Körper $\mathfrak{G}'^{(3)}$ und einer elastischen Schraubenfeder $\mathfrak{G}''$ zusammensetzen, deren träge Masse zumindest im Falle eines langperiodischen Vertikalseismographen wie etwa bei VSJ-I (MALISCHEWSKY, TEUPSER und ULLMANN, 1970) einen nicht vernachlässigbaren Beitrag zur trägen Masse von $\mathfrak{B}^{(3)}$ liefert.

Im folgenden werden die realen physikalischen Körper $\mathfrak{B}^*$, $\mathfrak{B}^{(1)} \equiv \mathfrak{B}'^{(1)}$, $\mathfrak{B}^{(2)} \equiv \mathfrak{B}'^{(2)}$, $\mathfrak{B}'^{(3)}$, $\mathfrak{B}''$ und $\mathfrak{g}^{(k)}$ durch Mengen von Massenpunkten dargestellt, die elementfremd sind. Demnach gilt insbesondere

$$(1) \quad \mathfrak{B}^* \cap \mathfrak{B}^{(k)} = 0 \, , \quad \mathfrak{B}^* \cap \mathfrak{g}^{(k)} = 0$$

und

$$(2) \quad \mathfrak{B}'^{(3)} \cap \mathfrak{B}'' = 0 \, .$$

Das Gehänge $\mathfrak{B}^{(3)}$ ist also die Vereinigungsmenge von $\mathfrak{B}'^{(3)}$ und $\mathfrak{B}''$, so daß man unter Zuhilfenahme des (gemischtvarianten) KRONECKERschen Symbols δ_i^k

$$(3) \quad \mathfrak{B}^{(k)} = \mathfrak{B}'^{(k)} + \delta_3^k \mathfrak{B}''$$

setzen kann. Die elastischen Bindungen von $\mathfrak{B}^{(k)}$ bzw. $\mathfrak{g}^{(k)}$ an das Gestell von $\mathfrak{E}^{(k)}$ bzw. $\mathfrak{e}^{(k)}$, die sogenannte Aufhängung, realisieren dünne Blattfedern, Drähte oder Bänder mit vernachlässigbar kleinen trägen Massen, weshalb sie in Übereinstimmung mit (1) nur in trägheitsfreien Reaktionen sowie elastischen Rückstellkräften und -momenten physikalisch wirksam werden. Das gleiche trifft für die der Bedingung (2) genügende Verbindung zwischen $\mathfrak{B}'^{(3)}$ und $\mathfrak{B}''$ zu.

Die Vereinigungsmenge

$$(4) \quad \mathfrak{D}^{(k)} = \mathfrak{B}^{(k)} + \mathfrak{g}^{(k)}$$

definiert einen mechanischen Verband. Es ist zweckmäßig, in den mechanischen Verband $\mathfrak{D}^*$ der seismischen Apparatur, dem $\mathfrak{D}^{(k)}$ als Teilverband angehört, das Fundament $\mathfrak{B}^*$ aufzunehmen, so daß sich

$$(5) \quad \mathfrak{D}^* = \mathfrak{B}^* + \sum_k \mathfrak{D}^{(k)}$$

ergibt. Die Bezeichnung „mechanischer Verband" anstelle von „mechanisches System" wurde von FÖPPL (1944) eingeführt, um Verwechslungen mit Begriffen wie „Koordinatensystem" oder „Gleichungssystem" zu vermeiden. In den Verband $\mathfrak{D}^*$ ist übrigens das elektrische Netzwerk mit seinen Schaltelementen, insbesondere den elektromechanischen Wandlern der Empfänger $\mathfrak{E}^{(k)}$ und Galvanometer $\mathfrak{e}^{(k)}$, einbezogen. Die Berechtigung hierzu folgt daraus, daß in den verallgemeinerten LAGRAN-

GEschen Gleichungen zweiter Art für $\mathfrak{D}^*$ auch die Beteiligung elektrischer Kräfte an den Vorgängen in der seismischen Apparatur berücksichtigt wird. Nach HUND (1948) hätte man daher $\mathfrak{D}^*$ als einen Mechanismus im erweiterten Sinne zu bezeichnen. Ein mechanischer Verband ist aber offensichtlich kein mengentheoretischer Verband, der mit zwei beliebigen Elementen deren Vereinigung und Durchschnitt als Elemente enthält.

Es wird angenommen, daß die Massenpunktmenge $\mathfrak{D}^*$ und damit jede beliebige Untermenge $\mathfrak{M}$ von $\mathfrak{D}^*$ abzählbar ist. Diese Annahme ermöglicht die in der Mechanik der Punktsysteme übliche Numerierung sämtlicher Massenpunkte des untersuchten mechanischen Verbands und die gewöhnliche arithmetische Summation der Werte einer auf der Menge $\mathfrak{M} \subseteq \mathfrak{D}^*$ definierten eindeutigen Funktion „über alle Massenpunkte" von $\mathfrak{M}$. Im folgenden erscheint diese Numerierung aber nicht explizite, und die besagte Summation wird durch den Operator $\sum_{\mathfrak{M}}$ angezeigt.

3. Die kinematische Struktur der seismischen Apparatur

Anhand eines bestimmten Systems von auf der Oberfläche der festen Erde ruhenden materiellen Körpern läßt sich eine überall elliptisch gekrümmte geschlossene Fläche als Repräsentant einer starren Erdfigur konstruieren. Diese Niveaufläche kann mit einem krummlinigen Koordinatennetz überzogen werden. Sie dient als eine Koordinatenfläche des räumlichen Bezugssystems, in dem die Gesamtheit der Normalen der Niveaufläche die dritte Koordinatenlinien-Schar liefert. Statt dessen wird ein dazu ruhendes, für die Beschreibung der kinematischen Vorgänge im mechanischen Verband $\mathfrak{V}^*$ besser geeignetes Koordinatensystem $\mathfrak{S}$ eingeführt. Jedem Punkt des mit ihm verhafteten realen physikalischen Raumes, den man sich als eine unendliche, dichte Punktmenge vorstellt, sind drei $\mathfrak{S}$-Koordinaten umkehrbar eindeutig zugeordnet. Das $\mathfrak{S}$-Koordinatennetz, d.h. die Gesamtheit der drei unabhängigen $\mathfrak{S}$-Koordinatenlinien-Scharen, überdeckt also den EUKLIDschen Raum lückenlos. Einem bestimmten Raumpunkt, dem Nullpunkt O von $\mathfrak{S}$, entsprechen die $\mathfrak{S}$-Koordinaten 0,0,0. Der beliebige Massenpunkt P des Verbands $\mathfrak{V}^*$ wird durch die $\mathfrak{S}$-Koordinaten x^i fixiert, die sich auf den mit einer in $\mathfrak{S}$ ruhenden Uhr gemessenen Zeitwert t beziehen. Die Angabe der vier Maßzahlen x^i und t bedeutet demnach die räumliche und zeitliche Bestimmung von $P \in \mathfrak{V}^*$.

Mit $\mathfrak{S}$ verfügt man über das Koordinatensystem, worauf in der Seismologie die seismischen Bewegungen des Fundaments $\mathfrak{G}^*$ bezogen sind. Der Nullpunkt O wird vorerst so gewählt, daß er zur Zeit t_o mit dem Massenmittelpunkt S^* von $\mathfrak{G}^*$ koinzidiert, wobei t_o die untere Grenze des Zeitintervalls $i(t)$ angibt, in dem die betrachteten kinematischen Vorgänge in $\mathfrak{V}^*$ stattfinden. Der Zeitpunkt t durchläuft dabei das gesamte Intervall, das als beiderseits offen angenommen wird. Der zeitliche Beginn t_o der auf $\mathfrak{S}$ bezogenen Bewegung des Massenpunktes $P \in \mathfrak{V}^*$ gehört demnach nicht dem Intervall $i(t)$ an; es gilt

(6) $t_o = \inf i(t)$.

Alle Stetigkeits- und Differenzierbarkeitseigenschaften der auf $i(t)$ erklärten Funktionen bleiben bei Annäherung an den Rand t_o, d.h. für $t \to t_o$, erhalten.

Das starre Fundament $\mathfrak{G}^*$ und eine darauf stationierte Uhr dienen als Basis für die seismometrischen Beobachtungen des Observatoriums. Man führt also ein zweites Koordinatensystem $\bar{\mathfrak{S}}$ ein, das bezüglich

$\mathfrak{V}^*$ ruht. Jedem Punkt des mit $\bar{\mathfrak{S}}$ verhafteten EUKLIDschen Raumes sind drei $\bar{\mathfrak{S}}$-Koordinaten umkehrbar eindeutig zugeordnet. Der Nullpunkt von $\bar{\mathfrak{S}}$ möge mit dem Massenmittelpunkt S^* von $\mathfrak{V}^*$ übereinstimmen. Die $\bar{\mathfrak{S}}$-Koordinaten des Massenpunktes $P \in \mathfrak{V}^*$ werden mit $\bar{x}_i$ bezeichnet. Sie beziehen sich auf den von der Stationsuhr angezeigten Zeitwert $\bar{t}$. Die Zuordnung zwischen den Variablen x_i, t und $\bar{x}_i$, $\bar{t}$ ist umkehrbar eindeutig:

(7) $x^i, t \quad \longleftrightarrow \quad \bar{x}^i, \bar{t}$.

Die in den Transformationsgleichungen

(8) $x^i = x^i(\bar{x}^j, \bar{t})$, $\quad t = \bar{t}$

und deren Umkehrungen

(9) $\bar{x}^i = \bar{x}^i(x^j, t)$, $\quad \bar{t} = t$

vorkommenden eindeutigen Funktionen $x^i(\bar{x}^j, \bar{t})$ und $\bar{x}^i(x^j, t)$ sind in ihren Definitionsbereichen stetig differenzierbar. Die mit $t = \bar{t}$ angenommene Gleichwertigkeit von in $\mathfrak{S}$ und $\bar{\mathfrak{S}}$ gemessenen zeitlichen Abständen zweier Ereignisse im mechanischen Verband $\mathfrak{V}^*$ ist ein wesentliches Postulat der NEWTONschen Physik, in deren Rahmen die folgenden Untersuchungen angestellt werden.

Aus (8) und (9) ergeben sich die in den Differentialen dx^i, $d\bar{x}^i$, dt, $d\bar{t}$ linearen reziproken Gleichungssysteme

(10) $dx^i = \frac{\partial x^i}{\partial \bar{x}^j} d\bar{x}^j + \frac{\partial x^i}{\partial \bar{t}} d\bar{t}$, $\quad dt = d\bar{t}$

und

(11) $d\bar{x}^i = \frac{\partial \bar{x}^i}{\partial x^j} dx^j + \frac{\partial \bar{x}^i}{\partial t} dt$, $\quad d\bar{t} = dt$,

wobei die auf $\mathfrak{S}$ bzw. $\bar{\mathfrak{S}}$ bezogene infinitesimale Verrückung dx^i bzw. $d\bar{x}^i$ von $P \in \mathfrak{V}^*$ mit den Bindungen dieses Massenpunktes im Verband $\mathfrak{V}^*$ verträglich sein muß. Die Schreibweise der Gleichungen berücksichtigt die auch weiterhin befolgte EINSTEINsche Summenkonvention. Danach ist jeder in einem Term (hier $\frac{\partial x^i}{\partial \bar{x}^j} d\bar{x}^j$ und $\frac{\partial \bar{x}^i}{\partial x^j} dx^j$) doppelt (in kovarianter und kontravarianter Stellung) vorkommende Index (hier j) ein Summationsindex, der bei der Summation die Folge der von ihm repräsentierten Zahlen (hier 1,2,3) durchläuft (z.B. $\frac{\partial x^i}{\partial \bar{x}^j} d\bar{x}^j = \frac{\partial x^i}{\partial \bar{x}^1} d\bar{x}^1 + \frac{\partial x^i}{\partial \bar{x}^2} d\bar{x}^2 + \frac{\partial x^i}{\partial \bar{x}^3} d\bar{x}^3$). Wegen (7) sind die beiden Koeffizientendeterminanten von (10) und (11) ungleich Null, d.h., es gilt

$$(12) \quad \det\left(\frac{\partial x^i}{\partial \bar{x}^j}\right) \neq 0 \,, \quad \det\left(\frac{\partial \bar{x}^i}{\partial x^j}\right) \neq 0$$

und

$$(13) \quad \det\left(\frac{\partial x^i}{\partial \bar{x}^j}\right) \det\left(\frac{\partial \bar{x}^k}{\partial x^l}\right) = 1 \,,$$

wozu auch die Identität

$$(14) \quad \frac{\partial x^i}{\partial x^k} \equiv \frac{\partial x^i}{\partial \bar{x}^j} \frac{\partial \bar{x}^j}{\partial x^k} = \delta^i_k$$

verhilft.

Für die eingehende Beschreibung der kinematischen Struktur von $\mathfrak{B}^{(k)}$ verwendet man vorteilhaft neben $\overline{\mathfrak{S}}$ weitere in $\overline{\mathfrak{S}}$ ruhende Bezugssysteme, wobei das Koordinatennetz eines solchen Systems den darauf bezogenen Bahnen der Massenpunkte des Gehänges $\mathfrak{G}^{(k)}$ oder $\mathfrak{g}^{(k)}$ optimal angepaßt ist, indem jede dieser Bahnen in einer Koordinatenfläche verbleibt oder sogar mit dem Stück einer Koordinatenlinie übereinstimmt. Letzteres ist für den Drehspiegel $\mathfrak{g}^{(k)}$ stets und für das Gehänge $\mathfrak{G}^{(k)}$ nur dann möglich, wenn $\mathfrak{G}^{(k)}$ als starrer Körper mit nur einem Freiheitsgrad bezüglich $\overline{\mathfrak{S}}$ behandelt werden kann, wie z.B. das geradlinig geführte Gehänge eines BENIOFFschen Seismographen (BENIOFF, 1933).

Die oft stillschweigend getroffene Voraussetzung, daß $\mathfrak{G}^{(k)}$ ebenso wie $\mathfrak{g}^{(k)}$ eine „Drehmasse" (KLOTTER, 1960) ist, übersieht die Probleme, die sich hinsichtlich einer geeigneten Aufhängung von $\mathfrak{G}^{(k)}$ am Gestell von $\mathfrak{E}^{(k)}$ ergeben. Die gegenwärtig bevorzugte elastische Aufhängung garantiert nicht ohne weiteres die erwünschte bezüglich $\overline{\mathfrak{S}}$ feste Drehachse von $\mathfrak{G}^{(k)}$. Früher zur Aufhängung verwendete Schneiden- und Spitzenlagerungen (aus Achat) sind wegen der von den benötigten Gehängemassen bewirkten zu hohen Belastungen nicht weniger problematisch (SCHMERWITZ, 1932). Auf „harte" Impulse, die dem Fundament $\mathfrak{G}^*$ erteilt und vom Seismologen als sogenannte i-Einsätze (Impetus) gewisser seismischer Raumwellen-Typen interpretiert werden, aber auch schon bei kurzperiodischen Fundamentschwingungen infolge mikroseismischer Bodenunruhe kann die (elastische) Aufhängung störend reagieren. Die Bahnen der Massenpunkte einer Drehmasse sind Kreisbogen auf koaxialen Zylindermänteln, so daß sich in diesem Fall mit Zylinderkoordinaten ein optimal angepaßtes Koordinatennetz anbietet.

Es darf angenommen werden, daß in bezug auf $\bar{\mathfrak{S}}$ die Bahnen der Massenpunkte von $\mathfrak{G}^{(k)}$ in parallelen Ebenen liegen. Dementsprechende Bedingungen wurden für den Jenaer Horizontalseismographen HSJ-I eingehend untersucht (TEUPSER und ULLMANN, 1964) und sind auch bei VSJ-I hinreichend erfüllt (MALISCHEWSKY, TEUPSER und ULLMANN, 1970). Die kinematischen Vorgänge in $\mathfrak{G}^{(k)}$ lassen sich also am einfachsten in einem relativ zu $\bar{\mathfrak{S}}$ ruhenden affinen oder kartesischen Koordinatensystem beschreiben, dessen eine Koordinatenebenen-Schar die Bewegungsebenen der Massenpunkte von $\mathfrak{G}^{(k)}$ enthält.

Im Zeitintervall $i(t)$ kann auch die Orientierung von $\bar{\mathfrak{S}}$ in bezug auf $\mathfrak{S}$ variieren, d.h., es ist möglich, daß das Fundament $\mathfrak{G}^*$ relativ zu $\mathfrak{S}$ gleichzeitig Translationen und Rotationen (um S^*) ausführt. Solche komplizierteren Bewegungen von $\mathfrak{G}^*$ sind zu erwarten, wenn das verursachende Erdbeben sehr stark oder das seismologische Observatorium vom Erdbebenherd nicht weit entfernt ist. Die seismische Apparatur mit ihren drei mechanischen Empfängern vermag jedoch nicht, die Informationen über die zugleich stattfindenden Translationen und Rotationen von $\mathfrak{G}^*$, die im Falle von Drehungen um eine Achse (durch S^*) mit konstanter horizontaler Richtung als Neigungen des Fundaments $\mathfrak{G}^*$ bezeichnet werden, zu separieren; sie ist also für die Analyse derart zusammengesetzter Bewegungen von $\mathfrak{G}^*$ unzureichend. Mit den paarweise orthogonalen Komponenten $\mathfrak{E}^{(k)}$ wird auch nur der „Empfang" der Translationen von $\mathfrak{G}^*$ bezweckt.

Es läßt sich aber nicht vermeiden, daß jeder Empfänger $\mathfrak{E}^{(k)}$ auf gewisse Rotationen von $\mathfrak{G}^*$ reagiert, was der Seismologe bei der Interpretation der Registrierungen der seismischen Apparatur bedenken muß. In der Ingenieur-Seismologie, die sich mit den seismischen Wirkungen in den durch Erdbeben gefährdeten Gebieten befaßt, ist dennoch erneut die Aufgabe gestellt worden, gegen Rotationen des Gestells unempfindliche mechanische Empfänger für sogenannte Strong-Motion-Seismographen zu konstruieren. Ein entsprechender Versuch wurde kürzlich von KIRNOS (1970) unternommen.

Die Spezialisierung der Transformationsgleichungen (10) und (11) soll also Änderungen der Orientierung von $\bar{\mathfrak{S}}$ bezüglich $\mathfrak{S}$ zulassen. Diese Bedingung erfüllt schon der einfache Ansatz

$$(15)\quad \frac{\partial x^i}{\partial \bar{x}^j} = c^i_j\ , \qquad c^i_j = c^i_j(t)\ .$$

oder umgekehrt

$$(16)\quad \frac{\partial \bar{x}^i}{\partial x^j} = \bar{c}^i_j\ , \qquad \bar{c}^i_j = \bar{c}^i_j(t)\ ,$$

wobei notabene $c^i_j(t)$ und $\bar{c}^i_j(t)$ für jeden Massenpunkt $P \in \mathfrak{B}^*$ die gleichen Funktionen sind. Damit folgt aus (14) und (13)

$$(17)\quad c^i_j \bar{c}^j_k = \delta^i_k$$

und

$$(18)\quad \det(c^i_j)\,\det(\bar{c}^k_l) = 1\ .$$

Die Integration der partiellen Differentialgleichungen (16) ergibt die lineare Koordinatentransformation

$$(19)\quad \bar{x}^i = \bar{c}^i_j(x^j - \xi^j)\ , \qquad \xi^i = \xi^j(t)\ ,$$

zu deren Umkehrung

$$(20)\quad x^i = c^i_j \bar{x}^j + \xi^i$$

die Orthogonalitätsrelation (17) verhilft. Die von $P \in \mathfrak{B}^*$ unabhängigen Funktionen $\xi^i(t)$ sind offenbar die $\mathfrak{S}$-Koordinaten von S^* zur Zeit t, so daß im Falle der Koinzidenz beider Punkte O und S^* zur Zeit t_o

$$(21)\quad \lim_{t \to t_o} \xi^i(t) = 0$$

gilt. Nimmt man (vorübergehend) außerdem

$$(22)\quad \lim_{t \to t_o} c^i_j(t) = \delta^i_j$$

an, dann koinzidieren im Zeitpunkt t_o sogar die Bezugssysteme $\mathfrak{S}$ und $\bar{\mathfrak{S}}$ unter der Voraussetzung, daß ihre Koordinatennetze kongruent sind. Jedes von ihnen überdeckt einen EUKLIDschen Raum. Mit $\mathfrak{S}$ und $\bar{\mathfrak{S}}$ bieten sich also zwei kongruente affine Koordinatensysteme an.

Da mit den Komponenten $\mathfrak{d}^{(k)}$ drei in $\overline{\mathfrak{S}}$ konstante, paarweise orthogonale Richtungen bevorzugt werden, deren Bestimmung etwa auf den Zeitpunkt t_o bezogen ist, liegt es nahe, mit $\mathfrak{S}$ ein kartesisches Koordinatensystem einzuführen, dessen Achsen entsprechend orientiert sind. Dann ist auch $\overline{\mathfrak{S}}$ ein derartiges Bezugssystem, das aus $\mathfrak{S}$ durch eine eigentliche EUKLIDsche Bewegung hervorgeht. Nun läßt sich das Quadrat des Abstands der Punkte S^* und $P \in \mathfrak{B}^*$ in der Form

(23) $\delta_{ij}\overline{x}^i\overline{x}^j = \delta_{ij}(x^i-\xi^i)(x^j-\xi^i)$

darstellen; δ_{ij} ist das (zweifach kovariante) KRONECKERsche Symbol. Wegen (19) folgt hieraus

(24) $\delta_{ij}\overline{c}^i_k\overline{c}^j_l = \delta_{kl}$.

Der Vergleich dieser Beziehung mit (17) zeigt, daß $\|\overline{c}^i_j\|$ die Transponierte der Matrix $\|c^i_j\|$ ist. Offensichtlich kommt den kovarianten und kontravarianten Indizes von c^i_j und $\overline{c}^i_j$ jetzt keine transformationstheoretische Bedeutung mehr zu. Durch die Wahl von $\mathfrak{S}$ und $\overline{\mathfrak{S}}$ als kartesische Koordinatensysteme ist der Unterschied zwischen Kogredienz und Kontragredienz verloren gegangen. Deshalb wird in diesem Fall auf obere (nicht eingeklammerte) Indizes verzichtet und die EINSTEINsche Summenkonvention auch bei gleichen unteren Indizes berücksichtigt. Es darf jedoch nicht über gleiche eingeklammerte Indizes summiert werden. An die Stelle von $x^i, \overline{x}^i, \xi^i, c^i_j$ und $\overline{c}^i_j$ treten also $x_i, \overline{x}_i, \xi_i, c_{ij}$ und c_{ji}, so daß die Gleichungen (20) und (17), (18) in

(25) $x_i = c_{ij}\overline{x}_j + \xi_i$

und

(26) $c_{ij}c_{kj} = \delta_{ik}$,

(27) $[\det(c_{ij})]^2 = 1$

übergehen. Da die Koordinatensysteme $\mathfrak{S}$ und $\overline{\mathfrak{S}}$ rechtssinnig sein sollen, geht aus (27)

(28) $\det(c_{ij}) = 1$

hervor. Zudem gilt

(29) $c_{hi}c_{hk} = \delta_{ik}$

Die Funktionen

(30) $\xi_i = \xi_i(t)$

und

(31) $c_{ij} = c_{ij}(t)$

mögen zweimal stetig differenzierbar sein. Der Variabilitätsbereich von ξ_i ist ein endliches offenes Intervall $\imath(\xi_i)$, das den Nullpunkt enthält. Als Maß für die normale Länge von $\imath(\xi_i)$ kann man 2 mm annehmen. In dem Tripel c_{1j}, c_{2j}, c_{3j} bzw. c_{i1}, c_{i2}, c_{i3} sind die drei Richtungskosinus der j-Achse von $\overline{\mathfrak{S}}$ in bezug auf $\mathfrak{S}$ bzw. der i-Achse von $\mathfrak{S}$ bezüglich $\overline{\mathfrak{S}}$ zusammengefaßt. Es läßt sich im allgemeinen so einrichten, daß die Beträge der Differenzen $c_{ij}(t) - \delta_{ij}$ kleiner als 0,02 sind. Mit (30) und (31) bieten sich insgesamt 12 Funktionen zur Beschreibung der auf $\mathfrak{S}$ bezogenen Lage des starren Körpers $\mathfrak{B}^*$ zu jeder Zeit t an. Dafür werden aber höchstens 6 unabhängige Bestimmungsgrößen entsprechend der maximalen Anzahl der Freiheitsgrade von $\mathfrak{B}^*$ benötigt. Im Fall $c_{ij}(t) \equiv \delta_{ij}$ ist die Bewegung von $\mathfrak{B}^*$ relativ zu $\mathfrak{S}$ translatorisch. Dann sind die $\mathfrak{S}$-Koordinaten ξ_i des Führungsvektors $\overrightarrow{OS^*}$ von $\overline{\mathfrak{S}}$ zur eindeutigen Festlegung von $\mathfrak{B}^*$ hinreichend.

Es wird angenommen, daß der Vektor der Fallbeschleunigung im Punkt S^* zur Zeit t_o und die 3-Achse von $\mathfrak{S}$ antiparallel sind. Demnach ist die (1,2)-Ebene von $\mathfrak{S}$ mit der horizontalen Ebene durch S^* im Zeitpunkt t_o identisch. Die 2-Achse von $\mathfrak{S}$ möge in der Meridianebene durch S^* liegen und nach Norden gerichtet sein. Folglich ist die 1-Achse des rechtssinnigen Koordinatensystems $\mathfrak{S}$ ostwärts gerichtet.

4. Analytische Darstellung der Drehungen des Fundaments

Die Richtungskosinus c_{1i}, c_{2i}, c_{3i} sind die $\mathfrak{S}$-Koordinaten des Basisvektors von $\bar{\mathfrak{S}}$, der die Richtung der i-Achse von $\bar{\mathfrak{S}}$ anzeigt. Die drei Basisvektoren von $\bar{\mathfrak{S}}$ bilden ein orthonormiertes Dreibein. Sie ergeben insgesamt 27 gemischte Produkte ε_{ijk} mit den Werten 1, -1 oder 0. Per definitionem gilt

$$(32) \quad \varepsilon_{ijk} = \begin{vmatrix} \delta_{1i} & \delta_{1j} & \delta_{1k} \\ \delta_{2i} & \delta_{2j} & \delta_{2k} \\ \delta_{3i} & \delta_{3j} & \delta_{3k} \end{vmatrix} .$$

Daß die Koordinatensysteme $\mathfrak{S}$ und $\bar{\mathfrak{S}}$ rechtssinnig sind, läßt sich also durch

$$(33) \quad \varepsilon_{ijk} c_{hi} c_{lj} c_{mk} = \varepsilon_{hlm}$$

oder

$$(34) \quad \varepsilon_{ihl} c_{ik} c_{hm} c_{lj} = \varepsilon_{kmj}$$

ausdrücken. Dem Entwicklungssatz

$$(35) \quad \varepsilon_{ijk} \varepsilon_{hlk} = \delta_{ih} \delta_{jl} - \delta_{il} \delta_{jh}$$

entnimmt man mittels Verjüngung die Formel

$$(36) \quad \varepsilon_{ijk} \varepsilon_{hjk} = 2\delta_{ih} .$$

Die Änderung des Einheitsvektors in Richtung der j-Achse von $\bar{\mathfrak{S}}$ mit der Zeit t ist gegebenenfalls orthogonal zu dieser Koordinatenachse. Wenn die stetig differenzierbaren Ableitungen der Basisvektoren von $\bar{\mathfrak{S}}$ nach t nicht alle gleichzeitig verschwinden, dann liegen sie, in demselben Punkt S^* angetragen, in einer Ebene, deren Normale durch S^* die momentane Drehachse von $\mathfrak{B}^*$ ist, und man kann die Drehgeschwindigkeit von $\mathfrak{B}^*$ relativ zu $\mathfrak{S}$ im Zeitpunkt t durch den Vektor mit den $\mathfrak{S}$-Koordinaten

$$(37) \quad \omega_h = \omega_h(t)$$

und den $\bar{\mathfrak{S}}$-Koordinaten

$$(38) \quad \bar{\omega}_h = \bar{\omega}_h(t)$$

darstellen, dessen Betrag der einer Winkelgeschwindigkeit ist und der die Richtung der Drehachse so anzeigt, daß die Drehung von $\mathfrak{B}^*$, in dieser Richtung gesehen, mathematisch positiv ist. Demnach ergibt sich

$$(39) \quad \dot{c}_{ij} = \varepsilon_{ihl}\omega_h c_{lj}$$

Zwischen den stetig differenzierbaren Funktionen (37) und (38) bestehen die Beziehungen

$$(40) \quad \omega_h = c_{hk}\bar{\omega}_k$$

oder auch wegen (29)

$$(41) \quad \bar{\omega}_i = \omega_h c_{hi} \; .$$

Die Überschiebung von (39) mit c_{ik} verhilft unter Beachtung von (40) und (34) zu

$$(42) \quad \dot{c}_{ij}c_{ik} = \varepsilon_{ihl}c_{ik}c_{hm}c_{lj}\bar{\omega}_m = \varepsilon_{kmj}\bar{\omega}_m = \bar{\omega}_i\varepsilon_{ijk}$$

Hieraus folgt im Hinblick auf die Formel (36)

$$(43) \quad \bar{\omega}_h = \frac{1}{2}\varepsilon_{hjk}\dot{c}_{ij}c_{ik}$$

Die Orientierung des Fundaments $\mathfrak{B}^*$ bezüglich $\mathfrak{S}$ zur Zeit t läßt sich mittels einer einfachen Drehung von $\mathfrak{B}^*$ aus einer durch $c_{ij} = \delta_{ij}$ bestimmten Lage heraus um eine relativ zu $\mathfrak{S}$ feste Achse durch S* gedanklich herstellen. Dieser notabene im allgemeinen nur fiktiven Drehung entspricht der Winkel

$$(44) \quad \eta = \eta(t) \; , \quad \eta = 0 \quad \longleftrightarrow \quad c_{ij} = \delta_{ij}$$

Die Richtung der zugehörigen Drehachse zeigt der Einheitsvektor mit den $\mathfrak{S}$-Koordinaten

$$(45) \quad e_i = e_i(t) \; , \quad e_i e_i = 1 \; ,$$

an. Die Funktionen (44) und (45) mögen zweimal stetig differenzierbar sein. Der Variabilitätsbereich von η sei ein offenes Intervall, das den Nullpunkt enthält und dessen „Länge" im allgemeinen kleiner als 0,02 ist.

Jede Drehung eines starren Körpers kann durch zwei aufeinanderfolgende Umklappungen des Körpers um zwei sich schneidende Achsen erzeugt werden, die zur Drehachse orthogonal sind und den halben Drehwinkel miteinander einschließen. Die Division des vektoriellen

Produkts der beiden Einheitsvektoren mit den Richtungen der Umklappungsachsen durch das skalare Produkt dieser Vektoren ergibt den sogenannten Vektor der Drehung (LAGALLY, 1945). Im Fall der mit (44) und (45) definierten Drehung des Fundaments $\mathfrak{G}^*$ hat dieser Vektor offenbar die $\mathfrak{S}$-Koordinaten

(46) $\eta_i = e_i \tan\frac{\eta}{2}$.

Die Funktionen

(47) $\eta_i = \eta_i(t)$, $\eta_i = 0 \quad \leftrightarrow \quad c_{ij} = \delta_{ij}$,

sind zweimal stetig differenzierbar. Der Variabilitätsbereich von η_i ist ein endliches offenes Intervall $\iota(\eta_i)$, dem der Nullpunkt angehört. Aus (45) und (46) folgt

(48) $|\eta_i| \leqq \tan\frac{|\eta|}{2}$.

Wegen $c_{ij} = \delta_{ij}$ für $\eta = 0$ ergeben sich mit (45) und (47) zugleich die $\overline{\mathfrak{S}}$-Koordinaten der betreffenden Vektoren, d.h., es gilt

(49) $e_i = c_{ij}e_j = e_h c_{hi}$,

(50) $\eta_i = c_{ij}\eta_j = \eta_h c_{hi}$.

Jeder Orientierung von $\mathfrak{G}^*$ bezüglich $\mathfrak{S}$ im Zeitintervall $\iota(t)$ ist also umkehrbar eindeutig ein Wertetripel η_i zugeordnet. Mit den 6 Variablen

(51) $\xi_i \in \iota(\xi_i)$, $\eta_i \in \iota(\eta_i)$

verfügt man über einen kompletten Satz von generalisierten Koordinaten für das Fundament $\mathfrak{G}^*$ in bezug auf $\mathfrak{S}$.

Die Richtungskosinus c_{ij} müssen sich demnach als eindeutige Funktionen von η_i darstellen lassen. Die Herleitung dieser expliziten Darstellung von c_{ij} geht davon aus, daß bei einer virtuellen Änderung von η, die mit $\delta\eta$ bezeichnet wird, sich c_{ij} um

(52) $\delta c_{ij} = \delta\eta \; \varepsilon_{ihl} e_h c_{lj}$

und

(53) $\varepsilon_{ihl} e_h c_{lj} = \frac{\delta c_{ij}}{\delta\eta}$

um

(54) $\varepsilon_{ihl}e_h\delta c_{lj} = \delta\eta\ \varepsilon_{ihl}\varepsilon_{mkl}e_h e_m c_{kj} = \delta\,\frac{\delta c_{ij}}{\delta\eta}$

ändert. Hieraus folgt, indem man (35), (45) und (49) berücksichtigt,

(55) $\frac{\delta^2 c_{ij}}{\delta\eta^2} = e_i e_j - c_{ij}$

oder

(56) $\frac{\delta^2}{\delta\eta^2}(c_{ij}-e_i e_j) + (c_{ij}-e_i e_j) = 0$.

Die allgemeine Lösung dieses Systems von (entkoppelten) Differentialgleichungen kann in der Form

(57) $c_{ij} - e_i e_j = A_{ij}\cos\eta + B_{ij}\sin\eta$

mit den Integrationskonstanten A_{ij} und B_{ij} angegeben werden. Es interessiert jedoch nur die spezielle Lösung von (56), die den Bedingungen

(58) $\eta = 0 :\quad c_{ij} = \delta_{ij}\ ,\quad \frac{\delta c_{ij}}{\delta\eta} = \varepsilon_{ihl}e_h\delta_{lj} = -\varepsilon_{ijk}e_k$

genügt. Dabei wird (53) beachtet. Man hat somit in (57)

(59) $A_{ij} = \delta_{ij} - e_i e_j\ ,\quad B_{ij} = -\varepsilon_{ijk}e_k$

zu setzen und bekommt

(60) $c_{ij} = e_i e_j + (\delta_{ij}-e_i e_j)\cos\eta - \varepsilon_{ijk}e_k\sin\eta$

Unter Verwendung der goniometrischen Beziehungen

(61) $\cos\eta = \frac{1 - \tan^2\frac{\eta}{2}}{1 + \tan^2\frac{\eta}{2}}$, $\sin\eta = \frac{2\tan\frac{\eta}{2}}{1 + \tan^2\frac{\eta}{2}}$

und von (45) und (46) geht (60) schließlich in

(62) $c_{ij} = \frac{1}{1+\eta_l\eta_l}\,[(1-\eta_k\eta_k)\delta_{ij} + 2\eta_i\eta_j - 2\varepsilon_{ijk}\eta_k]$

über. Mit diesen CAYLEYschen Formeln haben sich die Richtungskosinus c_{ij} als rationale Funktionen von η_i ergeben.

Wegen (43) und

(63) $\dot{c}_{ij} = \frac{\partial c_{ij}}{\partial \eta_l} \dot{\eta}_l$

sind die $\overline{\mathfrak{S}}$-Koordinaten $\overline{\omega}_h$ der Drehgeschwindigkeit von $\mathfrak{B}^*$ homogen linear in den holonomen Geschwindigkeitskoordinaten $\dot{\eta}_l$, d.h., man kann

(64) $\overline{\omega}_h = \omega_{hl}\dot{\eta}_l$

mit den von η_i abhängigen Koeffizienten

(65) $\omega_{hl} = \frac{1}{2}\, \varepsilon_{hjk} \frac{\partial c_{ij}}{\partial \eta_i}\, c_{ik}$

ansetzen. Um die Darstellung von ω_{hl} als explizite rationale Funktion der Variablen η_i zu erhalten, werden die aus (62) resultierenden partiellen Ableitungen

(66) $\frac{1}{2} \frac{\partial}{\partial \eta_l} [(1+\eta_k\eta_k)c_{ij}] = - \eta_l\delta_{ij} + \eta_i\delta_{jl} + \eta_j\delta_{il} - \varepsilon_{ijl}$

mit c_{ik} überschoben. Man bekommt wegen (65) und (62)

(67) $(1+\eta_k\eta_k)\omega_{hl} = \varepsilon_{hjk}(-\eta_l c_{jk}+\eta_i c_{ik}\delta_{jl}+\eta_j c_{lk}-\varepsilon_{ijl}c_{ik})$

$= \frac{2\varepsilon_{hjk}\varepsilon_{jki}\eta_l\eta_i}{1+\eta_m\eta_m} + \varepsilon_{hlk}\eta_k + \varepsilon_{hjk}(\eta_j c_{lk}-\varepsilon_{ijl}c_{il})$

Hieraus folgt im Hinblick auf (35), (36) und (62)

(68) $(1+\eta_k\eta_k)^2\omega_{hl} = 4\eta_h\eta_l + (1+\eta_i\eta_i)\varepsilon_{hlk}\eta_k$

$+ \varepsilon_{hjk}\eta_j[(1-\eta_i\eta_i)\delta_{lk}+2\eta_l\eta_k-2\varepsilon_{lki}\eta_i]$

$- (1-\eta_i\eta_i)(c_{hl}-c_{jj}\delta_{hl})$

$= 4\eta_h\eta_l + 2\eta_i\eta_i\varepsilon_{hlk}\eta_k - 2\eta_h\eta_l + 2\eta_i\eta_i\delta_{hl}$

$- (1-\eta_i\eta_i)\delta_{hl} - 2\eta_h\eta_l + 2\varepsilon_{hlk}\eta_k + (3-\eta_i\eta_i)\delta_{hl}$

$= 2(1+\eta_i\eta_i)(\delta_{hl}+\varepsilon_{hlk}\eta_k)$,

also

(69) $\omega_{hl} = \frac{2}{1+\eta_i\eta_i}(\delta_{hl}+\varepsilon_{hlk}\eta_k)$

Diese übersichtlichen Beziehungen zwischen ω_{hl} und η_i ermöglichen insbesondere die explizite Angabe der Koeffizientendeterminante des linearen Gleichungssystems (64). Es ergibt sich

$$(70)\quad \det(\omega_{hl}) = \frac{8}{(1+\eta_i\eta_i)^3}\begin{vmatrix} 1 & \eta_3 & -\eta_2 \\ -\eta_3 & 1 & \eta_1 \\ \eta_2 & -\eta_2 & 1 \end{vmatrix} = \frac{8}{(1+\eta_i\eta_i)^2}$$

oder auf Grund von (46)

$$(71)\quad \det(\omega_{hl}) = 8\cos^4\frac{\eta}{2}\ .$$

Wegen $|\eta| < \pi$ ist $\det(\omega_{hl})$ stets positiv und deshalb durch (64) zu jeder Zeit t die umkehrbar eindeutige Zuordnung zwischen $\bar{\omega}_h$ und $\dot{\eta}_l$ gewährleistet.

Die Überschiebung von (42) mit c_{hk} liefert unter Verwendung von (64) und (26)

$$(72)\quad \dot{c}_{ij} = \omega_{hl}\varepsilon_{hjk}c_{ik}\dot{\eta}_l$$

und der Vergleich dieser Formel mit (63)

$$(73)\quad \frac{\partial c_{ij}}{\partial \eta_l} = \omega_{hl}\varepsilon_{hjk}c_{ik}$$

Daraus geht mittels (29) sofort

$$(74)\quad c_{ih}\frac{\partial c_{ij}}{\partial \eta_l} = \omega_{il}\varepsilon_{ijh}$$

hervor. Des weiteren verhelfen (73), (29) und (35) zu

$$(75)\quad \frac{\partial c_{ih}}{\partial \eta_m}\frac{\partial c_{ij}}{\partial \eta_l} = \omega_{um}\omega_{vl}\varepsilon_{uhk}\varepsilon_{vjk} = (\delta_{ik}\delta_{hj}-\delta_{ij}\delta_{hk})\omega_{im}\omega_{kl}$$

Die Differentiation von (64) nach der Zeit t ergibt

$$(76)\quad \dot{\bar{\omega}} = \omega_{ij}\ddot{\eta}_j + \omega_{ijk}\dot{\eta}_j\dot{\eta}_k\ ,$$

wobei man auf Grund von (69) für die Koeffizienten ω_{ijk} die einfachen Beziehungen

$$(77)\quad \omega_{ijk} \equiv \frac{\partial \omega_{ij}}{\partial \eta_k} = -\frac{2}{1+\eta_l\eta_l}(\omega_{ij}\eta_k-\varepsilon_{ijk})$$

erhält. Da die Drehgeschwindigkeitskoordinaten $\bar{\omega}_i$ anholonom, d.h.

die Differentialausdrücke $\overline{\omega}_i dt$ keine totalen Differentiale sind, können nicht alle Differenzen $\omega_{ijk}-\omega_{ikj}$ verschwinden, was den auf (64) angewandten Integrabilitätsbedingungen entsprechen würde. Diese Differenzen treten in den allgemeinen Bewegungsgleichungen von $\mathfrak{B}^*$ auf. Sie lassen sich in übersichtlicher Weise durch die Größen ω_{ij} ausdrücken. Zu dem Zweck wird die aus (77) folgende Relation

$$(78)\quad \tfrac{1}{2}(1+\eta_l\eta_l)(\omega_{ijk}-\omega_{ikj}) = 2\varepsilon_{ijk} - \omega_{ij}\eta_k + \omega_{ik}\eta_j$$

unter Beachtung von (69) in

$$(79)\quad \tfrac{1}{4}(1+\eta_l\eta_l)^2(\omega_{ijk}-\omega_{ikj}) = (1+\eta_l\eta_l)\varepsilon_{ijk} - \delta_{ij}\eta_k + \delta_{ik}\eta_j - \varepsilon_{ijl}\eta_l\eta_k + \varepsilon_{ikl}\eta_l\eta_j$$

umgeformt und nun von der mittels (69) und (34) aufgestellten Beziehung

$$(80)\quad \tfrac{1}{4}(1+\eta_l\eta_l)^2\varepsilon_{ihm}\omega_{hj}\omega_{mk} = \varepsilon_{ihm}(\delta_{hj}+\varepsilon_{hju}\eta_u)(\delta_{mk}+\varepsilon_{mkv}\eta_v) = \varepsilon_{ijk} - \delta_{ij}\eta_k + \delta_{ik}\eta_j + \varepsilon_{jkl}\eta_i\eta_l$$

subtrahiert. Setzt man noch

$$(81)\quad \varepsilon_{ijkl} \equiv \frac{4}{(1+\eta_h\eta_h)^2}(\eta_i\varepsilon_{jkl}-\eta_j\varepsilon_{kli}+\eta_k\varepsilon_{lij}-\eta_l\varepsilon_{ijk}) ,$$

dann lautet das Ergebnis

$$(82)\quad \varepsilon_{ihm}\omega_{hj}\omega_{mk} - \omega_{ijk} + \omega_{ikj} = \varepsilon_{ijkl}\eta_l$$

Eine einfache Untersuchung von (81) zeigt, daß ε_{ijkl} bei zwei gleichen Indizes den Wert Null annimmt. Da jeder der 4 Indizes die Zahlen 1,2,3 repräsentiert, müssen sich unter ihnen immer mindestens zwei gleiche Indizes befinden, weshalb ε_{ijkl} für alle Indexkombinationen verschwindet. Damit geht (82) in

$$(83)\quad \omega_{ijk} - \omega_{ikj} = \varepsilon_{ihl}\omega_{hj}\omega_{lk}$$

über.

Wenn die Interpretation der Seismogramme die Berücksichtigung von Drehungen des Fundaments $\mathfrak{G}^*$ im Zeitintervall $i(t)$ erfordert, nimmt der Seismologe gewöhnlich an, daß dabei die Drehachse von $\mathfrak{G}^*$ ihre Richtung bezüglich $\mathfrak{G}$ nicht ändert, d.h., er unterwirft die durch (44) und (45) definierte Drehung der Einschränkung

(84) $e_i = \text{const}$.

Dann stimmt c_{ij}, wie (60) zeigt, mit dem „Drehtensor"

(85) $e_{ij}(\eta) = e_i e_j + (\delta_{ij} - e_i e_j)\cos\eta - \varepsilon_{ijk} e_k \sin\eta$

überein:

(86) $c_{ij} = e_{ij}(\eta)$.

An die Stelle von (64) und (73) treten jetzt die Gleichungen

(87) $\bar{\omega}_h = e_h \dot{\eta}$, $\frac{de_{ij}}{d\eta} = e_h \varepsilon_{hjk} e_{ik}$

Aber auch die übrigen für den allgemeinen Fall (45) formulierten Beziehungen (63), (65), (72) und (74)-(77) können unter der Bedingung (84) in einfacher Weise modifiziert werden, indem man nämlich nur die Größen η_i, $\dot{\eta}_i$, $\ddot{\eta}_i$, c_{hj}, $\frac{\partial c_{hj}}{\partial \eta_i}$, ω_{hi} und ω_{hij} durch η, $\dot{\eta}$, $\ddot{\eta}$, e_{hj}, $\frac{de_{hj}}{d\eta}$, e_h und 0 ersetzt. Die Drehgeschwindigkeitskoordinaten $\bar{\omega}_h$ in (87) sind holonom.

Die seismologische Deutung der Bewegung des Fundaments $\mathfrak{G}^*$ als lokaler Effekt einer undulatorischen seismischen Bodenbewegung verschärft wenigstens dann, wenn der Herd des verursachenden Erdbebens vom Observatorium weit entfernt ist, die Bedingung (84) durch die zusätzliche Forderung

(88) $e_3 = 0$

Sie besagt, daß gegebenenfalls die Drehachse von $\mathfrak{G}^*$ parallel zur (1,2)-Ebene von $\mathfrak{G}$ ist. Solche Drehungen werden als Neigungen bezeichnet. Seismische Rotationen von starren Fundamenten um nahezu vertikale Achsen ($e_3 \approx 1$) sind wellentheoretisch abnorm und selbst in sehr impetuosen Epizentralgebieten instrumentell nicht nachgewiesen worden. In einigen früheren makroseismischen Studien hat man gegeneinander verdrehte Bestandteile steinerner Säulen, Obelisken und Skulpturen als Beweis für vertikale Drehungen des seismisch bewegten Bodens gelten lassen. SIEBERG (1927) u.a. korrigierten jedoch diese Hypothese, indem sie darauf aufmerksam machten, daß die Unebenheiten und eine inhomogene Haftreibung zwischen den Kontaktflächen der erwähnten Bauteile schon bei einer translatorischen Bodenbewegung Drehmomente mit vertikalen Achsen begünstigen.

Obwohl die geometrische Bedeutung des Vektors der Drehung von $\mathfrak{B}^*$ evident und die Struktur der CAYLEYschen Formeln (62) wie auch der übrigen Gleichungen, in denen die Variablen η_i und ihre zeitlichen Ableitungen vorkommen, sehr einfach ist, verwenden alle bisherigen theoretischen Untersuchungen in der Seismometrie, falls sie Änderungen der Orientierung des Fundaments $\mathfrak{B}^*$ relativ zum Bezugssystem $\mathfrak{S}$ während seiner seismischen Bewegung berücksichtigen, die bekannten EULERschen Winkel $\eta^{(l)}$. Mit ihrer Hilfe läßt sich jede Orientierung von $\mathfrak{B}^*$ bezüglich $\mathfrak{S}$ durch drei aufeinanderfolgende Drehungen des Fundaments aus seiner Anfangslage $\eta^{(l)} = 0$ heraus herstellen. Die Richtung der Achse der l-ten Drehung von $\mathfrak{B}^*$ zeigt der Einheitsvektor mit den $\mathfrak{S}$-Koordinaten $e_i^{(l)}$ an. Der zugehörige Drehwinkel ist $\eta^{(l)}$. Per definitionem gilt

$$(89)\quad e_i^{(1)} = \delta_{i3} ,$$

$$(90)\quad e_i^{(2)} = \delta_{i1}\cos\eta^{(1)} + \delta_{i2}\sin\eta^{(1)} ,$$

$$(91)\quad e_i^{(3)} = e^{(1)}\cos\eta^{(2)} + \varepsilon_{ijk}e_j^{(2)}e_k^{(1)}\sin\eta^{(2)}$$

$$= \delta_{i1}\sin\eta^{(1)}\sin\eta^{(2)} - \delta_{i2}\cos\eta^{(1)}\sin\eta^{(2)} + \delta_{i3}\cos\eta^{(2)}$$

Der zu (85) analoge „Drehtensor"

$$(92)\quad e_{ij}^{(l)} = e_i^{(l)}e_j^{(l)} + (\delta_{ij}-e_i^{(l)}e_j^{(l)})\cos\eta^{(l)} - \varepsilon_{ijk}e_k^{(l)}\sin\eta^{(l)}$$

beschreibt die fiktive l-te Drehung. Mit der Überschiebung

$$(93)\quad e_{hk}^* = e_{hi}^{(3)}e_{ij}^{(2)}e_{jk}^{(1)}$$

ergeben sich die eindeutigen Funktionen

$$(94)\quad e_{hk}^* = e_{hk}^*(\eta^{(l)}) , \qquad e_{hk}^*(0,0,0) = \delta_{hk}$$

Unter Verwendung von (92)-(94) drückt sich die Abhängigkeit der Richtungskosinus c_{hk} von den EULERschen Winkeln $\eta^{(l)}$ in der Form

$$(95)\quad c_{hk} = e_{hi}^{(3)}e_{ij}^{(2)}e_{jl}^{(1)}\delta_{lk} = e_{hk}^*(\eta^{(l)})$$

aus. Demnach entspricht jedem Tripel $\eta^{(l)}$ genau eine Orientierung von $\mathfrak{B}^*$ relativ zu $\mathfrak{S}$. Nun entnimmt man aber den Formeln (91)-(95)

$$(96)\quad e^*_{hk}(\eta^{(1)},0,\eta^{(3)}) = [\delta_{h3}\delta_{i3}+(\delta_{hi}-\delta_{h3}\delta_{i3})\cos\eta^{(3)}-\varepsilon_{hi3}\sin\eta^{(3)}]\times$$
$$\times[\delta_{i3}\delta_{k3}+(\delta_{ik}-\delta_{i3}\delta_{k3})\cos\eta^{(1)}-\varepsilon_{ik3}\sin\eta^{(1)}]$$
$$= \delta_{h3}\delta_{k3} + (\delta_{hk}-\delta_{h3}\delta_{k3})\cos(\eta^{(1)}+\eta^{(3)})$$
$$- \varepsilon_{hk3}\sin(\eta^{(1)}+\eta^{(3)}) \;,$$

also

$$(97)\quad e^*_{hk}(\eta^{(1)},0,\eta^{(3)}) = e^*_{hk}(\eta^{(3)},0,\eta^{(1)}) \;.$$

Dieses Ergebnis zeigt, daß die Zuordnung zwischen allen möglichen Orientierungen von $\mathfrak{G}^*$ bezüglich $\mathfrak{G}$ und den Wertetripeln $\eta^{(l)}$ nicht umkehrbar eindeutig ist. Die EULERschen Winkel $\eta^{(l)}$ kommen daher als generalisierte Koordinaten von $\mathfrak{G}^*$ in bezug auf $\mathfrak{G}$ nicht in Betracht.

5. Die kinematische Struktur des Teilverbands $\mathfrak{D}^{(k)}$

Dem mechanischen Verband $\mathfrak{D}^{(k)}$, der sich nach (4) aus dem Gehänge $\mathfrak{G}^{(k)}$ des mechanischen Empfängers $\mathfrak{E}^{(k)}$ und dem Drehspiegel $\mathfrak{g}^{(k)}$ des Galvanometers $\mathfrak{e}^{(k)}$ zusammensetzt, werden drei Freiheitsgrade bezüglich $\bar{\mathfrak{S}}$ zuerkannt, so daß jeder Lage von $\mathfrak{D}^{(k)}$ in bezug auf $\bar{\mathfrak{S}}$ im Zeitintervall $i(t)$ umkehrbar eindeutig bestimmte Werte von drei Variablen $\zeta_i^{(k)}$ entsprechen, die sich somit als generalisierte Koordinaten von $\mathfrak{D}^{(k)}$ eignen. Die Funktionen

(98) $\zeta_i^{(k)} = \zeta_i^{(k)}(t)$

mögen zweimal stetig differenzierbar sein. Der Variabilitätsbereich von $\zeta_i^{(k)}$ sei ein endliches offenes Intervall $i(\zeta_i^{(k)})$, das den Nullpunkt enthält. Die Koordinate $\zeta_3^{(k)}$ wird mit dem Drehwinkel $\zeta^{(k)}$ der Drehmasse $\mathfrak{g}^{(k)}$ identifiziert:

(99) $\zeta_3^{(k)} \equiv \zeta^{(k)}$.

Demnach sind $\zeta_1^{(k)}$ und $\zeta_2^{(k)}$ generalisierte Koordinaten von $\mathfrak{G}^{(k)}$.

Da das Gehänge $\mathfrak{G}^{(k)}$ nur ebene Bewegungen relativ zu $\bar{\mathfrak{S}}$ ausführen soll, kommen für den starren Körper $\mathfrak{G}'^{(k)}$ höchstens drei Freiheitsgrade bezüglich $\bar{\mathfrak{S}}$ in Betracht. Die elastische Aufhängung von $\mathfrak{G}^{(k)}$ am Gestell von $\mathfrak{E}^{(k)}$ bewirkt indessen eine zusätzliche Verminderung der Anzahl der Freiheitsgrade. Die Eigenschaften dieser Bindungen bleiben unzureichend berücksichtigt, wenn man von vornherein dem Gehänge $\mathfrak{G}^{(k)}$ nur einen Freiheitsgrad in bezug auf sein Gestell zuerkennt, also $\mathfrak{G}'^{(k)}$ als Drehmasse behandelt. Hieraus resultiert als einfachste Annahme, daß $\mathfrak{G}^{(k)}$ relativ zu $\mathfrak{S}$ zwei Freiheitsgrade hat.

Diese Annahme kann jedoch für das Gehänge $\mathfrak{G}^{(3)}$ problematisch sein. Die ihm angehörende Schraubenfeder $\mathfrak{G}''$ ist sowohl mit dem Gestell von $\mathfrak{E}^{(3)}$ als auch mit dem starren Körper $\mathfrak{G}'^{(3)}$ durch elastische Blattfedern verbunden. Beide Bindungen sollen wie exakte Drehgelenke funktionieren. Das ist um so besser realisierbar, je kleiner die Drehungen der Schraubenfederachse relativ zum Gestell und je größer die Beträge der Zugkräfte sind, die an den Blattfedergelenken angreifen. Eine optimale Konstruktion des mechanischen Empfängers $\mathfrak{E}^{(3)}$ muß diesen Sachverhalt berücksichtigen. Im übrigen impliziert die geforderte Bewegung des Gehänges $\mathfrak{G}^{(3)}$ in bezug auf sein

Gestell die Bedingung, daß die Abstände der Massenpunkte der Schraubenfeder $\mathfrak{G}''$ von einer gestellfesten Ebene durch die Federachse im Zeitintervall $i(t)$ konstant sind, was aber bei den gebräuchlichen Federn mit ihren dicht aufeinander folgenden Windungen und den sich ergebenden kleinen relativen Änderungen der Federlänge, die weniger als 0,03 betragen, stets hinreichend genau zutrifft. Möglicherweise werden jedoch interessante Effekte theoretisch eliminiert, die in Verbindung mit Eigenschwingungen der Schraubenfeder infolge besonders harter, dem Gestell von $\mathfrak{C}^{(3)}$ bzw. dem Fundament $\mathfrak{G}^*$ erteilter Impulse etwa bei impetuosen P-Einsätzen sich störend bemerkbar machen, worauf Erfahrungen mit Vertikalseismographen im Stationsbetrieb, deren mechanische Empfänger nach den betrachteten Prinzipien konstruiert sind, hinzuweisen scheinen. Diese Eigenschwingungen lassen sich experimentell leicht erzeugen (MALISCHEWSKY, TEUPSER und ULLMANN, 1970). Dadurch bedingte Störeffekte versucht man mittels einer geeigneten massengeometrischen Formgebung der Schraubenfeder zu eliminieren (BERCKHEMER, 1968).

Bezüglich $\mathfrak{S}$ sind also für $\mathfrak{B}^{(k)}$ höchstens 9 Freiheitsgrade und somit für den in (5) definierten mechanischen Verband $\mathfrak{B}^*$ der seismischen Apparatur im allgemeinen 15 Freiheitsgrade vorgesehen. Mit

$$(100) \quad \xi_i \in i(\xi_i) \ , \quad \eta_i \in i(\eta_i) \ , \quad \zeta_i^{(k)} \in i(\zeta_i^{(k)})$$

verfügt man nun über einen kompletten Satz von generalisierten Koordinaten für $\mathfrak{B}^*$; sie sind allen im Zeitintervall $i(t)$ möglichen Lagen von $\mathfrak{B}^*$ in bezug auf $\mathfrak{S}$ umkehrbar eindeutig zugeordnet.

Aus (25) und (62) geht hervor, daß die $\mathfrak{S}$-Koordinaten x_i jedes beliebigen Massenpunktes $P \in \mathfrak{B}^*$ in ξ_i linear und rationale Funktionen bezüglich der Variablen η_i sind, während sich ihre Abhängigkeit von $\zeta_i^{(k)}$ in den $\overline{\mathfrak{S}}$-Koordinaten $\overline{x}_j$ als Funktionen von $\zeta_i^{(k)}$ ausdrückt. Gehört P dem Fundament $\mathfrak{G}^*$ an, dann hängt x_i selbstverständlich nicht auch noch von $\zeta_i^{(k)}$ ab; denn es gilt

$$(101) \quad P \in \mathfrak{G}^* : \quad \overline{x}_j = \text{const} \ .$$

Die $\mathfrak{S}$-Koordinaten eines Massenpunktes $P \in \mathfrak{g}^{(k)}$ sind offenbar von $\zeta_1^{(k)}$ und $\zeta_2^{(k)}$ unabhängig. Da $\mathfrak{g}^{(k)}$ eine Drehmasse und $\zeta^{(k)}$ ihr Drehwinkel ist, ergeben sich die $\overline{\mathfrak{S}}$-Koordinaten von $P \in \mathfrak{g}^{(k)}$ als analytische Funktionen von $\zeta^{(k)}$:

(102) $P \in g^{(k)}: \quad \bar{x}_j = \bar{x}_j(\zeta^{(k)})$

Wenn P ein Massenpunkt des Gehänges $\mathfrak{G}^{(k)}$ ist, so daß die zugeordneten $\mathfrak{S}$-Koordinaten nicht von (99) abhängen können, dann sollen die $\bar{\mathfrak{S}}$-Koordinaten dieses Punktes als dreimal stetig differenzierbare Funktionen von $\zeta_1^{(k)}$ und $\zeta_2^{(k)}$ vorausgesetzt werden:

(103) $P \in \mathfrak{G}^{(k)}: \quad \bar{x}_j = \bar{x}_j(\zeta_1^{(k)}, \zeta_2^{(k)})$.

Damit wird insbesondere ausgesagt, daß bei der gewählten elastischen Aufhängung von $\mathfrak{G}^{(k)}$ keine anholonomen Bindungen zwischen dem Gehänge und dem Gestell zustande kommen. Sämtliche Bindungen des im Bezugssystem $\mathfrak{S}$ und im Zeitintervall $\mathfrak{i}(t)$ diskutierten Verbands $\mathfrak{V}^*$ sind also holonom, und nach (101)-(103) hängen die $\bar{\mathfrak{S}}$-Koordinaten und wegen (25) ebenso die $\mathfrak{S}$-Koordinaten aller Massenpunkte von $\mathfrak{V}^*$ nicht explizite von der Zeit t ab.

Das Massenelement von $\mathfrak{V}^*$ an der Stelle $P \in \mathfrak{V}^*$ wird mit μ bezeichnet, so daß sich die trägen Massen M^*, $M'^{(k)}$, M'' und $m^{(k)}$ von $\mathfrak{G}^*$, $\mathfrak{G}'^{(k)}$, $\mathfrak{G}''$ und $g^{(k)}$ durch

(104) $M^* = \sum_{\mathfrak{G}^*} \mu \,, \quad M'^{(k)} = \sum_{\mathfrak{G}'^{(k)}} \mu \,, \quad M'' = \sum_{\mathfrak{G}''} \mu \,, \quad m^{(k)} = \sum_{g^{(k)}} \mu$

ausdrücken lassen. Man darf stets

(105) $m^{(k)} \ll M^* \,, \quad m^{(k)} \ll M'^{(k)}$,

(106) $M'' < M'^{(3)}$

und im allgemeinen auch

(107) $\sum_k M'^{(k)} \ll M^*$

annehmen. Im Hinblick auf (3) und (104) ergibt sich die träge Masse des Gehänges $\mathfrak{G}^{(k)}$ zu

(108) $M^{(k)} = \sum_{\mathfrak{G}^{(k)}} \mu = M'^{(k)} + \delta_3^k M''$.

Da der Nullpunkt des Koordinatensystems $\bar{\mathfrak{S}}$ mit dem Massenmittelpunkt S* des Fundaments $\mathfrak{G}^*$ identisch ist, gilt

$$(109) \quad \sum_{\mathfrak{G}^*} \mu \bar{x}_i = 0 .$$

Für die $\bar{\mathfrak{S}}$-Koordinaten $s_i'^{(k)}$ bzw. s_i'' des Massenmittelpunktes $S'^{(k)}$ bzw. S" von $\mathfrak{G}'^{(k)}$ bzw. $\mathfrak{G}''$ bekommt man per definitionem

$$(110) \quad s_i'^{(k)} = \frac{1}{M'^{(k)}} \sum_{\mathfrak{G}'^{(k)}} \mu \bar{x}_i$$

bzw.

$$(111) \quad s_i'' = \frac{1}{M''} \sum_{\mathfrak{G}''} \mu \bar{x}_i .$$

Dem Massenmittelpunkt $S^{(k)}$ des Gehänges $\mathfrak{G}^{(k)}$ sind die $\bar{\mathfrak{S}}$-Koordinaten

$$(112) \quad s_i^{(k)} = \frac{1}{M^{(k)}} \sum_{\mathfrak{G}^{(k)}} \mu \bar{x}_i$$

zugeordnet. Aus (3) und (110)-(112) folgt

$$(113) \quad M^{(k)} s_i^{(k)} = M'^{(k)} s_i'^{(k)} + \delta_3^k M'' s_i'' .$$

Wegen (103) sind die Funktionen

$$(114) \quad s_i'^{(k)} = s_i'^{(k)}(\zeta_1^{(k)}, \zeta_2^{(k)}) , \quad s_i'' = s_i''(\zeta_1^{(3)}, \zeta_2^{(3)}) ,$$

dreimal stetig differenzierbar. Die $\bar{\mathfrak{S}}$-Koordinaten des Massenmittelpunktes $\Sigma^{(k)}$ von $\mathfrak{g}^{(k)}$ werden mit $\sigma_i^{(k)}$ bezeichnet. Es gilt

$$(115) \quad \sigma_i^{(k)} = \frac{1}{m^{(k)}} \sum_{\mathfrak{g}^{(k)}} \mu \bar{x}_i .$$

Die Bedingung

$$(116) \quad \sigma_i^{(k)} = \text{const}$$

besagt, daß $\Sigma^{(k)}$ auf der relativ zu $\bar{\mathfrak{S}}$ festen Drehachse des Galvanometerspiegels $\mathfrak{g}^{(k)}$ fixiert ist.

Die Richtung der für alle parallelen Bewegungsebenen der Massenpunkte von $\mathfrak{G}^{(k)}$ gleichen Normalen repräsentiert der Einheitsvektor mit den $\bar{\mathfrak{S}}$-Koordinaten

(117) $n_i^{(k)} = \text{const}$, $n_i^{(k)} n_i^{(k)} = 1$.

Da $\mathfrak{E}^{(1)}$ die Ost-West-, $\mathfrak{E}^{(2)}$ die Nord-Süd- und $\mathfrak{E}^{(3)}$ die Vertikalkomponente der seismischen Apparatur ist, sind die k-Achse von $\overline{\mathfrak{S}}$ und der Vektor (117) orthogonal zueinander, so daß

(118) $n_1^{(1)} = n_2^{(2)} = n_3^{(3)} = 0$

gilt. Bei gleicher Neigung der beiden Vektoren $n_i^{(1)}$ und $n_i^{(2)}$ gegen die 3-Achse von $\overline{\mathfrak{S}}$, was insbesondere für identische mechanische Empfänger $\mathfrak{E}^{(1)}$ und $\mathfrak{E}^{(2)}$ zutrifft, ergeben sich außerdem die Beziehungen

(119) $n_3^{(1)} = n_3^{(2)}$, $n_2^{(1)} = \pm\, n_1^{(2)}$.

Je nachdem, ob der Vektor $n_i^{(2)}$ durch eine positive oder negative Vierteldrehung um die 3-Achse von $\overline{\mathfrak{S}}$ in den Vektor $n_i^{(1)}$ übergeführt werden kann, ist in (119) das Plus- oder Minuszeichen zu nehmen.

Daß der starre Körper $\mathfrak{B}'^{(k)}$ nur Drehungen um eine bestimmte, bezüglich $\overline{\mathfrak{S}}$ ruhende Achse ausführen kann, ist mit den die Aufhängung realisierenden Blattfedergelenken bestenfalls in erster Näherung zu erreichen. Deshalb wird eine körperfeste Drehachse von $\mathfrak{B}'^{(k)}$ ausgesucht, die der fiktiven Drehachse möglichst eng benachbart ist, und darauf ein Punkt $Z^{(k)}$ markiert, der etwa an äußerster Stelle einer zu $\mathfrak{B}'^{(k)}$ gehörenden Federklemmbacke liegt. Jede Drehung von $\mathfrak{B}'^{(k)}$ relativ zu $\overline{\mathfrak{S}}$ soll nun auf diese Achse mit der Richtung des Vektors (117) bezogen werden. Der Punkt $Z^{(k)}$ ist bei seiner Bewegung an ein in $\overline{\mathfrak{S}}$ ruhendes Kurvenstück gebunden und möge für $\zeta_1^{(k)} = \zeta_2^{(k)} = 0$ mit dem in $\overline{\mathfrak{S}}$ fixierten Punkt $Z_o^{(k)}$ übereinstimmen. Die $\overline{\mathfrak{S}}$-Koordinaten $z_i^{(k)}$ von $Z^{(k)}$ hängen nur von dem Kurvenparameter $\sigma^{(k)}$ ab, dessen Betrag gleich der Bogenlänge $\widehat{Z_o^{(k)} Z^{(k)}}$ ist und der positive oder negative Werte annimmt, je nachdem, ob sich $Z^{(k)}$ auf dem einen oder anderen Abschnitt des durch $Z_o^{(k)}$ unterteilten Kurvenstücks befindet. Es gilt also

(120) $z_i^{(k)} = z_i^{(k)}(\sigma^{(k)})$, $z_i^{(k)}(0) \equiv z_{io}^{(k)}$,

und

(121) $\sigma^{(k)} = \int_{z_o^{(k)}}^{z^{(k)}} \sqrt{dz_i^{(k)}dz_i^{(k)}}$,

(122) $\sigma^{(k)} = \sigma^{(k)}(\zeta_1^{(k)},\zeta_2^{(k)})$, $\sigma^{(k)}(0,0) = 0$.

Dem Punkt $Z_o^{(k)}$ werden somit die konstanten $\overline{\mathfrak{S}}$-Koordinaten $z_{io}^{(k)}$ zugeordnet. Die Funktionen (120) und (122) sind dreimal stetig differenzierbar. Mit

(123) $m_i^{(k)} = \dfrac{dz_i^{(k)}}{d\sigma^{(k)}}$, $m_i^{(k)}(\sigma^{(k)})$, $m_i^{(k)}(0) \equiv m_{io}^{(k)}$, $m_i^{(k)}m_i^{(k)} = 1$

ergeben sich die $\overline{\mathfrak{S}}$-Koordinaten des normierten Tangentenvektors der zwangsläufigen Bahn von $Z^{(k)}$ in diesem Punkt. Die Gleichungen

(124) $n_i^{(k)}m_i^{(k)} = 0$

drücken die Orthogonalität der beiden Vektoren (117) und (123) aus.

Die dreimal stetig differenzierbare Funktion

(125) $\varphi^{(k)} = \varphi^{(k)}(\zeta_1^{(k)},\zeta_2^{(k)})$, $\varphi^{(k)}(0,0) = 0$, $|\varphi^{(k)}| < 0,3$,

soll derjenige Winkel sein, der die Drehung des starren Körpers $\mathfrak{B}'^{(k)}$ bezüglich $\overline{\mathfrak{S}}$ um die Achse durch $Z^{(k)}$ mit der Richtung (117) angibt. Die $\overline{\mathfrak{S}}$-Koordinaten x_i' des Vektors $\overrightarrow{Z^{(k)}P}$ für $P \in \mathfrak{B}'^{(k)}$ hängen unmittelbar von $\varphi^{(k)}$ ab:

(126) $P \in \mathfrak{B}'^{(k)}$: $\overline{x}_i = z_i^{(k)} + x_i'$, $x_i' = x_i'(\varphi^{(k)})$, $x_i'(0) \equiv x_{io}'$

Da der Abstand der Punkte $Z^{(k)}$ und $P \in \mathfrak{B}'^{(k)}$ konstant ist, gilt

(127) $x_i'x_i' = \text{const}$

sowie

(128) $n_i^{(k)}x_i' = \text{const}$,

denn $P \in \mathfrak{B}'^{(k)}$ verbleibt in einer relativ zu $\overline{\mathfrak{S}}$ festen Ebene, deren Normalenrichtung der Vektor (117) anzeigt. Für die ersten und zweiten Ableitungen der analytischen Funktionen $x_i'^{(k)}$ ergeben sich also unter Beachtung von (35) die Beziehungen

$$(129)\quad \frac{dx_i'}{d\varphi^{(k)}} = \varepsilon_{ijh} n_j^{(k)} x_h'$$

und

$$(130)\quad \frac{d^2 x_i'}{d\varphi^{(k)2}} = \varepsilon_{ijh}\varepsilon_{hlm} n_j^{(k)} n_l^{(k)} x_m' = n_i^{(k)} n_j^{(k)} x_j' - x_i'$$

oder auch wegen (128)

$$(131)\quad \frac{d^2}{d\varphi^{(k)2}}[x_i'(\varphi^{(k)}) - n_i^{(k)} n_j^{(k)} x_{jo}'] + [x_i'(\varphi^{(k)}) - n_i^{(k)} n_j^{(k)} x_{jo}'] = 0 .$$

Die allgemeine Lösung dieses Systems von entkoppelten Differentialgleichungen läßt sich in die Form

$$(132)\quad x_i'(\varphi^{(k)}) - n_i^{(k)} n_j^{(k)} x_{jo}' = A_i^{(k)} \cos\varphi^{(k)} + B_i^{(k)} \sin\varphi^{(k)}$$

bringen, wobei $A_i^{(k)}$ und $B_i^{(k)}$ Integrationskonstanten sind. Es interessiert jedoch nur die spezielle Lösung von (131) mit

$$(133)\quad A_i^{(k)} = (\delta_{ij} - n_i^{(k)} n_j^{(k)}) x_{jo}' , \quad B_i^{(k)} = \frac{dx_i'(0)}{d\varphi^{(k)}} = \varepsilon_{ijh} n_j^{(k)} x_{ho}' ,$$

so daß der Drehtensor

$$(134)\quad n_{ij}^{(k)}(\varphi^{(k)}) = n_i^{(k)} n_j^{(k)} + (\delta_{ij} - n_i^{(k)} n_j^{(k)}) \cos\varphi^{(k)} - \varepsilon_{ijh} n_h^{(k)} \sin\varphi^{(k)}$$

zu der Darstellung

$$(135)\quad x_i'(\varphi^{(k)}) = n_{ij}^{(k)}(\varphi^{(k)}) x_{jo}'$$

verhilft. Aus (126), (123) und (129) folgt

$$(136)\quad P \in \mathfrak{G}'^{(k)} : \quad \frac{\partial \overline{x}_i}{\partial \varphi^{(k)}} = \frac{dx_i'}{d\varphi^{(k)}} = \varepsilon_{ijh} n_j^{(k)} x_h' , \quad \frac{\partial \overline{x}_i}{\partial \sigma^{(k)}} = m_i^{(k)} .$$

Die $\overline{\mathfrak{S}}$-Koordinaten von $\overrightarrow{Z^{(k)} S'^{(k)}}$ werden mit $z_i'^{(k)}$ bezeichnet. Analog zu (126), (129), (135) und (136) bekommt man die Beziehungen

(137) $s_i^{\prime(k)} = z_i^{(k)} + z_i^{\prime(k)}$,

$$z_i^{\prime(k)} = z_i^{\prime(k)}(\varphi^{(k)}) = n_{ij}^{(k)}(\varphi^{(k)}) z_{jo}^{\prime(k)} , \quad z_i^{\prime(k)}(0) \equiv z_{io}^{\prime(k)} ,$$

und

(138) $$\frac{\partial s_i^{\prime(k)}}{\partial \varphi^{(k)}} = \frac{d z_i^{\prime(k)}}{d\varphi^{(k)}} = \varepsilon_{ijh} n_j^{(k)} z_h^{\prime(k)} , \quad \frac{\partial s_i^{\prime(k)}}{\partial \sigma^{(k)}} = m_i^{(k)} .$$

Wegen (110), (126) und (137) gilt

(139) $$z_i^{\prime(k)} = \frac{1}{M^{\prime(k)}} \sum_{\mathfrak{B}^{\prime(k)}} \mu x_i^{\prime} .$$

Dem starren Körper $\mathfrak{B}^{\prime(k)}$ gehört eine Spule an, die in den ihrer zylindrischen Form möglichst eng angepaßten Spalt eines am Gestell von $\mathfrak{E}^{(k)}$ angebrachten Dauermagneten eintauchen kann und mit dem Magneten zusammen den sogenannten elektromechanischen Wandler des Empfängers $\mathfrak{E}^{(k)}$ bildet. Der Durchmesser der Wandlerspule ist gegen den von $\mathfrak{B}^{\prime(k)}$ so klein, daß im folgenden die Tauchspule durch ihren Massenmittelpunkt $\hat{Z}^{(k)}$ repräsentiert wird. Die $\overline{\mathfrak{S}}$-Koordinaten von $\hat{Z}^{(k)}$ bzw. des Vektors $\overrightarrow{Z^{(k)}\hat{Z}^{(k)}}$ werden mit

(140) $$\hat{z}_i^{(k)} = \hat{z}_i^{(k)}(\zeta_1^{(k)}, \zeta_2^{(k)}) , \quad \hat{z}_i^{(k)}(0,0) \equiv \hat{z}_{io}^{(k)} ,$$

bzw. $\hat{z}_i^{\prime(k)}$ bezeichnet. Im Hinblick auf (137) und (138) ist

(141) $\hat{z}_i^{(k)} = z_i^{(k)} + \hat{z}_i^{\prime(k)}$,

$$\hat{z}_i^{\prime(k)} = \hat{z}_i^{\prime(k)}(\varphi^{(k)}) = n_{ij}^{(k)}(\varphi^{(k)}) \hat{z}_{jo}^{\prime(k)} , \quad \hat{z}_i^{\prime(k)}(0) \equiv \hat{z}_{io}^{\prime(k)} ,$$

und

(142) $$\frac{\partial \hat{z}_i^{(k)}}{\partial \varphi^{(k)}} = \frac{d \hat{z}_i^{\prime(k)}}{d\varphi^{(k)}} = \varepsilon_{ijh} n_j^{(k)} \hat{z}_h^{\prime(k)} , \quad \frac{\partial \hat{z}_i^{(k)}}{\partial \sigma^{(k)}} = m_i^{(k)}$$

zu setzen. Auf Grund von (120), (134), (140) mit (141) erhält man insbesondere

$$(143)\quad \hat{z}_i^{(k)} - \hat{z}_{io}^{(k)} = z_i^{(k)}(\sigma^{(k)}) - z_{io}^{(k)} + [n_{ij}^{(k)}(\varphi^{(k)}) - \delta_{ij}]\hat{z}_{jo}'^{(k)}$$

$$= z_i^{(k)}(\sigma^{(k)}) - z_{io}^{(k)} - [\varepsilon_{ijh} n_h^{(k)} \sin\varphi^{(k)}$$

$$+ 2(\delta_{ij} - n_i^{(k)} n_j^{(k)}) \sin^2 \frac{\varphi^{(k)}}{2}]\hat{z}_{jo}'^{(k)} .$$

Der Einheitsvektor mit den $\overline{\mathfrak{S}}$-Koordinaten

$$(144)\quad \hat{m}_i^{(k)} = \text{const} , \quad \hat{m}_i^{(k)}\hat{m}_i^{(k)} = 1 ,$$

zeigt die Richtung der Achse des eingeschlossenen zylinderförmigen Polschuhes des Magneten an, und zwar so, daß sie in das Innere des Magnetkörpers weist; er ist zum Vektor (117) jedenfalls orthogonal, d.h., es darf

$$(145)\quad n_i^{(k)}\hat{m}_i^{(k)} = 0$$

angenommen werden. Die Projektion der Verrückung des Punktes $\hat{Z}^{(k)}$ gegen seine durch $\hat{z}_{io}^{(k)}$ bestimmte Lage auf die Magnetachse ergibt sich demnach zu

$$(146)\quad \hat{z}^{(k)} = \hat{m}_i^{(k)}[z_i^{(k)}(\sigma^{(k)}) - z_{io}^{(k)}]$$

$$- (\varepsilon_{hij} n_h^{(k)} \hat{m}_i^{(k)} \sin\varphi^{(k)} + 2\hat{m}_j^{(k)} \sin^2 \frac{\varphi^{(k)}}{2})\hat{z}_{jo}'^{(k)} .$$

Diese Größe kann als Indikator des mechanischen Empfängers $\mathfrak{E}^{(k)}$ bezeichnet werden; denn der elektromechanische Wandler von $\mathfrak{E}^{(k)}$ verwertet nur die in der Funktion

$$(147)\quad \hat{z}^{(k)} = \hat{z}^{(k)}(t)$$

enthaltene Information von der Bewegung des Gehänges $\mathfrak{G}^{(k)}$ relativ zu $\overline{\mathfrak{S}}$. Insbesondere folgt aus (146) mit (123)

$$(148)\quad \dot{\hat{z}}^{(k)} = \hat{m}_i^{(k)} m_i^{(k)} \dot{\sigma}^{(k)} - (\varepsilon_{hij} n_h^{(k)} \hat{m}_i^{(k)} \cos\varphi^{(k)}$$

$$+ \hat{m}_j^{(k)} \sin\varphi^{(k)})\hat{z}_{jo}'^{(k)} \dot{\varphi}^{(k)} .$$

Es läßt sich einrichten, den Wandler zugleich für die erforderliche zusätzliche Dämpfung der Bewegung von $\mathfrak{G}^{(k)}$ bezüglich $\overline{\mathfrak{S}}$ zu nutzen. Man verwendet hierzu aber auch eine gesonderte Dämpfungsvorrichtung, deren Struktur üblicherweise der des elektromechanischen Wandlers weitestgehend entspricht. Dann gehören dem starren Körper $\mathfrak{B}'^{(k)}$ zwei kongruente Spulen an, und die eigentliche Dämpfungsspule wird ebenfalls durch ihren Massenmittelpunkt $\check{Z}^{(k)}$ repräsentiert. Mit den $\overline{\mathfrak{S}}$-Koordinaten $\check{z}_i^{(k)}$ bzw. $\check{z}_i'^{(k)}$ von $\check{Z}^{(k)}$ bzw. des Vektors $\overrightarrow{Z^{(k)}\check{Z}^{(k)}}$ ergeben sich zu (140)-(143) analoge Formeln. Die Bedeutung des zu (117) orthogonalen Einheitsvektors mit den konstanten $\overline{\mathfrak{S}}$-Koordinaten $\check{m}_i^{(k)}$ für den zugehörigen Dauermagneten ist die gleiche wie die des Vektors (144) für den Wandlermagneten. Die Projektion $\check{z}^{(k)}$ der Verrückung des Punktes $\check{Z}^{(k)}$ gegen seine durch $\zeta_1^{(k)} = \zeta_2^{(k)} = 0$ bestimmte Lage $\check{z}_{io}^{(k)}$ auf die Achse des Dämpfungsmagneten mit der Richtung $\check{m}_i^{(k)}$ wird in gleicher Weise wie $\mathfrak{z}^{(k)}$ in (146) definiert. Die von der zusätzlichen Dämpfungsvorrichtung bewirkte, in $\check{Z}^{(k)}$ angreifende Kraft hängt von der Funktion $\check{z}^{(k)}(t)$ und von deren zeitlicher Ableitung

$$(149)\quad \dot{\check{z}}^{(k)} = \check{m}_i^{(k)} m_i^{(k)} \dot{\sigma}^{(k)} - (\varepsilon_{hij} n_h^{(k)} \check{m}_i^{(k)} \cos\varphi^{(k)} + \check{m}_j^{(k)} \sin\varphi^{(k)}) \check{z}_{jo}'^{(k)} \dot{\varphi}^{(k)}$$

ab.

Der Winkel χ möge die Drehung der Achse $\mathfrak{A}$ der Schraubenfeder $\mathfrak{B}''$ in bezug auf $\overline{\mathfrak{S}}$ ausdrücken. Die Funktion

$$(150)\quad \chi = \chi(\zeta_1^{(3)}, \zeta_2^{(3)}) \,, \quad \chi(0,0) = 0 \,, \quad |\chi| < 0{,}3 \,,$$

ist dreimal stetig differenzierbar. Die $\overline{\mathfrak{S}}$-Koordinaten a_{i1} des Einheitsvektors, der die Richtung von $\mathfrak{A}$ definiert, hängen unmittelbar von χ ab. Die Funktionen

$$(151)\quad a_{i1} = a_{i1}(\chi) \,, \quad a_{i1}a_{i1} = 1 \,,$$

sind analytisch. Es ist noch die Bedingung

$$(152)\quad n_i^{(3)} a_{i1} = 0$$

hinzuzufügen, so daß sich

$$(153)\quad \frac{da_{i1}}{d\chi} = \varepsilon_{ijk} n_j^{(3)} a_{k1}$$

und, indem man in (134) den Winkel $\varphi^{(3)}$ durch χ ersetzt,

(154) $a_{i1}(\chi) = n_{ij}^{(3)}(\chi)a_{j1}(0)$

ergibt. Diesen Formeln und (117) ist ohne weiteres zu entnehmen, daß

(155) $a_{i2} = \frac{da_{i1}}{d\chi}$, $a_{i2}a_{i2} = 1$, $a_{i2} = a_{i2}(\chi)$,

die $\overline{\mathfrak{S}}$-Koordinaten jenes Einheitsvektors sind, der zu den Vektoren (117) und (151) orthogonal ist. Wegen (152), (153) und (35) gilt

(156) $\frac{da_{i2}}{d\chi} = - a_{i1}$.

Setzt man schließlich

(157) $a_{i3} = n_i^{(3)}$,

so wird das vollständige Ergebnis dieser Betrachtung in den Gleichungen

(158) $a_{ij}a_{ik} = \delta_{jk}$, $\varepsilon_{hlm}a_{ih}a_{jl}a_{km} = \varepsilon_{ijk}$

ausgedrückt. Die Vektoren a_{i1}, a_{i2}, a_{i3} bilden also ein orthonormiertes Dreibein und lassen sich, im Massenmittelpunkt S" der Schraubenfeder $\mathfrak{B}$" angetragen, als die Basisvektoren eines rechtssinnigen kartesischen Koordinatensystems $\mathfrak{S}$" mit dem Nullpunkt S" verwenden. In dem Tripel a_{1j}, a_{2j}, a_{3j} bzw. a_{i1}, a_{i2}, a_{i3} sind die drei Richtungskosinus der j-Achse von $\mathfrak{S}$" in bezug auf $\overline{\mathfrak{S}}$ bzw. der i-Achse von $\overline{\mathfrak{S}}$ bezüglich $\mathfrak{S}$" zusammengefaßt.

Die $\mathfrak{S}$"-Koordinaten des Vektors $\overrightarrow{S''P}$ für $P \in \mathfrak{B}''$ werden mit x_i'' bezeichnet:

(159) $P \in \mathfrak{B}''$: $x_i = s_i'' + a_{ij}x_j''$.

Daraus folgt auf Grund von (111)

(160) $\sum_{\mathfrak{B}''} \mu x_i'' = 0$.

Voraussetzungsgemäß verbleibt $P \in \mathfrak{B}''$ in einer relativ zu $\overline{\mathfrak{S}}$ festen Ebene, die zur (1,2)-Ebene von $\mathfrak{S}$" parallel ist, so daß man

(161) $x_3'' = \text{const}$

erhält. Analog hierzu soll sich auch der Abstand des Punktes $P \in \mathfrak{F}''$ von der (1,3)-Ebene des Koordinatensystems $\mathfrak{S}''$ nicht ändern, also

(162) $x_2'' = \mathrm{const}$

gelten. Sowohl (161) als auch (162) resultiert aus der Annahme, daß S'' auf der Federachse $\mathfrak{A}$ liegt, die demnach mit der 1-Achse von $\mathfrak{S}''$ identisch ist, und der Abstand jedes Massenpunktes $P \in \mathfrak{F}''$ von $\mathfrak{A}$ sich mit der Länge Λ der Schraubenfeder $\mathfrak{F}''$ nicht ändert. Die Positivfunktion

(163) $\Lambda = \Lambda(\zeta_1^{(3)}, \zeta_2^{(3)})$, $\Lambda(0,0) = \Lambda_o$,

ist dreimal stetig differenzierbar. Folglich kann nur x_1'' von Λ abhängen. Der einfachste explizite Ausdruck für die Funktion

(164) $x_1'' = x_1''(\Lambda)$

ergibt sich unter der Voraussetzung, daß eine für die Gestalt von $\mathfrak{F}''$ charakteristische Eigenschaft, nämlich die Proportion

(165) $x_1''(\Lambda) : x_1''(\Lambda_o) = \Lambda : \Lambda_o$,

auch in praxi hinreichend genau zutrifft. Sie verhilft zu der Gleichung

(166) $x_1''(\Lambda) = \dfrac{x_1''(\Lambda_o)}{\Lambda_o} \Lambda$.

Es wird angenommen, daß sich wenigstens die zur Aufhängung von $\mathfrak{F}''$ am Gestell des mechanischen Empfängers $\mathfrak{E}^{(3)}$ und zur Verbindung zwischen $\mathfrak{F}''$ und dem starren Körper $\mathfrak{F}'^{(3)}$ verwendeten Blattfedern wie ideale Scharniere verhalten. Infolgedessen schneidet die Federachse $\mathfrak{A}$ beide Drehachsen in den Punkten A und B, wobei A in bezug auf $\overline{\mathfrak{S}}$ ruht und B mit $\mathfrak{F}^{(3)}$ fest verbunden ist. Die Richtung des Vektors $\overrightarrow{AB}$ wird durch den Einheitsvektor (151) angezeigt. Seine Länge $L = \overline{AB}$ hängt von $\zeta_1^{(3)}$ und $\zeta_2^{(3)}$ ab:

(167) $L = L(\zeta_1^{(3)}, \zeta_2^{(3)}) > 0$, $L(0,0) = L_o$

Wegen der vorausgesetzten Homogenität und ganzzahlig vielen Windungen der Schraubenfeder $\mathfrak{F}''$ kommt für die $\mathfrak{S}''$-Koordinate x_1'' des beliebigen Massenpunktes $P \in \mathfrak{G}''$ jeder Wert des Intervalls $[-\frac{\Lambda}{2}, \frac{\Lambda}{2}]$ in Betracht. Die Konstruktion der Bindung von $\mathfrak{G}''$ an das Gestell von $\mathfrak{C}^{(3)}$ bzw. den Gehängeteil $\mathfrak{G}'^{(3)}$ bedingt den Abstand

(168) $a = \text{const}\ , \quad a > 0\ ,$

bzw.

(169) $b = \text{const}\ , \quad b > 0\ ,$

des Massenpunktes von $\mathfrak{G}''$ mit den $\mathfrak{S}''$-Koordinaten $-\frac{\Lambda}{2},0,0$ bzw. $\frac{\Lambda}{2},0,0$ von A bzw. B. Die Summe $a + b$ ist die konstante Differenz zwischen L und Λ:

(170) $a + b = L - \Lambda = L_o - \Lambda_o > 0\ .$

Da S'' auf $\mathfrak{A}$ liegt, entsprechen dem Vektor $\overrightarrow{AS''}$ bzw. $\overrightarrow{BS''}$ die $\overline{\mathfrak{S}}$-Koordinaten $(a + \frac{\Lambda}{2})a_{i1}(\chi)$ bzw. $-(b + \frac{\Lambda}{2})a_{i1}(\chi)$. Mit Hilfe der $\overline{\mathfrak{S}}$-Koordinaten

(171) $a_i = \text{const}$

des Punktes A ergibt sich also für s_i'' die Darstellung

(172) $s_i'' = a_i + (a + \frac{\Lambda}{2})a_{i1}(\chi)\ .$

Darin erscheint s_i'' als Funktion von Λ und χ. Dem Punkt B bzw. dem Vektor $\overrightarrow{Z^{(3)}B}$ seien die $\overline{\mathfrak{S}}$-Koordinaten b_i bzw. b_i' zugeordnet. Analog zu (141) und (142) gilt

(173) $b_i = z_i^{(3)} + b_i'\ ,$

$$b_i' = b_i'(\varphi^{(3)}) = n_{ij}^{(3)}(\varphi^{(3)})b_{jo}'\ , \quad b_i'(0) \equiv b_{io}'\ ,$$

und

(174) $$\frac{\partial b_i}{\partial \varphi^{(3)}} = \frac{db_i'}{d\varphi^{(3)}} = \varepsilon_{ijh}n_j^{(3)}b_h'\ , \quad \frac{\partial b_i}{\partial \sigma^{(3)}} = m_i^{(3)}\ .$$

Neben (172) verfügt man über die Gleichungen

(175) $s_i'' = b_i - (b + \frac{\Lambda}{2})a_{i1}(\chi)\ .$

Unter der Bedingung

(176) $a = b$

gehen aus (172) und (175) die einfachen Beziehungen

(177) $$s''_i = \frac{a_i + b_i}{2}$$

oder im Hinblick auf (173) ausführlicher

(178) $$s''_i = \frac{1}{2}[a_i + z_i^{(3)}(\sigma^{(3)}) + b'_i(\varphi^{(3)})]$$

hervor. Hier erscheint s''_i als Funktion von $\varphi^{(3)}$ und $\sigma^{(3)}$. Wegen (176) und (170) bekommt man

(179) $$L = \Lambda + 2a$$

und damit anstelle von (172)

(180) $$s''_i = a_i + \frac{L}{2}\, a_{i1}(\chi) \ ,$$

also auf Grund der Orthogonalitätsrelation in (158) und von (178)

(181) $$L^2 = 4(s''_i - a_i)(s''_i - a_i) = (z_i^{(3)} + b'_i - a_i)(z_i^{(3)} + b'_i - a_i)$$

sowie

(182) $$a_{i1}(\chi) = \frac{2}{L}(s''_i - a_i) = \frac{1}{L}(z_i^{(3)} + b'_i - a_i) \ .$$

Die Formeln (181) und (182) sind für die Untersuchung der Abhängigkeit der Größen L bzw. Λ und χ von $\varphi^{(3)}$ und $\sigma^{(3)}$ geeignet.

Aus (180) folgt in Verbindung mit (155) und (158)

(183) $$2a_{i1}\left(\frac{\partial}{\partial\varphi^{(3)}}, \frac{\partial}{\partial\sigma^{(3)}}\right)s''_i = \left(\frac{\partial}{\partial\varphi^{(3)}}, \frac{\partial}{\partial\sigma^{(3)}}\right)\Lambda \ ,$$

(184) $$\frac{2}{L}a_{i2}\left(\frac{\partial}{\partial\varphi^{(3)}}, \frac{\partial}{\partial\sigma^{(3)}}\right)s''_i = \left(\frac{\partial}{\partial\varphi^{(3)}}, \frac{\partial}{\partial\sigma^{(3)}}\right)\chi \ ,$$

so daß sich unter Beachtung von (157) und (158)

$$(185)\quad \frac{\partial(\Lambda,\chi)}{\partial(\varphi^{(3)},\sigma^{(3)})} = \frac{4}{L}\begin{vmatrix} a_{i1}\dfrac{\partial s_i''}{\partial\varphi^{(3)}} & a_{i1}\dfrac{\partial s_i''}{\partial\sigma^{(3)}} \\ a_{i2}\dfrac{\partial s_i''}{\partial\varphi^{(3)}} & a_{i2}\dfrac{\partial s_i''}{\partial\sigma^{(3)}} \end{vmatrix}$$

$$= \frac{4}{L}\,\varepsilon_{hlm}a_{ih}a_{jl}\delta_{m3}\,\frac{\partial s_i''}{\partial\varphi^{(3)}}\,\frac{\partial s_j''}{\partial\sigma^{(3)}}$$

$$= \frac{4}{L}\,\varepsilon_{ijk}\,\frac{\partial s_i''}{\partial\varphi^{(3)}}\,\frac{\partial s_j''}{\partial\sigma^{(3)}}\,n_k^{(3)}$$

ergibt. Nach (177) und (174) gilt

$$(186)\quad \frac{\partial s_i''}{\partial\varphi^{(3)}} = \frac{1}{2}\,\varepsilon_{ijh}n_j^{(3)}b_h' \,, \qquad \frac{\partial s_i''}{\partial\sigma^{(3)}} = \frac{1}{2}\,m_i^{(3)} \,,$$

womit (185) wegen (35) und (124) in

$$(187)\quad \frac{\partial(\Lambda,\chi)}{\partial(\varphi^{(3)},\sigma^{(3)})} = \frac{1}{L}\,\varepsilon_{ijk}\varepsilon_{ilh}n_l^{(3)}b_h'm_j^{(3)}n_k^{(3)} = -\frac{1}{L}\,m_i^{(3)}b_i'$$

übergeht. Diese Determinante nimmt also genau dann den Wert Null an, wenn die beiden Vektoren $m_i^{(3)}$ und b_i' orthogonal sind. Für die partiellen Ableitungen von Λ und χ nach $\varphi^{(3)}$ und $\sigma^{(3)}$ in (183) und (184) erhält man mittels (182), (186) und (153), (155) im einzelnen die Ausdrücke

$$(188)\quad \frac{\partial\Lambda}{\partial\varphi^{(3)}} = -\frac{1}{L}\,\varepsilon_{hij}b_h'(a_i-z_i^{(3)})n_j^{(3)} \,,$$

$$(189)\quad \frac{\partial\Lambda}{\partial\sigma^{(3)}} = a_{i1}m_i^{(3)} = \frac{1}{L}\,(z_i^{(3)}+b_i'-a_i)m_i^{(3)} \,,$$

$$(190)\quad \frac{\partial\chi}{\partial\varphi^{(3)}} = \frac{1}{L}\,\varepsilon_{ijh}a_{i2}n_j^{(3)}b_h' = \frac{1}{L}\,a_{i1}b_i' = \frac{1}{L^2}\,(z_i^{(3)}+b_i'-a_i)b_i' \,,$$

$$(191)\quad \frac{\partial\chi}{\partial\sigma^{(3)}} = \frac{1}{L}\,\varepsilon_{ijk}m_i^{(3)}n_j^{(3)}a_{k1} = \frac{1}{L^2}\,\varepsilon_{hij}\,(z_h^{(3)}+b_h'-a_h)m_i^{(3)}n_j^{(3)} \,.$$

In (188) erscheint die Projektion des Vektors $\overrightarrow{Z^{(3)}B} \times \overrightarrow{Z^{(3)}A}$ auf die Drehachse von $\mathfrak{G}'^{(3)}$ durch $Z^{(3)}$. Sein Betrag stimmt mit dem doppelten Flächeninhalt F des Dreiecks $\Delta AZ^{(3)}B$ überein; er hängt jedenfalls von $\zeta_1^{(3)}$ und $\zeta_2^{(3)}$ ab:

(192) $F = F(\zeta_1^{(3)}, \zeta_2^{(3)}) > 0 , \quad F(0,0) = F_o .$

Die bezüglich $\overline{\mathfrak{S}}$ festen, nach (124) und (152) zum Vektor (157) orthogonalen Ebenen, in denen der Punkt $Z^{(3)}$ und das Punktepaar A, B verbleiben, sind nicht notwendig identisch. Es wird nun aber angenommen, daß die Punkte A, B und $Z^{(3)}$ in derselben Ebene liegen, was möglicherweise eine Änderung der bisherigen Lage von $Z^{(3)}$ auf der beibehaltenen Drehachse von $\mathfrak{G}'^{(3)}$ erfordert. Folglich können die Beziehungen (173) durch

(193) $n_i^{(3)} b_i' = 0$

ergänzt werden, weshalb sich unter Beachtung von (134), (152) und (182)

(194) $b_i'(\varphi^{(3)}) = (\delta_{ij} \cos\varphi^{(3)} - \varepsilon_{ijh} n_h^{(3)} \sin\varphi^{(3)}) b_{jo}'$

und

(195) $n_i^{(3)}(a_i - z_i^{(3)}) = 0$

ergibt. Die zusätzliche Bedingung

(196) $\dfrac{\partial \Lambda}{\partial \varphi^{(3)}} < 0$

oder nach (188) auch

(197) $\varepsilon_{hij} b_h'(a_i - z_i^{(3)}) n_j^{(3)} > 0$

besagt, daß bei festgehaltenem Punkt $Z^{(3)}$ die Zunahme bzw. Abnahme des Drehwinkels $\varphi^{(3)}$ eine Verkleinerung bzw. Vergrößerung der Federlänge Λ bewirkt. Somit ist

(198) $F = \varepsilon_{hij} b_h'(a_i - z_i^{(3)}) n_j^{(3)} = - L \dfrac{\partial \Lambda}{\partial \varphi^{(3)}}$

zu setzen. Die negative partielle Ableitung $\dfrac{\partial \Lambda}{\partial \varphi^{(3)}}$ ist also die Höhe im Dreieck $\Delta AZ^{(3)}B$ über der Seite AB.

Jeder Lage von $\mathfrak{G}''$ in bezug auf $\overline{\mathfrak{S}}$ entspricht umkehrbar eindeutig ein Wertepaar Λ, χ. Damit die Federlänge Λ und der Drehwinkel χ der Schraubenachse $\mathfrak{U}$ auch als generalisierte Koordinaten von $\mathfrak{G}^{(3)}$ in Betracht kommen, muß die Zuordnung zwischen den Variablen Λ, χ und

$\zeta_1^{(3)}$, $\zeta_2^{(3)}$ in (163) und (150) umkehrbar eindeutig sein. Eine notwendige Bedingung hierfür ist

$$(199)\quad \frac{\partial(\Lambda,\chi)}{\partial(\zeta_1^{(3)},\zeta_2^{(3)})} \neq 0 \ .$$

Die Abhängigkeit der $\overline{\mathfrak{S}}$-Koordinaten des beliebigen Massenpunktes $P \in \mathfrak{B}'^{(3)}$ von Λ und χ läßt sich aber nur dann explizite angeben, wenn die Führung des starren Körpers $\mathfrak{B}'^{(3)}$ infolge seiner Aufhängung am Gestell von $\mathfrak{E}^{(3)}$ berücksichtigt wird.

Während die geometrische Bedeutung von $\zeta_3^{(k)}$ ebenso wie die von ξ_i und η_i von vornherein bekannt ist und die Verwendung dieser Variablen als generalisierte Koordinaten eine übersichtliche Darstellung der kinematischen Struktur des mechanischen Verbands $\mathfrak{D}^*$ ermöglicht, sind $\zeta_1^{(k)}$ und $\zeta_2^{(k)}$ noch nicht konkretisiert. Unter allen generalisierten Koordinaten $\zeta_1^{(k)}$, $\zeta_2^{(k)}$ eignen sich diejenigen am besten für eine solche Darstellung, die in einfachster Weise die betreffenden Eigenschaften der Aufhängung von $\mathfrak{B}^{(k)}$ beschreiben, was bei $\mathfrak{B}^{(3)}$ für Λ und χ offenbar nicht zutrifft. Dagegen bieten sich der Drehwinkel $\varphi^{(k)}$ und die supplementäre Variable $\sigma^{(k)}$ als primäre generalisierte Koordinaten von $\mathfrak{B}^{(k)}$ an. Die Zuordnung zwischen den Veränderlichen $\varphi^{(k)}$, $\sigma^{(k)}$ und $\zeta_1^{(k)}$, $\zeta_2^{(k)}$ in (125) und (122) ist also umkehrbar eindeutig:

$$(200)\quad \varphi^{(k)},\sigma^{(k)} \quad \longleftrightarrow \quad \zeta_1^{(k)},\zeta_2^{(k)} \ .$$

Insbesondere gilt

$$(201)\quad \frac{\partial(\varphi^{(k)},\sigma^{(k)})}{\partial(\zeta_1^{(k)},\zeta_2^{(k)})} \neq \ .$$

Die spezielle Zuordnung

$$(202)\quad \varphi^{(3)},\sigma^{(3)} \quad \longleftrightarrow \quad \Lambda,\chi$$

setzt nach (187) voraus, daß die Vektoren $m_i^{(3)}$ und $b_i^!$ nicht orthogonal sind. Übrigens ist diese Bedingung für (202) auch hinreichend.

Die $\overline{\mathfrak{S}}$-Koordinaten des Vektors $\overrightarrow{\Sigma^{(k)}P}$ für $P \in \mathfrak{g}^{(k)}$ werden mit y_i bezeichnet:

$$(203)\quad P \in \mathfrak{g}^{(k)} \ : \quad \overline{x}_i = \sigma_i^{(k)} + y_i \ .$$

Hieraus folgt wegen (115)

(204) $\sum_{g^{(k)}} \mu y_i = 0$

und, da der Abstand zwischen $\Sigma^{(k)}$ und $P \in g^{(k)}$ konstant ist,

(205) $y_i y_i = \text{const}$.

Die Richtung der zur 3-Achse von $\overline{\mathfrak{S}}$ parallelen Drehachse des Galvanometerspiegels $g^{(k)}$ wird durch den Einheitsvektor mit den $\overline{\mathfrak{S}}$-Koordinaten δ_{i3} angezeigt, so daß sich für die Ableitungen der analytischen Funktionen

(206) $y_i = y_i(\zeta^{(k)})$, $y_i(0) \equiv y_{io}$,

die Beziehungen

(207) $\frac{dy_i}{d\zeta^{(k)}} = \varepsilon_{ij3} y_j$

ergeben. Man entnimmt ihnen sofort

(208) $y_3 = \text{const}$

und unter Verwendung des „Drehtensors"

(209) $\Delta_{ij}(\zeta^{(k)}) = \delta_{i3}\delta_{j3} + (\delta_{ij} - \delta_{i3}\delta_{j3})\cos\zeta^{(k)} - \varepsilon_{ij3}\sin\zeta^{(k)}$

die Darstellung

(210) $y_i(\zeta^{(k)}) = \Delta_{ij}(\zeta^{(k)}) y_{jo}$.

Schließlich folgt aus (102), (116), (203) und (207)

(211) $P \in g^{(k)}$: $\frac{d\overline{x}_i}{d\zeta^{(k)}} = - \varepsilon_{ij3} y_j$.

6. Die eingeprägten Kräfte

Die in den Massenpunkten des mechanischen Verbands $\mathfrak{V}^*$ angreifenden Kräfte werden üblicherweise in zwei Klassen eingeteilt. Die eine Klasse bilden die Zwangskräfte oder Reaktionen. Sie bewirken die Bindungen des Teilverbands $\mathfrak{V}^{(k)}$ an das Fundament $\mathfrak{B}^*$ sowie zwischen den Massenpunkten der starren Körper $\mathfrak{B}^*$, $\mathfrak{B}'^{(k)}$ und $\mathfrak{g}^{(k)}$ und der Schraubenfeder $\mathfrak{B}''$. Diese geometrisch bedingten Kräfte sind im einzelnen kaum oder gar nicht bestimmbar. Der Kinematik von $\mathfrak{V}^*$ kann man aber entnehmen, in welcher Weise sie die Bewegungsfreiheit von $\mathfrak{V}^{(k)}$ bezüglich $\bar{\mathfrak{G}}$ einschränken und daß sie sich im Zeitintervall $i(t)$ nicht ändern. Die Bindungen des Verbands $\mathfrak{V}^*$ sind also skleronom.

Daher gehört jede durch die Koordinatendifferentiale dx_i ausgedrückte Verrückung des Massenpunktes $P \in \mathfrak{V}^*$ relativ zu $\mathfrak{G}$ der Menge der infinitesimalen, mit den Bindungen verträglichen virtuellen Verrückungen von $P \in \mathfrak{V}^*$ an. Die $\mathfrak{G}$-Koordinaten einer solchen Verrückung werden mit δx_i bezeichnet. Aus (25), (73) und (101) folgt insbesondere

$$(212) \quad P \in \mathfrak{B}^* : \quad \delta x_i = \delta\xi_i + \omega_{hl}\varepsilon_{hjk}\bar{x}_j c_{ik}\delta\eta_l \ ;$$

$\delta\xi_i$ und $\delta\eta_i$ sind die entsprechenden virtuellen Änderungen von ξ_i und η_i. Einer auf $\bar{\mathfrak{G}}$ bezogenen virtuellen Verrückung des Massenpunktes $P \in \mathfrak{V}^{(k)}$ mögen die $\bar{\mathfrak{G}}$-Koordinaten $\delta\bar{x}_j$ zugeordnet sein. Nach (103) und (102) ergibt sich

$$(213) \quad P \in \mathfrak{B}^{(k)} : \quad \delta\bar{x}_j = \frac{\partial\bar{x}_j}{\partial\zeta_1^{(k)}}\,\delta\zeta_1^{(k)} + \frac{\partial\bar{x}_j}{\partial\zeta_2^{(k)}}\,\delta\zeta_2^{(k)}$$

und

$$(214) \quad P \in \mathfrak{g}^{(k)} : \quad \delta\bar{x}_j = \frac{d\bar{x}_j}{d\zeta^{(k)}}\,\delta\zeta^{(k)} \ ,$$

wobei $\delta\zeta_i^{(k)}$ die zugehörige virtuelle Änderung von $\zeta_i^{(k)}$ darstellt [s.(99)].

Die Kräfte der anderen Klasse sollen als eingeprägte Kräfte bezeichnet werden. In ihre mathematische Formulierung gehen physikalische Parameter ein, die sich nur durch Messungen bestimmen lassen. Es wird nun angenommen, daß die Werte dieser Parameter im Zeitintervall $i(t)$ hinreichend konstant sind und damit die eingeprägten Kräfte von $\mathfrak{V}^*$ nicht explizite von der Zeit t abhängen. Der mechanische Verband $\mathfrak{V}^*$ ist also autonom. Die zu berücksichtigenden eingeprägten Kräfte sind die auf das Fundament $\mathfrak{B}^*$ einwirkenden seismischen Kräfte, die in jedem Massenpunkt $P \in \mathfrak{B}^{(k)}$ angreifende Schwerkraft, die elastischen Rückstellkräfte infolge der Aufhängung des starren Körpers $\mathfrak{B}'^{(k)}$ bzw. $\mathfrak{g}^{(k)}$ am Gestell von $\mathfrak{E}^{(k)}$ bzw. $\mathfrak{e}^{(k)}$, die Federkraft von $\mathfrak{B}''$ und die durch den elektromechanischen Wandler und die Dämpfungsvorrichtung von $\mathfrak{E}^{(k)}$ bzw. $\mathfrak{e}^{(k)}$ erzeugten Kräfte.

Die $\mathfrak{S}$-Koordinaten X_i^* der in $P \in \mathfrak{B}^*$ angreifenden seismischen Kraft hängen im allgemeinen vom Ort und von der Geschwindigkeit des Punktes $P \in \mathfrak{B}^*$ bezüglich $\mathfrak{S}$ ab. Im Hinblick auf (25), (62) und (101) ergeben sich damit die physikalischen Funktionen

$$(215) \quad X_i^* = X_i^*(\xi_j, \eta_j, \dot{\xi}_j, \dot{\eta}_j) \; , \quad X_i^*(0, \ldots, 0) = 0 \; .$$

Den Zusammenhang zwischen (215) und den $\overline{\mathfrak{S}}$-Koordinaten $\overline{X}_k^*$ derselben Kraft regelt die Transformation

$$(216) \quad \overline{X}_k^* = X_i^* c_{ik} \; .$$

Bei der virtuellen Verrückung (212) verrichtet die seismische Kraft (215) bzw. (216) die virtuelle Arbeit

$$(217) \quad X_i^* \delta x_i = X_i^* \delta \xi_i + \omega_{hl} (\varepsilon_{hjk} \overline{x}_j \overline{X}_k^*) \delta \eta_l \; .$$

Mit

$$(218) \quad \Xi_i^* = \sum_{\mathfrak{B}^*} X_i^* \; , \quad \Xi_i^* = \Xi_i^*(\xi_j, \eta_j, \dot{\xi}_j, \dot{\eta}_j) \; , \quad \Xi_i^*(0, \ldots, 0) = 0 \; ,$$

werden die $\mathfrak{S}$-Koordinaten der im Massenmittelpunkt S^* des Fundaments $\mathfrak{B}^*$ angreifenden Resultante der seismischen Kräfte und mit

$$(219) \quad W_h^* = \sum_{\mathfrak{B}^*} \varepsilon_{hjk} \overline{x}_j \overline{X}_k^* \; , \quad W_h^* = W_h^*(\xi_j, \eta_j, \dot{\xi}_j, \dot{\eta}_j) \; , \quad W_h^*(0, \ldots, 0) = 0$$

die $\overline{\mathfrak{S}}$-Koordinaten des resultierenden Moments dieser Kräfte in bezug auf S^* eingeführt. Die aus (217)-(219) hervorgehende Gleichung

$$(220) \quad \sum_{\mathfrak{B}^*} X_i^* \delta x_i = \Xi_i^* \delta \xi_i + \omega_{hi} W_h^* \delta \eta_i$$

liefert die Darstellung der gesamten virtuellen Arbeit der auf das Fundament $\mathfrak{B}^*$ einwirkenden seismischen Kräfte. Selbst wenn im Zeitintervall $i(t)$ kein Kräftepaar zustande kommt, d.h. das Drehmoment

(219) identisch verschwindet, kann Ξ_i^* von η_j und $\dot{\eta}_j$ abhängen.

Die auf dem Instrumentensockel installierten Empfänger $\mathfrak{E}^{(k)}$ sind so eng benachbart, daß die drei Gehänge $\mathfrak{G}^{(k)}$ in einem bezüglich $\mathfrak{S}$ ruhenden Gebiet $\mathfrak{B}$ verbleiben, in dem wegen seines verhältnismäßig kleinen Durchmessers das Vektorfeld der Fallbeschleunigung genügend homogen ist. Demnach sind der Fallbeschleunigung in jedem beliebigen Aufpunkt von $\mathfrak{B}$ zur Zeit t_o die gleichen Koordinaten

(221) $g_i = g_i(t_o)$

zugeordnet. Sie definieren also einen Vektor, der das Feld der Fallbeschleunigung in $\mathfrak{B}$ im Zeitintervall $\iota(t)$ repräsentiert. Sein Betrag wird durch

(222) $g = |\sqrt{g_i g_i}|$, $g = g(t_o)$,

ausgedrückt. Dagegen interessiert die Fallbeschleunigung im Punkt S* zur Zeit t_o nur insoweit, als sie zur Orientierung der 3-Achse von $\mathfrak{S}$ dient. Hierfür ist jedoch in praxi der Vektor (219) besser geeignet, so daß einfach

(223) $g_i = - g\delta_{i3}$

gesetzt wird. Ob man den Ansatz mit einer Korrektion der bisherigen Orientierung der 3-Achse von $\mathfrak{S}$ oder mit der Übereinstimmung des Feldvektors (221) und der Fallbeschleunigung in S* zur Zeit t_o begründet, ist für die folgenden Untersuchungen belanglos. Die in (221) und (222) formulierte Abhängigkeit von t_o soll besagen, daß bei einer Korrelation von Seismogrammen derselben Apparatur in verschiedenen Zeitintervallen möglicherweise auch Variationen der Fallbeschleunigung in $\mathfrak{B}$ zu berücksichtigen sind. Schon deshalb müßten an einem seismologischen Observatorium neben den üblichen Temperatur-, Luftdruck- und Luftfeuchtigkeitsbestimmungen auch noch Schweremessungen durchgeführt werden.

Die $\bar{\mathfrak{S}}$-Koordinaten der Fallbeschleunigung (223) ergeben sich zu

(224) $g_i c_{ij} = - g c_{3j}$,

so daß man unter Beachtung von (112) und (213) mit

(225) $$\sum_{\mathfrak{G}^{(k)}} \mu g_i c_{ij} \delta\bar{x}_j = - M^{(k)} g\, c_{3j} \left(\frac{\partial s_j^{(k)}}{\partial \zeta_1^{(k)}} \delta\zeta_1^{(k)} + \frac{\partial s_j^{(k)}}{\partial \zeta_2^{(k)}} \delta\zeta_2^{(k)} \right)$$

die gesamte virtuelle Arbeit der in jedem Massenpunkt $P \in \mathfrak{B}^{(k)}$ wirksamen Schwerkraft bei einer virtuellen Änderung der Lage von $\mathfrak{B}^{(k)}$ relativ zu $\overline{\mathfrak{S}}$ erfaßt. Im Hinblick auf (200) können an die Stelle von $\zeta_1^{(k)}$ und $\zeta_2^{(k)}$ die Variablen $\varphi^{(k)}$ und $\sigma^{(k)}$ treten. Aus (113), (138) und (186) folgt

$$(226)\quad M^{(k)} \frac{\partial s_i^{(k)}}{\partial \varphi^{(k)}} = M'^{(k)} \varepsilon_{ijh} n_j^{(k)} z_h'^{(k)} + \delta_3^k \frac{M''}{2} \varepsilon_{ijh} n_j^{(3)} b_h'$$

und

$$(227)\quad M^{(k)} \frac{\partial s_i^{(k)}}{\partial \sigma^{(k)}} = M'^{(k)} m_i^{(k)} + \delta_3^k \frac{M''}{2} m_i^{(3)} ,$$

womit (225) in

$$(228)\quad \sum_{\mathfrak{B}^{(k)}} \mu g_i c_{ij} \delta \bar{x}_j = - g\, c_{3i} \varepsilon_{ijh} \Big(M'^{(k)} n_j^{(k)} z_h'^{(k)} + \delta_3^k \frac{M''}{2} n_j^{(3)} b_h'\Big) \delta\varphi^{(k)} - g\, c_{3i} \Big(M'^{(k)} m_i^{(k)} + \delta_3^k \frac{M''}{2} m_i^{(3)}\Big) \delta\sigma^{(k)}$$

übergeht.

Die seismischen Kräfte und die Schwerkraft sind die einzigen äußeren Kräfte, die im Zeitintervall $\iota(t)$ den mechanischen Verband $\mathfrak{V}^*$ beeinflussen. Die übrigen angegebenen eingeprägten Kräfte wirken zwischen den Gehängen $\mathfrak{C}^{(k)}$ und $\mathfrak{g}^{(k)}$ und dem Fundament $\mathfrak{B}^*$. Die inneren Kräfte verrichten bei einer virtuellen Verlagerung von $\mathfrak{B}^*$ (und arretierten Gehängen) keine Arbeit und brauchen daher ebenso wie die Schwerkraft nur als eingeprägte Kräfte des Verbands $\mathfrak{V}^{(k)}$ in bezug auf das Koordinatensystem $\overline{\mathfrak{S}}$ betrachtet zu werden.

Die Rückstellkräfte infolge der elastischen Aufhängung von $\mathfrak{B}'^{(k)}$ am Gestell von $\mathfrak{C}^{(k)}$ greifen in den Massenpunkten einer gewissen Untermenge $\mathfrak{M}^{(k)}$ von $\mathfrak{B}'^{(k)}$ an, die man sich aus den zu $\mathfrak{B}'^{(k)}$ gehörenden Klemmbacken für die Blattfedern und bei $\mathfrak{B}^{(1)}$ und $\mathfrak{B}^{(2)}$ zusätzlich aus der Muffe, die zur Befestigung des Torsionsdrahtes dient (TEUPSER und ULLMANN, 1964), gebildet denken kann. Die in $P \in \mathfrak{M}^{(k)} \subset \mathfrak{B}'^{(k)}$ wirksame betreffende Kraft mit den $\overline{\mathfrak{S}}$-Koordinaten

$$(229)\quad X_i' = X_i'(\zeta_1^{(k)}, \zeta_2^{(k)})$$

ist zum Vektor (117) stets orthogonal, d.h., es gilt

$$(230) \quad n_i^{(k)} X_i' = 0 \,.$$

Die Blattfedern der Aufhängung von $\mathfrak{B}'^{(k)}$ und der Torsionsdraht sollen in der durch $\zeta_1^{(k)} = 0$, $\zeta_2^{(k)} = 0$ bestimmten Lage von $\mathfrak{B}^{(k)}$ bezüglich $\overline{\mathfrak{S}}$ unverbogen und unverdrillt sein, so daß die physikalischen Funktionen (229) der Bedingung

$$(231) \quad X_i'(0,0) = 0$$

genügen müssen.

Wenn man nun gemäß (200) die Veränderlichen $\zeta_1^{(k)}$, $\zeta_2^{(k)}$ durch $\varphi^{(k)}$, $\sigma^{(k)}$ ersetzt und (136) beachtet, ergibt sich aus (213)

$$(232) \quad P \in \mathfrak{B}'^{(k)} : \quad \delta\overline{x}_i = \varepsilon_{ijh} n_j^{(k)} x_h' \delta\varphi^{(k)} + m_i^{(k)} \delta\sigma^{(k)} \,.$$

In dem Ausdruck für die gesamte virtuelle Arbeit $\sum_{\mathfrak{M}^{(k)}} X_i' \delta\overline{x}_i$ erscheinen die resultierende Kraft $\sum_{\mathfrak{M}^{(k)}} X_i'$, die im Punkt $Z^{(k)}$ anzutragen ist und in der durch den Einheitsvektor (123) repräsentierten Tangente der Bahn von $Z^{(k)}$ liegt, sowie das auf $Z^{(k)}$ bezogene Moment $\sum_{\mathfrak{M}^{(k)}} \varepsilon_{jhi} x_h' X_i'$, das zum Vektor (117) parallel ist. Mit (232) und den Ansätzen

$$(234) \quad \sum_{\mathfrak{M}^{(k)}} X_i' = \Xi^{(k)} m_i^{(k)} \,, \quad \Xi^{(k)} = \sum_{\mathfrak{M}^{(k)}} X_i' m_i^{(k)} \,,$$

$$(235) \quad \sum_{\mathfrak{M}^{(k)}} \varepsilon_{jhi} x_h' X_i' = W^{(k)} n_j^{(k)} \,, \quad W^{(k)} = \sum_{\mathfrak{M}^{(k)}} \varepsilon_{ijh} X_i' n_j^{(k)} x_h' \,,$$

bekommt man

$$(236) \quad \sum_{\mathfrak{M}^{(k)}} X_i' \delta\overline{x}_i = W^{(k)} \delta\varphi^{(k)} + \Xi^{(k)} \delta\sigma^{(k)} \,.$$

Es empfiehlt sich, $\Xi^{(k)}$ und $W^{(k)}$ als Funktionen von $\varphi^{(k)}$ und $\sigma^{(k)}$ zu betrachten:

$$(237) \quad \Xi^{(k)} = \Xi^{(k)}(\varphi^{(k)}, \sigma^{(k)}) \,, \quad W^{(k)} = W^{(k)}(\varphi^{(k)}, \sigma^{(k)}) \,.$$

Wegen (122), (125) und (231) gilt

(238) $\Xi^{(k)}(0,0) = 0$, $W^{(k)}(0,0) = 0$.

Am Massenmittelpunkt $\hat{Z}^{(k)}$ der Tauchspule des elektromechanischen Wandlers von $\mathfrak{E}^{(k)}$ greift die eingeprägte Kraft mit den $\overline{\mathfrak{S}}$-Koordinaten $\hat{X}_i^{(k)}$ an. Sie möge stets parallel zum Einheitsvektor (144) gerichtet sein, d.h., es wird

(239) $\hat{X}_i^{(k)} = \hat{\Xi}^{(k)}\hat{m}_i^{(k)}$

angenommen. Das skalare Produkt

(240) $\hat{\Xi}^{(k)} = \hat{X}_i^{(k)}\hat{m}_i^{(k)}$

ist im einfachsten Fall eine physikalische Funktion von $\dot{\hat{z}}^{(k)}$ und $\dot{\zeta}^{(k)}$ (TEUPSER, 1958). Das elektrische Netz des mechanischen Teilverbands $\mathfrak{B}^{(k)}$ kann jedoch Schaltelemente enthalten, die bewirken, daß $\hat{\Xi}^{(k)}$ auch noch von höheren Ableitungen (TEUPSER, 1965) und wiederholten Integralen der Funktionen $\hat{z}^{(k)}(t)$ und $\zeta^{(k)}(t)$ abhängt. Die Funktion $\hat{\Xi}^{(k)}$ soll jedenfalls den Wert Null annehmen, wenn ihre Argumente sämtlich gleich Null sind. Der Ausdruck für die auf $\overline{\mathfrak{S}}$ bezogene virtuelle Verrückung $\delta\hat{z}_i^{(k)}$ des Punktes $\hat{Z}^{(k)}$ geht aus (232) hervor, indem man einfach $\delta\overline{x}_i$ bzw. x_h' durch $\delta\hat{z}_i^{(k)}$ bzw. $\hat{z}_h'^{(k)}$ ersetzt. Bei dieser Verrückung verrichtet die Kraft (239) die virtuelle Arbeit

(241) $\hat{X}_i^{(k)}\delta\hat{z}_i^{(k)} = \hat{\Xi}^{(k)}(\varepsilon_{ijh}\hat{m}_i^{(k)}n_j^{(k)}\hat{z}_h'^{(k)}\delta\varphi^{(k)} + \hat{m}_i^{(k)}m_i^{(k)}\delta\sigma^{(k)})$.

Dementsprechend erhält man für die virtuelle Arbeit der im Punkt $\check{Z}^{(k)}$ angreifenden dämpfenden Kraft mit den $\overline{\mathfrak{S}}$-Koordinaten

(242) $\check{X}_i^{(k)} = \check{\Xi}^{(k)}\check{m}_i^{(k)}$

infolge der bezüglich $\overline{\mathfrak{S}}$ betrachteten virtuellen Verrückung $\delta\check{z}_i^{(k)}$ von $\check{Z}^{(k)}$ den Ausdruck

(243) $\check{X}_i^{(k)}\delta\check{z}_i^{(k)} = \check{\Xi}^{(k)}(\varepsilon_{ijh}\check{m}_i^{(k)}n_j^{(k)}\check{z}_h'^{(k)}\delta\varphi^{(k)} + \check{m}_i^{(k)}m_i^{(k)}\delta\sigma^{(k)})$.

Das im Ansatz (242) eingeführte skalare Produkt

(244) $\check{\Xi}^{(k)} = \check{X}_i^{(k)}\check{m}_i^{(k)}$

definiert die Dämpfungsfunktion des Gehänges $\mathfrak{G}^{(k)}$:

(245) $\check{\Xi}^{(k)} = \check{\Xi}^{(k)}(\check{z}^{(k)},\dot{\check{z}}^{(k)})$, $\operatorname{sgn} \check{\Xi}^{(k)}(\check{z}^{(k)},\dot{\check{z}}^{(k)}) = - \operatorname{sgn} \dot{\check{z}}^{(k)}$

Offenbar ist die lineare Dämpfung

(246) $\check{\Xi}^{(k)} = -\check{\alpha}^{(k)}\dot{\check{z}}^{(k)}$, $\check{\alpha}^{(k)} = \text{const}$, $\check{\alpha}^{(k)} > 0$,

die einfachste und in der Seismometrie auch übliche Annahme.

Mit der elastischen Schraubenfeder $\mathfrak{G}''$ des mechanischen Empfängers $\mathfrak{E}^{(3)}$ wird eine geeignete Gegenwirkung zu der in den Massenpunkten des starren Körpers $\mathfrak{G}'^{(3)}$ angreifenden Schwerkraft bezweckt. Für die von $\mathfrak{G}''$ auf $\mathfrak{G}'^{(3)}$ ausgeübte Kraft kommt B als Angriffspunkt in Betracht. Die Federkraft, der die $\bar{\mathfrak{S}}$-Koordinaten X_i'' zugeordnet sind, liegt stets in der Federachse $\mathfrak{A}$. Da $\mathfrak{G}''$ eine Zugfeder ist, wird die Richtung der Federkraft durch den Einheitsvektor mit den $\bar{\mathfrak{S}}$-Koordinaten $-a_{i1}$ angezeigt. Der Betrag Ξ'' dieser Kraft hängt nur von der Federlänge Λ ab. Es gilt also

(247) $X_i'' = - \Xi'' a_{i1}$.

Für die Funktion

(248) $\Xi'' = \Xi''(\Lambda)$

wird das lineare Gesetz

(249) $\Xi'' = \varkappa(\Lambda - \Delta)$

postuliert. Darin erscheinen die positive Federkonstante $\varkappa$ und die sogenannte Vorspannlänge Δ der Schraubenfeder $\mathfrak{G}''$, deren Wert sowohl positiv als auch negativ und speziell gleich Null sein kann. Beide physikalische Parameter nehmen voraussetzungsgemäß im Zeitintervall $i(t)$ konstante Werte an. Die Bedingung

(250) $\operatorname{sgn}(\Lambda - \Delta) = \operatorname{sgn} \varkappa = 1$

garantiert die Positivität von Ξ''. Unter Verwendung von (179) und

(251) $\Delta + 2a = c$

läßt sich (249) in

(252) $\Xi'' = \varkappa(1 - \frac{c}{L})L$

umformen. In Übereinstimmung mit (250) ist $c < L$ zu fordern, und es darf sogar

(253) $|c| < L$

angenommen werden. Von besonderem Interesse ist der Spezialfall

(254) $c = 0$,

der nach (251) und (179) genau dann eintritt, wenn die Feder $\mathfrak{F}''$ eine negative Vorspannlänge aufweist, deren Betrag mit der konstanten Differenz zwischen dem Abstand L und der Federlänge Λ übereinstimmt; er bewirkt eine weitgehende formale Vereinfachung des Ausdrucks für Ξ'' in (252).

Für die auf $\overline{\mathfrak{S}}$ bezogene virtuelle Verrückung δb_i des Punktes B ergibt sich aus (232), indem man $k = 3$ und δb_i bzw. b'_h an die Stelle von δx_i bzw. x'_h setzt, die Beziehung

(255) $\delta b_i = \varepsilon_{ijh} n_j^{(3)} b'_h \delta\varphi^{(3)} + m_i^{(3)} \delta\sigma^{(3)}$.

Bei dieser Verrückung verrichtet die Federkraft (247) die virtuelle Arbeit

(256) $X''_i \delta b_i = - \Xi''(\varepsilon_{ijh} a_{i1} n_j^{(3)} b'_h \delta\varphi^{(3)} + a_{i1} m_i^{(3)} \delta\sigma^{(3)})$

oder mit (182), (198) und (252)

(257) $X''_i \delta b_i = \varkappa(1 - \frac{c}{L})[F\delta\varphi^{(3)} - (z_i^{(3)} + b'_i - a_i) m_i^{(3)} \delta\sigma^{(3)}]$.

Im Massenpunkt P des Galvanometergehänges $\mathfrak{g}^{(k)}$ greift die innere eingeprägte Kraft mit den $\overline{\mathfrak{S}}$-Koordinaten Ξ_i an. Die Gesamtheit dieser Kräfte liefert das auf die Drehachse von $\mathfrak{g}^{(k)}$ bezogene resultierende Moment

(258) $\sum_{\mathfrak{g}^{(k)}} \varepsilon_{ijh} y_j \Xi_h = w^{(k)} \delta_{i3}$, $w^{(k)} = \sum_{\mathfrak{g}^{(k)}} \varepsilon_{3jh} y_j \Xi_h$.

Dagegen verschwindet die in $\Sigma^{(k)}$ angetragene Summe aller eingeprägten Kräfte identisch:

(259) $\sum_{\mathfrak{g}^{(k)}} \Xi_i \equiv 0$.

Im einfachsten Fall hängt $w^{(k)}$ nur von $\zeta^{(k)}$, $\dot{\zeta}^{(k)}$ und $\dot{z}^{(k)}$ ab (TEUPSER, 1958). Aus den gleichen Gründen, die mit $\hat{\Xi}^{(k)}$ eine kompliziertere Funktion ergeben, kann $w^{(k)}$ zusätzlich von höheren Ableitungen und wiederholten Integralen der Funktionen $\zeta^{(k)}(t)$ und $\hat{z}^{(k)}(t)$ abhängen. Die Funktion $w^{(k)}$ setzt sich aus dem Rückstellmoment der elastischen Aufhängung von $\mathfrak{g}^{(k)}$, dem Moment der Dämpfung infolge der Luftreibung von $\mathfrak{g}^{(k)}$ und dem Moment der im elektromechanischen Wandler des Galvanometers $\mathfrak{e}^{(k)}$ auftretenden Kräfte additiv zusammen. Sie nimmt ebenso wie $\hat{\Xi}^{(k)}$ den Wert Null an, wenn ihre Argumente sämtlich gleich Null sind. Aus (211), (214) und (258) folgt schließlich

$$(260)\qquad \sum_{\mathfrak{g}^{(k)}} \Xi_i \delta\overline{x}_i = w^{(k)} \delta\zeta^{(k)} \ .$$

In (220), (228), (236), (241), (243), (257) und (260) sind die Anteile der gesamten virtuellen Arbeit δA der im mechanischen Verband $\mathfrak{B}^*$ wirksamen eingeprägten Kräfte infolge einer infinitesimalen virtuellen Änderung der durch die generalisierten Koordinaten ξ_i, η_i, $\varphi^{(k)}$, $\sigma^{(k)}$ und $\zeta^{(k)}$ bestimmten Lage von $\mathfrak{B}^*$ bezüglich $\mathfrak{G}$ dargestellt. Demnach ergibt sich

$$(261)\qquad \begin{aligned} \delta A = \sum_k \{ & \varepsilon_{ijh} n_j^{(k)} (- M'^{(k)} g\, c_{3i} z_h'^{(k)} \\ & + \hat{\Xi}^{(k)} \hat{m}_i^{(k)} \hat{z}_h^{(k)} + \check{\Xi}^{(k)} \check{m}_i^{(k)} \check{z}_h'^{(k)}) + W^{(k)} \\ & + \delta_3^k [- \tfrac{M''}{2} g\, \varepsilon_{ijh} c_{3i} n_j^{(3)} b_h' + \varkappa (1 - \tfrac{c}{L}) F] \} \delta\varphi^{(k)} \\ + \sum_k \{ & (- M'^{(k)} g\, c_{3i} + \hat{\Xi}^{(k)} \hat{m}_i^{(k)} + \check{\Xi}^{(k)} \check{m}_i^{(k)}) m_i^{(k)} + \Xi^{(k)} \\ & - \delta_3^k [\tfrac{M''}{2} g\, c_{3i} + \varkappa (1 - \tfrac{c}{L})(z_i^{(3)} + b_i' - a_i)] m_i^{(3)} \} \delta\sigma^{(k)} \\ + \sum_k & w^{(k)} \delta\zeta^{(k)} + \Xi_i^* \delta\xi_i + \omega_{hi} W_h^* \delta\eta_i \ . \end{aligned}$$

Die den Koordinatenwerten

$$(262)\qquad \xi_i = 0 \ , \quad \eta_i = 0 \ , \quad \zeta_i^{(k)} = 0$$

entsprechende spezielle Lage des Verbands $\mathfrak{B}^*$ relativ zu $\mathfrak{G}$ soll eine Gleichgewichtslage von $\mathfrak{B}^*$ sein, so daß die gesamte virtuelle Arbeit (261) in dieser Lage gleich Null ist (Prinzip der virtuellen Arbeit). Außer der Existenz wird die Unität der Gleichgewichtslage im Variabilitätsbereich der generalisierten Koordinaten von $\mathfrak{D}^*$ gefordert, d.h., es verschwindet δA genau dann, wenn man sich irgend eine virtuelle Verrückung von $\mathfrak{D}^*$ aus der durch (262) bestimmten Lage heraus vorgenommen denkt. Nach (122) und (125) ergibt sich insbesondere $\varphi^{(k)} = 0$, $\sigma^{(k)} = 0$ für $\zeta_1^{(k)} = 0$, $\zeta_2^{(k)} = 0$, und wegen (200) darf auch weiterhin sogar $\zeta_1^{(k)} = \varphi^{(k)}$, $\zeta_2^{(k)} = \sigma^{(k)}$ gesetzt werden. Die Funktionen $\hat{\Xi}^{(k)}$ und $w^{(k)}$ nehmen den Wert Null an, wenn ihre Argumente sämtlich gleich Null sind. Das gleiche trifft für die Funktionen (218), (219), (237) [s. (238)] und (245) zu. Die Bedingung $\delta A = 0$ für jede beliebige virtuelle Verrückung von $\mathfrak{D}^*$ aus der Gleichgewichtslage (262) heraus besagt, daß die Koeffizienten der linearen Differentialform (261) einzeln gleich Null zu setzen sind, wobei jeder darin vorkommenden Funktion der Wert an der Stelle Null ihres Definitionsbereiches zuzuerteilen ist. Man bekommt also unter Beachtung von (47) die notwendigen Bedingungen

$$(263)\quad g\,\varepsilon_{jh3}(M'^{(k)}n_j^{(k)}z_{ho}'^{(k)} + \delta_3^k \frac{M''}{2} n_j^{(3)}b_{ho}') - \delta_3^{(k)}\varkappa(1 - \frac{c}{L_o})F_o = 0\,,$$

$$(264)\quad g(M'^{(k)}m_{3o}^{(k)}+\delta_3^k \frac{M''}{2} m_{3o}^{(3)}) + \delta_3^k\varkappa(1 - \frac{c}{L_o})(z_{io}^{(3)}+b_{io}'-a_i)m_{io}^{(3)} = 0\,.$$

In (263) sind die drei Gleichgewichtsbedingungen

$$(265)\quad z_{1o}'^{(1)} = 0\,,\quad z_{2o}'^{(2)} = 0$$

und

$$(266)\quad \varepsilon_{jh3}n_j^{(3)}(M'^{(3)}z_{ho}'^{(3)} + \frac{M''}{2} b_{ho}') - \frac{\varkappa}{g}(1 - \frac{c}{L_o})F_o = 0$$

zusammengefaßt. Zu (265) gelangt man auf Grund von (118) und unter der Voraussetzung $n_2^{(1)} \neq 0$ bzw. $n_1^{(2)} \neq 0$. Aber auch im Spezialfall $n_2^{(1)} = n_1^{(2)} = 0$ (oder $n_3^{(1)} = n_3^{(2)} = 1$) ist (265) zu fordern; denn bei einer bestimmten stetigen Annäherung an diese Orientierung des Gestells von $\mathfrak{C}^{(1)}$ bzw. $\mathfrak{C}^{(2)}$ relativ zu $\overline{\mathfrak{G}}$ etwa durch geeignetes Drehen der Gestellfußschrauben soll sich die Gleichgewichtslage von $\mathfrak{G}^{(1)}$ bzw. $\mathfrak{G}^{(2)}$ in bezug auf das zugehörige Gestell nicht ändern.

Mit (264) ergeben sich die Bedingungen

$$(267)\quad m_{3o}^{(1)} = 0\,,\quad m_{3o}^{(2)} = 0$$

und

$$(268)\quad (M'^{(3)} + \frac{M''}{2})m_{3o}^{(3)} + \frac{\varkappa}{g}(1 - \frac{c}{L_o})(z_{io}^{(3)}+b'_{io}-a_i)m_{io}^{(3)} = 0$$

oder wegen (150) und (182)

$$(269)\quad m_{3o}^{(3)} + \frac{\varkappa}{(M'^{(3)} + \frac{M''}{2})g}(L_o - c)a_{i1}(0)m_{io}^{(3)} = 0 .$$

Diese Beziehung ist für die Einrichtung des Blattfedergelenks von $\mathfrak{G}'^{(3)}$ maßgebend (ULLMANN, 1965). Insbesondere gilt

$$(270)\quad m_{3o}^{(3)} = 0 \quad \leftrightarrow \quad a_{i1}(0)m_{io}^{(3)} = 0 .$$

Demnach können die neutralen Fasern der Blattfedern, die $\mathfrak{G}'^{(3)}$ an das Gestell von $\mathfrak{E}^{(3)}$ binden, im undeformierten Zustand nur dann parallel zur 3-Achse von $\overline{\mathfrak{S}}$ sein, wenn die Achse $\mathfrak{U}$ der Schraubenfeder $\mathfrak{G}''$ in der Gleichgewichtslage (262) ebenfalls parallel zur 3-Achse von $\overline{\mathfrak{S}}$ (also vertikal gerichtet) ist. Aus (266) und (268) folgt übrigens die Gleichung

$$(271)\quad m_{3o}^{(3)} + \frac{1}{(1 + \frac{M''}{2M'^{(3)}})F_o} \times$$

$$\times\ \varepsilon_{jh3}n_j^{(3)}(z'^{(3)}_{ho} + \frac{M''}{2M'^{(3)}}b'_{ho})(z_{io}^{(3)}+b'_{io}-a_i)m_{io}^{(3)} = 0 ,$$

worin die Federkonstante $\varkappa$ und mit c die Vorspannlänge von $\mathfrak{G}''$ sowie die Fallbeschleunigung g nicht mehr explizite erscheinen.

In Übereinstimmung mit (238) wird angenommen, daß sämtliche Blattfedern der Aufhängung von $\mathfrak{G}^{(k)}$ in der (idealen) Gleichgewichtslage (262) undeformiert sind. Darauf ist bei der Montage und der Justierung der Empfänger $\mathfrak{E}^{(k)}$ sorgfältig zu achten. Diese Annahme impliziert insbesondere im Fall des Vertikalseismographen die evidente Bedingung, daß der Massenmittelpunkt $S'^{(3)}$ des starren Gehängeteils $\mathfrak{G}'^{(3)}$ der Ebene des Dreiecks $\Delta AZ^{(3)}B$ angehört und die zwei die Bindung von $\mathfrak{G}'^{(3)}$ an das Gestell $\mathfrak{E}^{(3)}$ realisierenden Blattfedern beiderseits der betreffenden Ebene in gleichen (möglichst großen) Abständen hiervon spiegelbildlich angebracht sind. Bei der Konstruktion des Empfängers $\mathfrak{E}^{(3)}$ geht man daher von der hinreichenden, aber nicht notwendigen Voraussetzung aus, die Massen von $\mathfrak{G}'^{(3)}$ symmetrisch in bezug auf die durch die komplanaren Punkte A, $Z^{(3)}$, B, $S'^{(3)}$ bestimmte Ebene anzuordnen. Die Vektoren $\overrightarrow{Z^{(3)}S'^{(3)}}$ und (157) sind also stets orthogonal, und man kann darüber hinaus zwecks formaler Vereinfachung die Orthogonalität der Vektoren (139) und (117) fordern, wodurch auch der auf der körperfesten Drehachse des Gehänges $\mathfrak{G}^{(1)}$ bzw. $\mathfrak{G}^{(2)}$ liegende Punkt $Z^{(1)}$ bzw. $Z^{(2)}$ endgültig bestimmt ist. Die entsprechende Relation

(272) $n_i^{(k)} z_i'^{(k)} = 0$

verhilft zusammen mit (137) und (134) zu der Darstellung

(273) $z_i'^{(k)}(\varphi^{(k)}) = (\delta_{ij}\cos\varphi^{(k)} - \varepsilon_{ijh} n_h^{(k)} \sin\varphi^{(k)}) z_{jo}'^{(k)}$.

Da die Blattfedern der Aufhängung von $\mathfrak{G}^{(1)}$ und $\mathfrak{G}^{(2)}$ in der Gleichgewichtslage (262) undeformiert sein sollen, müssen schließlich noch die Bedingungen

(274) $m_{io}^{(1)} = -\delta_i^1$, $m_{io}^{(2)} = \delta_i^2$

erfüllt sein.

7. Neigungs- und Temperaturempfindlichkeit eines mechanischen Empfängers

Nimmt der mechanische Verband $\mathfrak{V}^*$ bis zur Zeit t_0 die von den Koordinatenwerten (262) angezeigte Ruhelage ein, dann ist damit die Gleichgewichtslage von $\mathfrak{V}^*$ auch im Zeitintervall $i(t)$ eindeutig bestimmt; denn $i(t)$ ist voraussetzungsgemäß so kurz, daß in ihm alle physikalischen Parameter des Verbands $\mathfrak{V}^*$ als konstant angesehen werden dürfen. In einem längeren Zeitintervall, das $i(t)$ enthält, ist aber möglicherweise die Gleichgewichtslage von $\mathfrak{V}^*$ nicht stationär. Als Ursachen hierfür kommen außer der erwähnten Variation des Schwerefeldes am Ort des seismologischen Observatoriums mechanische Kräfte im Untergrund des Observatoriums, die eine allmähliche Änderung der Orientierung des Fundaments $\mathfrak{B}^*$ in bezug auf $\mathfrak{S}$ zur Folge haben, sowie Temperatur- und Luftdruckschwankungen in Betracht, wobei erstere die massengeometrischen Konfigurationen von $\mathfrak{B}^*$ und den Gehängen $\mathfrak{B}^{(k)}$ (durch kleine Deformationen) schwach verändern und speziell sowohl die „Federkonstante" als auch die Vorspannung der Schraubenfeder $\mathfrak{B}''$ beeinflussen, während letztere bei $\mathfrak{B}^{(3)}$ einen variablen Auftrieb bewirken können. In praxi stellt man Abweichungen von der Gleichgewichtslage (262) nur auf Grund der stattgefundenen „Auswanderung der Null-Lage" der Gehänge $\mathfrak{B}^{(k)}$ fest und korrigiert diese durch eine nochmalige Justierung der Empfänger $\mathfrak{E}^{(k)}$. Von derartigen Störeffekten interessiert besonders die separate Auswirkung einer quasistationären Neigung des starren Fundaments $\mathfrak{B}^*$ bzw. einer Temperaturänderung im Instrumentenraum des Observatoriums auf die Gleichgewichtslage von $\mathfrak{B}^{(k)}$ bzw. $\mathfrak{B}^{(3)}$.

Die Untersuchung der Neigungsempfindlichkeit des Empfängers $\mathfrak{E}^{(k)}$ erfolgt mit Hilfe der Ausdrücke

$$(275)\quad X^{(k)}(\varphi^{(k)},\sigma^{(k)},\eta) \equiv - g\,\varepsilon_{ijh}[M'^{(k)} n_j^{(k)} z'^{(k)}_h(\varphi^{(k)}) + \delta_3^k \frac{M''}{2}\, n_j^{(3)} b'_h(\varphi^{(3)})]\, e_{3i}(\eta) + W^{(k)}(\varphi^{(k)},\sigma^{(k)}) + \delta_3^k \varkappa [1 - \frac{c}{L(\varphi^{(3)},\sigma^{(3)})}] F(\varphi^{(3)},\sigma^{(3)})$$

und

$$(276)\quad Y^{(k)}(\varphi^{(k)},\sigma^{(k)},\eta) \equiv -g[M'^{(k)}m_i^{(k)}(\sigma^{(k)}) + \delta_3^k \frac{M''}{2} m_i^{(3)}(\sigma^{(3)})]e_{3i}(\eta) + \Xi^{(k)}(\varphi^{(k)},\sigma^{(k)}) - \delta_3^k \varkappa[1 - \frac{c}{L(\varphi^{(3)},\sigma^{(3)})}] \times [z_i^{(3)}(\sigma^{(3)}) + b_i'(\varphi^{(3)}) - a_i]m_i^{(3)}(\sigma^{(3)}) \ ;$$

sie stimmen mit den Koeffizienten von $\delta\varphi^{(k)}$ und $\delta\sigma^{(k)}$ der linearen Differentialform (261) überein, wenn man darin die Funktionen $\hat{\Xi}^{(k)}$ und $\check{\Xi}^{(k)}$ gleich Null setzt, wovon nämlich keine eine additive Zerlegung zuläßt, in der ein nur von $\varphi^{(k)}$ und $\sigma^{(k)}$ abhängiger Summand vorkommt, der nicht identisch verschwindet. In (275) und (276) erscheinen die Richtungskosinus c_{ij} entsprechend (86) als die „Koordinaten" des sogenannten Drehtensors (85) mit der Nebenbedingung (88) für Neigungen von $\mathfrak{G}^*$. Wegen (263), (264) und (238), (85) ergibt sich

$$(277)\quad X^{(k)}(0,0,0) = 0 \ , \quad Y^{(k)}(0,0,0) = 0 \ .$$

Für hinreichend kleine Beträge von $\varphi^{(k)}$, $\sigma^{(k)}$ und η gilt unter Berücksichtigung der Beziehungen (120), (123), (134), (137) und (173) in erster Näherung

$$(278)\quad z_i^{(k)}(\sigma^{(k)}) \approx z_{io}^{(k)} + m_{io}^{(k)}\sigma^{(k)} \ ,$$

$$(279)\quad z_h'^{(k)}(\varphi^{(k)}) \approx z_{ho}'^{(k)} + \varepsilon_{hjl}n_j^{(k)}z_{lo}'^{(k)}\varphi^{(k)} \ ,$$

$$(280)\quad b_h'(\varphi^{(3)}) \approx b_{ho}' + \varepsilon_{hjl}n_j^{(3)}b_{lo}'\varphi^{(3)}$$

und

$$(281)\quad m_i^{(k)}(\sigma^{(k)}) \approx m_{io}^{(k)} + \frac{1}{\varrho_o^{(k)}} \varepsilon_{ijh}n_j^{(k)}m_{ho}^{(k)}\sigma^{(k)} \ ,$$

wobei $\varrho_o^{(k)}$ den nicht notwendig positiven Krümmungsradius des Kurvenstücks, an das der Punkt $Z^{(k)}$ gebunden ist, im Punkt $Z_o^{(k)}$ bezeichnet, des weiteren im Hinblick auf (238)

(282) $\Xi^{(k)}(\varphi^{(k)},\sigma^{(k)}) \approx \frac{\partial\Xi^{(k)}(0,0)}{\partial\varphi^{(k)}}\,\varphi^{(k)} + \frac{\partial\Xi^{(k)}(0,0)}{\partial\sigma^{(k)}}\,\sigma^{(k)}$,

(283) $W^{(k)}(\varphi^{(k)},\sigma^{(k)}) \approx \frac{\partial W^{(k)}(0,0)}{\partial\varphi^{(k)}}\,\varphi^{(k)} + \frac{\partial\Xi^{(k)}(0,0)}{\partial\sigma^{(k)}}\,\sigma^{(k)}$,

außerdem nach (35), (193), (198), (278) und (280)

(284) $F(\varphi^{(3)},\sigma^{(3)}) \approx F_o - (a_i - z_{io}^{(3)})b'_{io}\varphi^{(3)} + \varepsilon_{ijh}n_i^{(3)}m_{jo}^{(3)}b'_{ho}\sigma^{(3)}$

sowie auf Grund von (189) und (198)

(285) $$1 - \frac{c}{L(\varphi^{(3)},\sigma^{(3)})} \approx 1 - \frac{c}{L_o} + \frac{c}{L_o^2}\,\frac{\partial\Lambda(0,0)}{\partial\varphi^{(3)}}\,\varphi^{(3)} + \frac{c}{L_o^2}\,\frac{\partial\Lambda(0,0)}{\partial\sigma^{(3)}}\,\sigma^{(3)}$$

$$= 1 - \frac{c}{L_o} - \frac{cF_o}{L_o^3}\,\varphi^{(3)}$$

$$+ \frac{c}{L_o^3}\,(z_{io}^{(3)} + b'_{io} - a_i)m_{io}^{(3)}\,\sigma^{(3)}$$

und schließlich mit (85)

(286) $e_{3i}(\eta) \approx \delta_{i3} - \varepsilon_{ij3}e_j\eta$,

wozu die Nebenbedingung (88) gar nicht benötigt wird.

In (282) und (283) wird vorausgesetzt, daß die partiellen Ableitungen der Funktionen (237) für $\varphi^{(3)} = 0$, $\sigma^{(3)} = 0$ existieren. Deswegen sowie in Anbetracht von (277) und der übrigen Funktionen (278)-(285) ist es möglich, die Ausdrücke (275) und (276) durch die homogenen Linearformen

(287) $$\frac{\partial X^{(k)}(0,0,0)}{\partial\varphi^{(k)}}\,\varphi^{(k)} + \frac{\partial X^{(k)}(0,0,0)}{\partial\sigma^{(k)}}\,\sigma^{(k)} + \frac{\partial X^{(k)}(0,0,0)}{\partial\eta}\,\eta$$

und

(288) $$\frac{\partial Y^{(k)}(0,0,0)}{\partial\varphi^{(k)}}\,\varphi^{(k)} + \frac{\partial Y^{(k)}(0,0,0)}{\partial\sigma^{(k)}}\,\sigma^{(k)} + \frac{\partial Y^{(k)}(0,0,0)}{\partial\eta}\,\eta$$

zu approximieren, deren Koeffizienten aus (278)-(285) entnommen werden können. Unter zusätzlicher Beachtung von (35), (193) und (272) ergibt sich

$$(289)\quad \frac{\partial X^{(k)}(0,0,0)}{\partial\varphi^{(k)}} = g(M'^{(k)}z'^{(k)}_{3o} + \delta^k_3 \frac{M''}{2} b'_{3o})$$

$$- \delta^k_3 \varkappa[\frac{F^2_o}{L^3_o} + (1 - \frac{c}{L_o})(a_i - z^{(3)}_{io})b'_{io}]$$

$$+ \frac{\partial W^{(k)}(0,0)}{\partial\varphi^{(k)}} ,$$

$$(290)\quad \frac{\partial X^{(k)}(0,0,0)}{\partial\sigma^{(k)}} = \delta^k_3\varkappa[c \frac{F_o}{L^3_o}(z^{(3)}_{io} + b'_{io} - a_i)m^{(3)}_{io}$$

$$+ (1 - \frac{c}{L_o})\varepsilon_{ijh}n^{(3)}_i m^{(3)}_{jo} b'_{ho}] + \frac{\partial W^{(k)}(0,0)}{\partial\sigma^{(k)}} ,$$

$$(291)\quad \frac{\partial X^{(k)}(0,0,0)}{\partial\eta} = g[M'^{(k)}(n^{(k)}_i e_i z'^{(k)}_{3o} - n^{(k)}_3 e_i z'^{(k)}_{io})$$

$$+ \delta^k_3 \frac{M''}{2} n^{(3)}_i e_i b'_{3o}] ,$$

$$(292)\quad \frac{\partial Y^{(k)}(0,0,0)}{\partial\varphi^{(k)}} = \delta^k_3\varkappa[c \frac{F_o}{L^3_o}(z^{(3)}_{io} + b'_{io} - a_i)m^{(3)}_{io}$$

$$+ (1 - \frac{c}{L_o})\varepsilon_{ijh}n^{(3)}_i m^{(3)}_{jo} b'_{ho}] + \frac{\partial \Xi^{(k)}(0,0)}{\partial\varphi^{(k)}} ,$$

$$(293)\quad \frac{\partial Y^{(k)}(0,0,0)}{\partial\sigma^{(k)}} = - g(\frac{M'^{(k)}}{\varrho^{(k)}_o} \varepsilon_{ij3}n^{(k)}_i m^{(k)}_{jo} + \delta^k_3 \frac{M''}{2\varrho^{(3)}_o} \varepsilon_{ij3}n^{(3)}_i m^{(3)}_{jo})$$

$$- \delta^k_3\varkappa\{c \frac{1}{L^3_o}[(z^{(3)}_{io} + b'_{io} - a_i)m^{(3)}_{io}]^2$$

$$+ (1 - \frac{c}{L_o})[1 + \frac{1}{\varrho^{(3)}_o} \varepsilon_{ijh}n^{(3)}_i m^{(3)}_{jo}(z^{(3)}_{ho} + b'_{ho} - a_h)]\}$$

$$+ \frac{\partial \Xi^{(k)}(0,0)}{\partial\sigma^{(k)}} ,$$

$$(294)\quad \frac{\partial Y^{(k)}(0,0,0)}{\partial\eta} = g\ \varepsilon_{ij3}e_i(M'^{(k)}m^{(k)}_{jo} + \delta^k_3 \frac{M''}{2} m^{(3)}_{jo}) .$$

Die quasistationäre Neigung des Fundaments $\mathfrak{G}^*$ um die Achse (84) mit dem Drehwinkel

(295) $\eta = \eta_o$

hat im allgemeinen eine von der bisherigen (idealen) verschiedene Gleichgewichtslage des Gehänges $\mathfrak{G}^{(k)}$ in bezug auf $\overline{\mathfrak{G}}$ zur Folge; ihr entsprechen die Koordinatenwerte

(296) $\varphi^{(k)} = \varphi_o^{(k)}\ , \quad \sigma^{(k)} = \sigma_o^{(k)}\ .$

Es gilt also

(297) $X^{(k)}(\varphi_o^{(k)},\sigma_o^{(k)},\eta_o) = 0\ , \quad Y^{(k)}(\varphi_o^{(k)},\sigma_o^{(k)},\eta_o) = 0$

und für hinreichend kleine Beträge von (295) und (296)

(298) $$\frac{\partial X^{(k)}(0,0,0)}{\partial\varphi^{(k)}}\,\varphi_o^{(k)} + \frac{\partial X^{(k)}(0,0,0)}{\partial\sigma^{(k)}}\,\sigma_o^{(k)} \approx -\frac{\partial X^{(k)}(0,0,0)}{\partial\eta}\,\eta_o\ ,$$

(299) $$\frac{\partial Y^{(k)}(0,0,0)}{\partial\varphi^{(k)}}\,\varphi_o^{(k)} + \frac{\partial Y^{(k)}(0,0,0)}{\partial\sigma^{(k)}}\,\sigma_o^{(k)} \approx -\frac{\partial Y^{(k)}(0,0,0)}{\partial\eta}\,\eta_o\ .$$

Falls die Determinante

(300) $$D^{(k)} = \begin{vmatrix} \dfrac{\partial X^{(k)}(0,0,0)}{\partial\varphi^{(k)}} & \dfrac{\partial X^{(k)}(0,0,0)}{\partial\sigma^{(k)}} \\ \dfrac{\partial Y^{(k)}(0,0,0)}{\partial\varphi^{(k)}} & \dfrac{\partial Y^{(k)}(0,0,0)}{\partial\sigma^{(k)}} \end{vmatrix}$$

von Null verschieden ist, gehen aus (298) und (299) die Näherungsgleichungen

(301) $$\varphi_o^{(k)} \approx \frac{1}{D^{(k)}} \begin{vmatrix} \dfrac{\partial X^{(k)}(0,0,0)}{\partial\sigma^{(k)}} & \dfrac{\partial X^{(k)}(0,0,0)}{\partial\eta} \\ \dfrac{\partial Y^{(k)}(0,0,0)}{\partial\sigma^{(k)}} & \dfrac{\partial Y^{(k)}(0,0,0)}{\partial\eta} \end{vmatrix} \eta_o\ ,$$

(302) $$\sigma_o^{(k)} \approx \frac{1}{D^{(k)}} \begin{vmatrix} \dfrac{\partial X^{(k)}(0,0,0)}{\partial\eta} & \dfrac{\partial X^{(k)}(0,0,0)}{\partial\varphi^{(k)}} \\ \dfrac{\partial Y^{(k)}(0,0,0)}{\partial\eta} & \dfrac{\partial Y^{(k)}(0,0,0)}{\partial\varphi^{(k)}} \end{vmatrix} \eta_o$$

hervor. Damit verfügt man, wenn die Koeffizienten von η_o nicht gleich Null sind, über die interessierenden linearen Beziehungen zwischen den Koordinatenwerten (295) und (296).

Der einzig mögliche Fall, in dem sich die auf $\overline{\mathfrak{G}}$ bezogene Gleichgewichtslage von $\mathfrak{B}^{(k)}$ mit der Neigung des Fundaments $\mathfrak{B}^*$ nicht ändert, ist mit der Parallelität der Vektoren (84) und (123) für $\sigma^{(k)} = 0$ unter der Einschränkung $k \neq 3$ gegeben. Aus (294) folgt für

$$(303) \quad e_i = \pm\, m_{io}^{(k)}$$

sofort

$$(304) \quad \frac{\partial Y^{(k)}(0,0,0)}{\partial \eta} = 0$$

und aus (291) wegen (124) und (265) sowie (274)

$$(305) \quad \frac{\partial X^{(1)}(0,0,0)}{\partial \eta} = 0 \,, \qquad \frac{\partial X^{(2)}(0,0,0)}{\partial \eta} = 0 \,,$$

so daß die rechten Seiten der Näherungsgleichungen (301) und (302) für $k \neq 3$ identisch in η_o verschwinden.

Dagegen reagiert das Gehänge $\mathfrak{B}^{(k)}$ auf eine quasistationäre Neigung von $\mathfrak{B}^*$ am stärksten, wenn die Richtung (84) der Neigungsachse der Bedingung

$$(306) \quad e_i = \delta_{i2} \quad \text{für} \quad k = 1 \,,$$

$$(307) \quad e_i = \delta_{i1} \quad \text{"} \quad k = 2 \,,$$

$$(308) \quad e_i = n_i^{(3)} \quad \text{"} \quad k = 3$$

genügt. In diesen Fällen verhelfen (291) und (294) in Verbindung mit (118) und (274) zu den Gleichungen

$$(309) \quad \frac{\partial X^{(1)}(0,0,0)}{\partial \eta} = M'^{(1)} g \varepsilon_{1jh} n_j^{(1)} z_{ho}'^{(1)} \,, \qquad \frac{\partial Y^{(1)}(0,0,0)}{\partial \eta} = M'^{(1)} g \,,$$

$$(310) \quad \frac{\partial X^{(2)}(0,0,0)}{\partial \eta} = M'^{(2)} g \varepsilon_{j2h} n_j^{(2)} z_{ho}'^{(2)} \,, \qquad \frac{\partial Y^{(2)}(0,0,0)}{\partial \eta} = M'^{(2)} g \,,$$

$$(311)\quad \frac{\partial X^{(3)}(0,0,0)}{\partial\eta} = (M'^{(3)} z'^{(3)}_{3o} + \frac{M''}{2} b'_{3o})g\ ,$$

$$\frac{\partial Y^{(3)}(0,0,0)}{\partial\eta} = (M'^{(3)} + \frac{M''}{2})g\varepsilon_{ij3} n_i^{(3)} m_{jo}^{(3)}\ .$$

Nach (146) und (278) ergibt sich der Indikator des Empfängers $\mathfrak{E}^{(k)}$ in erster Näherung zu

$$(312)\quad \hat{z}^{(k)} \approx (\hat{m}_i^{(k)} m_{io}^{(k)})\sigma^{(k)} - (\varepsilon_{ijh} n_i^{(k)} \hat{m}_j^{(k)} \hat{z}'^{(k)}_{ho})\varphi^{(k)}$$

und daher, wenn man den Indikatorwert, der den Koordinatenwerten (296) zugeordnet ist, mit $\hat{z}_o^{(k)}$ bezeichnet und (301), (302) berücksichtigt,

$$(313)\quad \hat{z}_o^{(k)} \approx \frac{1}{D^{(k)}} [(\hat{m}_i^{(k)} m_{io}^{(k)}) \begin{vmatrix} \frac{\partial X^{(k)}(0,0,0)}{\partial\eta} & \frac{\partial X^{(k)}(0,0,0)}{\partial\varphi^{(k)}} \\ \frac{\partial Y^{(k)}(0,0,0)}{\partial\eta} & \frac{\partial Y^{(k)}(0,0,0)}{\partial\varphi^{(k)}} \end{vmatrix}$$

$$+(\varepsilon_{ijh} n_i^{(k)} \hat{m}_j^{(k)} z'^{(k)}_{ho}) \begin{vmatrix} \frac{\partial X^{(k)}(0,0,0)}{\partial\eta} & \frac{\partial X^{(k)}(0,0,0)}{\partial\sigma^{(k)}} \\ \frac{\partial Y^{(k)}(0,0,0)}{\partial\eta} & \frac{\partial Y^{(k)}(0,0,0)}{\partial\sigma^{(k)}} \end{vmatrix}]\eta_o$$

Als Maß für die Empfindlichkeit von $\mathfrak{E}^{(k)}$ gegen (quasistationäre) Neigungen von $\mathfrak{G}^*$ bietet sich die dimensionslose Größe

$$(314)\quad \frac{1}{\left|\sqrt{\hat{z}'^{(k)}_{lo} \hat{z}'^{(k)}_{lo}}\right|} \left|\frac{\hat{z}_o^{(k)}}{\eta_o}\right|$$

oder wegen (321) der Betrag des Ausdrucks

$$(315)\quad \frac{1}{D^{(k)}} \frac{1}{\sqrt{\hat{z}'^{(k)}_{lo} \hat{z}'^{(k)}_{lo}}} \times$$

$$\begin{vmatrix} \frac{\partial X^{(k)}(0,0,0)}{\partial\eta} & \hat{m}_i^{(k)} m_{io}^{(k)} \frac{\partial X^{(k)}(0,0,0)}{\partial\varphi^{(k)}} & +\varepsilon_{ijh} n_i^{(k)} \hat{m}_j^{(k)} z'^{(k)}_{ho} \frac{\partial X^{(k)}(0,0,0)}{\partial\sigma^{(k)}} \\ \frac{\partial Y^{(k)}(0,0,0)}{\partial\eta} & \hat{m}_i^{(k)} m_{io}^{(k)} \frac{\partial Y^{(k)}(0,0,0)}{\partial\varphi^{(k)}} & +\varepsilon_{ijh} n_i^{(k)} m_j^{(k)} z'^{(k)}_{ho} \frac{\partial Y^{(k)}(0,0,0)}{\partial\sigma^{(k)}} \end{vmatrix}$$

an. Dabei ist die Richtung der Neigungsachse durch eine der Vorschriften (306)-(308) bestimmt. Man hat also in (315) die entsprechenden Beziehungen (309)-(311) einzusetzen. Sind übrigens die mechanischen Empfänger $\mathfrak{E}^{(1)}$ und $\mathfrak{E}^{(2)}$ identisch, so interessieren die Formeln (301), (302), (313) und die Neigungsempfindlichkeit (315) nur für $k \neq 1$.

Die Änderung ϑ der im Zeitintervall $i(t)$ konstanten (auf der Celsius-Skala gemessenen) Temperatur des Instrumentenraumes kann sich ebenfalls auf die Gleichgewichtslage des Gehänges $\mathfrak{G}^{(k)}$ auswirken. Da die Untersuchung einer solchen Temperaturempfindlichkeit hier nur für den Vertikalseismographen angestellt wird, darf der Index $k = 3$ vorübergehend weggelassen werden. Außerdem ist es für die formale Vereinfachung zweckmäßig,

$$(316) \quad n_h = \delta_{h1}$$

anzunehmen. Das Fundament $\mathfrak{G}^*$ möge in seiner durch $\xi_i = 0$, $\eta_i = 0$ beschriebenen Ruhelage verbleiben. Den folgenden Betrachtungen liegen die Ausdrücke

$$(317) \quad \overline{X} \equiv - g(M'\overline{z_2'} + \frac{M''}{2}\overline{b_2'}) + W + \overline{\varkappa}(1 - \frac{\overline{c}}{L})\overline{F}$$

und

$$(318) \quad \overline{Y} \equiv - g(M' + \frac{M''}{2})m_3 + \Xi + \overline{\varkappa}(1 - \frac{\overline{c}}{L})(\overline{a_i - z_i} - \overline{b_i'})m_i$$

zugrunde. Sie stimmen mit (275) und (276) für $k = 3$ überein, wenn man (316) und $e_{3i} = \delta_{3i}$ berücksichtigt und von den Überstreichungen absieht, die aber nur besagen sollen, daß jede so gekennzeichnete Größe nun auch von ϑ abhängen kann. Wegen (124) und (316) gilt übrigens

$$(319) \quad m_1 = 0$$

Der bei der Temperaturänderung ϑ sich einstellenden Gleichgewichtslage von $\mathfrak{G}$ entsprechen die Koordinatenwerte $\varphi = \overline{\varphi}$, $\sigma = \overline{\sigma}$ Die überstrichenen Größen in (317) und (318) sind daher als Funktionen von $\overline{\varphi}$, $\overline{\sigma}$ und ϑ aufzufassen. Die Gleichgewichtsbedingung wird durch

$$(320) \quad \overline{X} = \overline{X}(\overline{\varphi},\overline{\sigma},\vartheta) = 0 , \quad \overline{Y} = \overline{Y}(\overline{\varphi},\overline{\sigma},\vartheta) = 0$$

ausgedrückt. Für hinreichend kleine Beträge von $\overline{\varphi}$, $\overline{\sigma}$ und ϑ ergibt sich also näherungsweise

$$(321)\quad \frac{\partial\overline{X}(0,0,0)}{\partial\overline{\varphi}}\,\overline{\varphi} + \frac{\partial\overline{X}(0,0,0)}{\partial\overline{\sigma}}\,\overline{\sigma} \approx - \frac{\partial\overline{X}(0,0,0)}{\partial\vartheta}\,\vartheta$$

und

$$(322)\quad \frac{\partial\overline{Y}(0,0,0)}{\partial\overline{\varphi}}\,\overline{\varphi} + \frac{\partial\overline{Y}(0,0,0)}{\partial\overline{\sigma}}\,\overline{\sigma} \approx - \frac{\partial\overline{Y}(0,0,0)}{\partial\vartheta}\,\vartheta\,.$$

Die Koeffizienten von $\overline{\varphi}$ und $\overline{\sigma}$ können den Formeln (289), (290), (292) und (293) entnommen werden; man bekommt unter Beachtung von (316)

$$(323)\quad \frac{\partial\overline{X}(0,0,0)}{\partial\overline{\varphi}} = g(M'z'_{3o} + \frac{M''}{2}b'_{3o}) - \varkappa[c\,\frac{F_o^2}{L_o^3} + (1 - \frac{c}{L_o})(a_i - z_i)b'_{io}]$$

$$+ \frac{\partial W(0,0)}{\partial\eta}\,,$$

$$(324)\quad \frac{\partial\overline{X}(0,0,0)}{\partial\overline{\sigma}} = \varkappa[c\,\frac{F_o}{L_o^3}(z_{io} + b'_{io} - a_i)m_{io} + (1 - \frac{c}{L_o})\varepsilon_{1jh}m_{jo}b'_{ho}]$$

$$+ \frac{\partial W(0,0)}{\partial\sigma}\,,$$

$$(325)\quad \frac{\partial\overline{Y}(0,0,0)}{\partial\overline{\varphi}} = \varkappa[c\,\frac{F_o^2}{L_o^3}(z_{io} + b'_{io} - a_i)m_{io} + (1 - \frac{c}{L_o})\varepsilon_{1jh}m_{jo}b'_{ho}]$$

$$+ \frac{\partial\Xi(0,0)}{\partial\varphi}\,,$$

$$(326)\quad \frac{\partial\overline{Y}(0,0,0)}{\partial\overline{\sigma}} = - \frac{g}{\varrho_o}\,(M' + \frac{M''}{2})m_{2o} - \varkappa\{c\,\frac{1}{L_o^3}[(z_{io} + b'_{io} - a_i)m_{io}]^2$$

$$+ (1 - \frac{c}{L_o})[1 + \frac{1}{\varrho_o}\,\varepsilon_{1jh}m_{jo}(z_{ho} + b'_{ho} - a_h)]\}$$

$$+ \frac{\partial\Xi(0,0)}{\partial\sigma}\,.$$

Zur Berechnung der Koeffizienten von ϑ in (321) und (322) genügt es, die Größen $\overline{z'_{2o}}$, $\overline{b'_{io}}$, $\overline{L_o}$ und $\overline{F_o}$ ebenso wie $\overline{a_2 - z_{2o}}$, $\overline{a_3 - z_{3o}}$, $\overline{\varkappa}$ und gemäß (251) $\overline{c} = 2a + \overline{\Delta}$ als lineare Funktionen von ϑ anzusetzen, so daß ihre Ableitungen nach ϑ sämtlich konstant sind. Aus (317) und (318) folgt dann

$$(327)\quad \frac{\partial\overline{X}(0,0,0)}{\partial\vartheta} = -\, g(M'\,\frac{d\overline{z'_{2o}}}{d\vartheta} + \frac{M''}{2}\,\frac{d\overline{b'_{2o}}}{d\vartheta}) + \frac{d\overline{\varkappa}}{d\vartheta}(1 - \frac{c}{L_o})F_o$$

$$- \varkappa(\frac{d\overline{\Delta}}{d\vartheta}\,L_o - c\frac{d\overline{L_o}}{d\vartheta})\frac{F_o}{L_o^2} + \varkappa(1 - \frac{c}{L_o})\frac{d\overline{F_o}}{d\vartheta}$$

und

$$(328)\quad \frac{\partial\overline{Y}(0,0,0)}{\partial\vartheta} = \frac{d\overline{\varkappa}}{d\vartheta}(1 - \frac{c}{L_o})(a_i - z_{io} - b'_{io})m_{io}$$

$$- \varkappa(\frac{d\overline{\Delta}}{d\vartheta}\,L_o - c\frac{d\overline{L_o}}{d\vartheta})\,\frac{1}{L_o^2}(a_i - z_{io} - b'_{io})m_{io}$$

$$+ \varkappa(1 - \frac{c}{L_o})(\frac{d\overline{a_i - z_{io}}}{d\vartheta} - \frac{d\overline{b'_{io}}}{d\vartheta})m_{io}\,.$$

Auf Grund von (181), (198) und (316) gilt

$$(329)\quad \frac{d\overline{L_o}}{d\vartheta} = \frac{1}{L_o}(a_i - z_{io} - b'_{io})(\frac{d\overline{a_i - z_{io}}}{d\vartheta} - \frac{d\overline{b'_{io}}}{d\vartheta})\,,$$

$$(330)\quad \frac{d\overline{F_o}}{d\vartheta} = \varepsilon_{1jh}[\frac{db'_{jo}}{d\vartheta}(a_h - z_{ho}) + b'_{jo}\frac{d\overline{a_h - z_{ho}}}{d\vartheta}]\,.$$

Die Determinante

$$(331)\quad D = \begin{vmatrix} \dfrac{\partial\overline{X}(0,0,0)}{\partial\overline{\varphi}} & \dfrac{\partial\overline{X}(0,0,0)}{\partial\overline{\sigma}} \\ \dfrac{\partial\overline{Y}(0,0,0)}{\partial\overline{\varphi}} & \dfrac{\partial\overline{Y}(0,0,0)}{\partial\overline{\sigma}} \end{vmatrix}$$

stimmt mit $D^{(3)}$ in (300) unter der Bedingung (316) überein. Für $D \neq 0$ lassen sich die Näherungsgleichungen (321) und (322) in

$$(332)\quad \overline{\varphi} \approx \frac{1}{D} \begin{vmatrix} \dfrac{\partial\overline{X}(0,0,0)}{\partial\overline{\sigma}} & \dfrac{\partial\overline{X}(0,0,0)}{\partial\vartheta} \\ \dfrac{\partial\overline{Y}(0,0,0)}{\partial\overline{\sigma}} & \dfrac{\partial\overline{Y}(0,0,0)}{\partial\vartheta} \end{vmatrix} \vartheta$$

und

$$(333)\quad \bar{\sigma} \approx \frac{1}{D} \begin{vmatrix} \frac{\partial \bar{X}(0,0,0)}{\partial \vartheta} & \frac{\partial \bar{X}(0,0,0)}{\partial \bar{\varphi}} \\ \frac{\partial \bar{Y}(0,0,0)}{\partial \vartheta} & \frac{\partial \bar{Y}(0,0,0)}{\partial \bar{\varphi}} \end{vmatrix} \vartheta$$

umformen. Bezeichnet man den Wert des Indikators $\hat{z}$ in der durch $\varphi = \bar{\varphi}$, $\sigma = \bar{\sigma}$ bestimmten Gleichgewichtslage von $\mathfrak{G}$ mit $\bar{z}$, so resultiert aus (312), (316), (332) und (333)

$$(334)\quad \bar{z} \approx \frac{1}{D} \left[(\hat{m}_i m_{io}) \begin{vmatrix} \frac{\partial \bar{X}(0,0,0)}{\partial \vartheta} & \frac{\partial \bar{X}(0,0,0)}{\partial \bar{\varphi}} \\ \frac{\partial \bar{Y}(0,0,0)}{\partial \vartheta} & \frac{\partial \bar{Y}(0,0,0)}{\partial \bar{\varphi}} \end{vmatrix} + (\varepsilon_{1jh} \hat{m}_j z'_{ho}) \begin{vmatrix} \frac{\partial \bar{X}(0,0,0)}{\partial \vartheta} & \frac{\partial \bar{X}(0,0,0)}{\partial \bar{\sigma}} \\ \frac{\partial \bar{Y}(0,0,0)}{\partial \vartheta} & \frac{\partial \bar{Y}(0,0,0)}{\partial \bar{\sigma}} \end{vmatrix} \right] \vartheta .$$

Analog zu (315) kann der Betrag von

$$(335)\quad \frac{1}{D} \frac{1}{\sqrt{\hat{z}'_{1o} \hat{z}'_{1o}}} \times$$

$$\times \begin{vmatrix} \frac{\partial \bar{X}(0,0,0)}{\partial \vartheta} & (\hat{m}_i m_{io}) \frac{\partial \bar{X}(0,0,0)}{\partial \bar{\varphi}} + (\varepsilon_{1ij} \hat{m}_i z'_{jo}) \frac{\partial \bar{X}(0,0,0)}{\partial \bar{\sigma}} \\ \frac{\partial \bar{Y}(0,0,0)}{\partial \vartheta} & (\hat{m}_i m_{io}) \frac{\partial \bar{Y}(0,0,0)}{\partial \bar{\varphi}} + (\varepsilon_{1ij} \hat{m}_i z'_{jo}) \frac{\partial \bar{Y}(0,0,0)}{\partial \bar{\sigma}} \end{vmatrix}$$

als Maß für die Empfindlichkeit des Empfängers $\mathfrak{E}$ gegen Temperaturänderungen ϑ verwendet werden.

Da eine meßbare Änderung der Gleichgewichtslage von $\mathfrak{G}$ mit ϑ unerwünscht ist, versucht man, diesen Störeffekt wenigstens in erster Näherung zu eliminieren (UNTERREITMEIER, 1969). Das wird nach (332) und (333) genau dann erreicht, wenn mittels einer geeigneten Temperaturkompensation die Gleichungen

$$(336)\quad \frac{\partial \bar{X}(0,0,0)}{\partial \vartheta} = 0 , \quad \frac{\partial \bar{Y}(0,0,0)}{\partial \vartheta} = 0$$

befriedigt werden können. In (327)-(330) gehen neben den Gewichten der Gehängebestandteile $\mathfrak{G}'$ und $\mathfrak{G}''$, der Feder-„Konstanten" und Vorspannlänge von $\mathfrak{G}''$ sowie deren Änderungen für $\vartheta = 0$ die $\overline{\mathfrak{S}}$-Koordinaten der Vektoren $\overrightarrow{Z_oA}$, $\overrightarrow{Z_oB}$ und $\overrightarrow{Z_oS'}$ in der Gleichgewichtslage $\varphi = 0$, $\sigma = 0$ und deren Ableitungen nach δ für $\delta = 0$ ein. Man darf Z_o als Fixpunkt der mit ϑ veränderlichen Konfiguration der Punkte Z_o, A, B und S' ansehen und voraussetzen, daß ihre Komplanarität erhalten bleibt und die gemeinsame Ebene stets parallel zur (2,3)-Ebene von $\overline{\mathfrak{S}}$ ist. Jeder der drei Punkte A, B und S' kann sich also im Gleichgewichtszustand des Gehänges $\mathfrak{G}$ nur in der konstanten Konfigurationsebene mit der Normalen (316) gegen Z_o verschieben. Die betreffenden Verschiebungsvektoren sind in der Form

$$(337) \quad \overline{a_i - z_{io}} - (a_i - z_{io}) = [\alpha_2(a_2-z_{2o})\delta_{i2} + \alpha_3(a_3-z_{3o})\delta_{i3}]\vartheta ,$$

$$(338) \quad \overline{b'_{io}} - b'_{io} = (\beta_2 b'_{2o}\delta_{i2} + \beta_3 b'_{3o}\delta_{i3})\vartheta ,$$

$$(339) \quad \overline{z'_{io}} - z'_{io} = (\gamma_2 z'_{2o}\delta_{i2} + \gamma_3 z'_{3o}\delta_{i3})\vartheta$$

darstellbar, wobei die 6 linearen Wärmeausdehnungskoeffizienten α_2, α_3; β_2, β_3, γ_2, γ_3 eingeführt werden. Den Beziehungen (327) und (328) entnimmt man, daß γ_3 gar nicht benötigt wird; in (327) und (328) kommt nämlich der Vektor $\overrightarrow{Z_oS'}$ nicht vor, und in (327) erscheint davon allein die Ableitung $\frac{d\overline{z'_{2o}}}{d\vartheta} = \gamma_2 z'_{2o}$. Die übrigen 5 physikalischen Konstanten müssen jedoch so bestimmt sein, daß die Gleichungen (336) erfüllt sind.

Unter Beachtung von (337) und (338) nehmen die Ableitungen (329) und (330) die Gestalt

$$(340) \quad \frac{d\overline{L_o}}{d\vartheta} = \frac{1}{L_o} \{(a_2-z_{2o}-b'_{2o})[\alpha_2(a_2-z_{2o})-\beta_2 b'_{2o}] + (a_3-z_{3o}-b'_{3o})[\alpha_3(a_3-z_{3o})-\beta_3 b'_{3o}]\}$$

und

$$(341) \quad \frac{d\overline{F_o}}{d\vartheta} = (\alpha_3+\beta_2)(a_3-z_{3o})b'_{2o} - (\alpha_2+\beta_3)(a_2-z_{2o})b'_{3o} \quad .$$

an. Zur expliziten Darstellung von (336) verhelfen (327) und (328) sowie (337)-(339) und die Gleichgewichtsbedingung (266) in Verbindung mit (316). Man bekommt

$$(342)\quad \frac{1}{\varkappa}\frac{d\overline{\varkappa}}{d\vartheta}\left(1-\frac{c}{L_o}\right)+\frac{1}{L_o}\left(\frac{c}{L_o}\frac{d\overline{L_o}}{d\vartheta}-\frac{d\overline{\Delta}}{d\vartheta}\right)$$

$$=\frac{g}{\varkappa F_o}\left[M'z'_{2o}\left(\gamma_2-\frac{1}{F_o}\frac{d\overline{F_o}}{d\vartheta}\right)+\frac{M''}{2}b'_{2o}\left(\beta_2-\frac{1}{F_o}\frac{d\overline{F_o}}{d\vartheta}\right)\right]$$

oder

$$(343)\quad \frac{g}{\varkappa F_o}\left[M'z'_{2o}\left(\gamma_2-\frac{1}{F_o}\frac{d\overline{F_o}}{d\vartheta}-\frac{1}{\varkappa}\frac{d\overline{\varkappa}}{d\vartheta}\right)+\frac{M''}{2}b'_{2o}\left(\beta_2-\frac{1}{F_o}\frac{d\overline{F_o}}{d\vartheta}-\frac{1}{\varkappa}\frac{d\overline{\varkappa}}{d\vartheta}\right)\right]$$

$$=\frac{1}{L_o}\left(\frac{c}{L_o}\frac{d\overline{L_o}}{d\vartheta}-\frac{d\overline{\Delta}}{d\vartheta}\right)$$

und

$$(344)\quad \left[\frac{1}{\varkappa}\frac{d\varkappa}{d\vartheta}\left(1-\frac{c}{L_o}\right)+\frac{1}{L_o}\left(\frac{c}{L_o}\frac{d\overline{L_o}}{d\vartheta}-\frac{d\overline{\Delta}}{d\vartheta}\right)\right](a_i-z_{io}-b'_{io})m_{io}$$

$$=-\frac{g}{\varkappa F_o}\left(M'z'_{2o}+\frac{M''}{2}b'_{2o}\right)\left(\frac{d\overline{a_i-z_{io}}}{d\vartheta}-\frac{d\overline{b'_{io}}}{d\vartheta}\right)m_{io}$$

oder wegen (342)

$$(345)\quad \Big\{M'z'_{2o}\Big[\left(\gamma_2-\frac{1}{F_o}\frac{d\overline{F_o}}{d\vartheta}\right)(a_i-z_{io}-b'_{io})+\frac{d\overline{a_i-z_{io}}}{d\vartheta}-\frac{d\overline{b'_{io}}}{d\vartheta}\Big]$$

$$+\frac{M''}{2}b'_{2o}\Big[\left(\beta_2-\frac{1}{F_o}\frac{d\overline{F_o}}{d\vartheta}\right)(a_i-z_{io}-b'_{io})+\frac{d\overline{a_i-z_{io}}}{d\vartheta}-\frac{d\overline{b'_{io}}}{d\vartheta}\Big]\Big\}m_{io}=0\,.$$

Die letzte Gleichung ist erfüllt, wenn darin die Koeffizienten von m_{2o} und m_{3o} einzeln verschwinden, also

$$(346)\quad M'z'_{2o}\left[\left(\gamma_2-\frac{1}{F_o}\frac{d\overline{F_o}}{d\vartheta}\right)(a_2-z_{2o}-b'_{2o})+\alpha_2(a_2-z_{2o})-\beta_2b'_{2o}\right]$$

$$+\frac{M''}{2}b'_{2o}\left[\left(\beta_2-\frac{1}{F_o}\frac{d\overline{F_o}}{d\vartheta}\right)(a_2-z_{2o}-b'_{2o})+\alpha_2(a_2-z_{2o})-\beta_2b'_{2o}\right]=0$$

und

$$(347)\quad M'z'_{2o}\left[\left(\gamma_2-\frac{1}{F_o}\frac{d\overline{F_o}}{d\vartheta}\right)(a_3-z_{3o}-b'_{3o})+\alpha_3(a_3-z_{3o})-\beta_3b'_{3o}\right]$$

$$+\frac{M''}{2}b'_{2o}\left[\left(\beta_2-\frac{1}{F_o}\frac{d\overline{F_o}}{d\vartheta}\right)(a_3-z_{3o}-b'_{3o})+\alpha_3(a_3-z_{3o})-\beta_3b'_{3o}\right]=0$$

gilt. Hierzu ist

$$(348)\quad (\beta_2-\gamma_2)\begin{vmatrix} a_2-z_{2o}-b'_{2o} & \alpha_2(a_2-z_{2o})-\beta_2 b'_{2o} \\ a_3-z_{3o}-b'_{3o} & \alpha_3(a_3-z_{3o})-\beta_3 b'_{3o} \end{vmatrix} = 0$$

notwendig und hinreichend.

Für

$$(349)\quad \beta_2 = \gamma_2$$

vereinfachen sich unter Verwendung von (266) und (316) die Relationen (346) und (347) zu

$$(350)\quad (\beta_2 - \frac{1}{F_o}\frac{d\overline{F_o}}{d\vartheta})(a_2-z_{2o}-b'_{2o}) + \alpha_2(a_2-z_{2o}) - \beta_2 b'_{2o} = 0$$

und

$$(351)\quad (\beta_2 - \frac{1}{F_o}\frac{d\overline{F_o}}{d\vartheta})(a_3-z_{3o}-b'_{3o}) + \alpha_3(a_3-z_{3o}) - \beta_3 b'_{3o} = 0 ,$$

während sich (342) auf

$$(352)\quad \beta_2 - \frac{1}{F_o}\frac{d\overline{F_o}}{d\vartheta} = \frac{1}{\varkappa}\frac{d\varkappa}{d\vartheta} + \frac{1}{L_o-c}\left(\frac{c}{L_o}\frac{d\overline{L_o}}{d\vartheta} - \frac{d\Delta}{d\vartheta}\right)$$

reduziert.

Im Spezialfall

$$(353)\quad m_{io} = \pm\, \delta_{i2} , \quad b'_{2o} > 0 ,$$

also nach (268)

$$(354)\quad a_2 - z_{2o} = b'_{2o} ,$$

ist (345) oder auch (346) gleichbedeutend mit der Bedingung

$$(355)\quad \alpha_2 = \beta_2 .$$

Aus (182) und (198) folgt nun, wenn man die Formeln (151), (152), (316), (247) und (354) berücksichtigt,

$$(356)\quad a_3 - z_{3o} - b'_{3o} = L_o , \quad L_o b'_{2o} = F_o ,$$

so daß die Formeln (340) und (341) in

$$(357)\quad \frac{1}{F_o}\frac{d\overline{L_o}}{d\vartheta} = \alpha_3 + \frac{\alpha_3 - \beta_3}{L_o}\, b'_{3o}$$

und

$$(358) \quad \frac{1}{F_o}\frac{d\overline{F_o}}{d\vartheta} = \alpha_2 + \alpha_3 + \frac{\alpha_3 - \beta_3}{L_o} b'_{3o}$$

übergehen. Damit nimmt die Gleichung (352) die Form

$$(359) \quad \alpha_3(a_3 - z_{3o}) - \beta_3 b'_{3o} = \frac{d\overline{\Delta}}{d\vartheta} - \frac{1}{\varkappa}\frac{d\overline{\varkappa}}{d\vartheta}(L_o - c)$$

an.

8. Die allgemeinen Bewegungsgleichungen

Das kartesische Koordinatensystem $\mathfrak{S}$ wird als ein Inertialsystem angesehen. Je kürzer das Zeitintervall $i(t)$, in dem die untersuchten Vorgänge im mechanischen Verband $\mathfrak{V}^*$ stattfinden, gegen die Dauer einer Erdumdrehung ist, desto berechtigter ist diese Voraussetzung. Sie bewirkt, daß die bezüglich $\mathfrak{S}$ formulierten Bewegungsgleichungen von $\mathfrak{V}^*$ maximal einfach sind; denn es müssen in dem für die Bewegung des einzelnen Massenpunktes $P \in \mathfrak{V}^*$ relativ zum Inertialsystem $\mathfrak{S}$ gültigen NEWTONschen Bewegungsgesetz (lex secunda) keine Scheinkräfte berücksichtigt werden. Da geometrische Bindungen die Bewegungsfreiheit der Massenpunkte des Verbands $\mathfrak{V}^*$ einschränken, sind also die Bewegungsgleichungen für $P \in \mathfrak{V}^*$ in der Form

$$(360) \quad \mu\ddot{x}_j = X_j + Y_j$$

anzusetzen, wobei X_j bzw. Y_j die $\mathfrak{S}$-Koordinaten der in P angreifenden resultierenden eingeprägten Kraft bzw. Zwangskraft sind. Um mit (360) zu den Bewegungsgleichungen von $\mathfrak{V}^*$ zu gelangen, wird das Postulat

$$(361) \quad \sum_{\mathfrak{V}^*} Y_j\delta x_j = 0$$

beachtet. Es besagt, daß die gesamte virtuelle Arbeit der Zwangskräfte von $\mathfrak{V}^*$ stets gleich Null ist. Aus (360) und (361) folgt

$$(362) \quad \sum_{\mathfrak{V}^*} (X_j - \mu\ddot{x}_j)\delta x_j = 0$$

oder auch, da

$$(363) \quad \delta A = \sum_{\mathfrak{V}^*} X_j\delta x_j$$

die virtuelle Arbeit aller eingeprägten Kräfte des Verbands $\mathfrak{V}^*$ ausdrückt,

$$(364) \quad \sum_{\mathfrak{V}^*} \mu\ddot{x}_j\delta x_j = \delta A \ .$$

Die Gleichung (362) entspricht dem D'ALEMBERTschen Prinzip.

Die virtuelle Verrückung δx_j des Massenpunktes $P \in \mathfrak{V}^*$ gestattet die formale Darstellung

$$(365) \quad \delta x_j = \sum_k \frac{\partial x_j}{\partial \zeta_i^{(k)}}\delta\zeta_i^{(k)} + \frac{\partial x_j}{\partial \xi_i}\delta\xi_i + \frac{\partial x_j}{\partial \eta_i}\delta\eta_i \ .$$

Damit nimmt (363) im Hinblick auf (261) und unter Verwendung von

$$(366)\quad w_i^{(k)} = \sum_{\mathfrak{B}^{(k)}} X_j \frac{\partial x_j}{\partial \zeta_i^{(k)}} \,, \qquad w_3^{(k)} = w^{(k)} \,,$$

die Gestalt

$$(367)\quad \delta A = \sum_k w_i^{(k)} \delta \zeta_i^{(k)} + \Xi_i^* \delta \xi_i + \omega_{hi} W_h^* \delta \eta_i$$

an. Die Koeffizienten $w_i^{(k)}$, Ξ_i^* und $\omega_{hi} W_h^*$ dieser homogenen linearen Differentialform sind die zu den generalisierten Koordinaten (100) gehörenden verallgemeinerten Kraftkomponenten des mechanischen Verbands $\mathfrak{B}^*$. Die Beziehungen (364), (365) und (367) ergeben die zu (362) analoge Gleichung

$$(368)\quad \sum_k \Big(w_i^{(k)} - \sum_{\mathfrak{B}^*} \mu \ddot{x}_j \frac{\partial x_j}{\partial \zeta_i^{(k)}}\Big)\delta \zeta_i^{(k)} + \Big(\Xi_i^* - \sum_{\mathfrak{B}^*} \mu \ddot{x}_j \frac{\partial x_j}{\partial \xi_i}\Big)\delta \xi_i$$

$$+ \Big(\omega_{hi} W_h^* - \sum_{\mathfrak{B}^*} \mu \ddot{x}_j \frac{\partial x_j}{\partial \eta_i}\Big)\delta \eta_i = 0 \,.$$

Sie gilt für unendlich viele virtuelle Änderungen der generalisierten Koordinaten (100). Dazu ist aber notwendig, daß in (368) die Koeffizienten von $\delta \zeta_i^{(k)}$, $\delta \xi_i$ und $\delta \eta_i$ einzeln identisch verschwinden. Es muß also (368) in die Gleichungen

$$(369)\quad \sum_{\mathfrak{B}^*} \mu \ddot{x}_j \frac{\partial x_j}{\partial \zeta_i^{(k)}} = w_i^{(k)} \,,$$

$$(370)\quad \sum_{\mathfrak{B}^*} \mu \ddot{x}_j \frac{\partial x_j}{\partial \xi_i} = \Xi_i^* \,,$$

$$(371)\quad \sum_{\mathfrak{B}^*} \mu \ddot{x}_j \frac{\partial x_j}{\partial \eta_i} = \omega_{hi} W_h^*$$

zerfallen.

Die linken Seiten dieser Gleichung unterscheiden sich formal nur in den partiellen Ableitungen der $\mathfrak{G}$-Koordinaten von $P \in \mathfrak{B}^*$ nach den generalisierten Koordinaten (100). Um sie in einheitlicher, übersichtlicher Weise zu entwickeln, werden die Koordinaten (100) und mit ihnen die zugehörigen Kraftkomponenten des Verbands $\mathfrak{B}^*$ durchnumeriert. Das erfordert jedoch zugleich eine Änderung der Bezeichnungen der betreffenden Größen. Demzufolge möge u^A eine bestimmte Koordinate des kompletten Satzes (100) und U_A die ihr zugeordnete verallgemeinerte Kraftkomponente bezeichnen. Die lateinischen Majuskeln A,B,C,D repräsentieren als Indizes die Zahlen 1 bis 15. Sie werden unter Beachtung der EINSTEINschen Summenkonvention verwendet; über eingeklammerte Indizes wird jedoch nicht summiert. Den Identitäten

(372) $\zeta_i^{(k)} \equiv u^{3(k-1)+i} , \quad \xi_i \equiv u^{9+i} , \quad \eta_i \equiv u^{12+i}$

und

(373) $w_i^{(k)} \equiv U_{3(k-1)+i} , \quad \Xi_i^* \equiv U_{9+i} , \quad \omega_{hi} W_h^* \equiv U_{12+i}$

entnimmt man die Zuordnung zwischen den bisherigen und den neuen Bezeichnungen im einzelnen. Es ist vorteilhaft, die partiellen Ableitungen irgendeiner hinreichend oft differenzierbaren Funktion $f(u^A)$, also $\frac{\partial f}{\partial u^A}$, $\frac{\partial^2 f}{\partial u^A \partial u^B}$ usw., durch $f_{|A}$, $f_{|A|B}$ usw. darzustellen. Nun lassen sich die Gleichungen (369)-(371) in

(374) $\sum_{\mathfrak{D}^*} \mu \ddot{x}_i x_{i|A} = U_A$

zusammenfassen.

Die 6-Koordinaten der Geschwindigkeit des Massenpunktes $P \in \mathfrak{D}^*$ sind homogene lineare Formen von u^B:

(375) $\dot{x}_i = x_{i|B} \dot{u}^B$.

Die Beschleunigung von $P \in \mathfrak{D}^*$ relativ zu 6 wird demnach durch

(376) $\ddot{x}_i = x_{i|B} \ddot{u}^B + x_{i|B|C} \dot{u}^B \dot{u}^C$

ausgedrückt. Damit geht (374), wenn man

(377) $w_{AB} = \sum_{\mathfrak{D}^*} \mu x_{i|A} x_{i|B} , \quad w_{AB} = w_{AB}(u^C) , \quad w_{AB} = w_{BA}$,

und

(378) $\Omega_{ABC} = \sum_{\mathfrak{D}^*} \mu x_{i|A} x_{i|B|C} , \quad \Omega_{ABC} = \Omega_{ABC}(u^D) , \quad \Omega_{ABC} = \Omega_{ACB}$,

setzt, in

(379) $w_{AB}\ddot{u}^B + \Omega_{ABC}\dot{u}^B\dot{u}^C = U_A$

über; es sind die allgemeinen Bewegungsgleichungen des mechanischen Verbands $\mathfrak{V}^*$.

Aus (377) und (378) folgt

(380) $w_{AB|C} = \Omega_{ABC} + \Omega_{BCA}$

und hieraus durch zyklische Vertauschung der Indizes A, B, C

(381) $w_{CA|B} = \Omega_{CAB} + \Omega_{ABC}$,

(382) $w_{BC|A} = \Omega_{BCA} + \Omega_{CAB}$.

Die Beziehungen (380)-(381) ergeben

(383) $\Omega_{ABC} = \frac{1}{2}(w_{AB|C} + w_{CA|B} - w_{BC|A})$.

Mit sämtlichen einfachen partiellen Ableitungen der Funktionen $w_{AB}(u^C)$ sind also zugleich alle „Drei-Zeiger-Symbole" $\Omega_{ABC}(u^D)$ (CHRISTOFFELsche Symbole erster Art) bestimmt (und umgekehrt).

Durch

(384) $E_{\mathfrak{V}^*} = \frac{1}{2} \sum_{\mathfrak{V}^*} \mu \dot{x}_i \dot{x}_i$.

wird die kinetische Energie des mechanischen Verbands $\mathfrak{V}^*$ in bezug auf $\mathfrak{S}$ ausgedrückt. Sie nimmt unter Verwendung von (375) und (377) die Gestalt

(385) $E_{\mathfrak{V}^*} = \frac{1}{2} w_{AB}(u^C)\dot{u}^A\dot{u}^B$

an. Die quadratische Form $w_{AB}\dot{u}^A\dot{u}^B$ ist positiv definit; denn es gilt

(386) $E_{\mathfrak{V}^*} \geqq 0 \quad \longleftrightarrow \quad \sum_A |\dot{u}^A| \geqq 0$.

Die hierfür notwendige Bedingung

(387) $\det(w_{AB}) > 0$

garantiert die Existenz der zu $\|w_{AB}\|$ inversen Matrix mit den Elementen

(388) $w^{AB} = w^{AB}(u^C)$, $\quad w^{AB} = w^{BA}$,

die aus den Definitionsgleichungen

(389) $w^{AD}w_{DB} = \delta^A_B$

(δ^A_B KRONECKERsches Symbol) resultieren. Die Überschiebung beider Seiten von (379) mit w^{AD} ergibt unter Berücksichtigung von (389) und der Substitutionen

(390) $U^A = w^{AD}U_D$

und

(391) $\Omega^A_{BC} = w^{AD}\Omega_{DBC}$, $\Omega^A_{BC} = \Omega^A_{BC}(u^D)$, $\Omega^A_{BC} = \Omega^A_{CB}$,

(CHRISTOFFELsche Symbole zweiter Art)

(392) $\ddot{u}^A + \Omega^A_{BC}\dot{u}^B\dot{u}^C = U^A$.

Diese allgemeinen Bewegungsgleichungen von $\mathfrak{N}^*$ sind in den generalisierten Beschleunigungen $\ddot{u}^A$ entkoppelt.

Die expliziten Darstellungen der in den Bewegungsgleichungen (379) bzw. (392) vorkommenden Funktionen $\Omega_{ABC}(u^D)$ bzw. $\Omega^A_{BC}(u^D)$ resultieren nach (383), (389) und (391) aus der Entwicklung des Energietensors $w_{AB}(u^C)$ in (385) anhand der Definitionsgleichungen (377). In (379) erscheint sogar $w_{AB}(u^C)$ explizite. Es genügt jedoch, die Berechnungen von $w_{AB}(u^C)$ ebenso wie die der Koeffizienten der linearen Differentialform von δA in (261) unter der Bedingung

(393) $\zeta_1^{(k)} \equiv \varphi^{(k)}$, $\zeta_2^{(k)} \equiv \sigma^{(k)}$

oder nach (372)

(394) $u^{3k-2} \equiv \varphi^{(k)}$, $u^{3k-1} \equiv \sigma^{(k)}$

durchzuführen, was wegen (200) erlaubt ist und keine wesentliche Beschränkung der Allgemeinheit bedeutet. Sind statt (393) kompliziertere Funktionen (122) und (125) zu berücksichtigen, so kann man nachträglich die Operationen

(395) $$\frac{\partial}{\partial\varphi^{(k)}} = \frac{\partial\zeta_1^{(k)}}{\partial\varphi^{(k)}}\frac{\partial}{\partial\zeta_1^{(k)}} + \frac{\partial\zeta_2^{(k)}}{\partial\varphi^{(k)}}\frac{\partial}{\partial\zeta_2^{(k)}} ,$$

$$(396)\quad \frac{\partial}{\partial\sigma^{(k)}} = \frac{\partial\zeta_1^{(k)}}{\partial\sigma^{(k)}}\frac{\partial}{\partial\zeta_1^{(k)}} + \frac{\partial\zeta_2^{(k)}}{\partial\sigma^{(k)}}\frac{\partial}{\partial\zeta_2^{(k)}}$$

anwenden, deren Inversion auf Grund von (201) gesichert ist.

Im Hinblick auf die Koordinatentransformation (25) ergeben sich mit den Bezeichnungen (372) im Fall (394) die partiellen Ableitungen der $\mathfrak{S}$-Koordinaten von $P \in \mathfrak{B}^*$

$$(397)\quad x_{i|3k-2} = c_{ij}\frac{\partial\bar{x}_j}{\partial\varphi^{(k)}},$$

$$(398)\quad x_{i|3k-1} = c_{ij}\frac{\partial\bar{x}_j}{\partial\sigma^{(k)}},$$

$$(399)\quad x_{i|3k} = c_{ij}\frac{\partial\bar{x}_j}{\partial\zeta^{(k)}},$$

$$(400)\quad x_{i|9+l} = \delta_{il},$$

$$(401)\quad x_{i|12+l} = \frac{\partial c_{ij}}{\partial\eta_l}\bar{x}_j .$$

Von den insgesamt $\binom{16}{2} = 120$ Produkten $x_{i|A}x_{i|B}$ brauchen nur die folgenden notiert zu werden; denn alle übrigen verschwinden von vornherein identisch. Zunächst bildet man mit Rücksicht auf (29) und (99)

$$(402)\quad P \in \mathfrak{B}^{(k)}: \quad x_{i|(3k-2)}x_{i|(3k-2)} = \frac{\partial\bar{x}_i}{\partial\varphi^{(k)}}\frac{\partial\bar{x}_i}{\partial\varphi^{(k)}},$$

$$(403)\quad P \in \mathfrak{B}^{(k)}: \quad x_{i|(3k-2)}x_{i|(3k-1)} = \frac{\partial\bar{x}_i}{\partial\varphi^{(k)}}\frac{\partial\bar{x}_i}{\partial\sigma^{(k)}},$$

$$(404)\quad P \in \mathfrak{B}^{(k)}: \quad x_{i|(3k-1)}x_{i|(3k-1)} = \frac{\partial\bar{x}_i}{\partial\sigma^{(k)}}\frac{\partial\bar{x}_i}{\partial\sigma^{(k)}},$$

$$(405)\quad P \in \mathfrak{g}^{(k)}: \quad x_{i|(3k)}x_{i|(3k)} = \frac{d\bar{x}_i}{d\zeta^{(k)}}\frac{d\bar{x}_i}{d\zeta^{(k)}},$$

$$(406)\quad P \in \mathfrak{B}^{(k)}: \quad x_{i|3k-2}x_{i|9+l} = c_{li}\frac{\partial\bar{x}_i}{\partial\varphi^{(k)}},$$

$$(407)\quad P \in \mathfrak{B}^{(k)}: \quad x_{i|3k-1}x_{i|9+l} = c_{li}\,\frac{\partial \overline{x}_i}{\partial \sigma^{(k)}}\,,$$

$$(408)\quad P \in \mathfrak{D}^{*}: \quad x_{i|9+h}x_{i|9+l} = \delta_{hl}$$

und gelangt weiterhin unter Verwendung von (73)-(75) zu

$$(409)\quad P \in \mathfrak{B}^{(k)}: \quad x_{i|3k-2}x_{i|12+l} = \omega_{il}\;\varepsilon_{ijh}\overline{x}_j\,\frac{\partial \overline{x}_h}{\partial \varphi^{(k)}}\,,$$

$$(410)\quad P \in \mathfrak{B}^{(k)}: \quad x_{i|3k-1}x_{i|12+l} = \omega_{il}\;\varepsilon_{ijh}\overline{x}_j\,\frac{\partial \overline{x}_h}{\partial \sigma^{(k)}}\,,$$

$$(411)\quad P \in \mathfrak{g}^{(k)}: \quad x_{i|3k}x_{i|12+l} = \omega_{il}\;\varepsilon_{ijh}\overline{x}_j\,\frac{d\overline{x}_h}{d\zeta^{(k)}}\,,$$

$$(412)\quad P \in \mathfrak{D}^{*}: \quad x_{i|9+m}x_{i|12+l} = \omega_{il}\varepsilon_{ijh}\overline{x}_j c_{mh}\,,$$

$$(413)\quad P \in \mathfrak{D}^{*}: \quad x_{i|12+m}x_{i|12+l} = \omega_{hm}\omega_{jl}(\overline{x}_i\overline{x}_i\delta_{hj}-\overline{x}_h\overline{x}_j)\,.$$

Die Produkte (402)-(404) verhelfen wegen (377) und (3) zu

$$(414)\quad w_{(3k-2)(3k-2)} = \sum_{\mathfrak{B}'^{(k)}}\mu\,\frac{\partial \overline{x}_i}{\partial \varphi^{(k)}}\,\frac{\partial \overline{x}_i}{\partial \varphi^{(k)}} + \delta_3^k \sum_{\mathfrak{B}''}\mu\,\frac{\partial \overline{x}_i}{\partial \varphi^{(3)}}\,\frac{\partial \overline{x}_i}{\partial \varphi^{(3)}}\,,$$

$$(415)\quad w_{(3k-2)(3k-1)} = \sum_{\mathfrak{B}'^{(k)}}\mu\,\frac{\partial \overline{x}_i}{\partial \varphi^{(k)}}\,\frac{\partial \overline{x}_i}{\partial \sigma^{(k)}} + \delta_3^k \sum_{\mathfrak{B}''}\mu\,\frac{\partial \overline{x}_i}{\partial \varphi^{(3)}}\,\frac{\partial \overline{x}_i}{\partial \sigma^{(3)}}\,,$$

$$(416)\quad w_{(3k-1)(3k-1)} = \sum_{\mathfrak{B}'^{(k)}}\mu\,\frac{\partial \overline{x}_i}{\partial \sigma^{(k)}}\,\frac{\partial \overline{x}_i}{\partial \sigma^{(k)}} + \delta_3^k \sum_{\mathfrak{B}''}\mu\,\frac{\partial \overline{x}_i}{\partial \sigma^{(3)}}\,\frac{\partial \overline{x}_i}{\partial \sigma^{(3)}}\,.$$

Aus (136) folgt

$$(417)\quad P \in \mathfrak{B}'^{(k)}: \quad \frac{\partial \overline{x}_i}{\partial \varphi^{(k)}}\,\frac{\partial \overline{x}_i}{\partial \varphi^{(k)}} = x_i'x_i' - (n_i^{(k)}x_i')^2 = \text{const}\,,$$

$$(418)\quad P \in \mathfrak{B}'^{(k)}: \quad \frac{\partial \overline{x}_i}{\partial \varphi^{(k)}}\,\frac{\partial \overline{x}_i}{\partial \sigma^{(k)}} = \varepsilon_{ijh}m_i^{(k)}n_j^{(k)}x_h'\,,$$

$$(419)\quad P \in \mathfrak{B}'^{(k)}: \quad \frac{\partial \overline{x}_i}{\partial \sigma^{(k)}}\,\frac{\partial \overline{x}_i}{\partial \sigma^{(k)}} = 1\,.$$

Durch

$$(420)\quad I^{(k)} = \sum_{\mathfrak{B}'^{(k)}} \mu[x_i'x_i' - (n_i^{(k)}x_i')^2] , \quad I^{(k)} = \text{const} ,$$

wird das Trägheitsmoment von $\mathfrak{B}'^{(k)}$ in bezug auf die Achse durch $Z^{(k)}$ mit der Richtung des Vektors (117) ausgedrückt, so daß aus (417)-(420) sowie (104) und (139)

$$(421)\quad \sum_{\mathfrak{B}'^{(k)}} \mu \frac{\partial \overline{x}_i}{\partial \varphi^{(k)}} \frac{\partial \overline{x}_i}{\partial \varphi^{(k)}} = I^{(k)} ,$$

$$(422)\quad \sum_{\mathfrak{B}'^{(k)}} \mu \frac{\partial \overline{x}_i}{\partial \varphi^{(k)}} \frac{\partial \overline{x}_i}{\partial \sigma^{(k)}} = M'^{(k)} \varepsilon_{ijh} m_i^{(k)} n_j^{(k)} z_h'^{(k)} ,$$

$$(423)\quad \sum_{\mathfrak{B}'^{(k)}} \mu \frac{\partial \overline{x}_i}{\partial \sigma^{(k)}} \frac{\partial \overline{x}_i}{\partial \sigma^{(k)}} = M'^{(k)}$$

hervorgeht.

Um die Tensorkoordinaten (414)-(416) auch für $k = 3$ vollständig bestimmt zu haben, müssen noch die von der Schraubenfeder $\mathfrak{B}''$ herrührenden Terme in (414)-(416) berechnet sein. Zu dem Zweck wird mit

$$(424)\quad I'' = \sum_{\mathfrak{B}''} \mu(x_2''^2 + x_3''^2) , \quad I'' = \text{const} ,$$

das konstante Trägheitsmoment von $\mathfrak{B}''$ bezüglich der Federachse $\mathfrak{A}$ eingeführt und jedes der drei Deviationsmomente von $\mathfrak{B}''$ in bezug auf $\mathfrak{S}''$ gleich Null gesetzt, so daß die Koordinatenachsen von $\mathfrak{S}''$ Hauptträgheitsachsen der Schraubenfeder $\mathfrak{B}''$ sind. Es soll also

$$(425)\quad \sum_{\mathfrak{B}''} \mu x_1''x_2'' = \sum_{\mathfrak{B}''} \mu x_3''x_1'' = \sum_{\mathfrak{B}''} \mu x_2''x_3'' = 0$$

und zusätzlich

$$(426)\quad \sum_{\mathfrak{B}''} \mu x_2''^2 = \sum_{\mathfrak{B}''} \mu x_3''^2 = \frac{I''}{2}$$

gelten, d.h., die beiden planaren Trägheitsmomente von $\mathfrak{B}''$ bezüglich der (1,3)-Ebene und der (1,2)-Ebene von $\mathfrak{S}''$ mögen gleich sein. Zur Berechnung des auf die (2,3)-Ebene von $\mathfrak{S}''$ bezogenen planaren Trägheitsmoments $\sum_{\mathfrak{B}''} \mu[x_1''(\Lambda)]^2$ dient die Proportion

$$(427)\quad \mu : M'' = dx_1''(\Lambda) : \Lambda ,$$

wobei das Symbol $dx_1''(\Lambda)$ die positive Differenz der 1-Koordinaten im System $\mathfrak{S}''$ von $P \in \mathfrak{B}''$ und einem infinitesimal benachbarten Massenpunkt der Feder $\mathfrak{B}''$ bezeichnet. Aus (427) folgt

$$(428)\quad \sum_{\mathfrak{B}''} \mu[x_1''(\Lambda)]^2 = \frac{M''}{\Lambda} \int_{-\frac{\Lambda}{2}}^{+\frac{\Lambda}{2}} x^2 dx = \frac{M''}{12} \Lambda^2 .$$

Zudem erhält man auf Grund von (155)-(157) und (159)-(166)

$$(429)\quad P \in \mathfrak{B}'' : \quad (\frac{\partial}{\partial\varphi^{(3)}},\frac{\partial}{\partial\sigma^{(3)}})\overline{x}_i = (\frac{\partial}{\partial\varphi^{(3)}},\frac{\partial}{\partial\sigma^{(3)}})s_i'' + \frac{1}{\Lambda_o}(\frac{\partial\Lambda}{\partial\varphi^{(3)}},\frac{\partial\Lambda}{\partial\sigma^{(3)}})a_{i1}x_1''(\Lambda_o) + (\frac{\partial\chi}{\partial\sigma^{(3)}},\frac{\partial\chi}{\partial\sigma^{(3)}})\varepsilon_{hj3}x_h''a_{ij} .$$

Unter Beachtung von (424)-(429) ergibt sich zunächst

$$(430)\quad \sum_{\mathfrak{B}''} \mu \frac{\partial\overline{x}_i}{\partial\varphi^{(3)}} \frac{\partial\overline{x}_i}{\partial\varphi^{(3)}} = M'' \frac{\partial s_i''}{\partial\varphi^{(3)}} \frac{\partial s_i''}{\partial\varphi^{(3)}} + \frac{M''}{12} (\frac{\partial\Lambda}{\partial\varphi^{(3)}})^2 + (\frac{M''}{12} \Lambda_o^2 + \frac{I''}{2})(\frac{\partial\chi}{\partial\varphi^{(3)}})^2 ,$$

$$(431)\quad \sum_{\mathfrak{B}''} \mu \frac{\partial\overline{x}_i}{\partial\varphi^{(3)}} \frac{\partial\overline{x}_i}{\partial\sigma^{(3)}} = M'' \frac{\partial s_i''}{\partial\varphi^{(3)}} \frac{\partial s_i''}{\partial\sigma^{(3)}} + \frac{M''}{12} \frac{\partial\Lambda}{\partial\varphi^{(3)}} \frac{\partial\Lambda}{\partial\sigma^{(3)}} + (\frac{M''}{12} \Lambda_o^2 + \frac{I''}{2})\frac{\partial\chi}{\partial\varphi^{(3)}} \frac{\partial\chi}{\partial\sigma^{(3)}} ,$$

$$(432)\quad \sum_{\mathfrak{B}''} \mu \frac{\partial\overline{x}_i}{\partial\sigma^{(3)}} \frac{\partial\overline{x}_i}{\partial\sigma^{(3)}} = M'' \frac{\partial s_i''}{\partial\sigma^{(3)}} \frac{\partial s_i''}{\partial\sigma^{(3)}} + \frac{M''}{12} (\frac{\partial\Lambda}{\partial\sigma^{(3)}})^2 + (\frac{M''}{12} \Lambda_o^2 + \frac{I''}{2})(\frac{\partial\chi}{\partial\sigma^{(3)}})^2 ,$$

also wegen (186), (188)-(191) und (198)

$$(433)\quad \sum_{\mathfrak{B}''} \mu \frac{\partial\overline{x}_i}{\partial\varphi^{(3)}} \frac{\partial\overline{x}_i}{\partial\varphi^{(3)}} = \frac{M''}{4} b_i'b_i' + \frac{M''}{12} \frac{F^2}{L^2} + (\frac{M''}{12} \Lambda_o^2 + \frac{I''}{2})\frac{1}{L^2}(a_{i1}b_i')^2 ,$$

$$(434)\quad \sum_{\mathfrak{B}''} \mu \frac{\partial \bar{x}_i}{\partial \varphi^{(3)}} \frac{\partial \bar{x}_i}{\partial \sigma^{(3)}} = \frac{M''}{4} \varepsilon_{ijh} m_i^{(3)} n_j^{(3)} b_h' - \frac{M''}{12} \frac{F}{L} a_{i1} m_i^{(3)} + \left(\frac{M''}{12} \Lambda_o^2 + \frac{I''}{2}\right) \frac{1}{L^2} \varepsilon_{ijh} m_i^{(3)} n_j^{(3)} a_{h1} a_{k1} b_k' ,$$

$$(435)\quad \sum_{\mathfrak{B}''} \mu \frac{\partial \bar{x}_i}{\partial \sigma^{(3)}} \frac{\partial \bar{x}_i}{\partial \sigma^{(3)}} = \frac{M''}{4} + \frac{M''}{12} (a_{i1} m_i^{(3)})^2 + \left(\frac{M''}{12} \Lambda_o^2 + \frac{I''}{2}\right) \frac{1}{L^2} (\varepsilon_{ijh} m_i^{(3)} n_j^{(3)} a_{h1})^2 .$$

Die Gleichungen (433) und (435) lassen sich noch mittels der Beziehungen

$$(436)\quad F^2 = L^2[b_i' b_i' - (a_{i1} b_i')^2]$$

und

$$(437)\quad (a_{i1} m_i^{(3)})^2 = 1 - (\varepsilon_{ijh} m_i^{(3)} n_j^{(3)} a_{h1})^2$$

in

$$(438)\quad \sum_{\mathfrak{B}''} \mu \frac{\partial \bar{x}_i}{\partial \varphi^{(3)}} \frac{\partial \bar{x}_i}{\partial \varphi^{(3)}} = \frac{M''}{3}\left[1 - \frac{1}{4}\left(1 - \frac{\Lambda_o^2}{L^2} - \frac{6I''}{M''L^2}\right) \frac{(a_{i1} b_i')^2}{b_j' b_j'}\right] b_h' b_h'$$

und

$$(439)\quad \sum_{\mathfrak{B}''} \mu \frac{\partial \bar{x}_i}{\partial \sigma^{(3)}} \frac{\partial \bar{x}_i}{\partial \sigma^{(3)}} = \frac{M''}{3}\left[1 - \frac{1}{4}\left(1 - \frac{\Lambda_o^2}{L^2} - \frac{6I''}{M''L^2}\right) (\varepsilon_{ijh} m_i^{(3)} n_j^{(3)} a_{h1})^2\right]$$

umformen. Damit sind die Tensorkoordinaten (414)-(416) auch für $k = 3$ bestimmt. Wegen (421)-(423) sowie (434), (438) und (439) bekommt man

$$(440)\quad w_{(3k-2)(3k-2)} = I^{(k)} + \delta_3^k \frac{M''}{3}\left[1 - \frac{1}{4}\left(1 - \frac{\Lambda_o^2}{L^2} - \frac{6I''}{M''L^2}\right) \frac{(a_{i1} b_i')^2}{b_j' b_j'}\right] b_h' b_h' ,$$

$$(441)\quad w_{(3k-2)(3k-1)} = M'^{(k)}\varepsilon_{ijh}m_i^{(k)}n_j^{(k)}z_h'^{(k)}$$
$$+ \delta_3^k[\frac{M''}{4}\varepsilon_{ijh}m_i^{(3)}n_j^{(3)}b_h' - \frac{M''}{12}\frac{F}{L}a_{i1}m_i^{(3)}$$
$$+ (\frac{M''}{12}\Lambda_o^2 + \frac{I''}{2})\frac{1}{L^2}\varepsilon_{ijh}m_i^{(3)}n_j^{(3)}a_{h1}a_{l1}b_l'] ,$$

$$(442)\quad w_{(3k-1)(3k-1)} = M'^{(k)}$$
$$+ \delta_3^k\frac{M''}{3}[1 - \frac{1}{4}(1 - \frac{\Lambda_o^2}{L^2}$$
$$- \frac{6I''}{M''L^2})(\varepsilon_{ijh}m_i^{(3)}n_j^{(3)}a_{h1})^2] .$$

Es ist nun das Produkt in (405) zu berechnen. Mit (211) und (35) ergibt sich

$$(443)\quad P \in g^{(k)} : \quad x_{i|(3k)}x_{i|(3k)} = \varepsilon_{ij3}\varepsilon_{ih3}y_jy_h = y_1^2 + y_2^2 .$$

Das konstante Trägheitsmoment des Galvanometerspiegels $g^{(k)}$ in bezug auf seine zur 3-Achse von $\overline{\mathfrak{S}}$ parallele Drehachse durch $\Sigma^{(k)}$ wird mit $J^{(k)}$ bezeichnet:

$$(444)\quad J^{(k)} = \sum_{g^{(k)}}\mu(y_1^2 + y_2^2) , \quad J^{(k)} = \text{const} .$$

Nach (377), (443) und (444) gilt also

$$(445)\quad w_{(3k)(3k)} = J^{(k)} .$$

Im Hinblick auf (377) und (406), (407) sowie (112) gelangt man zu

$$(446)\quad w_{3k-2,9+l} = c_{li}\sum_{\mathfrak{B}^{(k)}}\mu\frac{\partial\overline{x}_i}{\partial\varphi^{(k)}} = M^{(k)}c_{li}\frac{\partial s_i^{(k)}}{\partial\varphi^{(k)}} ,$$

$$(447)\quad w_{3k-1,9+l} = c_{li}\sum_{\mathfrak{B}^{(k)}}\mu\frac{\partial\overline{x}_i}{\partial\sigma^{(k)}} = M^{(k)}c_{li}\frac{\partial s_i^{(k)}}{\partial\sigma^{(k)}}$$

oder mittels der Formeln (226) und (227) ausführlicher

$$(448)\quad w_{3k-2,9+l} = c_{li}\varepsilon_{ijh}(M'^{(k)}n_j^{(k)}z'^{(k)} + \delta_3^k \frac{M''}{2} n_j^{(3)}b_h') ,$$

$$(449)\quad w_{3k-1,9+l} = c_{li}(M'^{(k)}m_i^{(k)} + \delta_3^k \frac{M''}{2} m_i^{(3)}) .$$

Aus (377) und (408) folgt sofort

$$(450)\quad w_{9+h,9+l} = \sum_{\mathfrak{B}^*} \mu\delta_{hl} ,$$

also hinsichtlich (5) und (104), (108)

$$(451)\quad w_{9+h,9+l} = [M^* + \sum_k (M^{(k)}+m^{(k)})]\delta_{hl} ,$$

wobei wegen (105) die Massen $m^{(k)}$ auch unberücksichtigt bleiben dürfen.

Die Produkte (409) und (410) führen gemäß (377) vorerst zu

$$(452)\quad w_{3k-2,12+l} = \omega_{il} \sum_{\mathfrak{B}^{(k)}} \mu\varepsilon_{ijh}\bar{x}_j \frac{\partial\bar{x}_h}{\partial\varphi^{(k)}}$$

und

$$(453)\quad w_{3k-1,12+l} = \omega_{il} \sum_{\mathfrak{B}^{(k)}} \mu\varepsilon_{ijh}\bar{x}_j \frac{\partial\bar{x}_h}{\partial\sigma^{(k)}} .$$

Die Gleichungen (126), (136)-(139) und (272) verhelfen zu

$$(454)\quad \sum_{\mathfrak{B}'^{(k)}} \mu\varepsilon_{ijh}\bar{x}_j \frac{\partial\bar{x}_h}{\partial\varphi^{(k)}} = \sum_{\mathfrak{B}'^{(k)}} \mu\varepsilon_{ijh}\varepsilon_{uvh}(z_j^{(k)}+x_j')n_u^{(k)}x_v'$$

$$= M'^{(k)}(n_i^{(k)}z_j^{(k)}z_j'^{(k)} - z_i'^{(k)}z_j^{(k)}n_j^{(k)})$$

$$+ I_{ij}^{(k)}n_j^{(k)}$$

und

$$(455)\quad \sum_{\mathfrak{B}'^{(k)}} \mu\varepsilon_{ijh}\bar{x}_j \frac{\partial\bar{x}_h}{\partial\sigma^{(k)}} = \sum_{\mathfrak{B}'^{(k)}} \mu\varepsilon_{ijh}(z_j^{(k)}+x_j')m_h^{(k)}$$

$$= M'^{(k)}\varepsilon_{ijh}(z_j^{(k)}+z_j'^{(k)})m_h^{(k)} .$$

In (454) erscheinen mit

$$(456)\quad I_{ij}^{(k)} = \sum_{\mathfrak{B}'^{(k)}} \mu(x_h' x_h' \delta_{ij} - x_i' x_j') \ ,$$

$$I_{ij}^{(k)} = I_{ij}^{(k)}(\varphi^{(k)}) \ , \quad I_{ij}^{(k)} = I_{ji}^{(k)} \ ,$$

die $\overline{\mathfrak{S}}$-Koordinaten des Trägheitstensors von $\mathfrak{B}'^{(k)}$ in bezug auf $Z^{(k)}$. Nach (127), (134) und (135) gilt

$$(457)\quad x_h' x_h' \delta_{ij} - x_i' x_j' = n_{iu}^{(k)} n_{jv}^{(k)} (x_{ho}' x_{ho}' \delta_{uv} - x_{uo}' x_{vo}') \ .$$

also

$$(458)\quad I_{ij}^{(k)}(\varphi^{(k)}) = n_{iu}^{(k)}(\varphi^{(k)}) n_{jv}^{(k)}(\varphi^{(k)}) I_{uv}^{(k)}(0) \ .$$

Zur Darstellung der Tensorkoordinaten in (452) und (453) für $k = 3$ benötigt man noch die von der Schraubenfeder $\mathfrak{B}''$ herrührenden Beiträge. Anhand der Koordinatentransformation (159) und der Bedingungen (161)-(165) ergibt sich

$$(459)\quad P \in \mathfrak{B}'' : \quad \varepsilon_{ijh} \overline{x}_j \left(\frac{\partial \overline{x}_h}{\partial \varphi^{(3)}}, \frac{\partial \overline{x}_h}{\partial \sigma^{(3)}} \right) =$$

$$\varepsilon_{ijh}(s_j'' + a_{ju} x_u'') \left[\left(\frac{\partial s_h''}{\partial \varphi^{(3)}}, \frac{\partial s_h''}{\partial \sigma^{(3)}} \right) + \left(\frac{\partial \chi}{\partial \varphi^{(3)}}, \frac{\partial \chi}{\partial \sigma^{(3)}} \right) \frac{da_{hv}}{d\chi} x_v'' + \frac{1}{\Lambda} \left(\frac{\partial \Lambda}{\partial \varphi^{(3)}}, \frac{\partial \Lambda}{\partial \sigma^{(3)}} \right) a_{h1} x_1'' \right] \ .$$

Hieraus folgt mit Rücksicht auf (160) und (425)

$$(460)\quad \sum_{\mathfrak{B}''} \mu \varepsilon_{ijh} \overline{x}_j \left(\frac{\partial \overline{x}_h}{\partial \varphi^{(3)}}, \frac{\partial \overline{x}_h}{\partial \sigma^{(3)}} \right) = M'' \varepsilon_{ijh} s_j'' \left(\frac{\partial s_h''}{\partial \varphi^{(3)}}, \frac{\partial s_h''}{\partial \sigma^{(3)}} \right) + \left(\frac{\partial \chi}{\partial \varphi^{(3)}}, \frac{\partial \chi}{\partial \sigma^{(3)}} \right) \sum_{\mathfrak{B}''} \mu \varepsilon_{ijh} \left(a_{j1} \frac{da_{h1}}{d\chi} x_1''^2 + a_{j2} \frac{da_{h2}}{d\chi} x_2''^2 \right) \ .$$

Die Beziehungen (155), (158), (177) und (180) liefern

$$(461)\quad \varepsilon_{ijh} s_j'' \left(\frac{\partial s_h''}{\partial \varphi^{(3)}}, \frac{\partial s_h''}{\partial \sigma^{(3)}} \right) = \frac{1}{2} \varepsilon_{ijh} a_j \left(\frac{\partial b_h}{\partial \varphi^{(3)}}, \frac{\partial b_h}{\partial \sigma^{(3)}} \right) + \frac{L^2}{4} \left(\frac{\partial \chi}{\partial \varphi^{(3)}}, \frac{\partial \chi}{\partial \sigma^{(3)}} \right) n_i^{(3)} \ .$$

Auf Grund der Formeln (155)-(158) ist die Umformung

$$(462)\quad \varepsilon_{ijh}(a_{j1}\frac{da_{h1}}{d\chi}\, x_1''^2 + a_{j2}\frac{da_{h2}}{d\chi}\, x_2''^2) = (x_1''^2 + x_2''^2)n_i^{(3)}$$

vorzunehmen. Mit (461) und (462) sowie in Anbetracht von (424), (426), (428) und (166) geht (460) in

$$(463)\quad \sum_{\mathfrak{G}''}\mu\varepsilon_{ijh}\bar{x}_j(\frac{\partial\bar{x}_h}{\partial\varphi^{(3)}},\frac{\partial\bar{x}_h}{\partial\sigma^{(3)}}) = \frac{M''}{2}\,\varepsilon_{ijh}a_j(\frac{\partial b_h}{\partial\varphi^{(3)}},\frac{\partial b_h}{\partial\sigma^{(3)}})$$

$$+ \frac{M''}{4}(\frac{\partial\chi}{\partial\varphi^{(3)}},\frac{\partial\chi}{\partial\sigma^{(3)}})(L^2 + \frac{\Lambda^2}{3} + \frac{2I''}{M''})n_i^{(3)}$$

oder unter Verwendung von (174) und (190), (191) im einzelnen in

$$(464)\quad \sum_{\mathfrak{G}''}\mu\varepsilon_{ijh}\bar{x}_j\,\frac{\partial\bar{x}_h}{\partial\varphi^{(3)}} = \frac{M''}{2}\,\varepsilon_{ijh}a_j\varepsilon_{uvh}n_u^{(3)}b_v'$$

$$+ \frac{M''}{4}(1 + \frac{\Lambda^2}{3L^2} + \frac{2I''}{M''L^2})(z^{(3)} + b_h' - a_h)b_h'n_i^{(3)}$$

$$= \frac{M''}{4}[(1 - \frac{\Lambda^2}{3L^2} - \frac{2I''}{M''L^2})a_h$$

$$+ (1 + \frac{\Lambda^2}{3L^2} + \frac{2I''}{M''L^2})(z_h^{(3)} + b_h')]b_h'n_i^{(3)}$$

$$- \frac{M''}{2}\, a_h n_h^{(3)} b_i'$$

und

$$(465)\quad \sum_{\mathfrak{G}''}\mu\varepsilon_{ijh}x_j\,\frac{\partial\bar{x}_h}{\partial\sigma^{(3)}} = \frac{M''}{4}(1 + \frac{\Lambda^2}{3L^2} + \frac{2I''}{M''L^2})\,\times$$

$$\times\,\varepsilon_{uvh}m_u^{(3)}n_v^{(3)}(z_h^{(3)} + b_h' - a_h)n_i^{(3)}$$

$$+ \frac{M''}{2}\,\varepsilon_{ijh}a_j m_h^{(3)}$$

über. Die Zusammenfassung dieser Ausdrücke mit denen in (460) und (461) führt zu den folgenden Darstellungen der Tensorkoordinaten in (452) und (453):

$$(466)\quad w_{3k-2,12+l} = \omega_{il}\{M'^{(k)}(n_i^{(k)}z_j^{(k)}z_j'^{(k)}-z_i'^{(k)}z_j^{(k)}n_j^{(k)})+I_{ij}^{(k)}n_j^{(k)}$$

$$+ \delta_3^k \frac{M''}{4}[(1 - \frac{\Lambda^2}{3L^2} - \frac{2I''}{M''L^2})a_h$$

$$+ (1 + \frac{\Lambda^2}{3L^2} + \frac{2I''}{M''L^2})(z_h^{(3)}+b_h')]b_h'n_h^{(3)}$$

$$- \delta_3^k \frac{M''}{2} a_h n_h^{(3)} b_h'\} ,$$

$$(467)\quad w_{3k-1,12+l} = \omega_{il}\{M'^{(k)}\varepsilon_{ijh}(z_j^{(k)}+z_j'^{(k)})m_h^{(k)}$$

$$+ \delta_3^k \frac{M''}{4}(1 + \frac{\Lambda^2}{3L^2} + \frac{2I''}{M''L^2}) \times$$

$$\times \varepsilon_{uvh}m_u^{(3)}n_v^{(3)}(z_h^{(3)}+b_h'-a_h)n^{(3)}$$

$$+ \delta_3^k \frac{M''}{2} \varepsilon_{ijh}a_j m_h^{(3)}\}$$

Der Berechnung von $w_{3k,12+l}$ wird die Annahme zugrunde gelegt, daß die Drehachse des Galvanometergehänges $\mathfrak{g}^{(k)}$ eine Hauptträgheitsachse von $\mathfrak{g}^{(k)}$ durch den Massenmittelpunkt $\Sigma^{(k)}$ ist und deshalb

$$(468)\quad \sum_{\mathfrak{g}^{(k)}} \mu y_1 y_3 = \sum_{\mathfrak{g}^{(k)}} \mu y_2 y_3 = 0$$

gilt. Wegen (377), (411), (203), (204) und (211) erhält man

$$(469)\quad w_{3k,12+l} = \omega_{il} \sum_{\mathfrak{g}^{(k)}} \mu\varepsilon_{ijh}\bar{x}_j \frac{d\bar{x}_h}{d\zeta^{(k)}}$$

$$= \omega_{il} \sum_{\mathfrak{g}^{(k)}} \mu\varepsilon_{ijh}\varepsilon_{3mh}y_j y_m = \omega_{il} \sum_{\mathfrak{g}^{(k)}} \mu(y_j y_j \delta_{i3} - y_i y_3) ,$$

also hinsichtlich (468) und (444)

$$(470)\quad w_{3k,12+l} = \omega_{3l} J^{(k)} .$$

Ausgehend von (377) und (412) ergibt sich vorerst

$$(471)\quad w_{9+m,12+l} = c_{mh}\omega_{il}\varepsilon_{hij} \sum_{\mathfrak{D}^*} \mu\bar{x}_j ,$$

und hieraus folgt unter Beachtung von (3)-(5) und (109)-(115) sowie

(137), (178)

$$(472)\quad w_{9+m,12+l} = c_{mh}\omega_{il}\varepsilon_{hij} \sum_k [M'^{(k)}(z_j^{(k)}+z_j'^{(k)}) + \delta_3^k \frac{M''}{2}(a_j+z_j^{(3)}+b_j') + m^{(k)}\sigma_j^{(k)}] .$$

Schließlich hat man die gemäß (377) mit den Produkten (413) definierten Tensorkoordinaten

$$(473)\quad w_{12+m,12+l} = \omega_{im}\omega_{jl} \sum_{\mathfrak{V}^*} \mu(\bar{x}_h\bar{x}_h\delta_{ij} - \bar{x}_i\bar{x}_j)$$

zu berechnen. Die Größen

$$(474)\quad K_{ij} = \sum_{\mathfrak{V}^*} \mu(\bar{x}_h\bar{x}_h\delta_{ij} - \bar{x}_i\bar{x}_j) , \quad K_{ij} = K_{ji} ,$$

sind die $\bar{\mathfrak{S}}$-Koordinaten des Trägheitstensors des mechanischen Verbands $\mathfrak{V}^*$ in bezug auf den Massenmittelpunkt S^* des Fundaments $\mathfrak{G}^*$. Zu der Zerlegung

$$(475)\quad K_{ij} = I^*_{ij} + \sum_k (I_{ij}^{(k)} + \delta_3^k a_{iu}a_{jv}I''_{uv} + J_{ij}^{(k)}) + \sum_k \{M'^{(k)}[(z_h^{(k)}z_h^{(k)}\delta_{ij} - z_i^{(k)}z_j^{(k)}) + 2z_h^{(k)}z_h'^{(k)}\delta_{ij} - z_i^{(k)}z_j'^{(k)} - z_i'^{(k)}z_j^{(k)}] + \delta_3^k \frac{M''}{4}[(a_h+z_h^{(3)}+b_h')(a_h+z_h^{(3)}+b_h')\delta_{ij} - (a_i+z_i^{(3)}+b_i')(a_j+z_j^{(3)}+b_j')] + m^{(k)}(\sigma_h^{(k)}\sigma_h^{(k)}\delta_{ij} - \sigma_i^{(k)}\sigma_j^{(k)})\}$$

verhelfen die Beziehungen (3)-(5), (126), (137), (139), (158)-(160), (178), (203), (204) und (458). Mit I^*_{ij} und $J_{ij}^{(k)}$ bzw. I''_{uv} erscheinen die $\bar{\mathfrak{S}}$- bzw. $\mathfrak{S}''$-Koordinaten des Trägheitstensors von $\mathfrak{G}^*$ und $\mathfrak{g}^{(k)}$ bzw. $\mathfrak{G}''$ bezüglich S^* und $\Sigma^{(k)}$ bzw. S'', also

$$(476)\quad I^*_{ij} = \sum_{\mathfrak{G}^*} \mu(\bar{x}_h\bar{x}_h\delta_{ij} - \bar{x}_i\bar{x}_j) , \quad I^*_{ij} = I^*_{ji} = \text{const} ,$$

$$(477)\quad J^{(k)}_{ij} = \sum_{g^{(k)}} \mu(y_h y_h \delta_{ij} - y_i y_j) \,,$$

$$J^{(k)}_{ij} = J^{(k)}_{ij}(\zeta^{(k)}) \,, \quad J^{(k)}_{ij} = J^{(k)}_{ji} \,,$$

$$(478)\quad I''_{uv} = \sum_{\mathfrak{G}''} \mu(x''_h x''_h \delta_{uv} - x''_u x''_v) \,, \quad I''_{uv} = I''_{uv}(\Lambda) \,, \quad I''_{uv} = I''_{vu} \,.$$

Wegen (205), (210), (477) und

$$(479)\quad \Delta_{ih}\Delta_{jh} = \delta_{ij}$$

gilt

$$(480)\quad J^{(k)}_{ij}(\zeta^{(k)}) = \Delta_{iu}(\zeta^{(k)})\Delta_{jv}(\zeta^{(k)})J^{(k)}_{uv}(0) \,.$$

Bei der Installation des Galvanometers $\varepsilon^{(k)}$ kann darauf geachtet werden, daß neben (468) auch die Bedingung

$$(481)\quad J^{(k)}_{12}(0) = 0$$

erfüllt ist. Dann sind die zu den Koordinatenachsen von $\overline{\mathfrak{G}}$ parallelen Geraden durch $\Sigma^{(k)}$ Hauptträgheitsachsen des Galvanometergehänges $g^{(k)}$ in der für $\zeta^{(k)} = 0$ eingenommenen Ruhelage relativ zu $\overline{\mathfrak{G}}$. Im Fall eines zylindrischen Drehspiegels $g^{(k)}$ trifft übrigens in Anbetracht von (444) und (477) außerdem eine der beiden Annahmen

$$(482)\quad J^{(k)}_{11}(0) = J^{(k)}$$

oder

$$(483)\quad J^{(k)}_{22}(0) = J^{(k)}$$

hinreichend genau zu. Die anspruchsvollere Voraussetzung

$$(484)\quad J^{(k)}_{11}(0) = J^{(k)}_{22}(0)$$

ist zwar praktikabel, aber üblicherweise nicht erfüllt. Sie ergibt zusammen mit (209), (444), (468), (477) und (479)-(481)

$$(485)\quad J_{ij}^{(k)}(\zeta^{(k)}) = [\Delta_{i1}(\zeta^{(k)})\Delta_{j1}(\zeta^{(k)}) + \Delta_{i2}(\zeta^{(k)})\Delta_{j2}(\zeta^{(k)})]J_{11}^{(k)}(0) + \delta_{i3}\delta_{j3}J^{(k)}$$
$$= J_{11}^{(k)}(0)\delta_{ij} + [J^{(k)} - J_{11}^{(k)}(0)]\delta_{i3}\delta_{j3} ,$$

und man darf nun im Hinblick auf

$$(486)\quad I_{11}^{(k)} \gg J_{11}^{(k)} , \quad I_{22}^{(k)} \gg J_{11}^{(k)} , \quad I_{33}^{(k)} \gg J^{(k)}$$

den Tensor $J_{ij}^{(k)}$ sogar aus (475) eliminieren, so daß die Größen K_{ij} nicht von $\zeta^{(k)}$ abhängen.

In (475) ist der Trägheitstensor I''_{uv} mit dem Produkt $a_{iu}a_{jv}$ überschoben. Die Bedingungen (424)-(426) ermöglichen unter Beachtung von (428) und (158), (182) die Umformung

$$(487)\quad a_{iu}a_{jv}I''_{uv} = a_{i1}a_{j1}I''_{11} + a_{i2}a_{j2}I''_{22} + a_{i3}a_{j3}I''_{33}$$
$$= I''\delta_{ij} + (\frac{M''}{12}\Lambda^2 - \frac{I''}{2})(a_{i2}a_{j2}+a_{i3}a_{j3})$$
$$= I''\delta_{ij} + (\frac{M''}{12}\Lambda^2 - \frac{I''}{2})[\delta_{ij} - \frac{1}{L^2}(z_i^{(3)}+b'_i-a_i)(z_j^{(3)}+b'_j-a_j)]$$
$$= (\frac{M''}{12}\Lambda^2 + \frac{I''}{2})\delta_{ij} - (\frac{M''}{12}\Lambda^2 - \frac{I''}{2})\frac{1}{L^2}(z_i^{(3)}+b'_i-a_i)(z_j^{(3)}+b'_j-a_j) .$$

Die Zusammenfassung von (473)-(475) liefert mit Rücksicht auf (485)-(487) die Darstellung

$$(488)\quad w_{12+m,12+l} = \omega_{im}\omega_{jl}K_{ij}$$

$$= \omega_{im}\omega_{jl}\{I^*_{ij} + \sum_k I^{(k)}_{ij}$$

$$+ \sum_k M'^{(k)}[(z^{(k)}_h z^{(k)}_h \delta_{ij} - z^{(k)}_j z^{(k)}_j)$$

$$+ 2(z^{(k)}_h z'^{(k)}_h \delta_{ij} - z^{(k)}_i z'^{(k)}_j)]$$

$$+ \sum_k m^{(k)}(\sigma^{(k)}_h \sigma^{(k)}_h \delta_{ij} - \sigma^{(k)}_i \sigma^{(k)}_j)$$

$$+ [\frac{M''}{12}\Lambda^2 + \frac{I''}{2}$$

$$+ \frac{M''}{4}(a_h+z^{(3)}_h+b'_h)(a_h+z^{(3)}_h+b'_h)]\delta_{ij}$$

$$- \frac{M''}{4}(a_i+z^{(3)}_i+b'_i)(a_j+z^{(3)}_j+b'_j)$$

$$- (\frac{M''}{12}\Lambda^2 - \frac{I''}{2})\frac{1}{L^2}(z^{(3)}_i+b'_i-a_i)(z^{(3)}_j+b'_j-a_j)\}$$

Mit (440)-(442), (445), (448), (449), (451), (466), (467), (470), (472) und (488) verfügt man über explizite Darstellungen einiger Koeffizienten w_{AB} in den allgemeinen Bewegungsgleichungen (379); alle übrigen derartigen Koeffizienten sind von vornherein identisch gleich Null. Aus (451) ist zu ersehen, daß aber auch

$$(489)\quad w_{10,11} = w_{10,12} = w_{11,12} = 0$$

gilt. Bei einer normalen (terrestrischen) seismischen Stationsapparatur trifft insbesondere

$$(490)\quad I^{(3)} + \frac{M''}{3} b'_h b'_h \gg \frac{M''}{12}\left|1 - \frac{\Lambda_o^2}{L^2} - \frac{6I''}{M''L^2}\right|(a_{i1}b'_i)^2$$

und

$$(491)\quad M'^{(3)} + \frac{M''}{3} \gg \frac{M''}{12}\left|1 - \frac{\Lambda_o^2}{L^2} - \frac{6I''}{M''L^2}\right|(\varepsilon_{ijh}m^{(3)}_i n^{(3)}_j a_{h1})^2$$

zu, wodurch (440) und (442) die einfachere Gestalt

(492) $w_{(3k-2)(3k-2)} = I^{(k)} + \delta_3^k \frac{M''}{3} b_h' b_h'$

und

(493) $w_{(3k-1)(3k-1)} = M'^{(k)} + \delta_3^k \frac{M''}{3}$

annehmen. Dann sind bis auf $w_{13,13}$, $w_{14,14}$ und $w_{15,15}$ die Elemente der Hauptdiagonalen der quadratischen Matrix $\|w_{AB}\|$ sämtlich positiv konstant. Die variablen Elemente von $\|w_{AB}\|$ hängen nicht von $u^{3k} \equiv \zeta^{(k)}$ und $u^{9+l} \equiv \xi_l$ ab, was sich formal durch

(494) $w_{AB|3k} = 0$

und

(495) $w_{AB|9+l} = 0$

ausdrücken läßt.

Da nun alle Ausdrücke der Tensorkoordinaten w_{AB} unter der Bedingung (394) vorliegen, sind auch die partiellen Ableitungen $w_{AB|C}$ und mit ihnen gemäß der Vorschrift (383) die Koeffizienten Ω_{ABC} der in den Differentialgleichungen (379) vorkommenden quadratischen Formen $\Omega_{ABC}\dot{u}^B\dot{u}^C$ berechenbar. Im folgenden werden wie bei den Darstellungen von w_{AB} diejenigen Funktionen $\Omega_{ABC}(u^D)$ gar nicht erwähnt, deren identisches Verschwinden evident ist. Von den übrigen braucht man wegen der in (378) hervorgehobenen Symmetrie von Ω_{ABC} bezüglich der Indizes B und C nur die Fälle $B \leqq C$ zu beachten. Die Beziehungen (383) verhelfen sofort zu

(496) $\Omega_{(A)(A)(A)} = \frac{1}{2} w_{(A)(A)|(A)}$,

(497) $\Omega_{(A)(A)C} = \frac{1}{2} w_{(A)(A)|C}$,

und hieraus folgt in Verbindung mit (381)

(498) $\Omega_{C(A)(A)} = w_{C(A)|(A)} - \Omega_{(A)(A)C}$.

Wegen (494) und (495) interessieren die Formeln (496) bzw. (497) nicht für $A = 3k$ und $A = 9+l$ bzw. $C = 3k$ und $C = 9+l$; aber auch (498) liefert, wie den Definitionsgleichungen (378) und der Koordinatentransformation (25) zu entnehmen ist, für $A = 9+l$ und jeden Index C verschwindende Koeffizienten, während die für $A = 3k$ und $C = 12+l$ in

$$(499) \quad \Omega_{12+l,(3k)(3k)} = -\Omega_{(3k)(3k),12+l}$$

übergehenden Relationen (498) näher zu untersuchen sind. Mittels (378), (25), (74) und (372) bekommt man

$$(500) \quad \Omega_{(3(k-1)+m)(3(k-1)+m),12+l} = c_{ih} \frac{\partial c_{ij}}{\partial \eta_l} \sum_{\vartheta(k)} \mu \frac{\partial \bar{x}_h}{\partial \zeta^{(k)}_{(m)}} \frac{\partial \bar{x}_j}{\partial \zeta^{(k)}_{(m)}}$$

$$= \omega_{il} \sum_{\vartheta(k)} \mu \varepsilon_{ijh} \frac{\partial \bar{x}_j}{\partial \zeta^{(k)}_{(m)}} \frac{\partial \bar{x}_h}{\partial \zeta^{(k)}_{(m)}} = 0 \,,$$

womit für $m = 3$ zugleich das Verschwinden der Koeffizienten in (499) nachgewiesen ist.

Anhand von (378) und (25) stellt man fest, daß Ω_{ABC} für $B = 9+l$ oder $C = 9+l$ stets gleich Null ist. Demnach kann ein nicht identisch verschwindender Koeffizient Ω_{ABC} mit einem Index, der die Zahlen $9+l$ repräsentiert, nur im Fall $A = 9+l$, $B \neq 9+i$, $C \neq 9+j$ existieren. Zur Erfassung aller interessierenden Funktionen $\Omega_{9+l,BC}$ ist die Beziehung (380) geeignet; sie ergibt

$$(501) \quad \Omega_{9+l,BC} = w_{9+l,B|C} \qquad (B \leqq C \,,\ B \neq 9+i \,,\ C \neq 9+j) \,,$$

also insbesondere

$$(502) \quad \Omega_{9+l,(3k-2)(3k-2)} = w_{9+l,(3k-2)|(3k-2)} \,,$$

$$(503) \quad \Omega_{9+l,3k-2,12+h} = w_{9+l,3k-2|12+h} \,,$$

$$(504) \quad \Omega_{9+l,(3k-1)(3k-1)} = w_{9+l,(3k-1)|(3k-1)} \,,$$

$$(505) \quad \Omega_{9+l,3k-1,12+h} = w_{9+l,3k-1|12+h}$$

und

$$(506) \quad \Omega_{9+l,12+h,12+j} = w_{9+l,12+h|12+j} \,.$$

Damit sind die in (501) enthaltenen diskutablen Spezialfälle vollständig angegeben. Die ausführliche Berechnung der rechten Seiten der Gleichungen (502)-(505) ist unter Verwendung der Darstellungen (448) und (449) sowie von (73), (138), (174) und des Entwicklungssatzes (35) und der Orthogonalitätsrelationen (272) und (193) unproblematisch. Um die Koeffizienten (506) weiter zu entwickeln, kann man auch von (378) ausgehen und erhält

$$(507)\quad \Omega_{9+l,12+h,12+j} = \frac{\partial^2 c_{li}}{\partial\eta_h \partial\eta_j} \sum_{\mathfrak{B}*} \mu\bar{x}_i$$

oder in Anbetracht der Umformung von (471) in (472)

$$(508)\quad \Omega_{9+l,12+h,12+j} = \frac{\partial^2 c_{li}}{\partial\eta_h \partial\eta_j} \sum_k [M'(z_i^{(k)}+z_i'^{(k)}) + \delta_3^k \frac{M''}{2}(a_i+z_i^{(3)}+b_i') + m^{(k)}\sigma_i^{(k)}] .$$

Die zweifachen partiellen Ableitungen der Richtungskosinus c_{li} können direkt aus den CAYLEYschen Formeln (62) gewonnen werden.

Es kommen nun Koeffizienten Ω_{ABC} mit Indizes in Betracht, wovon keiner die Zahlen 9+l repräsentiert. Die auf (496)-(499) bezogenen Bemerkungen schränken auch die Anzahl der nicht identisch verschwindenden Koeffizienten Ω_{ABC}, unter deren Indizes ein Repräsentant der Werte 3k auftritt, stark ein. Von derartigen Koeffizienten interessieren nämlich nur noch $\Omega_{3k,12+l,12+m}$ und $\Omega_{12+l,3k,12+m}$. Nach (388), (494) und (470) gilt

$$(509)\quad \Omega_{3k,12+l,12+m} = \frac{1}{2}(w_{3k,12+l|12+m} + w_{3k,12+m|12+l}) = \frac{1}{2}(\omega_{3lm} + \omega_{3ml})J^{(k)}$$

und

$$(510)\quad \Omega_{12+l,3k,12+m} = \frac{1}{2}(w_{3k,12+l|12+m} - w_{3k,12+m|12+l}) = \frac{1}{2}(\omega_{3lm} - \omega_{3ml})J^{(k)} .$$

Zur weiteren Berechnung dienen die Gleichungen (77) und (69).

Unter den im folgenden zu behandelnden Koeffizienten Ω_{ABC} befinden sich keine, die mit einem Index 9+l oder 3k behaftet sind. Aus (496) und (497) resultiert in Verbindung mit (440) und (442)

$$(511)\quad \Omega_{(3k-2)(3k-2)(3k-2)} = \frac{1}{2}\,\delta_{k3}\, w_{77|7} ,$$

$$(512)\quad \Omega_{(3k-2)(3k-2)(3k-1)} = \frac{1}{2}\,\delta_{k3}\, w_{77|8} ,$$

(513) $\Omega_{(3k-1)(3k-1)(3k-2)} = \frac{1}{2}\,\delta_{k3}\, w_{88|7}$,

(514) $\Omega_{(3k-1)(3k-1)(3k-1)} = \frac{1}{2}\,\delta_{k3}\, w_{88|8}$.

Wenn man (492) und (493) zugrunde legt, sind diese Größen sämtlich gleich Null. Anderenfalls ermöglichen ihre ausführliche Berechnung die kompletten Darstellungen von w_{77} und w_{88} in (440) und (442). Anhand von (498) und (512), (513) gelangt man zu

(515) $\Omega_{(3k-2)(3k-1)(3k-1)} = w_{(3k-2)(3k-1)|(3k-1)} - \frac{1}{2}\,\delta_{k3}\, w_{88|7}$

und

(516) $\Omega_{(3k-1)(3k-2)(3k-2)} = w_{(3k-2)(3k-1)|(3k-2)} - \frac{1}{2}\,\delta_{k3}\, w_{77|8}$;

bei den weiteren Entwicklungen ist (441) zu verwenden.

Die letzte erforderliche Auswahl von Koeffizienten Ω_{ABC} enthält nur solche mit wenigstens einem Index, der die Zahlen 12+l repräsentiert. Wegen (500) und (498) ergibt sich

(517) $\Omega_{12+l,(3k-2)(3k-2)} = w_{12+l,(3k-2)|(3k-2)}$,

(518) $\Omega_{12+l,(3k-1)(3k-1)} = w_{12+l,(3k-1)|(3k-1)}$.

Zur Fortsetzung der Berechnung benutzt man (466) und (467). Um $\Omega_{12-l,(3k-2)(3k-1)}$ darzustellen, empfiehlt es sich, von den Definitionsgleichungen (378) und der Koordinatentransformation (25) auszugehen, so daß man zunächst

(519) $$\Omega_{12+l,(3k-2)(3k-1)} = \frac{\partial c_{ij}}{\partial \eta_l}\, c_{ih} \sum_{\mathfrak{B}(k)} \mu \bar{x}_j \frac{\partial^2 \bar{x}_h}{\partial \varphi^{(k)} \partial \sigma^{(k)}} ,$$

also mit (74), (120) und (123)

(520) $$\Omega_{12+l,(3k-2)(3k-1)} = \delta_{k3}\, \omega_{il} \sum_{\mathfrak{B}''} \mu \varepsilon_{ijh} \bar{x}_j \frac{\partial^2 \bar{x}_h}{\partial \varphi^{(3)} \partial \sigma^{(3)}}$$

$$= \delta_{k3}\, \Omega_{12+l,78}$$

bekommt. Die beiden Summen auf der rechten Seite der Identität

$$(521)\quad \sum_{\mathfrak{B}''}\mu\varepsilon_{ijh}\bar{x}_j \frac{\partial^2\bar{x}_h}{\partial\varphi^{(3)}\partial\sigma^{(3)}} \equiv \frac{1}{2}\Big(\frac{\partial}{\partial\sigma^{(3)}} \sum_{\mathfrak{B}''}\mu\varepsilon_{ijh}\bar{x}_j \frac{\partial\bar{x}_h}{\partial\varphi^{(3)}} + \frac{\partial}{\partial\varphi^{(3)}} \sum_{\mathfrak{B}''}\mu\varepsilon_{ijh}\bar{x}_j \frac{\partial\bar{x}_h}{\partial\sigma^{(3)}}\Big)$$

sind in (464) und (465) entwickelt; damit kann die Berechnung von $\Omega_{12+1,78}$ weitergeführt werden.

Nach (441) hängt $w_{(3k-2)(3k-1)}$ nicht von u^{12+1} ab. Deshalb geht aus (380) sofort

$$(522)\quad \Omega_{(3k-2)(3k-1),12+1} = -\,\Omega_{(3k-1)(3k-2),12+1}$$

und aus (383)

$$(523)\quad \Omega_{(3k-2)(3k-1),12+1} = \frac{1}{2}\big(w_{(3k-1),12+1|(3k-2)} - w_{(3k-2),12+1|(3k-1)}\big)$$

hervor. Obwohl die Differenz auf der rechten Seite dieser Beziehung unter Verwendung von (466) und (467) einen übersichtlich strukturierten Ausdruck ergibt, soll seine Herleitung hier unterbleiben.

Schließlich verhelfen die Formeln (383), (452), (453) und (488) zu den Gleichungen

$$(524)\quad \Omega_{12+1,3k-2,12+m} = \frac{1}{2}(\omega_{ilm} - \omega_{iml}) \sum_{\mathfrak{B}^{(k)}}\mu\varepsilon_{ijh}\bar{x}_j \frac{\partial\bar{x}_h}{\partial\varphi^{(k)}} + \frac{1}{2}\,\omega_{il}\omega_{jm}\frac{\partial K_{ij}}{\partial\varphi^{(k)}},$$

$$(525)\quad \Omega_{12+1,3k-1,12+m} = \frac{1}{2}(\omega_{ilm} - \omega_{iml}) \sum_{\mathfrak{B}^{(k)}}\mu\varepsilon_{ijh}\bar{x}_j \frac{\partial\bar{x}_h}{\partial\sigma^{(k)}} + \frac{1}{2}\,\omega_{il}\omega_{jm}\frac{\partial K_{ij}}{\partial\sigma^{(k)}},$$

$$(526)\quad \Omega_{3k-2,12+1,12+m} = \frac{1}{2}(\omega_{ilm} + \omega_{iml}) \sum_{\mathfrak{B}^{(k)}}\mu\varepsilon_{ijh}\bar{x}_j \frac{\partial\bar{x}_h}{\partial\varphi^{(k)}} - \frac{1}{2}\,\omega_{il}\omega_{jm}\frac{\partial K_{ij}}{\partial\varphi^{(k)}},$$

$$(527)\quad \Omega_{3k-1,12+l,12+m} = \frac{1}{2}(\omega_{ilm} + \omega_{iml}) \sum_{\mathfrak{G}^{(k)}} \mu\varepsilon_{ijh}\bar{x}_j \frac{\partial \bar{x}_h}{\partial\sigma^{(k)}} - \frac{1}{2}\omega_{il}\omega_{jm}\frac{\partial K_{ij}}{\partial\sigma^{(k)}}$$

und

$$(528)\quad \Omega_{12+h,12+l,12+m} = \frac{1}{2}[\omega_{ih}(\omega_{jlm} + \omega_{jml}) + \omega_{il}(\omega_{jhm} - \omega_{jmh}) + \omega_{im}(\omega_{jhl} - \omega_{jlh})]K_{ij} ,$$

die mit Hilfe von (69), (77), (83), (454), (455), (464), (465) und (475) die ausführlichen Darstellungen dieser Koeffizienten Ω_{ABC} liefern.

Die rechten Seiten der allgemeinen Bewegungsgleichungen (379) werden allein von den zu den Koordinaten u^A gehörenden generalisierten Kraftkomponenten U_A gebildet. Die in (258) eingeführten Drehmomente $w^{(k)}$ der Galvanometergehänge $\mathfrak{g}^{(k)}$ sowie die seismischen Störungsfunktionen (218) und (219) stimmen nach (366) und (373) mit den Komponenten U_{3k}, U_{9+i} und U_{12+i} vollständig oder direkt überein. In der linearen Differentialform (261) der virtuellen Arbeit δA sind die Koeffizienten von $\delta\varphi^{(k)}$ schon weitgehend entwickelt und unter der Bedingung (393), (394), die den Berechnungen von w_{AB} und Ω_{ABC} zugrunde liegt, auf Grund von (367) und (373) mit den übrigen Komponenten U_{3k-2} und U_{3k-1} identisch, so daß sich folgende komplette Übersicht ergibt:

$$(529)\quad U_{3k-2} = \varepsilon_{ijh}n_j^{(k)}(-M'^{(k)}gc_{3i}z_h'^{(k)} + \hat{\Xi}^{(k)}\hat{m}_i^{(k)}\hat{z}_h'^{(k)} + \check{\Xi}^{(k)}\check{m}_i'^{(k)}\check{z}_h'^{(k)}) + W^{(k)} + \delta_3^k[-\frac{M''}{2}g\varepsilon_{ijh}c_{3i}n_j^{(3)}b_h' + \varkappa(1 - \frac{c}{L})F] ,$$

$$(530)\quad U_{3k-1} = (-M'^{(k)}gc_{3i} + \hat{\Xi}^{(k)}\hat{m}_i^{(k)} + \check{\Xi}^{(k)}\check{m}_i^{(k)})m_i^{(k)} + \Xi^{(k)} - \delta_3^k[\frac{M''}{2}gc_{3i} + \varkappa(1 - \frac{c}{L})(z_i^{(3)}+b_i'-a_i)]m_i^{(3)} ,$$

$$(531)\quad U_{3k} = w^{(k)} ,$$

(532) $U_{9+i} = \Xi_i^*$,

(533) $U_{12+i} = \omega_{hi} W_h^*$.

In (392) sind die Bewegungsgleichungen von $\mathfrak{V}^*$ in den generalisierten Beschleunigungen $\ddot{u}^A$ entkoppelt. Diese formale Vereinfachung gegenüber der impliziten Fassung (379) wird durch die Transformation von U_A und Ω_{ABC} in den Größen U^A und Ω^A_{BC} gemäß den Vorschriften (390) und (391) erzielt. Dazu müssen die Funktionen (388) bestimmt sein. Aber schon die hierfür notwendige explizite Auflösung der linearen Gleichungssysteme (389) ist außerordentlich mühsam. Der erhebliche rechnerische Aufwand auch bei der Bildung der Ausdrücke für U^A und Ω^A_{BC} mittels (390) und (391) verhindert also, die bisherige Analyse der allgemeinen Bewegungsgleichungen des Verbands $\mathfrak{V}^*$ nun bezüglich ihrer Form (392) fortzusetzen.

Im seismologisch interessierenden Spezialfall (84), der üblicherweise die Bedingung (88) impliziert, reduziert sich die maximale Anzahl der Bewegungsgleichungen von $\mathfrak{V}^*$ auf 13. Anstelle der drei generalisierten Koordinaten u^{12+i} braucht dann nur eine Variable berücksichtigt zu werden. Sie wird mit u^{13} bezeichnet und der Einfachheit halber mit dem in (44) eingeführten, jetzt aber realen Drehwinkel η des um die relativ zu $\mathfrak{G}$ feste Achse rotierenden (bzw. sich neigenden) Fundaments $\mathfrak{B}^*$ identifiziert. Man muß nun in (372) und (373) die Identitäten $\eta_i \equiv u^{12+i}$ und $\omega_{hi} W_h^* \equiv U_{12+i}$ durch

(534) $\eta \equiv u^{13}$, $e_h W_h^* \equiv U_{13}$

ersetzen und im übrigen die seismischen Störungsfunktionen (218) und (219) entsprechend modifizieren.

Die Darstellungen von w_{AB} in (440)-(442), (445) und (450) gelten unverändert. In (448) und (449) sind die Richtungskosinus c_{li} wie in (86) als Funktionen von η aufzufassen. Statt (466), (467) und (470) ergeben sich die Beziehungen

$$(535)\quad w_{3k-2,13} = e_i\{M'^{(k)}(n_i^{(k)}z_j^{(k)}z_j'^{(k)} - z_i'^{(k)}z_j^{(k)}n_j^{(k)}) + I_{ij}^{(k)}n_j^{(k)}$$

$$+ \delta_3^k \frac{M''}{4}[1 - \frac{\Lambda^2}{3L^2} - \frac{2I''}{M''L^3})a_h$$

$$+ (1 + \frac{\Lambda^2}{3L^2} + \frac{2I''}{M''L^2})(z_h^{(3)}+b_h')]b_h'n_i^{(3)}$$

$$- \delta_3^k \frac{M''}{2} a_h n_h^{(3)} b_i'\} ,$$

$$(536)\quad w_{3k-1,13} = e_i\{M'^{(k)}\varepsilon_{ijh}(z_j^{(k)}+z_j'^{(k)})m_h^{(k)}$$

$$+ \delta_3^k \frac{M''}{4}(1 + \frac{\Lambda^2}{3L^2} + \frac{2I''}{M''L^2}) \times$$

$$\times \varepsilon_{uvh}m_u^{(3)}n_v^{(3)}(z_h^{(3)}+b_h'-a_h)n_i^{(3)}$$

$$+ \delta_3^k \frac{M''}{2} \varepsilon_{ijh}a_j m_h^{(3)}\}$$

und

$$(537)\quad w_{3k,13} = e_3 J^{(k)} .$$

Unter der Bedingung (88) ist also $w_{3k,13}$ gleich Null. Aus (472) folgt, indem man $c_{mh}\omega_{il}\varepsilon_{hij}$ mit dem Produkt $c_{mh}e_i\varepsilon_{hij}$ vertauscht, das nach (87) und (85) mit

$$(538)\quad \frac{de_{mj}}{d\eta} = (e_m e_j-\delta_{mj})\sin\eta - \varepsilon_{mjl}e_l\cos\eta$$

übereinstimmt,

$$(539)\quad w_{9+m,13} = [(e_m e_j-\delta_{mj})\sin\eta - \varepsilon_{mjl}e_l\cos\eta] \sum_k [M'^{(k)}(z_j^{(k)}+z_j'^{(k)})$$

$$+ \delta_3^k \frac{M''}{2}(a_j+z_j^{(3)}+b_j') + m^{(k)}\sigma_j^{(k)}] .$$

An die Stelle von (488) tritt die Formel

$$(540)\quad w_{13,13} = e_i e_j K_{ij} ;$$

sie besagt, daß $w_{13,13}$ das Trägheitsmoment des mechanischen Verbands $\mathfrak{V}^*$ in bezug auf die Drehachse des Fundaments $\mathfrak{G}^*$ durch dessen Massenmittelpunkt S^* ist.

Die Modifikation der Koeffizienten Ω_{ABC} im Spezialfall (84) betrifft nur solche, unter deren Indizes die Zahl 13 vorkommt. Wegen (537) verschwindet Ω_{ABC} stets, wenn wenigstens ein Index gleich 3k ist. Hinsichtlich (503), (505) und (506) gilt

$$(541)\quad \Omega_{9+l,3k-2,13} = w_{9+l,3k-2|13}\ ,$$

$$(542)\quad \Omega_{9+l,3k-1,13} = w_{9+l,3k-1|13}$$

und

$$(543)\quad \Omega_{9+l,13,13} = w_{9+l,13|13}\ ,$$

also unter Beachtung von (448), (449) und (538), (539)

$$(544)\quad \Omega_{9+l,3k-2,13} = [(e_l e_i \varepsilon_{ijh} - \varepsilon_{ljh})\sin\eta + (\delta_{lj} e_h - \delta_{lh} e_j)\cos\eta] \times \times (M'^{(k)} n_j^{(k)} z_h'^{(k)} + \delta_3^k \frac{M''}{2}\, n_j^{(3)} b_h')\ ,$$

$$(545)\quad \Omega_{9+l,3k-1,13} = [(e_l e_j - \delta_{lj})\sin\eta - \varepsilon_{lji} e_i \cos\eta] \times \times (M'^{(k)} m_j^{(k)} + \delta_3^k \frac{M''}{2}\, m_j^{(3)})$$

und

$$(546)\quad \Omega_{9+l,13,13} = [(e_l e_j - \delta_{lj})\cos\eta + \varepsilon_{lji} e_i \sin\eta] \times \times \sum_k [M'^{(k)}(z_j^{(k)} + z_j'^{(k)}) + \delta_3^k \frac{M''}{2}(a_j + z_j^{(3)} + b_j') + m^{(k)} \sigma_j^{(k)}]\ .$$

Von (517) und (518) schließt man auf

$$(547)\quad \Omega_{13,(3k-2)(3k-2)} = w_{(3k-2),13|(3k-2)}$$

und

$$(548)\quad \Omega_{13,(3k-1)(3k-1)} = w_{(3k-1),13|(3k-1)}\ .$$

Aus (520) und (523) geht sofort

$$(549)\quad \Omega_{13,(3k-2)(3k-1)} = \delta_{k3} e_i \sum_{\mathfrak{G}''} \mu \varepsilon_{ijh} \bar{x}_j \frac{\partial^2 \bar{x}_h}{\partial\varphi^{(3)} \partial\sigma^{(3)}} = \delta_{k3}\, \Omega_{13,78}$$

und

$$(550)\quad \Omega_{(3k-2)(3k-1),13} = \frac{1}{2}(w_{(3k-1),13|(3k-2)} - w_{(3k-2),13|(3k-1)})$$

hervor. Die partiellen Ableitungen auf den rechten Seiten der Gleichungen (547), (548) und (550) können mit Hilfe von (535) und (536) gebildet werden.

Die Formeln (524)-(527) verhelfen zu den entsprechenden Relationen

$$(551)\quad \Omega_{13,3k-2,13} = -\Omega_{3k-2,13,13} = \frac{1}{2}\, e_i e_j \frac{\partial K_{ij}}{\partial \varphi^{(k)}}$$

und

$$(552)\quad \Omega_{13,3k-1,13} = -\Omega_{3k-1,13,13} = \frac{1}{2}\, e_i e_j \frac{\partial K_{ij}}{\partial \sigma^{(k)}} .$$

Übrigens führt (528) oder (496) mit (540) zu der Feststellung, daß der Koeffizient $\Omega_{13,13,13}$ gleich Null ist.

Bezüglich der mit dem Spezialfall (84) verbundenen Modifikation der generalisierten Kraftkoordinaten U_A genügt der Hinweis, daß in den Darstellungen (529) und (530) die Richtungskosinus c_{3i} durch die Funktionen $e_{3i}(\eta)$ ausgedrückt werden, die nach (85) für $e_3 = 0$ die Gestalt

$$(553)\quad e_{3i}(\eta) = \delta_{3i}\cos\eta + (e_1\delta_{2i} - e_2\delta_{1i})\sin\eta$$

annehmen, und, wie schon in (534) postuliert wird, statt der drei Komponenten U_{12+i} in (533) nur die Komponente U_{13} zu berücksichtigen ist, wofür sich unter der Bedingung (85) die Beziehung

$$(554)\quad U_{13} = e_1 W_1^* + e_2 W_2^*$$

ergibt. Darin kommt die G-Koordinate W_3^* des auf S* bezogenen resultierenden Moments der am Fundament 𝔊* angreifenden seismischen Kräfte nicht vor.

Hieraus darf aber im allgemeinen nicht gefolgert werden, daß bei einer Bewegung des mechanischen Verbands 𝔇*, die der Bedingung (84) genügt, die seismischen Kräfte (215) neben der resultierenden Kraft (218) nur das auf die Drehachse von 𝔊* durch S* mit der Richtung (84) bezogene Drehmoment $e_h W_h^*$ hervorrufen. Wenn im Zeitintervall i(t) solche einfachen Drehungen (speziell Neigungen) von 𝔊* zustande kommen, dann sind möglicherweise daran zugleich die von den Teilverbänden $\mathfrak{D}^{(k)}$ herrührenden, auf das Fundament $\mathfrak{G}^*$ einwirkenden Trägheitskräfte beteiligt.

Es ist physikalisch evident, daß eine derartige Rückwirkung von $\mathfrak{D}^{(k)}$ auf $\mathfrak{G}^*$ und die daraus resultierende gegenseitige Beeinflussung der mechanischen Empfänger und Galvanometer der seismischen Apparatur von dem Größenverhältnis der trägen Massen von $\mathfrak{D}^{(k)}$ und $\mathfrak{G}^*$ sowie von der Massenkonfiguration des Verbands $\mathfrak{D}^*$ abhängt. Die Rückwirkung eines Galvanometergehänges $\mathfrak{g}^{(k)}$ auf $\mathfrak{G}^*$ ist jedoch immer vernachlässigbar, wie leicht und klein auch ein praktikables Fundament $\mathfrak{G}^*$ sein kann. Außerdem schließen die Voraussetzungen für ein normales (terrestrisches) seismologisches Observatorium meßbare Rückwirkungen von $\mathfrak{G}^{(k)}$ auf $\mathfrak{G}^*$ aus. Dann sind aber das Drehmoment (219) der seismischen Kräfte und die Drehachse des Fundaments $\mathfrak{G}^*$ parallel, so daß man im seismologisch interessierenden Spezialfall (84) zu der Annahme $W_3^* \equiv 0$ berechtigt ist.

Meistens wird angenommen, daß die seismischen Kräfte (215) kein Drehmoment (219) zustande bringen, also $W_h^* \equiv 0$ gilt. Wenn zudem die Trägheits-Rückwirkung von $\mathfrak{D}^{(k)}$ auf $\mathfrak{G}^*$ vernachlässigt werden kann, verursacht die in S^* angreifende Resultante (218) nur translatorische Bewegungen von $\mathfrak{G}^*$ bezüglich $\mathfrak{S}$ und hängt dann wegen $\eta_i \equiv 0$ nicht auch noch von η_i und $\dot{\eta}_i$ ab. Hierfür ist hinreichend, daß der (variable) Abstand zwischen S^* und dem Massenmittelpunkt von $\mathfrak{D}^*$ im Zeitintervall $i(t)$ genügend klein bleibt.

Die linken Seiten der Gleichungen (374) lassen auch eine andere bekannte Umformung zu. Aus (375) folgt nämlich

$$(555)\qquad \frac{\partial \dot{x}_i}{\partial \dot{u}^A} = x_{i|A}$$

und

$$(556)\qquad \frac{d}{dt} x_{i|A} = x_{i|A|B}\dot{u}^B = (x_{i|B}\dot{u}^B)_{|A} = \dot{x}_{i|A}\,,$$

also

$$(557)\qquad \ddot{x}_i x_{i|A} = \frac{d}{dt}(\dot{x}_i x_{i|A}) - \dot{x}_i \frac{d}{dt} x_{i|A} = \frac{d}{dt}\Big(\dot{x}_i \frac{\partial \dot{x}_i}{\partial \dot{u}^A}\Big) - \dot{x}_i \dot{x}_{i|A}$$

$$= \frac{d}{dt} \frac{\partial}{\partial \dot{u}^A}\Big(\frac{1}{2}\dot{x}_i \dot{x}_i\Big) - \Big(\frac{1}{2}\dot{x}_i \dot{x}_i\Big)_{|A}\,.$$

Damit geht (374) unter Beachtung von (384) in

(558) $$\left(\frac{d}{dt}\frac{\partial}{\partial\dot{u}^A} - \frac{\partial}{\partial u^A}\right)E_{\mathfrak{V}^*} = U_A$$

über; die allgemeinen Bewegungsgleichungen des mechanischen Verbands $\mathfrak{V}^*$ erscheinen hier in der LAGRANGEschen Form.

Nach (4), (5) und (384) ist $E_{\mathfrak{V}^*}$ gleich der Summe der auf $\mathfrak{S}$ bezogenen kinetischen Energien von $\mathfrak{G}^*$, $\mathfrak{G}^{(k)}$ und $\mathfrak{g}^{(k)}$, die durch

(559) $$E_{\mathfrak{G}^*} = \frac{1}{2}\sum_{\mathfrak{G}^*}\mu\dot{x}_i\dot{x}_i\ , \quad E_{\mathfrak{G}^{(k)}} = \frac{1}{2}\sum_{\mathfrak{G}^{(k)}}\mu\dot{x}_i\dot{x}_i\ , \quad E_{\mathfrak{g}^{(k)}} = \frac{1}{2}\sum_{\mathfrak{g}^{(k)}}\mu\dot{x}_i\dot{x}_i$$

ausgedrückt werden, d.h., es gilt

(560) $$E_{\mathfrak{V}^*} = E_{\mathfrak{G}^*} + \sum_k (E_{\mathfrak{G}^{(k)}} + E_{\mathfrak{g}^{(k)}})\ ,$$

so daß die verallgemeinerten LAGRANGEschen Gleichungen zweiter Art in (558) wegen (101)-(103) und (372), (373) im Fall (394) unter Berücksichtigung von (493) und (494) ausführlicher den Gleichungssatz

(561) $$\left(\frac{d}{dt}\frac{\partial}{\partial\dot{\varphi}^{(k)}} - \frac{\partial}{\partial\varphi^{(k)}}\right)E_{\mathfrak{G}^{(k)}} = w_1^{(k)}\ ,$$

(562) $$\left(\frac{d}{dt}\frac{\partial}{\partial\dot{\sigma}^{(k)}} - \frac{\partial}{\partial\sigma^{(k)}}\right)E_{\mathfrak{G}^{(k)}} = w_2^{(k)}\ ,$$

(563) $$\frac{d}{dt}\frac{\partial}{\partial\dot{\zeta}^{(k)}}E_{\mathfrak{g}^{(k)}} = w^{(k)}\ ,$$

(564) $$\frac{d}{dt}\frac{\partial}{\partial\dot{\xi}_i}E_{\mathfrak{V}^*} = \Xi_i^*\ ,$$

(565) $$\left(\frac{d}{dt}\frac{\partial}{\partial\dot{\eta}_i} - \frac{\partial}{\partial\eta_i}\right)E_{\mathfrak{V}^*} = \omega_{hi}W_h^*$$

ergeben.

Falls die genannten Rückwirkungen vernachlässigbar gering sind, liegt es nahe, in (564) und (565) die kinetische Energie des Verbands $\mathfrak{V}^*$ durch die des Fundaments $\mathfrak{G}^*$ zu ersetzen. Die Verwendung von

(566) $$\frac{d}{dt}\frac{\partial}{\partial\dot{\xi}_i}E_{\mathfrak{G}^*} = \Xi_i^*\ , \quad \left(\frac{d}{dt}\frac{\partial}{\partial\dot{\eta}_i} - \frac{\partial}{\partial\eta_i}\right)E_{\mathfrak{G}^*} = \omega_{hi}W_h^*$$

anstelle der exakten Gleichungen (564), (565) garantiert oft schon brauchbare Näherungslösungen. Den analytischen Ausdruck für $E_{\mathfrak{B}^*}$ kann man mit Hilfe der Formeln (25), (75), (101), (104), (109) und (476) herleiten. Er ergibt sich zu

$$(567)\quad E_{\mathfrak{B}^*} = \frac{1}{2}\,(M^*\dot{\xi}_i\dot{\xi}_i + I^*_{hj}\omega_{hk}\omega_{jl}\dot{\eta}_k\dot{\eta}_l)$$

und geht übrigens auch aus anderen, kürzeren Überlegungen hervor.

Für die Vernachlässigung der Rückwirkung sind die Ersatzgleichungen (566) zwar hinreichend, jedoch nicht notwendig; z.B. bei extraterrestrischen Observatorien kann die mit (566) gewonnene Vereinfachung der Bewegungsgleichungen von $\mathfrak{D}^*$ zu grob und folgende Abänderung von (564) und (565) zweckmäßig sein: Man ersetzt in (564) und (565) die kinetische Energie $E_{\mathfrak{D}^*}$ durch den Ausdruck

$$(568)\quad E_o = \frac{1}{2}\,w_{9+m,9+l}\dot{\xi}_m\dot{\xi}_l + w_{9+m,12+l,o}\dot{\xi}_m\dot{\eta}_l + \frac{1}{2}\,w_{12+m,12+l,o}\dot{\eta}_m\dot{\eta}_l$$

(Summation über m und l!). Darin erscheinen die Koeffizienten

$$(569)\quad w_{9+m,12+l,o} = w_{9+m,12+l,o}(\eta_i)$$

und

$$(570)\quad w_{12+m,12+l,o} = w_{12+m,12+l,o}(\eta_i)\ ,$$

die mit den in (472) und (488) dargestellten Funktionen $w_{9+m,12+l}$ und $w_{12+m,12+l}$ für $\varphi^{(k)} = 0$, $\sigma^{(k)} = 0$ übereinstimmen. Nach (385) ist E_o die kinetische Energie von $\mathfrak{D}^*$, falls im Zeitintervall $i(t)$ die Teilverbände $\mathfrak{D}^{(k)}$ in der auf $\overline{\mathfrak{S}}$ bezogenen, durch $\varphi^{(k)} = 0$ $\sigma^{(k)} = 0$ (und $\zeta^{(k)} = 0$) gekennzeichneten Lage verbleiben. Das trifft gewiß zu, wenn die Gehänge $\mathfrak{G}^{(k)}$(und $\mathfrak{g}^{(k)}$) arretiert sind. An die Stelle von (564) und (565) treten also die gegenüber (566) verbesserten Näherungsgleichungen

$$(571)\quad \frac{d}{dt}\frac{\partial}{\partial\dot{\xi}_i}E_o = \Xi^*_i\ ,\qquad \left(\frac{d}{dt}\frac{\partial}{\partial\dot{\eta}_i} - \frac{\partial}{\partial\eta_i}\right)E_o' = \omega_{hi}W^*_h\ .$$

In Verbindung damit empfiehlt es sich, statt S^* den unter der Bedingung $\varphi^{(k)} = 0$, $\sigma^{(k)} = 0$ (und $\zeta^{(k)} = 0$) bezüglich $\mathfrak{B}^*$ fixierten Massenmittelpunkt S^*_o von $\mathfrak{D}^*$ zum Nullpunkt von $\overline{\mathfrak{S}}$ zu wählen, was man sich durch eine entsprechende Verrückung des Koordinatensystems $\overline{\mathfrak{S}}$ relativ zu seiner bisherigen Lage vorgenommen denken kann. Die Bezeichnungen auch der davon betroffenen Größen dürfen beibehalten werden. Die Resultante (218) der seismischen Kräfte (215) greift nun im Punkt S_o^* an, so daß (219) das resultierende Moment dieser Kräfte in bezug auf S^* darstellt. Im verlagerten Bezugssystem $\overline{\mathfrak{S}}$ sind dem Massenmittelpunkt S^* des Fundaments $\mathfrak{G}^*$ die Koordinaten s_j^* zugeordnet. Per definitionem gilt

$$(572) \quad s_j^* = \frac{1}{M^*} \sum_{\mathfrak{G}^*} \mu \overline{x}_j \,, \qquad s_j^* = \text{const} \,.$$

Abgesehen von $w_{9+m,12+l}$ erfahren die Funktionen (377) keine strukturellen Änderungen. Aus (471) folgt jetzt nicht (472) sondern

$$(573) \quad w_{9+m,12+l} = c_{mh}\omega_{il}\varepsilon_{hij}\{M^* s_j^* + \sum_k [M'^{(k)}(z_j^{(k)} + z_j'^{(k)}) + \delta_3^k \frac{M''}{2}(a_j + z_j^{(3)} + b_j') + m^{(k)}\sigma_j^{(k)}]\} \,.$$

Der Formel (471) entnimmt man, daß nun die Koeffizienten (569) identisch verschwinden:

$$(574) \quad w_{9+m,12+l,o} = 0 \,.$$

Demnach tritt an die Stelle von (568)

$$(575) \quad E_o = \frac{1}{2}(w_{9+m,9+l}\dot{\xi}_m\dot{\xi}_l + w_{12+m,12+l,o}\dot{\eta}_m\dot{\eta}_l) \,,$$

wobei ξ_i die $\mathfrak{S}$-Koordinaten von S_o^* sind. Unter Beachtung von (451) und (488) ergibt sich die ausführlichere Darstellung

$$(576) \quad E_o = \frac{1}{2}\{[M^* + \sum_k (M^{(k)} + m^{(k)})]\dot{\xi}_i\dot{\xi}_i + K_{ijo}\omega_{im}\omega_{jl}\dot{\eta}_m\dot{\eta}_l\} \,.$$

Mit den konstanten Größen K_{ijo} erscheinen die Werte von K_{ij} für $\varphi^{(k)} = 0$, $\sigma^{(k)} = 0$.

Der Ersatz der exakten Gleichungen (564) und (565) durch (566) oder (571) bewirkt auch die Entkopplung der Teilverbände $\mathfrak{D}^{(k)}$. Jeder der drei mechanischen Verbände $\mathfrak{G}^* + \mathfrak{D}^{(k)}$ ist also autonom. Deshalb kann man, wenn feststeht, welcher im seismologischen Observatorium installierte Seismograph theoretisch untersucht wird, die eingeklammerte Kennziffer k überall weglassen. Ein Teil der Bewegungsgleichungen des in Betracht kommenden reduzierten Verbands $\mathfrak{G}^* + \mathfrak{D}$ geht auf diese Weise sofort aus (561)-(563) hervor, nämlich

$$(577)\quad \left(\frac{d}{dt}\frac{\partial}{\partial\dot{\varphi}} - \frac{\partial}{\partial\varphi}\right)E_{\mathfrak{B}} = w_1\ , \qquad \left(\frac{d}{dt}\frac{\partial}{\partial\dot{\sigma}} - \frac{\partial}{\partial\sigma}\right)E_{\mathfrak{B}} = w_2$$

und

$$(578)\quad \frac{d}{dt}\frac{\partial}{\partial\dot{\zeta}}\,E_{\mathfrak{g}} = w\ .$$

Dem sind die Näherungsgleichungen (566) oder (571) hinzuzufügen. Die Angabe der Komponenten des Energietensors w_{AB}, die als Koeffizienten der in den generalisierten Geschwindigkeiten quadratischen Formen für $E_{\mathfrak{B}}$ und $E_{\mathfrak{g}}$ vorkommen, bereitet keine Schwierigkeiten. Da eine Untersuchung des autonomen mechanischen Verbands $\mathfrak{B}^* + \mathfrak{D}$ die Anwesenheit der übrigen Teilverbände von $\mathfrak{D}^*$ ignoriert, ist es konsequent, bei Verwendung der Gleichungen (571) die Konstanten $w_{9+m,9+l}$ und $w_{12+m,12+l,o}$ in (575) so zu modifizieren, daß von den in (451) und (475) ersichtlichen, durch $\sum_k$ angezeigten Summen jeweils nur der Summand übrig bleibt, der den Beitrag von $\mathfrak{D}$ liefert.

9. Die linearisierten Bewegungsgleichungen

Bei der Linearisierung der in (379) bzw. (392) formulierten Bewegungsgleichungen des mechanischen Verbands $\mathfrak{V}^*$ darf man annehmen, daß dem endlichen offenen Variabilitätsintervall der generalisierten Koordinate u^C der Nullpunkt angehört. Die in den generalisierten Geschwindigkeiten $\dot{u}^C$ quadratischen Terme mit den CHRISTOFFELschen Symbolen (378) bzw. (391) als Koeffizienten kommen im linearisierten Gleichungssystem nicht vor. Es wird also (379) bzw. (392) durch die linearen Differentialgleichungen

$$(579) \quad w_{AB}(0)\ddot{u}^B = \tilde{U}_A$$

bzw.

$$(580) \quad \ddot{u}^A = \tilde{U}^A$$

ersetzt. Unter $w_{AB}(0)$ und dementsprechend $w^{AB}(0)$ hat man die Werte der Funktionen (377) und (388) für $u^C = 0$ zu verstehen. Die Größen $\tilde{U}_A$ bzw. $\tilde{U}^A$ bezeichnen die Linearanteile der Funktionen U_A bzw. U^A in (373) bzw. (390).

Einerseits ergibt sich im Hinblick auf (390) für $\tilde{U}^A$ in (580) die Darstellung

$$(581) \quad \tilde{U}^A = [w^{AB}(0) + w^{AB}{}_{|C}(0)u^C]U_B(0) + w^{AB}(0)\tilde{U}_B ,$$

wobei mit $U_B(0)$ der Wert von U_B gemeint ist, den diese Funktion annimmt, wenn ihre Argumente sämtlich gleich Null gesetzt werden. Andererseits folgt aus der Überschiebung von (579) mit $w^{AB}(0)$ wegen (389) und auf Grund der Äquivalenz der Gleichungssysteme (579) und (580)

$$(582) \quad \tilde{U}^A = w^{AB}(0)\tilde{U}_B .$$

Damit sich die beiden Darstellungen (581) und (582) nicht widersprechen, muß

$$(583) \quad U_B(0) = 0$$

gelten. Anhand von (367), (372) und (373) erhält man die homogene Linearform

(584) $\delta A = U_B \delta u^B$.

Nach (262) und (372) wird die Gleichgewichtslage des mechanischen Verbands 𝔙* in bezug auf 𝔖 und i(t) durch $u^C = 0$ bestimmt, so daß in dieser Lage jede virtuelle Arbeit (584) verschwindet. Für $U_B(0)\delta u^B = 0$ ist also die Bedingung (583) notwendig und hinreichend.

Wegen (583) ergibt sich $\widetilde{U}_A$ als homogene Linearform in sämtlichen Veränderlichen der Funktion U_A. In dem Ansatz

(585) $U_A = \cdots - U_{AB}^{[0]} u^B - U_{AB}^{[1]} \dot{u}^B - \ldots$

mit

(586) $\ldots, \quad U_{AB}^{[0]} = \text{const} \;, \quad U_{AB}^{[1]} = \text{const} \;, \ldots$

deuten die Punkte an, daß weitere Glieder der Reihe vorkommen können, falls U_A auch noch von höheren Ableitungen oder wiederholten Integralen einiger Funktionen $u^B = u^B(t)$ abhängt. Die Konstanz der Koeffizienten ..., $U_{AB}^{[0]}$, $U_{AB}^{[1]}$,... gilt für das Zeitintervall i(t), in dem sich 𝔙* wie ein autonomer mechanischer Verband verhalten soll.

Mit (585) nehmen die linearen Differentialgleichungen (579) die Gestalt

(587) $w_{AB}(0)\ddot{u}^B + U_{AB}^{[1]}\dot{u}^B + U_{AB}^{[0]}u^B + \cdots = 0$

an. Setzt man

(588) $\ldots, \quad w^{AB}(0)U_{BC}^{[0]} = U_C^{A[0]} \;, \quad w^{AB}(0)U_{BC}^{[1]} = U_C^{A[1]} \quad ,\ldots \;,$

also hinsichtlich (582) und (585)

(589) $\widetilde{U}^A = \cdots - U_B^{A[0]}u^B - U_B^{A[1]}\dot{u}^B - \ldots \;,$

so geht das zu (579) äquivalente „verkürzte" Gleichungssystem (580) in

(590) $\ddot{u}^A + U_B^{A[1]}\dot{u}^B + U_B^{A[0]}u^B + \cdots = 0$

über.

Die Einführung der nichtlinearen Funktionen

(591) $R^A = U^A - \tilde{U}^A - \Omega^A_{BC}\dot{u}^B\dot{u}^C$

ermöglicht für die allgemeinen Bewegungsgleichungen (392) unter Berücksichtigung von (589) die Darstellung

(592) $\ddot{u}^A + U_B^{A[1]}\dot{u}^B + U_B^{A[0]}u^B + \dots = R^A$.

Die Bestimmung der Koeffizienten $U_B^{A[0]}$, $U_B^{A[1]}$,... erfordert nach (588) zunächst die der Größen $w^{AB}(0)$ aus (389) und ist erheblich aufwendiger als die Berechnung der Konstanten in (586), weshalb sich für die meisten Untersuchungen des mechanischen Verbands $\mathfrak{B}^*$ die Differentialgleichungen in der aus (592) mittels (389) und (588) resultierenden Form

(593) $w_{AB}(0)\ddot{u}^B + U_{AB}^{[1]}\dot{u}^B + U_{AB}^{[0]}u^B + \dots = w_{AB}(0)R^B$

besser eignen. Bezeichnet man mit $R^A(0)$ den Wert von R^A, den diese Funktion annimmt, wenn alle ihre Argumente gleich Null gesetzt werden, dann folgt aus (591) auf Grund von (390), (582) und (583)

(594) $R^A(0) = 0$.

Die Werte der in (440)-(442), (445), (448), (449), (451), (466), (467), (470), (472) und (488) dargestellten nicht identisch verschwindenden Funktionen $w_{AB}(u^C)$ für $u^C = 0$ ergeben sich zu

(595) $$w_{(3k-2)(3k-2)}(0) = I^{(k)} + \delta_3^k \frac{M''}{3} \{1 - \frac{1}{4}(1 - \frac{\Lambda_o^2}{L_o^2} - \frac{6I''}{M''L_o^2})\frac{[a_{i1}(0)b'_{io}]^2}{b'_{jo}b'_{jo}}\}b'_{ho}b'_{ho} ,$$

(596) $$w_{(3k-2)(3k-1)}(0) = M'^{(k)}\varepsilon_{ijh}m_{io}^{(k)}n_j^{(k)}z'^{(k)}_{ho} + \delta_3^k[\frac{M''}{4}\varepsilon_{ijh}m_{io}^{(3)}n_j^{(3)}b'_{ho} - \frac{M''}{12}\frac{F_o}{L_o}a_{i1}(0)m_{io}^{(3)} + (\frac{M''}{12}\Lambda_o^2 + \frac{I''}{2}) \times \frac{1}{L_o^2}\varepsilon_{ijh}m_{io}^{(3)}n_j^{(3)}a_{h1}(0)a_{l1}(0)b'_{lo}] ,$$

(597) $w_{(3k-1)(3k-1)}(0) = M'^{(k)} + \delta_3^k \frac{M''}{3}\{1 - \frac{1}{4}(1 - \frac{\Lambda_o^2}{L_o^2}$

$- \frac{6I''}{M''L_o^2})[\varepsilon_{ijh} m_{io}^{(3)} n_j^{(3)} a_{h1}(0)]^2\}$,

(598) $w_{(3k)(3k)}(0) = w_{(3k)(3k)} = J^{(k)}$,

(599) $w_{3k-2,9+1}(0) = \varepsilon_{1jh}(M'^{(k)} n_j^{(k)} z_{ho}'^{(k)} + \delta_3^k \frac{M''}{2} n_j^{(3)} b_{ho}')$,

(600) $w_{3k-1,9+1}(0) = M'^{(k)} m_{1o}^{(k)} + \delta_3^k \frac{M''}{2} m_{1o}^{(3)}$,

(601) $w_{(9+h)(9+h)}(0) = w_{(9+h)(9+h)} = M^* + \sum_k (M^{(k)} + m^{(k)})$,

(602) $w_{3k-2,12+1}(0) = 2[M'^{(k)}(n_1^{(k)} z_{jo}^{(k)} z_{jo}'^{(k)} - z_{1o}'^{(k)} z_{jo}^{(k)} n_j^{(k)})$

$+ I_{1j}^{(k)}(0) n_j^{(k)}]$

$+ \delta_3^k \frac{M''}{2}[(1 - \frac{\Lambda_o^2}{3L_o^2} - \frac{2I''}{M''L_o^2}) a_h$

$+ (1 + \frac{\Lambda_o^2}{3L_o^2} + \frac{2I''}{M''L_o^2})(z_{ho}^{(3)} + b_{ho}')] b_{ho}' n_1^{(3)}$

$- \delta_3^k M'' a_h n_h^{(3)} b_{1o}'$,

(603) $w_{3k-1,12+1}(0) = 2M'^{(k)} \varepsilon_{1jh}(z_{jo}^{(k)} + z_{jo}'^{(k)}) m_{ho}^{(k)}$

$+ \delta_3^k \frac{M''}{2}(1 + \frac{\Lambda_o^2}{3L_o^2}$

$+ \frac{2I''}{M''L_o^2}) \varepsilon_{uvh} m_{uo}^{(3)} n_v^{(3)} (z_{ho}^{(3)} + b_{ho}' - a_h) n_1^{(3)}$

$+ \delta_3^k M'' \varepsilon_{1jh} a_j m_{ho}^{(3)}$,

(604) $w_{3k,15}(0) = 2J^{(k)}$,

(605) $$w_{9+h,12+l}(0) = 2\varepsilon_{hlj} \sum_k [M'^{(k)}(z^{(k)}+z'^{(k)}_{jo}) + \delta^k_3 \frac{M''}{2}(a_j+z^{(3)}_{jo}+b'_{jo}) + m^{(k)}_{jo}\sigma^{(k)}_j] ,$$

(606) $$w_{12+h,12+l}(0) = 4K_{hlo} .$$

Hierbei hat man auch die Beziehungen (62) und (65) zu beachten.

Von den Konstanten $w_{AB}(0)$ in (595)-(606) sind offensichtlich mehrere gleich Null. So entnimmt man (605) unmittelbar

(607) $$w_{10,13}(0) = w_{11,14}(0) = w_{12,15}(0) = 0 ,$$

während unter Zuhilfenahme von (118) und der Gleichgewichtsbedingungen (265) und (274) die Beziehungen (599), (600) und (603)

(608) $$w_{1,11}(0) = w_{1,12}(0) = w_{4,10}(0) = w_{4,12}(0) = 0 ,$$

(609) $$w_{2,11}(0) = w_{2,12}(0) = w_{5,10}(0) = w_{5,12}(0) = 0$$

und

(610) $$w_{2,13}(0) = w_{5,14}(0) = 0$$

liefern.

Das Verschwinden von weiteren in (595)-(606) angeführten Größen $w_{AB}(0)$ setzt einige massengeometrische Eigenschaften des mechanischen Verbands $\mathfrak{V}^*$ voraus. Da die Abmessungen des starren Fundaments $\mathfrak{G}^*$ mit einer gewissen Willkür behaftet sind, darf $\overline{\mathfrak{S}}$ für ein Hauptträgheitssystem des Verbands $\mathfrak{V}^*$ unter der Bedingung, daß die Gehänge $\mathfrak{G}^{(k)}$ (und $g^{(k)}$) die durch $\varphi^{(k)} = 0$, $\sigma^{(k)} = 0$ (und $\zeta^{(k)} = 0$) gekennzeichnete Lage bezüglich $\overline{\mathfrak{S}}$ einnehmen, gehalten werden. Demnach gilt

(611) $$K_{12o} = K_{23o} = K_{31o} = 0 ,$$

also wegen (606)

(612) $$w_{13,14}(0) = w_{13,15}(0) = w_{14,15}(0) = 0 .$$

Außerdem kann man die Terme $I^{(1)}_{1j}(0)n^{(1)}_j$ und $I^{(2)}_{2j}(0)n^{(2)}_j$ zum Verschwinden bringen. Aus (602) folgt mittels (118) und (265) zunächst

(613) $w_{1,13}(0) = 2[I_{12}^{(1)}(0)n_2^{(1)} + I_{13}^{(1)}(0)n_3^{(1)}]$,

(614) $w_{4,14}(0) = 2[I_{21}^{(2)}(0)n_1^{(2)} + I_{23}^{(2)}(0)n_3^{(2)}]$.

Die Bedingung

(615) $I_{12}^{(1)}(0) = I_{13}^{(1)}(0) = 0$

bzw.

(616) $I_{21}^{(2)}(0) = I_{23}^{(2)}(0) = 0$

drückt die praktikable Spiegelsymmetrie des Gehänges $\mathfrak{G}^{(1)}$ bzw. $\mathfrak{G}^{(2)}$ in seiner durch $\varphi^{(1)} = 0$, $\sigma^{(1)} = 0$ bzw. $\varphi^{(2)} = 0$, $\sigma^{(2)} = 0$ bestimmten Lage in bezug auf die zur (2,3)-Ebene bzw. (3,1)-Ebene von $\overline{\mathfrak{G}}$ parallele Ebene durch $S^{(1)}$ bzw. $S^{(2)}$ aus. Diese massengeometrische Anordnung ist konstruktiv plausibel; man findet sie insbesondere bei dem mechanischen Empfänger von HSJ-I vor. Auf Grund von (615) und (616) verschwinden die rechten Seiten der Gleichungen (613) und (614), d.h., es ergibt sich

(617) $w_{1,13}(0) = w_{4,14}(0) = 0$.

Um auch für die ebenfalls aus (602) unter Berücksichtigung von (118) hervorgehende Konstante

(618) $w_{7,15}(0) = -2M'^{(3)}z_{3o}'^{(3)}z_{jo}^{(3)}n_j^{(3)} + 2I_{3j}^{(3)}(0)n_3^{(3)} - M''b_{3o}'a_jn_j^{(3)}$

den Wert Null zu erhalten, braucht man zunächst die vorausgesetzte Spiegelsymmetrie des starren Gehängeteils $\mathfrak{G}'^{(3)}$; die Symmetrieebene enthält die Punkte A, $Z^{(3)}$, B, $S'^{(3)}$ und ist also eine Hauptträgheitsebene von $\mathfrak{G}'^{(3)}$ durch $S'^{(3)}$ mit der Normalen $n_j^{(3)}$, so daß im Hinblick auf (456) und (118)

(619) $I_{3j}^{(3)}n_j^{(3)} = -\sum_{\mathfrak{G}'^{(3)}} \mu x_3'x_3' \, n_j^{(3)} = 0$

gilt. Die zusätzliche Bedingung

(620) $z_{3o}'^{(3)} = b_{3o}' = 0$

besagt, daß die Punkte $Z^{(3)}$, B, $S'^{(3)}$ sogar kollinear sind und ihre

Trägergerade für $\varphi^{(3)} = 0$ parallel zur (1,2)-Ebene von $\overline{\mathfrak{S}}$ ist. Trifft nun außer (619) auch noch (620) zu, dann folgt aus (618)

$$(621)\quad w_{7,15}(0) = 0 .$$

Die Konstruktion des mechanischen Empfängers von VSJ-I berücksichtigt dieses Ergebnis. Wenn die Achse $\mathfrak{U}$ der Schraubenfeder $\mathfrak{B}''$ für $\varphi^{(3)} = 0$, $\sigma^{(3)} = 0$ parallel zur 3-Achse von $\overline{\mathfrak{S}}$ ist, kann der Spezialfall (270) eintreten, der nach (600)

$$(622)\quad w_{8,12}(0) = 0$$

liefern würde.

Unter Beachtung von (490) und (491) sowie wegen (105) vereinfachen sich übrigens die vollständigen Ausdrücke in (595), (597) und (601) zu

$$(623)\quad w_{(3k-2)(3k-2)}(0) = I^{(k)} + \delta_3^k \frac{M''}{3} b'_{ho} b'_{ho} ,$$

$$(624)\quad w_{(3k-1)(3k-1)}(0) = M'^{(k)} + \delta_3^k \frac{M''}{3}$$

und

$$(625)\quad w_{(9+h)(9+h)} = M^* + \sum_k M^{(k)} .$$

Im Hinblick auf (106)-(108) genügt mitunter statt (625) schon die angenäherte Darstellung

$$(626)\quad w_{(9+h)(9+h)} = M^* .$$

Die bereits diskutierte Modifikation des Koordinatensystems $\overline{\mathfrak{S}}$, wobei der Punkt S_o^* als Koordinatenursprung in Betracht kommt, erweist sich auch hier als vorteilhaft, indem sie mit (574) zu

$$(627)\quad w_{9+h,12+1}(0) = 0$$

verhilft. Darin ist (607) enthalten. Dem Schema

B =	2	3	4	5	6	7	8	9	10	11	12	13	14	15
A = 1	.	0	0	0	0	0	0	0	.	0	0	0	.	.
2		0	0	0	0	0	0	0	.	0	0	0	.	.
3			0	0	0	0	0	0	0	0	0	0	0	.
4				.	0	0	0	0	0	.	0	.	0	.
5					0	0	0	0	0	.	0	.	0	.
6						0	0	0	0	0	0	0	0	.
7							.	0	.	.	.	.	.	.
8								0	.	.	.	.	.	.
9									0	0	0	0	0	.
10										0	0	0	0	0
11											0	0	0	0
12												0	0	0
13													0	0
14														0

entnimmt man, welche Elemente der Matrix $\|w_{AB}(0)\|$ oberhalb der Hauptdiagonalen gleich Null sind. Diese Übersicht berücksichtigt die Resultate (612), (617) und (627). Sie ist wegen der Symmetrie von $\|w_{AB}(0)\|$ vollständig. Die Plätze der Elemente $w_{AB}(0) \neq 0$ $(A < B)$ sind nur mit einem Punkt besetzt.

Für die Aufstellung der linearisierten Bewegungsgleichungen (587) werden neben $w_{AB}(0)$ noch die in (585) definierten Koeffizienten $\ldots, U^{[0]}_{AB}, U^{[1]}_{AB}, \ldots$ benötigt. Die Linearisierung der generalisierten Kraftkoordinaten (529)-(533) liefert die Funktionen $\tilde{U}_A$ und damit die Konstanten (586). Die negativen partiellen Ableitungen in (289), (290) und (292), (293) stimmen mit $U^{[0]}_{(3k-2)(3k-2)}$, $U^{[0]}_{(3k-2)(3k-1)}$ und $U^{[0]}_{(3k-1)(3k-2)}$, $U^{[0]}_{(3k-1)(3k-1)}$ überein, d.h., es gilt

$$(628)\quad U^{[0]}_{(3k-2)(3k-2)} = - g(M'^{(k)} z'^{(k)}_{3o} + \delta^k_3 \frac{M''}{2} b'_{3o})$$

$$+ \delta^k_3 \varkappa[c \frac{F_o^2}{L_o^3} + (1 - \frac{c}{L_o})(a_i - z^{(3)}_{io}) b'_{io}]$$

$$- \frac{\partial W^{(k)}(0,0)}{\partial \varphi^{(k)}} ,$$

$$(629)\quad U^{[0]}_{(3k-2)(3k-1)} = -\delta^k_3\varkappa[c\,\frac{F_o}{L_o^3}(z^{(3)}_{io}+b'_{io}-a_i)m^{(3)}_{io} + (1-\frac{c}{L_o})\varepsilon_{ijh}n^{(3)}_i m^{(3)}_{jo}b'_{ho}] - \frac{\partial W^{(k)}(0,0)}{\partial\sigma^{(k)}}$$

und

$$(630)\quad U^{[0]}_{(3k-1)(3k-2)} = -\delta^k_3\varkappa[c\,\frac{F_o}{L_o^3}(z^{(3)}_{io}+b'_{io}-a_i)m^{(3)}_{io} + (1-\frac{c}{L_o})\varepsilon_{ijh}n^{(3)}_i m^{(3)}_{jo}b'_{ho}] - \frac{\partial\Xi^{(k)}(0,0)}{\partial\varphi^{(k)}}\,,$$

$$(631)\quad U^{[0]}_{(3k-1)(3k-1)} = g(\frac{M'^{(k)}}{\varrho_o^{(k)}}\,\varepsilon_{ij3}n^{(k)}_i m^{(k)}_{jo} + \delta^k_3\,\frac{M''}{2\varrho_o^{(3)}}\,\varepsilon_{ij3}n^{(3)}_i m^{(3)}_{jo}) + \delta^k_3\varkappa\{c\,\frac{1}{L_o^3}[(z^{(3)}_{io}+b'_{io}-a_i)m^{(3)}_{io}]^2 + (1-\frac{c}{L_o})[1+\frac{1}{\varrho_o^{(3)}}\varepsilon_{ijh}n^{(3)}_i m^{(3)}_{jo}(z^{(3)}_{ho}+b'_{ho}-a_h)]\} - \frac{\partial\Xi^{(k)}(0,0)}{\partial\sigma^{(k)}}\,.$$

Die anhand von (529) bzw. (530) gebildeten partiellen Ableitungen $\frac{\partial U_{3k-2}}{\partial\eta_1}$ bzw. $\frac{\partial U_{3k-1}}{\partial\eta_1}$ hängen von $\varphi^{(k)}$ bzw. $\sigma^{(k)}$ und η_1 ab und nehmen für $\varphi^{(k)}=0$ bzw. $\sigma^{(k)}=0$ und $\eta_1=0$ die Werte $-U^{[0]}_{3k-2,12+1}$ bzw. $-U^{[0]}_{3k-1,12+1}$ an. Aus (62), (69) und (73) folgt zudem $(\frac{\partial c_{3i}}{\partial\eta_1})_{\eta_j=0} = 2\varepsilon_{1i3}$, so daß sich unter Beachtung des Entwicklungssatzes (35) und der Bedingung (118) die Relationen

$$(632)\quad U^{[0]}_{3k-2,12+l} = g\,\varepsilon_{3li}\varepsilon_{jhi}(2M'^{(k)}n_j^{(k)}z'^{(k)}_{ho} + \delta_3^k\,M''n_j^{(3)}b'_{ho})$$
$$= g[2M'^{(k)}(n_3^{(k)}z'^{(k)}_{1o} - n_1^{(k)}z'^{(k)}_{3o}) - \delta_3^k\,M''n_1^{(3)}b'_{3o}]$$

und

$$(633)\quad U^{[0]}_{3k-1,12+l} = g\,\varepsilon_{3li}(2M'^{(k)}m_{io}^{(k)} + \delta_3^k\,M''m_{io}^{(3)})$$

ergeben.

In (148) und (149) sind $\dot{\hat{z}}^{(k)}$ und $\dot{\check{z}}^{(k)}$ als Funktionen von $\varphi^{(k)}$, $\sigma^{(k)}$ und $\dot{\varphi}^{(k)}$, $\dot{\sigma}^{(k)}$ dargestellt, was sich formal durch

$$(634)\quad \dot{\hat{z}}^{(k)} = \dot{\hat{z}}^{(k)}(\varphi^{(k)},\sigma^{(k)},\dot{\varphi}^{(k)},\dot{\sigma}^{(k)})\ ,\quad \dot{\check{z}}^{(k)} = \dot{\check{z}}^{(k)}(\varphi^{(k)},\ldots,\sigma^{(k)})$$

andeuten läßt. In den Ausdrücken für $\widetilde{U}_{3k-2}$, $\widetilde{U}_{3k-1}$ und $\widetilde{U}_{3k}$ erscheinen die linearisierten Funktionen

$$(635)\quad \dot{\hat{z}}^{(k)}(0,0,\dot{\varphi}^{(k)},\dot{\sigma}^{(k)}) = -\,\varepsilon_{ijh}n_i^{(k)}\hat{m}_j^{(k)}\hat{z}'^{(k)}_{ho}\dot{\varphi}^{(k)} + \hat{m}_l^{(k)}m_{lo}^{(k)}\dot{\sigma}^{(k)}$$

und analog

$$(636)\quad \dot{\check{z}}^{(k)}(0,0,\dot{\varphi}^{(k)},\dot{\sigma}^{(k)}) = -\,\varepsilon_{ijh}n_i^{(k)}\check{m}_j^{(k)}\check{z}'^{(k)}_{ho}\dot{\varphi}^{(k)} + \check{m}_l^{(k)}m_{lo}^{(k)}\dot{\sigma}^{(k)}\ .$$

Die generalisierten Kraftkoordinaten (529) und (530) enthalten das skalare Produkt (240) und die Dämpfungsfunktion (245). Nach (531) ist U_{3k} mit dem Drehmoment (258) identisch. Die Linearisierung von (245) erfolgt auf Grund der Annahme (246) in Verbindung mit (636). Man bekommt sofort

$$(637)\quad \check{\Xi}^{(k)}(0,\dot{\check{z}}^{(k)}) = -\,\check{\alpha}^{(k)}\dot{\check{z}}^{(k)}(0,0,\dot{\varphi}^{(k)},\dot{\sigma}^{(k)})$$
$$= \check{\alpha}^{(k)}\varepsilon_{ijh}n_i^{(k)}\check{m}_j^{(k)}\check{z}'^{(k)}_{ho}\dot{\varphi}^{(k)} - \check{\alpha}^{(k)}\check{m}_l^{(k)}m_{lo}^{(k)}\dot{\sigma}^{(k)}\ .$$

Die linearen Bestandteile $\widetilde{\hat{\Xi}}^{(k)}$ und $\widetilde{w}^{(k)}$ der Funktionen $\hat{\Xi}^{(k)}$ und $w^{(k)}$ werden durch die Ansätze

$$(638)\quad \widetilde{\hat{\Xi}}^{(k)} = \left(\frac{\partial\hat{\Xi}^{(k)}}{\partial\dot{\hat{z}}^{(k)}}\right)_0\dot{\hat{z}}^{(k)} + \left(\frac{\partial\hat{\Xi}^{(k)}}{\partial\dot{\zeta}^{(k)}}\right)_0\zeta^{(k)} + \ldots$$

und

$$(639)\quad \widetilde{w}^{(k)} = \left(\frac{\partial w^{(k)}}{\partial\zeta^{(k)}}\right)_0\zeta^{(k)} + \left(\frac{\partial w^{(k)}}{\partial\dot{\hat{z}}^{(k)}}\right)_0\dot{\hat{z}}^{(k)} + \left(\frac{\partial w^{(k)}}{\partial\dot{\zeta}^{(k)}}\right)_0\dot{\zeta}^{(k)} + \ldots$$

bestimmt, wobei die Punkte die Fortsetzungen der Reihen anzeigen, falls weitere Veränderliche in Betracht kommen, und sämtliche Ableitungen an der Stelle Null des gesamten Definitionsbereichs gebildet sind. Es empfiehlt sich,

$$(640)\quad \left(\frac{\partial\hat{\Xi}^{(k)}}{\partial\dot{\hat{z}}^{(k)}}\right)_0 = -\,\hat{\alpha}^{(k)}$$

zu setzen. Damit ergibt sich wegen (635) die Darstellung

$$(641)\quad \left(\frac{\partial\hat{\Xi}^{(k)}}{\partial\dot{\hat{z}}^{(k)}}\right)_0 \dot{\hat{z}}^{(k)}(0,0,\dot{\varphi}^{(k)},\dot{\sigma}^{(k)}) = \hat{\alpha}^{(k)}\varepsilon_{ijh}\hat{n}_i^{(k)}\hat{m}_j^{(k)}\hat{z}'^{(k)}_{ho}\dot{\varphi}^{(k)} - \hat{\alpha}^{(k)}\hat{m}_l^{(k)}m_{lo}^{(k)}\dot{\sigma}^{(k)} \;,$$

die formal weitestgehend mit der von $\check{\Xi}^{(k)}(0,\dot{\check{z}}^{(k)})$ in (637) übereinstimmt

Aus (529), (530), (637), (638) und (641) folgt nun

$$(642)\quad U^{[1]}_{(3k-2)(3k-2)} = \hat{\alpha}^{(k)}(\varepsilon_{ijh}n_i^{(k)}\hat{m}_j^{(k)}\hat{z}'^{(k)}_{ho})^2 + \check{\alpha}^{(k)}(\varepsilon_{ijh}n_i^{(k)}\check{m}_j^{(k)}\check{z}'^{(k)}_{ho})^2 \;,$$

$$(643)\quad U^{[1]}_{(3k-2)(3k-1)} = -\,\hat{\alpha}^{(k)}(\varepsilon_{ijh}n_i^{(k)}\hat{m}_j^{(k)}\hat{z}'^{(k)}_{ho})\hat{m}_l^{(k)}m_{lo}^{(k)} - \check{\alpha}^{(k)}(\varepsilon_{ijh}n_i^{(k)}\check{m}_j^{(k)}\check{z}'^{(k)}_{ho})\check{m}_l^{(k)}m_{lo}^{(k)} \;,$$

$$(644)\quad U^{[1]}_{(3k-2)(3k)} = \left(\frac{\partial\hat{\Xi}^{(k)}}{\partial\dot{\zeta}^{(k)}}\right)_0 \varepsilon_{ijh}n_i^{(k)}\hat{m}_j^{(k)}\hat{z}'^{(k)}_{ho} \;,$$

$$(645)\quad U^{[1]}_{(3k-1)(3k-2)} = U^{[1]}_{(3k-2)(3k-1)} \;,$$

$$(646)\quad U^{[1]}_{(3k-1)(3k-1)} = \hat{\alpha}^{(k)}(\hat{m}_l^{(k)}m_{lo}^{(k)})^2 + \check{\alpha}^{(k)}(\check{m}_l^{(k)}m_{lo}^{(k)})^2 \;,$$

$$(647)\quad U^{[1]}_{(3k-1)(3k)} = -\left(\frac{\partial\hat{\Xi}^{(k)}}{\partial\dot{\zeta}^{(k)}}\right)_0 \hat{m}_l^{(k)}m_{lo}^{(k)} \;.$$

Die Entwicklung von $\widetilde{w}^{(k)}$ in (639) interessiert ebenso wie die von $\check{\tilde{\Xi}}^{(k)}$ in (638) nur für den Fall (635). Dann gelangt man im Hinblick auf (531) und (585) mit $A = 3k$ zu

(648) $U^{[0]}_{(3k)(3k)} = -\left(\frac{\partial w^{(k)}}{\partial \zeta^{(k)}}\right)_0$

und

(649) $U^{[1]}_{(3k)(3k-2)} = \left(\frac{\partial w^{(k)}}{\partial \dot{z}^{(k)}}\right)_0 \varepsilon_{ijh} n_i^{(k)} \hat{m}_j^{(k)} \hat{z}'^{(k)}_{ho}$,

(650) $U^{[1]}_{(3k)(3k-1)} = -\left(\frac{\partial w^{(k)}}{\partial \dot{z}^{(k)}}\right)_0 \hat{m}_l^{(k)} m_{lo}^{(k)}$,

(651) $U^{[1]}_{(3k)(3k)} = -\left(\frac{\partial w^{(k)}}{\partial \dot{\zeta}^{(k)}}\right)_0$.

Auch bei der Linearisierung der seismischen Störungsfunktionen (218) und (219) wird die Existenz der Ableitungen im Nullpunkt ihres Definitionsbereichs vorausgesetzt. Nach (532), (533) und (69) gilt

(652) $$\widetilde{U}_{9+h} = \frac{\partial \Xi_h^*(0,0,0,0)}{\partial \xi_1}\,\xi_1 + \frac{\partial \Xi_h^*(0,0,0,0)}{\partial \eta_1}\,\eta_1 + \frac{\partial \Xi_h^*(0,0,0,0)}{\partial \dot{\xi}_1}\,\dot{\xi}_1 + \frac{\partial \Xi_h^*(0,0,0,0)}{\partial \dot{\eta}_1}\,\dot{\eta}_1 ,$$

(653) $$\frac{1}{2}\,\widetilde{U}_{12+h} = \frac{\partial W_h^*(0,0,0,0)}{\partial \xi_1}\,\xi_1 + \frac{\partial W_h^*(0,0,0,0)}{\partial \eta_1}\,\eta_1 + \frac{\partial W_h^*(0,0,0,0)}{\partial \dot{\xi}_1}\,\dot{\xi}_1 + \frac{\partial W_h^*(0,0,0,0)}{\partial \dot{\eta}_1}\,\dot{\eta}_1 ,$$

also gemäß (585) unter Beachtung von (372)

(654) $$U^{[0]}_{9+h,9+l} = -\frac{\partial \Xi_h^*(0,0,0,0)}{\partial \xi_l} ,$$

(655) $$U^{[0]}_{9+h,12+l} = -\frac{\partial \Xi^*(0,0,0,0)}{\partial \eta_l} ,$$

(656) $$U^{[0]}_{12+h,9+l} = -2\,\frac{\partial W^*(0,0,0,0)}{\partial \xi_l} ,$$

$$(657)\quad U^{[0]}_{12+h,12+l} = -2\,\frac{\partial W^*_h(0,0,0,0)}{\partial \eta_l}$$

und

$$(658)\quad U^{[1]}_{9+h,9+l} = -\frac{\partial \Xi^*_h(0,0,0,0)}{\partial \dot{\xi}_l}\,,$$

$$(659)\quad U^{[1]}_{9+h,12+l} = -\frac{\partial \Xi^*_h(0,0,0,0)}{\partial \dot{\eta}_l}\,,$$

$$(660)\quad U^{[1]}_{12+h,9+l} = -2\,\frac{\partial W^*_h(0,0,0,0)}{\partial \dot{\xi}_l}\,,$$

$$(661)\quad U^{[1]}_{12+h,12+l} = -2\,\frac{\partial W^*_h(0,0,0,0)}{\partial \dot{\eta}_l}\,.$$

Alle Koeffizienten $U^{[0]}_{AB}$ und $U^{[1]}_{AB}$ der homogenen Linearformen (585), die in (628)-(633), (642)-(651) und (654)-(661) nicht erfaßt werden, nehmen den Wert Null an. Aber auch unter den angeführten Konstanten sind einige gleich Null. In (632) und (633) kommt jedesmal der Faktor ε_{3li} vor, der für $l = 3$ verschwindet, so daß sich sofort

$$(662)\quad U^{[0]}_{3k-2,15} = 0\,,\qquad U^{[0]}_{3k-1,15} = 0$$

ergibt. Außerdem entnimmt man den Beziehungen (632) und (633) unter Beachtung von (118), (265) und (274)

$$(663)\quad U^{[0]}_{1,13} = U^{[0]}_{4,14} = 0\,,$$

$$(664)\quad U^{[0]}_{2,13} = U^{[0]}_{5,14} = 0\,.$$

Die Integration der linearisierten Bewegungsgleichungen (587) des mechanischen Verbands $\mathfrak{V}^*$ läßt sich prinzipiell ausführen. Die Ordnung jeder dieser gewöhnlichen Differentialgleichungen ist gleich Zwei, wenn entweder die Reihen in (587) mit den Gliedern $U^{[0]}_{AB}u^B$ abbrechen, so daß die folgenden Punkte entbehrlich sind, oder nur noch Terme $U^{[2]}_{AB}\ddot{u}^B$ hinzutreten, die der Bedingung

$$(665)\quad [w_{AB}(0) + U^{[2]}_{AB}]\ddot{u}^B \not\equiv 0$$

genügen. Im allgemeinen ist die Ordnung einer linearen Differentialgleichung für die generalisierten Koordinaten u^A größer als Zwei, falls die entsprechende Reihe in (587) von mehr als den explizite angegebenen Gliedern gebildet wird, was die Punkte andeuten sollen. Hierbei kommt aber nur eine Gleichung in Betracht, die gewisse lineare Bestandteile des skalaren Produkts (240) und des Drehmoments (258), also von Funktionen enthält, zu deren Argumenten höhere Ableitungen und wiederholte Integrale von $\hat{z}^{(k)}(t)$ und $\zeta^{(k)}(t)$ gehören können. Weist eine der Gleichungen (587) solche Integrale auf, dann wird sie so oft nach t differenziert, bis die letzte Differentiation die übrig gebliebenen einfachen Integrale auf ihre Integranden reduziert, wodurch sich die Ordnungen der Ableitungen in der betreffenden Differentialgleichung erhöhen.

Da der Index A die allgemeinen nichtlinearen bzw. linearisierten Bewegungsgleichungen (379) bzw. (579) numeriert, darf man im Hinblick auf (529)-(533) sagen, daß aus den angegebenen Gründen nur die Ordnung der ersten neun Differentialgleichungen für die generalisierten Koordinaten u^B größer als Zwei sein kann und die der letzten sechs gleich Zwei ist. Die höchste Ordnung dieser Differentialgleichungen sei K. Es gilt

(666) $K \geqq 2$.

Die R-te Ableitung von u^B nach t wird mit $d^R u^B$ bezeichnet, also

(667) $R = 0,1,\dots,K \;,\quad d^0 u^B \equiv u^B \;,\quad d^1 u^B \equiv \dot{u}^B \;,\quad d^2 u^B \equiv \ddot{u}^B \;,\dots$.

In dem zu (587) äquivalenten Gleichungssystem

(668) $W_{AB,R} d^R u^B = 0$

(Summation „über R" entsprechend der EINSTEINschen Summenkonvention!) resultieren die Konstanten $W_{AB,R}$ in einfacher Weise aus den Koeffizienten $w_{AB}(0),\dots, U_{AB}^{[0]}, U_{AB}^{[1]},\dots$ in (587). Speziell für $A > 9$ ergibt sich $W_{AB,2} = w_{AB}(0)$, $W_{AB,1} = U_{AB}^{[1]}$, $W_{AB,0} = U_{AB}^{[0]}$.

Man kann $W_{AB,R} d^R$ als Polynome in d ansehen und diese Auffassung formal durch

(669) $W_{AB}(d) = W_{AB,R} d^R$

ausdrücken. Der Grad eines derartigen Polynoms ist im allgemeinen, d.h. unter der Bedingung (665), mindestens gleich Zwei und höchstens gleich K. Die Integration der linearen Differentialgleichungen (668) erfolgt mit Hilfe des üblichen Ansatzes

(670) $u^B(t) = a^B \exp \omega t \;, \quad a^B = \text{const} \;, \quad \omega = \text{const} \;,$

der, in (668) eingeführt, wegen

(671) $d^R(a^B \exp \omega t) = \omega^R(a^B \exp \omega t)$

und (669) zu dem homogenen linearen Gleichungssystem in a^B

(672) $W_{AB}(\omega)a^B = 0$

verhilft, das der Bestimmung von a^B dient. Um nicht nur die triviale Lösung $a^B = 0$ zu erhalten, wird

(673) $\det(W_{AB}(\omega)) = 0$

vorausgesetzt. Diese sogenannte charakteristische Gleichung des Systems (668) ist eine algebraische Gleichung in ω; denn die Elemente der charakteristischen Determinante $\det(W_{AB}(\omega))$ sind nach (669) Polynome in ω. Die Werte von ω stimmen also mit den Wurzeln von (673) überein. Ein Element der 15reihigen Determinante $\det(W_{AB}(\omega))$, dessen Grad gleich $K > 2$ ist, kann nur in den ersten neun Zeilen vorkommen; die Elemente der letzten sechs Zeilen sind quadratische Polynome. Daraus folgt im allgemeinen, d.h., wenn (665) zutrifft, für den Grad N der Gleichung (673)

(674) $30 \leqq N \leqq 9K + 12 \,.$

Der Ansatz (670) liefert für jeden Wert von B demnach N Exponentialfunktionen, die nicht notwendig alle voneinander verschieden sind, mit ebensovielen Integrationskonstanten. Es ergeben sich also insgesamt $15 \cdot N$ Integrationskonstanten, die jedoch vermittels der Gleichungen (672) miteinander zusammenhängen. Anhand der Integrationstheorie kann man zeigen, daß unter den $15 \cdot N$ Konstanten nur 15 beliebig wählbar sind und davon die übrigen $15 \cdot (N-1)$ Integrationskonstanten in einer durch die Koeffizienten der Differentialgleichungen (668) bestimmten Weise linear abhängen. Die Aufgabe, das System (668) zu integrieren, besteht demnach darin, einen Satz von 15 Funktionen $u^B(t)$ zu bilden, der den Gleichungen (668) genügt und genau N willkürliche Integrationskonstanten enthält. Damit verfügt man über die allgemeine Lösung der vollständigen linearisierten Bewegungsgleichungen des mechanischen Verbands $\mathfrak{B}^*$.

Wenn die charakteristische Gleichung (673) nur einfache Wurzeln hat, ist das Aufsuchen der allgemeinen Lösung von (668) weniger umständlich als in dem Fall, wo auch mehrfache Wurzeln vorkommen. Aber stets enthält die allgemeine Lösung N voneinander unabhängige Integrationskonstanten, die sich wegen der Linearität der Differentialgleichungen (668) als lineare Funktionen von N auf das Zeitintervall i(t) bezogenen Anfangs- oder Randwerten darstellen lassen. Im allgemeinen erfordert die Bestimmung der N Integrationskonstanten aus N algebraischen Gleichungen die Berechnung von N-reihigen Determinanten. Hierfür benötigt man sämtliche Wurzeln der charakteristischen Gleichung (673). Demgegenüber kann das ROUTHsche Verfahren vorteilhafter sein, indem es die in einer generalisierten Koordinate $u^B(t)$ zu einem bestimmten partikulären Integral gehörende Integrationskonstante auch dann liefert, wenn nur die zu diesem Integral gehörende Wurzel von (673) bekannt ist, wodurch der sonst erhebliche rechnerische Aufwand verringert wird. Die Anwendbarkeit des Verfahrens bleibt jedoch auf Anfangswertprobleme beschränkt, und die Anfangsbedingungen sind nicht beliebig vorgebbar. Sie müssen nämlich auf den Zeitpunkt Null bezogen sein, was sich erforderlichenfalls immer durch eine einfache lineare Transformation der Zeit t mit der Eigenschaft $t_o \rightarrow 0$ erreichen läßt, und für jede Koordinate $u^B(t)$, deren in dem homogenen Differentialgleichungssystem (668) vorkommende höchste Ableitung die K_B-te ist, wobei $2 \leqq K_B = K$ gilt, die Werte $u^B(0)$, $\dot{u}^B(0), \ldots, d^{K(B)-1} u^{(B)}(0)$ vorschreiben. Eine Erläuterung des ROUTHschen Verfahrens, die durch numerische Beispiele ergänzt wird, entnimmt man etwa dem zweiten Band der Technischen Schwingungslehre von KLOTTER.

10. Die Äquivalenz der mechanischen Teilverbände $\mathfrak{V}^{(k)}$

In praxi strebt man die Identität der mechanischen Empfänger $\mathfrak{E}^{(1)}$ und $\mathfrak{E}^{(2)}$ an. Neben (118) sollen also die Bedingungen (119) erfüllt sein. Die Annahme

$$n_2^{(1)} = n_1^{(2)} \tag{675}$$

besagt zusammen mit (118) und (119), daß sich der Einheitsvektor $n_i^{(2)}$ durch eine positive Vierteldrehung um die 3-Achse von $\overline{\mathfrak{S}}$ in den Vektor $n_i^{(1)}$ überführen läßt; sie ist bei der Anordnung der beiden Horizontalkomponenten der seismischen Apparatur auf dem Instrumentensockel zusätzlich zu beachten. Übrigens leistet auch der Drehtensor (209), wenn man sein Argument $\zeta^{(k)}$ durch den Wert $\frac{\pi}{2}$ ersetzt, die angenommene „Überführung" von $n_i^{(2)}$ in $n_i^{(1)}$; denn aus

$$n_i^{(1)} = \Delta_{ij}(\tfrac{\pi}{2}) n_j^{(2)} \tag{676}$$

ergibt sich wegen

$$\Delta_{ij}(\tfrac{\pi}{2}) = \delta_{i3}\delta_{j3} - \varepsilon_{ij3} \tag{677}$$

und unter Berücksichtigung von (118) entsprechend (119) und (675) im einzelnen

$$n_1^{(1)} = n_2^{(2)} = 0\ , \quad n_2^{(1)} = n_1^{(2)}\ , \quad n_3^{(1)} = n_3^{(2)} \tag{678}$$

Im folgenden ist das Produkt $\Delta_{ij}(\frac{\pi}{2})\Delta_{ik}(\frac{\pi}{2})$ zu bilden. Aus (677) und dem Entwicklungssatz (35) resultiert

$$\Delta_{ij}(\tfrac{\pi}{2})\Delta_{ik}(\tfrac{\pi}{2}) = \delta_{jk}\ . \tag{679}$$

Der konstante Abstand der Punkte $Z^{(k)}$ und $S'^{(k)}$ wird mit $s^{(k)}$ bezeichnet, d.h., es gilt per definitionem

$$s^{(k)} = \left|\sqrt{z_h'^{(k)} z_h'^{(k)}}\right|\ , \quad s^{(k)} = \text{const}\ , \quad s^{(k)} > 0\ . \tag{680}$$

Nach (124), (272), (274) und (265) sind die drei Vektoren mit den $\overline{\mathfrak{S}}$-Koordinaten $z_{ho}'^{(1)}$, $m_{ho}^{(1)}$, $n_h^{(1)}$ bzw. $z_{ho}'^{(2)}$, $m_{ho}^{(2)}$, $n_h^{(2)}$ paarweise orthogonal. Die Darstellungen

(681) $z'^{(1)}_{ho} = s^{(1)}\varepsilon_{1hi}n^{(1)}_i$, $z'^{(2)}_{ho} = s^{(2)}\varepsilon_{h2i}n^{(2)}_i$

bestimmen nun definitiv die Orientierungen dieser Vektortripel. Wegen der Identität von $\mathfrak{G}^{(1)}$ und $\mathfrak{G}^{(2)}$ trifft speziell

(682) $s^{(1)} = s^{(2)}$

zu, so daß aus (678) und (681)

(683) $z'^{(1)}_{1o} = z'^{(2)}_{2o} = 0$, $z'^{(1)}_{2o} = z'^{(2)}_{1o}$, $z'^{(1)}_{3o} = z'^{(2)}_{3o}$

folgt.

Analog zu (676) gilt sogar

(684) $\varphi^{(1)} = \varphi^{(2)}$: $z'^{(1)}_i = \Delta_{ij}(\frac{\pi}{2})z'^{(2)}_j$

und ebenso

(685) $\varphi^{(1)} = \varphi^{(2)}$: $\hat{z}'^{(1)}_i = \Delta_{ij}(\frac{\pi}{2})\hat{z}'^{(2)}_j$,

(686) $\varphi^{(1)} = \varphi^{(2)}$: $\check{z}'^{(1)}_i = \Delta_{ij}(\frac{\pi}{2})\check{z}'^{(2)}_j$

sowie

(687) $\sigma^{(1)} = \sigma^{(2)}$: $z^{(1)}_i - z^{(1)}_{io} = \Delta_{ij}(\frac{\pi}{2})(z^{(2)}_j - z^{(2)}_{jo})$,

also hinsichtlich (123)

(688) $\sigma^{(1)} = \sigma^{(2)}$: $m^{(1)}_i = \Delta_{ij}(\frac{\pi}{2})m^{(2)}_j$

und dementsprechend

(689) $\hat{m}^{(1)}_i = \Delta_{ij}(\frac{\pi}{2})\hat{m}^{(2)}_j$, $\check{m}^{(1)}_i = \Delta_{ij}(\frac{\pi}{2})\check{m}^{(2)}_j$.

Es sei noch bemerkt, daß (688) die Gleichheit der in (281) eingeführten Krümmungsradien $\varrho^{(1)}_o$ und $\varrho^{(2)}_o$ impliziert:

(690) $\varrho^{(1)}_o = \varrho^{(2)}_o$.

Aus (687), (689) und (679) ergibt sich

(691) $\sigma^{(1)} = \sigma^{(2)}$: $\hat{m}_i^{(1)}(z_i^{(1)}-z_{io}^{(1)}) = \Delta_{ij}(\frac{\pi}{2})\Delta_{ik}(\frac{\pi}{2})\hat{m}_j^{(2)}(z_k^{(2)}-z_{ko}^{(2)})$
$$= \hat{m}_i^{(2)}(z_i^{(2)}-z_{io}^{(2)})$$

und hieraus auf Grund von (123) sofort

(692) $\sigma^{(1)} = \sigma^{(2)}$: $\hat{m}_i^{(1)}m_i^{(1)} = \hat{m}_i^{(2)}m_i^{(2)}$.

In der gleichen Weise verschafft man sich die Beziehungen

(693) $\sigma^{(1)} = \sigma^{(2)}$: $\check{m}_i^{(1)}m_i^{(1)} = \check{m}_i^{(2)}m_i^{(2)}$

und

(694) $\varphi^{(1)} = \varphi^{(2)}$: $\hat{m}_i^{(1)}\hat{z}_i'^{(1)} = \hat{m}_i^{(2)}\hat{z}_i'^{(2)}$,
$$\check{m}_i^{(1)}\check{z}_i'^{(1)} = \check{m}_i^{(2)}\check{z}_i'^{(2)} .$$

Des weiteren gilt in Anbetracht von (677), (678), (685) und (689)

(695) $\varphi^{(1)} = \varphi^{(2)}$: $\varepsilon_{hij}n_h^{(1)}\hat{m}_i^{(1)}\hat{z}_j'^{(1)} = \begin{vmatrix} 0 & n_2^{(1)} & n_3^{(1)} \\ \hat{m}_1^{(1)} & \hat{m}_2^{(1)} & \hat{m}_3^{(1)} \\ \hat{z}_1'^{(1)} & \hat{z}_2'^{(1)} & \hat{z}_3'^{(1)} \end{vmatrix}$
$$= \begin{vmatrix} n_1^{(2)} & 0 & n_3^{(2)} \\ \hat{m}_1^{(2)} & \hat{m}_2^{(2)} & \hat{m}_3^{(2)} \\ \hat{z}_1'^{(2)} & \hat{z}_2'^{(2)} & \hat{z}_3'^{(2)} \end{vmatrix}$$
$$= \varepsilon_{hij}n_h^{(2)}\hat{m}_i^{(2)}\hat{z}_j'^{(2)}$$

und dementsprechend

(696) $\varphi^{(1)} = \varphi^{(2)}$: $\varepsilon_{hij}n_h^{(1)}\check{m}_i^{(1)}\check{z}_j'^{(1)} = \varepsilon_{hij}n_h^{(2)}\check{m}_i^{(2)}\check{z}_j'^{(2)}$,

(697) $\varphi^{(1)} = \varphi^{(2)}$, $\sigma^{(1)} = \sigma^{(2)}$:
$$\varepsilon_{ijh}m_i^{(1)}n_j^{(1)}z_h'^{(1)} = \varepsilon_{ijh}m_i^{(2)}n_j^{(2)}z_h'^{(2)} .$$

Wegen (691) und (695) sind die in (146) definierten Indikatoren der mechanischen Empfänger $\mathfrak{E}^{(1)}$ und $\mathfrak{E}^{(2)}$ äquivalent, also

(698) $\varphi^{(1)} = \varphi^{(2)}\ ,\quad \sigma^{(1)} = \sigma^{(2)}\ :\quad \hat{z}^{(1)} = \hat{z}^{(2)}\ .$

Ähnliche Überlegungen bezüglich der Dämpfungsvorrichtungen führen zu

(699) $\varphi^{(1)} = \varphi^{(2)}\ ,\quad \sigma^{(1)} = \sigma^{(2)}\ :\quad \check{z}^{(1)} = \check{z}^{(2)}\ .$

Die Identität von $\mathfrak{E}^{(1)}$ und $\mathfrak{E}^{(2)}$ impliziert auch die vollkommene strukturelle Übereinstimmung der Funktionen $\Xi^{(1)}$ und $\Xi^{(2)}$ bzw. $W^{(1)}$ und $W^{(2)}$ in (237), d.h.

(700) $\varphi^{(1)} = \varphi^{(2)}\ ,\quad \sigma^{(1)} = \sigma^{(2)}\ :\quad \Xi^{(1)} = \Xi^{(2)}\ ,\quad W^{(1)} = W^{(2)}\ .$

Das gleiche trifft für die Funktionen $\hat{\Xi}^{(1)}$ und $\hat{\Xi}^{(2)}$ bzw. $\check{\Xi}^{(1)}$ und $\check{\Xi}^{(2)}$ zu.

Außerdem hat man bei identischen Gehängen $\mathfrak{G}^{(1)}$ und $\mathfrak{G}^{(2)}$

(701) $M^{(1)} = M^{(2)}\ ,$

(702) $I^{(1)} = I^{(2)}$

und infolge der gewählten Anordnung der Empfänger $\mathfrak{E}^{(1)}$ und $\mathfrak{E}^{(2)}$

(703) $I_{11}^{(1)}(0) = I_{22}^{(2)}(0)\ ,\quad I_{22}^{(1)}(0) = I_{11}^{(2)}(0)\ ,\quad I_{33}^{(1)}(0) = I_{33}^{(2)}(0)$

sowie

(704) $I_{23}^{(1)}(0) = I_{13}^{(2)}(0)$

anzunehmen. Danach ergeben sich unter Beachtung von (678) die Beziehungen

(705) $I_{2j}^{(1)}(0)n_j^{(1)} = I_{1j}^{(2)}(0)n_j^{(2)}\ ,\quad I_{3j}^{(1)}(0)n_j^{(1)} = I_{3j}^{(2)}(0)n_j^{(2)}\ .$

Die in (701) bzw. (702) postulierte Gleichheit der Massen $M^{(1)}$ und $M^{(2)}$ bzw. Trägheitsmomente $I^{(1)}$ und $I^{(2)}$ bewirkt, daß aus (440)-(442) und (600) im Hinblick auf (274) und (697) die Relationen

(706) $w_{11} = w_{44} = I^{(1)}\ ,$

(707) $w_{22} = w_{55} = -\,w_{2,10}(0) = w_{5,11}(0) = M^{(1)}$

und

(708) $\varphi^{(1)} = \varphi^{(2)}$, $\sigma^{(1)} = \sigma^{(2)}$: $w_{12} = w_{45}$

$$= M^{(1)}\varepsilon_{ijh}m_i^{(1)}n_j^{(1)}z_h'^{(1)}$$

hervorgehen. Zudem bekommt man mittels (678), (681) und (274) hinsichtlich (599)

(709) $w_{12}(0) = w_{45}(0) = - w_{1,10}(0) = w_{4,11}(0) = M^{(1)}s^{(1)}$.

Aus (602) resultieren die Differenzen $w_{1,14}(0) - w_{4,13}(0)$ und $w_{1,15}(0) - w_{4,15}(0)$. In Anbetracht der Gleichungen (678)-(683), (701) und (705) ergibt sich vorerst

(710) $w_{1,14}(0) - w_{4,13}(0) = - 2M^{(1)}s^{(1)}(z_{3o}^{(1)} - z_{3o}^{(2)})$

und

(711) $w_{1,15}(0) - w_{4,15}(0) = 2M^{(1)}s^{(1)}(z_{2o}^{(1)} - z_{1o}^{(2)})$.

Da die Standfläche der mechanischen Empfänger der seismischen Apparatur die zur (1,2)-Ebene des Koordinatensystems $\overline{\mathfrak{S}}$ parallele obere Begrenzung des Instrumentensockels ist, impliziert die Identität von $\mathfrak{E}^{(1)}$ und $\mathfrak{E}^{(2)}$

(712) $z_{3o}^{(1)} = z_{3o}^{(2)}$.

Demgegenüber bedeutet die Bedingung

(713) $z_{2o}^{(1)} = z_{1o}^{(2)}$

eine weitere Vorschrift für die Anordnung der beiden Horizontalkomponenten, falls es darauf ankommt, den Nullpunkt (S^* oder S_o^*) von $\overline{\mathfrak{S}}$ genau zu fixieren. Hierbei wird eine normale Lage des Sockels relativ zum übrigen Fundament vorausgesetzt; insbesondere muß S^* oder S_o^* unterhalb der Standfläche von $\mathfrak{E}^{(1)}$ und $\mathfrak{E}^{(2)}$ liegen. Mit (712) und (713) folgt aus (710) und (711)

(714) $w_{1.14}(0) = w_{4,13}(0)$, $w_{1,15}(0) = w_{4,15}(0)$.

Schließlich entnimmt man der Formel (603) unter Berücksichtigung von (274), (681), (701) und (712), (713) die Beziehungen

(715) $w_{2,14}(0) = w_{5,13}(0) = - 2M^{(1)}(z_{3o}^{(1)} + z_{3o}'^{(1)})$,

(716) $w_{2,15}(0) = w_{5,15}(0) = 2M^{(1)}(z_{2o}^{(1)} + z'^{(1)}_{2o})$.

In (706)-(709) und (714)-(716) sind Zusammenhänge zwischen (von Null verschiedenen) Koeffizienten $w_{AB}(0)$ der linearisierten Bewegungsgleichungen (587) des mechanischen Verbands $\mathfrak{D}^*$ angegeben, die auf Grund der Identität der Horizontalkomponenten $\mathfrak{E}^{(1)}$ und $\mathfrak{E}^{(2)}$ bestehen. Diesbezügliche Relationen ergeben sich auch bei den übrigen Konstanten ..., $U_{AB}^{[0]}$, $U_{AB}^{[1]}$,... des Differentialgleichungssystems (587). Anhand von (274), (678), (683), (790), (700) und (701) resultiert aus (628)-(631)

(717) $U_{11}^{[0]} = U_{44}^{[0]}$,

(718) $U_{12}^{[0]} = U_{45}^{[0]}$, $U_{21}^{[0]} = U_{54}^{[0]}$,

(719) $U_{22}^{[0]} = U_{55}^{[0]}$,

und die Darstellungen (632) und (633) liefern im Hinblick auf (274), (662)-(664), (678), (681)-(683) und (701)

(720) $U_{1,14}^{[0]} = U_{4,13}^{[0]}$, $U_{2,14}^{[0]} = U_{5,13}^{[0]}$.

Da die Strukturen der Funktionen $\hat{\Xi}^{(1)}$ und $\hat{\Xi}^{(2)}$ bzw. $\check{\Xi}^{(1)}$ und $\check{\Xi}^{(2)}$ identisch sein sollen, muß insbesondere

(721) $(\frac{\partial\hat{\Xi}^{(1)}}{\partial\dot{\zeta}^{(1)}})_0 = (\frac{\partial\hat{\Xi}^{(2)}}{\partial\dot{\zeta}^{(2)}})_0$

und nach (640), (637)

(722) $\hat{\alpha}^{(1)} = \hat{\alpha}^{(2)}$, $\check{\alpha}^{(1)} = \check{\alpha}^{(2)}$

gelten, womit aus (624)-(647) wegen (692), (693), (695) und (696)

(723) $U_{11}^{[1]} = U_{44}^{[1]}$,

(724) $U_{12}^{[1]} = U_{45}^{[1]} = U_{21}^{[1]} = U_{54}^{[1]}$,

(725) $U_{13}^{[1]} = U_{46}^{[1]}$,

(726) $U_{22}^{[1]} = U_{55}^{[1]}$,

(727) $U_{23}^{[1]} = U_{56}^{[1]}$

folgt.

Die Identität von $\mathfrak{E}^{(1)}$ und $\mathfrak{E}^{(2)}$ involviert die der zugeordneten Galvanometer $\mathfrak{e}^{(1)}$ und $\mathfrak{e}^{(2)}$. Deshalb sind die in (444) definierten Trägheitsmomente $J^{(1)}$ und $J^{(2)}$ der Galvanometergehänge $\mathfrak{g}^{(1)}$ und $\mathfrak{g}^{(2)}$ als gleichgroß vorauszusetzen. Wenn aber

(728) $J^{(1)} = J^{(2)}$

zutrifft, dann ergibt sich gemäß (445) und (470)

(729) $w_{33} = w_{66}$

und

(730) $w_{3,12+l} = w_{6,12+l}$.

Ebenso wie die Funktionen $\check{\Xi}^{(1)}$ und $\check{\Xi}^{(2)}$ sollen nun auch die in (258) eingeführten Drehmomente $w^{(1)}$ und $w^{(2)}$ strukturell möglichst vollkommen übereinstimmen. Um alle diese Bedingungen, die notabene zugleich die elektrischen Netze der mechanischen Teilverbände $\mathfrak{V}^{(1)}$ und $\mathfrak{V}^{(2)}$ betreffen, erfüllen zu können, strebt man in praxi sogar die Identität von $\mathfrak{V}^{(1)}$ und $\mathfrak{V}^{(2)}$ an. In (531) wird $w^{(1)} = U_3$ und $w^{(2)} = U_6$ gesetzt. Speziell gilt

(731) $(\frac{\partial w^{(1)}}{\partial \zeta^{(1)}})_0 = (\frac{\partial w^{(2)}}{\partial \zeta^{(2)}})_0$, $(\frac{\partial w^{(1)}}{\partial \dot{\zeta}^{(1)}})_0 = (\frac{\partial w^{(2)}}{\partial \dot{\zeta}^{(2)}})_0$,

also wegen (648) und (651)

(732) $U_{33}^{[0]} = U_{66}^{[0]}$, $U_{33}^{[1]} = U_{66}^{[1]}$.

Mit

(733) $(\frac{\partial w^{(1)}}{\partial \dot{z}^{(1)}})_0 = (\frac{\partial w^{(2)}}{\partial \dot{z}^{(2)}})_0$

gehen schließlich aus (649) und (650) unter Beachtung von (692) und (695) die Beziehungen

(734) $U_{31}^{[1]} = U_{64}^{[1]}$, $U_{32}^{[1]} = U_{65}^{[1]}$

hervor.

Die bisherigen Ausführungen haben die Mannigfaltigkeit der voneinander verschiedenen Koeffizienten in den linearisierten Bewegungsgleichungen (587) weiter reduziert. Bevor nun endlich der mechanische Teilverband $\mathfrak{B}^{(3)}$ in die Untersuchungen einbezogen werden kann, muß noch im Sinne einer Analyse auf folgenden Sachverhalt eingegangen werden: Weil man für die beiden Horizontalkomponenten der seismischen Apparatur gleichartig konstruierte Empfänger $\mathfrak{E}^{(1)}$ und $\mathfrak{E}^{(2)}$ verwenden kann, ist die übliche Forderung, daß die Teilverbände $\mathfrak{B}^{(1)}$ und $\mathfrak{B}^{(2)}$ identisch sind, hinreichend genau erfüllbar. Mit dieser Forderung verbindet der Seismologe die Erwartung, daß der Verband $\mathfrak{B}^{(2)}$ auf die von den vorübergehend mit $\xi_j^{(2)}(t)$ und $\eta_j^{(2)}(t)$ bezeichneten Funktionen (30) und (47) beschriebene (faktische) Bewegung des Fundaments $\mathfrak{G}^*$ im Zeitintervall $\iota(t)$ in der gleichen Weise wie $\mathfrak{B}^{(1)}$ auf eine derartige (fiktive) Bewegung reagiert, die sich von der ersteren nur insoweit unterscheidet, als ihre Darstellung durch die Funktionen

$$(735) \quad \xi_i^{(1)}(t) = \Delta_{ij}(\tfrac{\pi}{2})\xi_j^{(2)}(t)$$

und

$$(736) \quad \eta_i^{(1)}(t) = \Delta_{ij}(\tfrac{\pi}{2})\eta_j^{(2)}(t)$$

erfolgt. Beide Male nimmt man an, daß die Rückwirkung der Teilverbände $\mathfrak{B}^{(k)}$ auf $\mathfrak{G}^*$ und zugleich vorhandene gegenseitige Beeinflussungen der Empfänger $\mathfrak{E}^{(k)}$ und Galvanometer $\mathfrak{e}^{(k)}$ unberücksichtigt bleiben dürfen, und begnügt sich außerdem mit den Gleichungen (566) anstelle der verbesserten Näherungsgleichungen (571), was jedoch keine wesentliche Einschränkung der Untersuchungen bedeutet. Aus (735) und (736) ergibt sich im Hinblick auf (679) sofort

$$(737) \quad \dot{\xi}_i^{(1)}(t)\dot{\xi}_i^{(1)}(t) = \dot{\xi}_i^{(2)}(t)\dot{\xi}_i^{(2)}(t)$$

und

$$(738) \quad \eta_i^{(1)}(t)\eta_i^{(1)}(t) = \eta_i^{(2)}(t)\eta_i^{(2)}(t) .$$

Wegen (64) und (69) gilt

$$(739) \quad \overline{\omega}_h = \frac{2}{1+\eta_i\eta_i}(\dot{\eta}_h+\varepsilon_{hlk}\dot{\eta}_l\eta_k) .$$

Mit den vorübergehenden Bezeichnungen $\overline{\omega}_h^{(1)}(t)$ und $\overline{\omega}_h^{(2)}(t)$ für die $\overline{\mathfrak{S}}$-Koordinaten der beiden unterschiedlichen Drehgeschwindigkeiten des Fundaments $\mathfrak{B}^*$, die entstehen, wenn in (739) die Argumente η_i und $\dot{\eta}_i$ einmal durch $\eta_i^{(1)}(t)$ und $\dot{\eta}_i^{(1)}(t)$, das andere Mal durch $\eta_i^{(2)}(t)$ und $\dot{\eta}_i^{(2)}(t)$ ersetzt werden, lassen sich unter zusätzlicher Beachtung von (736), (677) und (738) die erwarteten, bemerkenswerten Beziehungen

$$(740)\quad \overline{\omega}_1^{(1)}(t) = \Delta_{ij}(\tfrac{\pi}{2})\overline{\omega}_j^{(2)}(t)$$

formulieren.

Es wird nun angenommen, daß die Koordinaten von $\overline{\mathfrak{S}}$ Hauptträgheitsachsen von $\mathfrak{B}^*$ sind; d.h., die in (476) eingeführten $\overline{\mathfrak{S}}$-Koordinaten des Trägheitstensors von $\mathfrak{B}^*$ mögen den Bedingungen

$$(741)\quad I_{12}^* = I_{23}^* = I_{31}^* = 0$$

genügen. Außerdem soll

$$(742)\quad I_{11}^* = I_{22}^*$$

zutreffen. Dadurch erreicht man, daß bei den miteinander verglichenen Bewegungen von $\mathfrak{B}^*$ nicht nur wegen (737) der translatorische Bestandteil der in (567) dargestellten kinetischen Energie $E_{\mathfrak{B}^*}$, sondern auch der von der Rotation des Fundaments $\mathfrak{B}^*$ herrührende Energieterm $\frac{1}{2}I_{hj}^*\overline{\omega}_h\overline{\omega}_j$ in jedem Zeitpunkt des Intervalls $\iota(t)$ der gleiche ist; denn auf Grund von (740), (677), (741) und (742) gilt

$$(743)\quad I_{hj}^*\overline{\omega}_h^{(1)}(t)\overline{\omega}_j^{(1)}(t) = I_{hj}^*\overline{\omega}_h^{(2)}(t)\omega_j^{(2)}(t)$$

Die Differentialgleichungen (566) nehmen mittels (567) und (64), (69) die Form

$$(744)\quad M^*\ddot{\xi}_i = \Xi_i^*(\xi_j,\eta_j,\dot{\xi}_j,\dot{\eta}_j)\ ,$$

$$(745)\quad \tfrac{1}{4}(1-\eta_l\eta_l)(\frac{d}{dt}\frac{\partial}{\partial\dot{\eta}_i} - \frac{\partial}{\partial\eta_i})I_{hj}^*\overline{\omega}_h\overline{\omega}_j = W_i^*(\xi_j,\eta_j,\dot{\xi}_j,\dot{\eta}_j)$$
$$+ \varepsilon_{hik}W_h^*(\xi_j,\eta_j,\dot{\xi}_j,\dot{\eta}_j)\eta_k$$

an, wobei für $\overline{\omega}_h$ die Darstellung (739) zu verwenden ist. Die fiktive bzw. faktische Bewegung des Fundaments $\mathfrak{B}^*$ im Zeitintervall $\iota(t)$

bewirken die seismischen Störungsfunktionen $\Xi_i^{*(1)}(\xi_j,\eta_j,\dot{\xi}_j,\dot{\eta}_j)$ und $W_i^{*(1)}(\xi_j,\eta_j,\dot{\xi}_j,\dot{\eta}_j)$ bzw. $\Xi_i^{*(2)}(\xi_j,\eta_j,\dot{\xi}_j,\dot{\eta}_j)$ und $W_i^{*(2)}(\xi_j,\eta_j,\dot{\xi}_j,\dot{\eta}_j)$. Das Einsetzen der speziellen Lösung $\xi_i^{(1)}(t)$, $\eta_i^{(1)}(t)$ bzw. $\xi_i^{(2)}(t)$, $\eta_i^{(2)}(t)$ in das zugehörige Gleichungssystem wird durch

(746) $$M^*\ddot{\xi}_i^{(1)}(t) = \Xi_i^{*(1)}(\xi_j^{(1)}(t),\eta_j^{(1)}(t),\dot{\xi}_j^{(1)}(t),\dot{\eta}_j^{(1)}(t)) ,$$

(747) $$\tfrac{1}{4}[1 - \eta_l^{(1)}(t)\eta_l^{(1)}(t)](\frac{d}{dt}\frac{\partial}{\partial\dot{\eta}_i^{(1)}} - \frac{\partial}{\partial\eta_i^{(1)}})I_{hj}^*\overline{\omega}_h^{(1)}\overline{\omega}_j^{(1)} =$$
$$W_i^{*(1)}(\xi_j^{(1)}(t),\eta_j^{(1)}(t),\dot{\xi}_j^{(1)}(t),\dot{\eta}_j^{(1)}(t))$$
$$+ \varepsilon_{hik}W_h^{*(1)}(\xi_j^{(1)}(t),\eta_j^{(1)}(t),\dot{\xi}_j^{(1)}(t),\dot{\eta}_j^{(1)}(t))\eta_k^{(1)}(t)$$

bzw.

(748) $$M^*\ddot{\xi}_i^{(2)}(t) = \Xi_i^{*(2)}(\xi_j^{(2)}(t),\eta_j^{(2)}(t),\dot{\xi}_j^{(2)}(t),\dot{\eta}_j^{(2)}(t)) ,$$

(749) $$\tfrac{1}{4}[1 - \eta_l^{(2)}(t)\eta_l^{(2)}(t)](\frac{d}{dt}\frac{\partial}{\partial\dot{\eta}_i^{(2)}} - \frac{\partial}{\partial\eta_i^{(2)}})I_{hj}^*\overline{\omega}_h^{(2)}\overline{\omega}_j^{(2)} =$$
$$W_i^{*(2)}(\xi_j^{(2)}(t),\eta_j^{(2)}(t),\dot{\xi}_j^{(2)}(t),\dot{\eta}_j^{(2)}(t))$$
$$+ \varepsilon_{hik}W_h^{*(2)}(\xi_j^{(2)}(t),\eta_j^{(2)}(t),\dot{\xi}_j^{(2)}(t),\dot{\eta}_j^{(2)}(t))\eta_k^{(2)}(t)$$

ausgedrückt. Wegen (735) resultiert aus (746) und (748) sogleich

(750) $$\Xi_i^{*(1)}(\xi_j^{(1)}(t),\eta_j^{(1)}(t),\dot{\xi}_j^{(1)}(t),\dot{\eta}_j^{(1)}(t)) =$$
$$\Delta_{ih}(\tfrac{\pi}{2})\Xi_h^{*(2)}(\xi_j^{(2)}(t),\eta_j^{(2)}(t),\dot{\xi}_j^{(2)}(t),\dot{\eta}_j^{(2)}(t)) .$$

Die Relation (736) gilt offenbar auch für die LANGRANGEschen Differentialoperatoren in (747) und (749) und damit unter Beachtung von (738) und (743) sogar für die linken Seiten der Identitäten (747) und (749). Folglich muß zwischen deren rechten Seiten die Beziehung

$$(751)\quad W_i^{*(1)}(\xi_m^{(1)}(t),\eta_m^{(1)}(t),\dot\xi_m^{(1)}(t)\dot\eta_m^{(1)}(t))$$
$$+\ \varepsilon_{hik}W_h^{*(1)}(\xi_m^{(1)}(t),\eta_m^{(1)}(t),\dot\xi_m^{(1)}(t),\dot\eta_m^{(1)}(t))\eta_k^{(1)}(t) =$$
$$\Delta_{ij}(\tfrac{\pi}{2})W_j^{*(2)}(\xi_m^{(2)}(t),\eta_m^{(2)}(t),\dot\xi_m^{(2)}(t),\dot\eta_m^{(2)}(t))$$
$$+\ \varepsilon_{hjk}W_h^{*(2)}(\xi_m^{(2)}(t),\eta_m^{(2)}(t),\dot\xi_m^{(2)}(t),\dot\eta_m^{(2)}(t))\Delta_{ij}(\tfrac{\pi}{2})\eta_k^{(2)}(t)$$

oder

$$(752)\quad W_i^{*(1)}(\xi_m^{(1)}(t),\eta_m^{(1)}(t),\dot\xi_m^{(1)}(t),\dot\eta_m^{(1)}(t))$$
$$-\ \Delta_{ij}(\tfrac{\pi}{2})W_j^{*(2)}(\xi_m^{(2)}(t),\eta_m^{(2)}(t),\dot\xi_m^{(2)}(t),\dot\eta_m^{(2)}(t)) =$$
$$[\varepsilon_{hjk}W_h^{*(2)}(\xi_m^{(2)}(t),\eta_m^{(2)}(t),\dot\xi_m^{(2)}(t),\dot\eta_m^{(2)}(t))\Delta_{ij}(\tfrac{\pi}{2})$$
$$-\ \varepsilon_{hil}W_h^{*(1)}(\xi_m^{(1)}(t),\eta_m^{(1)}(t),\dot\xi_m^{(1)}(t),\dot\eta_m^{(1)}(t))\Delta_{lk}(\tfrac{\pi}{2})]\eta_k^{(2)}(t)$$

bestehen. Man darf nun analog zu (751)

$$(753)\quad W_i^{*(1)}(\xi_m^{(1)}(t),\eta_m^{(1)}(t),\dot\xi_m^{(1)}(t),\dot\eta_m^{(1)}(t)) =$$
$$\Delta_{ij}(\tfrac{\pi}{2})W_j^{*(2)}(\xi_m^{(2)}(t),\eta_m^{(2)}(t),\dot\xi_m^{(2)}(t),\dot\eta_m^{(2)}(t))$$

setzen. Zum Beweis wird dieser Ansatz in (752) berücksichtigt; es ergibt sich

$$(754)\quad [\varepsilon_{hjk}\Delta_{ij}(\tfrac{\pi}{2}) + \varepsilon_{ijl}\Delta_{jh}(\tfrac{\pi}{2})\Delta_{lk}(\tfrac{\pi}{2})]\ \times$$
$$\times\ W_h^{*(2)}(\xi_m^{(2)}(t),\eta_m^{(2)}(t),\dot\xi_m^{(2)}(t),\dot\eta_m^{(2)}(t))\eta_k^{(2)}(t) = 0\ .$$

Mit Hilfe von (677) gelingt schließlich der Nachweis

$$(755)\quad \varepsilon_{hjk}\Delta_{ij}(\tfrac{\pi}{2}) + \varepsilon_{ijl}\Delta_{jh}(\tfrac{\pi}{2})\Delta_{lk}(\tfrac{\pi}{2}) = 0\ .$$

Dem die resultierenden Drehmomente betreffenden einfachen Ergebnis (753) liegen notabene die Bedingungen (741) und (742) zugrunde.

Die Bewegung des mechanischen Teilverbands $\mathfrak{G}^* + \mathfrak{D}^{(2)}$ im Zeitintervall $\iota(t)$ wird durch die Funktionen $\varphi^{(2)}(t)$, $\sigma^{(2)}(t)$, $\zeta^{(2)}(t)$, $\xi_i^{(2)}(t)$, $\eta_i^{(2)}(t)$ beschrieben, die eine spezielle Lösung der Differentialgleichungen sind, die aus (561)-(563) und (566) für $k = 2$ mit $\Xi_i^{*(2)}$ und $W_h^{*(2)}$ anstelle von Ξ_i^* und W_h^* hervorgehen. Der kontradiktorischen Annahme entsprechend bewegt sich der Verband $\mathfrak{B}^* + \mathfrak{D}^{(1)}$ in der von den Funktionen $\varphi^{(1)}(t)$, $\sigma^{(1)}(t)$, $\zeta^{(1)}(t)$, $\xi_i^{(1)}(t)$, $\eta_i^{(1)}(t)$ angegebenen Weise, die eine spezielle Lösung des mit (561)-(563) für $k = 1$ und mit (566) vorliegenden Gleichungssystems bilden, wobei man in (566) die seismischen Störungsfunktionen Ξ_i^* und W_h^* durch $\Xi_i^{*(1)}$ und $W_h^{*(1)}$ zu ersetzen hat. Neben (735) und (736) sind nun die hypothetischen Bedingungen

$$(756)\quad \varphi^{(1)}(t) = \varphi^{(2)}(t)\ ,\quad \sigma^{(1)}(t) = \sigma^{(2)}(t)\ ,\quad \zeta^{(1)}(t) = \zeta^{(2)}(t)$$

zu beachten

Die LAGRANGEsche Fassung der Bewegungsgleichungen bedarf der Bildung der quadratischen Formen für die kinetischen Energien $E_{\mathfrak{B}(1)}$, $E_{\mathfrak{g}(1)}$ und $E_{\mathfrak{B}(2)}$, $E_{\mathfrak{g}(2)}$. Zuvor soll aber gezeigt werden, daß zwischen den generalisierten Kraftkomponenten $w_1^{(1)}$, $w_2^{(1)}$ und $w_1^{(2)}$, $w_2^{(2)}$ in jedem Zeitpunkt von $i(t)$ die Gleichheiten $w_1^{(1)} = w_1^{(2)}$ und $w_2^{(1)} = w_2^{(2)}$ bestehen. Auf eine solche Übereinstimmung der Drehmomente $w^{(1)}$ und $w^{(2)}$ ist schon im Zusammenhang mit derjenigen der Funktionen $\check{\Xi}^{(1)}$ und $\check{\Xi}^{(2)}$ hingewiesen worden. Das gleiche trifft, wie bereits im Anschluß an (697) bemerkt wurde, für die Funktionen $\hat{\Xi}^{(1)}$ und $\hat{\Xi}^{(2)}$ zu. Nach (373) gilt $w_1^{(1)} = U_1$, $w_2^{(1)} = U_2$, $w_1^{(2)} = U_4$, $w_2^{(2)} = U_5$. Die Darstellungen (529) und (530) geben, wenn man auch noch (692)-(696), (700) und (701) berücksichtigt, zu erkennen, daß der Nachweis der geforderten Gleichheit von U_1 und U_4 sowie von U_2 und U_5 vollständig erbracht ist, wenn die Übereinstimmung der Terme $\varepsilon_{ijh}c_{3i}^{(1)}n_j^{(1)}z_h'^{(1)}$ und $\varepsilon_{ijh}c_{3i}^{(2)}n_j^{(2)}z_h'^{(2)}$ sowie $c_{3i}^{(1)}m_i^{(1)}$ und $c_{3i}^{(2)}m_i^{(2)}$ für $\varphi^{(1)} = \varphi^{(2)}$, $\sigma^{(1)} = \sigma^{(2)}$ und unter der Bedingung (736) feststeht. Die Bezeichnungen $c_{3i}^{(1)}$ und $c_{3i}^{(2)}$ besagen, daß in dem aus den CAYLEYschen Formeln (62) resultierenden Ausdruck für c_{3i} einmal $\eta_i^{(1)}(t)$ und das andere Mal $\eta_i^{(2)}(t)$ an die Stelle von η_i tritt. Man bekommt dann gemäß der Vorschrift (736) im einzelnen

$$(757)\quad c_{31}^{(1)} = -\,c_{32}^{(2)}\ ,\quad c_{32}^{(1)} = c_{31}^{(2)}\ ,\quad c_{33}^{(1)} = c_{33}^{(2)}\ ,$$

also

$$(758)\quad c_{3i}^{(1)} = \Delta_{ij}(\tfrac{\pi}{2})c_{3j}^{(2)}\ ,$$

und damit wegen (678), (679), (684) und (688)

$$(759)\quad \varphi^{(1)} = \varphi^{(2)} : \quad \varepsilon_{ijh}c_{3i}^{(1)}n_j^{(1)}z_h'^{(1)} = \begin{vmatrix} c_{31}^{(1)} & c_{32}^{(1)} & c_{33}^{(1)} \\ 0 & n_2^{(1)} & n_3^{(1)} \\ z_1'^{(1)} & z_2'^{(1)} & z_3'^{(1)} \end{vmatrix} =$$

$$\begin{vmatrix} c_{31}^{(2)} & c_{32}^{(2)} & c_{33}^{(2)} \\ n_1^{(2)} & 0 & n_3^{(2)} \\ z_1'^{(2)} & z_2'^{(2)} & z_3'^{(2)} \end{vmatrix} = \varepsilon_{ijh}c_{3i}^{(2)}n_j^{(2)}z_h'^{(2)}$$

und

$$(760)\quad \sigma^{(1)} = \sigma^{(2)} : \quad c_{3i}^{(1)}m_i^{(1)} = \Delta_{ij}(\tfrac{\pi}{2})\Delta_{ik}(\tfrac{\pi}{2})c_{3j}^{(2)}m_k^{(2)} = c_{3i}^{(2)}m_i^{(2)},$$

was zu beweisen war.

Die von den generalisierten Kraftkoordinaten $w_1^{(1)}$, $w_2^{(1)}$, $w^{(1)}$ und $w_1^{(2)}$, $w_2^{(2)}$, $w^{(2)}$ gebildeten rechten Seiten der betreffenden Bewegungsgleichungen des Systems (561)-(563) gehen also ineinander über, wenn die in sie eingeführten speziellen Funktionen $\varphi^{(1)}(t)$, $\sigma^{(1)}(t)$, $\zeta^{(1)}(t)$, $\eta_i^{(1)}(t)$ und $\varphi^{(2)}(t)$, $\sigma^{(2)}(t)$, $\zeta^{(2)}(t)$, $\eta_i^{(2)}(t)$ unter Beachtung der Zuordnungen (736) und (756) vertauscht werden. Deshalb muß das gleiche für die linken Seiten der in Betracht kommenden Gleichungen zutreffen. Bei der Bildung der quadratischen Formen für die kinetischen Energien $E_{\mathfrak{B}^{(1)}}$, $E_{\mathfrak{B}^{(2)}}$ und $E_{g^{(1)}}$, $E_{g^{(2)}}$ können alle Terme unberücksichtigt bleiben, die sich gegenüber den auf sie angewandten Differentialoperatoren wie Konstanten verhalten. Außerdem braucht man im folgenden wegen der Beziehungen (706)-(708) und (729) die Energieterme mit den Koeffizienten w_{11}, w_{22}, w_{33}, w_{44}, w_{55}, w_{66} und w_{12}, w_{45} nicht zu beachten. Es ist daher nur noch zu zeigen, daß unter den Bedingungen ~~(735)~~, (736) und (756) die Identitäten

$$(761)\quad w_{1,9+l}\dot{\xi}_l^{(1)}(t) \equiv w_{4,9+l}\dot{\xi}_l^{(2)}(t)\ ,$$

$$(762)\quad w_{2,9+l}\dot{\xi}_l^{(1)}(t) \equiv w_{5,9+l}\dot{\xi}_l^{(2)}(t)\ ,$$

$$(763)\quad w_{1,12+l}\dot{\eta}_l^{(1)}(t) \equiv w_{4,12+l}\dot{\eta}_l^{(2)}(t)\ ,$$

$$(764)\quad w_{2,12+l}\dot{\eta}_l^{(1)}(t) \equiv w_{5,12+l}\dot{\eta}_l^{(2)}(t) ,$$

$$(765)\quad w_{9+m,12+l}^{(1)}\dot{\xi}_m^{(1)}(t)\dot{\eta}_l^{(1)}(t) \equiv w_{9+m,12+l}^{(2)}\dot{\xi}_m^{(2)}(t)\dot{\eta}_l^{(2)}(t) ,$$

$$(766)\quad w_{12+m,12+l}^{(1)}\dot{\eta}_m^{(1)}(t)\dot{\eta}_l^{(1)}(t) \equiv w_{12+m,12+l}^{(2)}\dot{\eta}_m^{(2)}(t)\dot{\eta}_l^{(2)}(t)$$

zustande kommen. Die Koeffizienten

$$(767)\quad w_{9+m,12+l}^{(1)} = M^{(1)}\varepsilon_{hij}c_{mh}\omega_{il}(z_j^{(1)}+z_j'^{(1)}) ,$$

$$(768)\quad w_{9+m,12+l}^{(2)} = M^{(2)}\varepsilon_{hij}c_{mh}\omega_{il}(z_j^{(2)}+z_j'^{(2)})$$

und

$$(769)\quad w_{12+m,12+l}^{(1)} = \omega_{im}\omega_{jl}\{I_{ij}^{(1)}+M^{(1)}[(z_h^{(1)}z_h^{(1)}\delta_{ij}-z_i^{(1)}z_j^{(1)}) + 2(z_h^{(1)}z_h'^{(1)}\delta_{ij}-z_i^{(1)}z_j'^{(1)})]\} ,$$

$$(770)\quad w_{12+m,12+l}^{(2)} = \omega_{im}\omega_{jl}\{I_{ij}^{(2)}+M^{(2)}[(z_h^{(2)}z_h^{(2)}\delta_{ij}-z_i^{(2)}z_j^{(2)}) + 2(z_h^{(2)}z_h'^{(2)}\delta_{ij}-z_i^{(2)}z_j'^{(2)})]\}$$

sind die von den Gehängen $\mathfrak{G}^{(1)}$ und $\mathfrak{G}^{(2)}$ herrührenden additiven Beiträge zu (472) und (488).

In den Darstellungen (448), (449) und (767), (768) erscheinen die Richtungskosinus c_{ij} explizite. Sie werden mit $c_{ij}^{(1)}$ bzw. $c_{ij}^{(2)}$ bezeichnet, wenn η_i in den CAYLEYschen Formeln (62) durch $\eta_i^{(1)}(t)$ bzw. $\eta_i^{(2)}(t)$ ersetzt wird. Aus (62), (679), (735), (736) und (738) ergibt sich

$$(771)\quad \dot{\xi}_i^{(1)}(t)c_{ij}^{(1)} = \frac{\dot{\xi}_i^{(2)}(t)}{1+\eta_l^{(2)}(t)\eta_l^{(2)}(t)}\{[1-\eta_k^{(2)}(t)\eta_k^{(2)}(t)]\Delta_{jh}(\tfrac{\pi}{2})\delta_{ih} + 2\Delta_{jh}(\tfrac{\pi}{2})\eta_i^{(2)}(t)\eta_h^{(2)}(t) - 2\Delta_{hi}(\tfrac{\pi}{2})\varepsilon_{hjm}\Delta_{mk}(\tfrac{\pi}{2})\eta_k^{(2)}(t)\}$$

oder, da mittels (677) die Umformung

$$(772)\quad \Delta_{hi}(\tfrac{\pi}{2})\varepsilon_{hjm}\Delta_{mk}(\tfrac{\pi}{2}) = \varepsilon_{hjm}(\delta_{h3}\delta_{i3}-\varepsilon_{hi3})(\delta_{m3}\delta_{k3}-\varepsilon_{mk3})$$

$$= \delta_{ij}\delta_{k3} - \delta_{ij}\delta_{k3} + \delta_{j3}\varepsilon_{i3k}$$

$$= \varepsilon_{ihk}(\delta_{j3}\delta_{h3}-\varepsilon_{jh3}) = \Delta_{jh}(\tfrac{\pi}{2})\varepsilon_{ihk}$$

gelingt,

$$(733)\quad \dot{\xi}_i^{(1)}(t)c_{ij}^{(1)} = \Delta_{jh}(\tfrac{\pi}{2})\dot{\xi}_i^{(2)}(t)c_{ih}^{(2)} \;,$$

so daß analog zu (759) und (760)

$$(774)\quad \varphi^{(1)} = \varphi^{(2)} \;:\quad \varepsilon_{ijh}\dot{\xi}_l^{(1)}(t)c_{li}^{(1)}n_j^{(1)}z_h'^{(1)} =$$

$$\varepsilon_{ijh}\dot{\xi}_l^{(2)}(t)c_{li}^{(2)}n_j^{(2)}z_h'^{(2)}$$

und

$$(775)\quad \sigma^{(1)} = \sigma^{(2)} \;:\quad \dot{\xi}_l^{(1)}(t)c_{li}^{(1)}m_i^{(1)} = \dot{\xi}_l^{(2)}(t)c_{li}^{(2)}m_i^{(2)}$$

gilt. Damit hat man aber schon (761) und (762) in Anbetracht von (448), (449) und (701) bewiesen.

Um auch das Zustandekommen der übrigen Identitäten (763)-(766) garantieren zu können, werden die Voraussetzungen (712) und (713) durch

$$(776)\quad z_{1o}^{(1)} = -\, z_{2o}^{(2)}$$

ergänzt, d.h., die Aufstellung der beiden Horizontalkomponenten $\mathfrak{E}^{(1)}$ und $\mathfrak{E}^{(2)}$ möge nun der Vorschrift

$$(777)\quad z_{io}^{(1)} = \Delta_{ij}(\tfrac{\pi}{2})z_{jo}^{(2)}$$

genügen. Sie involviert im Hinblick auf (120), da $\mathfrak{E}^{(1)}$ und $\mathfrak{E}^{(2)}$ identisch sein sollen, die Beziehung

$$(778)\quad \sigma^{(1)} = \sigma^{(2)} \;:\quad z_i^{(1)} = \Delta_{ij}(\tfrac{\pi}{2})z_j^{(2)} \;.$$

Aus (677) und (32) folgt

$$(779)\quad \Delta_{ih}(\tfrac{\pi}{2})\Delta_{jl}(\tfrac{\pi}{2})\Delta_{km}(\tfrac{\pi}{2})\varepsilon_{hlm} = \begin{vmatrix} \Delta_{i1}(\tfrac{\pi}{2}) & \Delta_{i2}(\tfrac{\pi}{2}) & \Delta_{i3}(\tfrac{\pi}{2}) \\ \Delta_{j1}(\tfrac{\pi}{2}) & \Delta_{j2}(\tfrac{\pi}{2}) & \Delta_{j3}(\tfrac{\pi}{2}) \\ \Delta_{k1}(\tfrac{\pi}{2}) & \Delta_{k2}(\tfrac{\pi}{2}) & \Delta_{k3}(\tfrac{\pi}{2}) \end{vmatrix}$$

$$= \begin{vmatrix} \delta_{i2} & -\delta_{i1} & \delta_{i3} \\ \delta_{j2} & -\delta_{j1} & \delta_{j3} \\ \delta_{k2} & -\delta_{k1} & \delta_{k3} \end{vmatrix} = \varepsilon_{ijk} ,$$

also mit (679)

$$(780)\quad \Delta_{ih}(\tfrac{\pi}{2})\Delta_{jl}(\tfrac{\pi}{2})\varepsilon_{hlm} = \varepsilon_{ijh}\Delta_{hm}(\tfrac{\pi}{2}) .$$

Auf demselben Wege oder auch über (772) und (679) gelangt man zu

$$(781)\quad \varepsilon_{hij}\Delta_{hk}(\tfrac{\pi}{2})\Delta_{il}(\tfrac{\pi}{2})\Delta_{jm}(\tfrac{\pi}{2}) = \varepsilon_{klm} .$$

Die Anwendung der Relationen (479), (676) und (780) auf den Drehtensor $n_{ij}^{(1)}(\varphi^{(1)})$ in (134) bewirkt die Umwandlung

$$(782)\quad n_{ij}^{(1)}(\varphi^{(1)}) = \Delta_{ih}(\tfrac{\pi}{2})\Delta_{jl}(\tfrac{\pi}{2})[n_h^{(2)}n_l^{(2)} + (\delta_{hl}-n_h^{(2)}n_l^{(2)})\cos\varphi^{(1)} - \varepsilon_{hlm}n_m^{(2)}\sin\varphi^{(1)}] ,$$

d.h., es gilt

$$(783)\quad \varphi^{(1)} = \varphi^{(2)} : \quad n_{ij}^{(1)} = \Delta_{ih}(\tfrac{\pi}{2})\Delta_{jl}(\tfrac{\pi}{2})n_{hl}^{(2)} .$$

Mit Hilfe von (677) lassen sich die Symmetrie- und Anordnungsbedingungen (615), (616) und (703), (704) in

$$(784)\quad I_{uv}^{(1)}(0) = \Delta_{ur}(\tfrac{\pi}{2})\Delta_{vs}(\tfrac{\pi}{2})I_{rs}^{(2)}(0)$$

zusammenfassen. Wegen (458), (781) und (784) erhält man

$$(785)\quad \varphi^{(1)} = \varphi^{(2)} :$$

$$I_{ij}^{(1)} = \Delta_{ih}(\tfrac{\pi}{2})\Delta_{ul}(\tfrac{\pi}{2})n_{hl}^{(2)}\Delta_{jk}(\tfrac{\pi}{2})\Delta_{vm}(\tfrac{\pi}{2})n_{km}^{(2)}\Delta_{ur}(\tfrac{\pi}{2})\Delta_{vs}(\tfrac{\pi}{2})I_{rs}^{(2)}(0) ,$$

also mittels (679)

$$(786)\quad \varphi^{(1)} = \varphi^{(2)} : \quad I^{(1)}_{ij} = \Delta_{ih}(\tfrac{\pi}{2})\Delta_{jk}(\tfrac{\pi}{2})n^{(2)}_{hl}n^{(2)}_{km}I^{(2)}_{lm}(0)$$

$$= \Delta_{ih}(\tfrac{\pi}{2})\Delta_{jk}(\tfrac{\pi}{2})I^{(2)}_{hk} \ .$$

Die Überschiebung von (466) und (467) mit $\dot{\eta}_l$ liefert unter Beachtung von (64) für $k \neq 3$ die Darstellungen

$$(787)\quad w_{3k-2,12+l}\dot{\eta}_l = M^{(k)}(\overline{\omega}_i n^{(k)}_i z^{(k)}_j z'^{(k)}_j - \overline{\omega}_i z'^{(k)}_i n^{(k)}_j)$$

$$+ I^{(k)}_{ij}\overline{\omega}_i n^{(k)}_j$$

und

$$(788)\quad w_{3k-1,12+l}\dot{\eta}_l = M^{(k)}\varepsilon_{ijh}\overline{\omega}_i(z^{(k)}_j + z'^{(k)}_j)m^{(k)}_h \ .$$

Berücksichtigt man jetzt die Formeln (676), (679), (684), (701), (736), (740), (778), (781) und (786), dann ergibt sich hieraus in Übereinstimmung mit (763) und (764)

$$(789)\quad \varphi^{(1)} = \varphi^{(2)},\ \sigma^{(1)} = \sigma^{(2)} : \quad w_{1,12+l}\dot{\eta}^{(1)}_l(t) = w_{4,12+l}\dot{\eta}^{(2)}(t)$$

$$(790)\quad \varphi^{(1)} = \varphi^{(2)},\ \sigma^{(1)} = \sigma^{(2)} : \quad w_{2,12+l}\dot{\eta}^{(1)}_l(t) = w_{5,12+l}\dot{\eta}^{(2)}_l(t)$$

und wenn zudem die Beziehung (773) genutzt wird, kann in gleicher Weise anhand von (767)-(770) die Bestätigung der Identitäten (765) und (766) erfolgen.

Nach dieser nunmehr vollständigen Analyse kommt es in den weiteren Untersuchungen darauf an, den Teilverband $\mathfrak{V}^{(3)}$ den identischen Teilverbänden $\mathfrak{V}^{(1)}$ und $\mathfrak{V}^{(2)}$ optimal anzupassen. Im Vergleich zu den völlig übereinstimmenden Konstruktionen der mechanischen Empfänger $\mathfrak{E}^{(1)}$ und $\mathfrak{E}^{(2)}$ ist die der Vertikalkomponente $\mathfrak{E}^{(3)}$ wegen der unterschiedlichen dynamischen Einwirkung des (im Gebiet $\mathfrak{B}$ homogenen) Gravitationsfeldes auf die Gehänge $\mathfrak{G}^{(1)}$ (oder auch $\mathfrak{G}^{(2)}$) und $\mathfrak{G}^{(3)}$ prinzipiell andersartig. Deshalb tritt das Problem der Identifikation aller drei Teilverbände $\mathfrak{V}^{(k)}$ gar nicht auf. Die expliziten Darstellungen der Koeffizienten w_{AB} und der generalisierten Kraftkoordinaten U_A in den allgemeinen Bewegungsgleichungen (379) des mechanischen Verbands $\mathfrak{V}^*$ lassen erkennen, daß mit der optimalen Anpassung, die hier als Äquivalenz der Teilverbände $\mathfrak{V}^{(k)}$ bezeichnet wird, eine Aufgabe gestellt ist, deren Lösung generell, d.h. unter Berücksichtigung sämtlicher Nichtlinearitäten der reduzierten Verbände

$\mathfrak{G}^* + \mathfrak{V}^{(1)}$ (oder auch $\mathfrak{G}^* + \mathfrak{V}^{(2)}$) und $\mathfrak{G}^* + \mathfrak{V}^{(3)}$, nicht erbracht werden kann. Daher obliegt es den folgenden Untersuchungen vor allem, praktikable Bedingungen für die Übereinstimmung entsprechender Koeffizienten der dem kompletten linearen Differentialgleichungssystem (587) entnommenen Gleichungen

$$(791) \quad w_{iB}(0)\ddot{u}^B + U^{[1]}_{iB}\dot{u}^B + U^{[0]}_{iB}u^B + \cdots = 0$$

und

$$(792) \quad w_{6+i,B}(0)\ddot{u}^B + U^{[1]}_{6+i,B}\dot{u}^B + U^{[0]}_{6+i,B}u^B + \cdots = 0$$

aufzufinden. Hiermit ist zugleich entschieden, daß $\mathfrak{V}^{(1)}$ (und nicht $\mathfrak{V}^{(2)}$) für die Korrelation mit $\mathfrak{V}^{(3)}$ in Betracht kommt.

Wäre man bei der Herleitung von (791) bzw. (792) auf die LAGRANGEsche Form (558) der Bewegungsgleichungen des Verbands $\mathfrak{V}^*$ angewiesen, so würden dazu nur die Gleichungen (561)-(563) für $k = 1$ benötigt. Analog zu der die Identität von $\mathfrak{V}^{(1)}$ und $\mathfrak{V}^{(2)}$ betreffenden Analyse muß vorausgesetzt werden, daß Rückwirkungen der Teilverbände $\mathfrak{V}^{(1)}$ und $\mathfrak{V}^{(2)}$ auf das Fundament $\mathfrak{G}^*$ unberücksichtigt bleiben dürfen. Dadurch wird die notwendige Separation der beiden reduzierten Verbände $\mathfrak{G}^* + \mathfrak{V}^{(1)}$ und $\mathfrak{G}^* + \mathfrak{V}^{(3)}$ erreicht. Mit (791) bzw. (792) liegen diejenigen Bewegungsgleichungen von $\mathfrak{G}^* + \mathfrak{V}^{(1)}$ bzw. $\mathfrak{G}^* + \mathfrak{V}^{(3)}$ vor, deren Linearität für die Korrelation von $\mathfrak{V}^{(1)}$ und $\mathfrak{V}^{(2)}$ erforderlich ist. Jedes dieser Gleichungssysteme wird durch die im allgemeinen nichtlinearen Differentialgleichungen (566) ergänzt, die alle möglichen auf $\mathfrak{S}$ bezogenen Bewegungen des starren Fundaments $\mathfrak{G}^*$ im Zeitintervall i(t) exakt beschreiben. Die analytische Darstellung einer solchen Bewegung erfolgt mit Hilfe der Funktionen (30) und (47). Zwei derartigen Bewegungen mögen die speziellen Lösungen $\xi_i^{(1)}(t)$, $\eta_i^{(1)}(t)$ und $\xi_i^{(3)}(t)$, $\eta_i^{(3)}(t)$ von (566) entsprechen. Die eingeklammerten Indizes 1 und 3 sollen darauf hinweisen, daß die von $\xi_i^{(1)}(t)$, $\eta_i^{(1)}(t)$ bzw. $\xi_i^{(3)}(t)$, $\eta_i^{(3)}(t)$ dargestellte Bewegung des Fundaments $\mathfrak{G}^*$ als Ursache der Bewegung von $\mathfrak{V}^{(1)}$ bzw. $\mathfrak{V}^{(3)}$ relativ zu $\bar{\mathfrak{S}}$ im Zeitintervall i(t) angesehen wird. Für deren Darstellung kommen nach (98), (99) und (393) die Funktionen $\varphi^{(1)}(t)$, $\sigma^{(1)}(t)$ und $\zeta^{(1)}(t)$ bzw. $\varphi^{(3)}(t)$, $\sigma^{(3)}(t)$ und $\zeta^{(3)}(t)$ in Betracht. Mit $\varphi^{(1)}(t)$, $\sigma^{(1)}(t)$, $\zeta^{(1)}(t)$, $\xi_i^{(1)}(t)$, $\eta_i^{(1)}(t)$ bzw. $\varphi^{(3)}(t)$, $\sigma^{(3)}(t)$,

$\zeta^{(3)}(t)$, $\xi_i^{(3)}(t)$, $\eta_i^{(3)}(t)$ verfügt man also über eine spezielle Lösung der teilweise linearisierten Bewegungsgleichungen (791) und (566) bzw. (792) und (566) des reduzierten mechanischen Verbands $\mathfrak{B}^* + \mathfrak{D}^{(1)}$ bzw. $\mathfrak{B}^* + \mathfrak{D}^{(3)}$.

Im Sinne der Analyse wird

$$(793) \quad \varphi^{(1)}(t) = \varphi^{(3)}(t) \ , \quad \sigma^{(1)}(t) = \sigma^{(3)}(t) \ , \quad \zeta^{(1)}(t) = \zeta^{(3)}(t)$$

gesetzt. Zur Klärung der Frage, welche Beziehungen zwischen den die Translationen bzw. Rotationen des Fundaments $\mathfrak{B}^*$ darstellenden Funktionen $\xi_i^{(1)}(t)$ und $\xi_i^{(3)}(t)$ bzw. $\eta_i^{(1)}(t)$ und $\eta_i^{(3)}(t)$ diesen Ansatz rechtfertigen, verhilft die Bedingung

$$(794) \quad n_h^{(3)} = \delta_{h1} \ .$$

Sie stimmt mit (316) überein und bewirkt auch hier eine formale Vereinfachung der Ausführungen. Die Symmetrieebene des Gehänges $\mathfrak{B}^{(3)}$, in der die Punkte A, $Z^{(3)}$, B und $S'^{(3)}$ liegen, ist demnach parallel zur (2,3)-Ebene von $\overline{\mathfrak{G}}$, was bei der Aufstellung der Vertikalkomponente $\mathfrak{E}^{(3)}$ der seismischen Apparatur beachtet werden muß.

Im Hinblick auf die Anordnung des mechanischen Empfängers $\mathfrak{E}^{(1)}$ erkennt man nun in den Relationen

$$(795) \quad \xi_i^{(3)}(t) = (\delta_{i2}\delta_{j2} - \varepsilon_{ij2})\xi_j^{(1)}(t)$$

und

$$(796) \quad \eta_i^{(3)}(t) = (\delta_{i2}\delta_{j2} - \varepsilon_{ij2})\eta_j^{(1)}(t)$$

die geeignete Zuordnung der beiden potentialen Bewegungen von $\mathfrak{B}^*$. Die „Überführung" von $\xi_j^{(1)}(t)$ und $\eta_j^{(1)}(t)$ in die Funktionen $\xi_i^{(3)}(t)$ und $\eta_i^{(3)}(t)$ leistet der „Drehtensor" $\delta_{i2}\delta_{j2} - \varepsilon_{ij2}$. Seine auf den Index j bezogene Überschiebung z.B. mit $\xi_j^{(1)}(t)$ verändert durch eine positive Vierteldrehung um die 2-Achse von $\mathfrak{G}$ die Richtung des in S* angetragenen Vektors, wobei sich dessen $\mathfrak{G}$-Koordinaten $\xi_i^{(1)}(t)$ in $\xi_i^{(3)}(t)$ verwandeln. Um die Verträglichkeit der Beziehungen (795) und (796) mit der Voraussetzung, daß die Funktionen $\xi_i^{(1)}(t)$, $\eta_i^{(1)}(t)$ und $\xi_i^{(3)}(t)$, $\eta_i^{(3)}(t)$ zwei spezielle Lösungen der Differentialgleichungen (566) sind, nachzuweisen, hat man Überlegungen anzustellen, die weitestgehend denen entsprechen, die von den Ansätzen (735) und

(736) ausgehen und sich bis zur Formel (755) erstrecken. Daher genügt hier die Bemerkung, daß die Bedingung (741) beibehalten und (742) durch

(797) $I^*_{11} = I^*_{22} = I^*_{33}$

ersetzt wird. Dieses Ergebnis trifft insbesondere dann zu, wenn die Gestelle der mechanischen Empfänger $\mathfrak{E}^{(k)}$ keine beachtenswerten Beiträge zu den $\overline{\mathfrak{S}}$-Koordinaten I^*_{ij} des Trägheitstensors von $\mathfrak{B}^*$ liefern und das Fundament $\mathfrak{B}^*$ ohne die Gestelle von $\mathfrak{E}^{(k)}$ ein homogener Würfel mit S^* als Mittelpunkt und zu den Koordinatenachsen von $\overline{\mathfrak{S}}$ parallelen Kanten ist. Die Bedingungen (741) und (797) interessieren notabene nur, falls die seismischen Kräfte (215) ein Drehmoment (219) zustande bringen.

Nach (157) ist (794) gleichbedeutend mit

(798) $a_{i3} = \delta_{i3}$.

Aus (124), (145), (152) und (794) folgt

(799) $m_1^{(3)}(\sigma^{(3)}) \equiv m_{10}^{(3)} = 0$,

(800) $\hat{m}_1^{(3)} = 0$, $\check{m}_1^{(3)} = 0$,

(801) $a_{11}(\chi) \equiv 0$.

Im Hinblick auf (126) und (137), (139) einerseits und (128), (272) sowie (794) andererseits stellt man

(802) $P \in \mathfrak{B}'^{(3)}$: $x_1'(\varphi^{(3)}) \equiv x_{1o}'$

und

(803) $z_1'^{(3)}(\varphi^{(3)}) \equiv z_{1o}'^{(3)} = 0$

fest. Ebenso resultiert aus (173), (193), (195), (120) und (794)

(804) $b_1'(\varphi^{(3)}) \equiv b_{1o}' = 0$,

(805) $z_1^{(3)}(\sigma^{(3)}) \equiv z_{1o}^{(3)} = a_1$.

Mittels (794) vereinfacht sich der Ausdruck (198) für den doppelten Flächeninhalt F des Dreiecks $\Delta AZ^{(3)}B$ zu

(806) $F = \varepsilon_{1hi} b'_h (a_i - z_i^{(3)})$

und die Gleichgewichtsbedingung (266) bzw. (271) zu

(807) $M'^{(3)} z'^{(3)}_{2o} + \frac{M''}{2} b'_{2o} = \frac{\varkappa}{g}(1 - \frac{c}{L_o}) F_o$

bzw.

(808) $$m^{(3)}_{3o} + \frac{z'^{(3)}_{2o} + \frac{M''}{2M'^{(3)}} b'_{2o}}{(1 + \frac{M''}{2M'^{(3)}}) F_o} (z^{(3)}_{io} + b'_{io} - a_i) m^{(3)}_{io} = 0 .$$

Die Positivität der rechten Seite der Gleichung (807) involviert

(809) $M'^{(3)} z'^{(3)}_{2o} + \frac{M''}{2} b'_{2o} > 0$,

also, wenn man die auch durch (106) begründete technische Vorschrift

(810) $\frac{M''}{2M'^{(3)}} |b'_{2o}| < |z'^{(3)}_{2o}|$

beachtet,

(811) $z'^{(3)}_{2o} > 0$.

Unter Berücksichtigung von (794) und der Beschränkung des Winkels $\varphi^{(3)}$ gemäß (126) läßt sich die mit (273) vorhandene explizite Darstellung der Funktion $z'^{(3)}_2(\varphi^{(3)})$ in

(812) $z'^{(3)}_2(\varphi^{(3)}) = (z'^{(3)}_{2o} - z'^{(3)}_{3o} \tan\varphi^{(3)}) \cos\varphi^{(3)}$

umformen. Daraus geht auf Grund der Annahme

(813) $z'^{(3)}_{3o} \tan\varphi^{(3)} < z'^{(3)}_{2o}$

hervor, daß über (811) hinweg

(814) $z'^{(3)}_{2o}(\varphi^{(3)}) > 0$

gilt.

Es ist nun möglich, die Bedingungen für eine optimale Anpassung der mechanischen Teilverbände $\mathfrak{B}^{(1)}$ und $\mathfrak{B}^{(3)}$ festzustellen und zweckdienlich von der zwar ohnehin ersichtlichen Problematik der konventionellen Bezeichnungen Ost-West-, Nord-Süd-, Horizontal- und Vertikalkomponente für die Empfänger $\mathfrak{E}^{(k)}$ auszugehen. Diesen Attributen liegt nämlich die nicht uneingeschränkt richtige Vorstellung zugrunde, daß jeder Seismograph der kompletten seismischen Apparatur nur von einer einzigen der insgesamt drei international üblich orientierten, paarweise orthogonalen Komponenten der Translation des Fundaments 𝔉* Informationen liefert. Zur analytischen Darstellung des translatorischen Bestandteils der Bewegung von 𝔉* bezüglich 𝔊 im Zeitintervall $i(t)$ eignen sich am besten die 𝔊-Koordinaten ξ_l des Punktes S^* (oder S_o^*) als Funktionen von t. Daß sie und die 𝔊-Koordinaten $\dot{\xi}_l$ der Geschwindigkeit von S^* (oder S_o^*) in die Bewegungsgleichungen (379) bzw. (392) des mechanischen Verbands 𝔇* allenfalls mit den Ausdrücken der seismischen Störungsfunktionen (218) und (219) explizite eingehen, kann den Formeln (529)-(533), (372), (383), (389)-(391) und (495) sowie (501) entnommen werden. Dagegen sind die 𝔊-Koordinaten $\ddot{\xi}_l$ der Beschleunigung des Punktes S^* (oder S_o^*) sowohl in den allgemeinen (nichtlinearen) Differentialgleichungen (379) bzw. (392) wie auch im linearisierten Ersatzsystem (587) bzw. (590) anzutreffen.

Die von Null verschiedenen, meistens variablen bzw. konstanten Koeffizienten $w_{A,9+l}$ bzw. $w_{A,9+l}(0)$ in (379) bzw. (587) bilden zusammen mit $\ddot{\xi}_l$ die nicht identisch verschwindenden Linearformen $w_{A,9+l}\ddot{\xi}_l$ bzw. $w_{A,9+l}(0)\ddot{\xi}_l$. Wenn keine Trägheitswirkungen der Gehänge $\mathfrak{G}^{(k)}$ auf das Fundament 𝔉* beachtet werden müssen, was als conditio sine qua non für die Untersuchung der Äquivalenz der mechanischen Teilverbände $\mathfrak{D}^{(k)}$ anzusehen ist, und deshalb die exakten Gleichungen (564) und (565) durch die Näherungsgleichungen (566) oder (571) zu ersetzen sind, braucht man nur die in den übrigen vollständigen bzw. linearisierten Bewegungsgleichungen der separaten reduzierten Verbände 𝔉* + $\mathfrak{D}^{(k)}$ vorkommenden Linearformen $w_{3k-2,9+l}\ddot{\xi}_l$ und $w_{3k-1,9+l}\ddot{\xi}_l$ bzw. $w_{3k-2,9+l}(0)\ddot{\xi}_l$ und $w_{3k-1,9+l}(0)\ddot{\xi}_l$ zu diskutieren. Nach (448) und (449) erfolgt die Überschiebung der Koeffizienten $w_{3k-2,9+l}$ und $w_{3k-1,9+l}$ mit $\ddot{\xi}_l$ beide Male vermittels der Richtungskosinus c_{li} (bezüglich des Index l). Es ist evident, daß $\ddot{\xi}_l c_{li}$ die $\overline{𝔊}$-Koordinaten der Beschleunigung von S^* (oder S_o^*) bedeuten, die gemäß den CAYLEYschen Formeln (62) auch von η_i abhängen. Die Effektivität dieser Kohärenz zwischen der Translationsbeschleunigung und Drehung des Fundaments 𝔉* relativ zu 𝔊 ist selbstverständlich importun, kann aber weder durch kompensatorische Konstruktionen der mechanischen Empfänger $\mathfrak{E}^{(k)}$ noch mittels geeigneter Schaltelemente der elektrischen Netze der Teilverbände $\mathfrak{D}^{(k)}$ eliminiert werden.

Wie aus (448) und (449) hervorgeht, repräsentieren die Linearformen $w_{3k-2,9+l}\ddot{\xi}_l$ und $w_{3k-1,9+l}\ddot{\xi}_l$ skalare Produkte des Beschleunigungsvektors $\ddot{\xi}_l c_{li}$ mit Vektoren, die nur Eigenschaften des Gehänges $\mathfrak{G}^{(k)}$ signifizieren, wegen (137), (173) und (123), (124) entweder von $\varphi^{(k)}$ oder von $\sigma^{(k)}$ abhängen und stets orthogonal zum konstanten Einheitsvektor (117) sind. Eine spezielle, gegen Drehungen von $\mathfrak{G}^*$ invariante Verhaltensweise von $\mathfrak{G}^{(k)}$ besteht darin, daß $w_{3k-2,9+l}\ddot{\xi}_l$ bzw. $w_{3k-1,9+l}\ddot{\xi}_l$ genau dann den Wert Null annimmt, wenn die Beschleunigung des Punktes S* (oder S_o^*) zu der von den Vektoren $n_i^{(k)}$ und $M'^{(k)}z_i'^{(k)} + \delta_3^k \frac{M''}{2} b_i'$ aufgespannten Ebene, deren Lage relativ zu $\overline{\mathfrak{S}}$ sich mit $\varphi^{(k)}$ ändert, parallel bzw. zu dem von $\sigma^{(k)}$ abhängigen Vektor $m_i^{(k)}$ orthogonal gerichtet ist. Demnach reagiert der Empfänger $\mathfrak{E}^{(k)}$ generell auf jede der drei Beschleunigungskomponenten $\ddot{\xi}_l$. Die Konstruktion und die Anordnung von $\mathfrak{E}^{(k)}$ bezüglich $\overline{\mathfrak{S}}$ bewirken aber doch, daß der mechanische Teilverband $\mathfrak{V}^{(k)}$, falls das Fundament $\mathfrak{G}^*$ im Zeitintervall i(t) gar nicht oder „nur sehr geringfügig" rotiert, prinzipaliter Informationen über die k-Komponente der Translation von $\mathfrak{G}^*$ liefert. Um diese Behauptung beweisen zu können, muß sie folgendermaßen präzisiert werden:

Unter der Annahme, daß die Bewegung des Fundaments $\mathfrak{G}^*$ im Intervall i(t) rein translatorisch ist, also die Funktionen $\eta_i(t)$ identisch verschwinden, was nach (47) mit $c_{ij} \equiv \delta_{ij}$ übereinstimmt, reagiert der Empfänger $\mathfrak{E}^{(k)}$ in der Gleichgewichtslage (262) des Verbands $\mathfrak{V}^*$ nur auf die zur k-Achse parallele Komponente $\ddot{\xi}_k$ der Beschleunigung von $\mathfrak{G}^*$; entsprechend (393) werden die generalisierten Koordinaten $\zeta_1^{(k)}$ und $\zeta_2^{(k)}$ mit $\varphi^{(k)}$ und $\sigma^{(k)}$ gleichgesetzt. Die so modifizierte Behauptung läßt sich durch

(815) $$w_{3k-2,9+l}(0) = \delta_{(k)l}\, w_{(3k-2)(9+k)}(0) ,$$

(816) $$w_{3k-1,9+l}(0) = \delta_{(k)l}\, w_{(3k-1)(9+k)}(0)$$

und

(817) $$w_{(3k-2)(9+k)}(0) \neq 0 , \quad w_{(3k-1)(9+k)}(0) \neq 0$$

ausdrücken. Ihre Gültigkeit in den Fällen $k = 1$ und $k = 2$ bestätigen ohne weiteres die Formeln (608), (609) und (707), (709).

Für $k = 3$ verhelfen (599) und (600) unter Berücksichtigung von (794) und (799) zu

(818) $$w_{7,9+1}(0) = \varepsilon_{1hl}(M'^{(3)} z'^{(3)}_{ho} + \frac{M''}{2} b'_{ho})$$

und

(819) $$w_{8,9+1}(0) = (M'^{(3)} + \frac{M''}{2})(\delta_{12} m^{(3)}_{2o} + \delta_{13} m^{(3)}_{3o}) .$$

Hieraus folgt sofort

(820) $$w_{7,10}(0) = 0 , \quad w_{8,10}(0) = 0 .$$

Mit (815)-(817) wird aber außerdem

(821) $$w_{7,11}(0) = - (M'^{(3)} z'^{(3)}_{3o} + \frac{M''}{2} b'_{3o}) = 0 ,$$

(822) $$w_{7,12}(0) = M'^{(3)} z'^{(3)}_{2o} + \frac{M''}{2} b'_{2o} \neq 0$$

und

(823) $$w_{8,11}(0) = 0 \quad \longleftrightarrow \quad m^{(3)}_{2o} = 0 ,$$

(824) $$w_{8,12}(0) \neq 0 \quad \longleftrightarrow \quad m^{(3)}_{3o} \neq 0$$

postuliert. Wegen (809) kann statt (822)

(825) $$w_{7,12}(0) > 0$$

gesetzt werden. Dagegen sind die Bedingungen (821) und (823), (824) keiner bisherigen Relation zu entnehmen, sondern ein spezielles neues Resultat der in (815)-(817) formulierten Behauptung, das die Eigenschaften der Vertikalkomponente $\mathfrak{E}^{(3)}$ betrifft.

Auf Grund von (123), (799), (823) und (824) hat man nun konsequent

(826) $$m^{(3)}_{io} = \pm \delta^3_i$$

zu akzeptieren. Demnach und in Anbetracht von (799) liegen die neutralen Fasern der Blattfedern, die $\mathfrak{G}'^{(3)}$ an das Gestell von $\mathfrak{E}^{(3)}$ binden, im undeformierten Zustand parallel zur 2-Achse von $\overline{\mathfrak{G}}$. Der in (270) und (353) beachtete Sonderfall der Justierung dieses Federgelenks ist mit (826) unvereinbar. Übrigens wird (826) auch bei dem

Vertikalseismographen VSJ-I nicht berücksichtigt. Aus (269) und (826) folgt

$$(827)\quad a_{31}(0) = -\frac{g}{\varkappa}\,\frac{M'^{(3)} + \frac{M''}{2}}{L_o - c} < 0\ .$$

Während (801) besagt, daß die Achse $\mathfrak{A}$ der Schraubenfeder $\mathfrak{G}''$, deren Richtung bezüglich $\overline{\mathfrak{S}}$ der Einheitsvektor mit den in (151) eingeführten $\overline{\mathfrak{S}}$-Koordinaten $a_{i1}(\chi)$ repräsentiert, stets parallel zur (2,3)-Ebene von $\overline{\mathfrak{S}}$ verläuft, bedeutet die Negativität von $a_{31}(0)$ gemäß (827), daß $\mathfrak{A}$ wenigstens für $\chi = 0$ abwärts gerichtet ist. Hinsichtlich (826) und (809) liefert die Gleichgewichtsbedingung (808)

$$(828)\quad z_{3o}^{(3)} + b'_{3o} - a_3 = -\frac{1 + \frac{M''}{2M'^{(3)}}}{z'^{(3)}_{2o} + \frac{M''}{2M'^{(3)}}b'_{2o}}\,F_o\ ,$$

wozu auch (827) unter Verwendung von (182) und (807) verhilft.

Jetzt verfügt man über alle Beziehungen, um mittels eines geeigneten Koeffizientenvergleichs anhand der Differentialgleichungen (791) und (792) die mechanischen Teilverbände $\mathfrak{V}^{(1)}$ und $\mathfrak{V}^{(3)}$ einander optimal anzupassen. Die im Sinne der Analyse verständlichen Relationen (793), (795) und (796) geben zu erkennen, welche Koeffizienten des Systems (791) denen in (792) gleichzusetzen sind. Das Verfahren wird deutlicher, wenn man zunächst die Linearformen in den generalisierten Beschleunigungen $\ddot{u}^B$, also $w_{iB}(0)\ddot{u}^B$ und $w_{6+i,B}(0)\ddot{u}^B$, unter Beachtung des mit (820), (821) und (823) zu modifizierenden Schemas auf Seite 135 sowie von (372) und (393), (394) ausführlich darstellt. Dann ergeben sich im einzelnen die Entwicklungen

$$(829)\quad w_{1B}(0)\ddot{u}^B = w_{11}(0)\ddot{\varphi}^{(1)} + w_{12}(0)\ddot{\sigma}^{(1)} + w_{1,10}(0)\ddot{\xi}_1 + w_{1,14}(0)\ddot{\eta}_2 + w_{1,15}(0)\ddot{\eta}_3\ ,$$

$$(830)\quad w_{2B}(0)\ddot{u}^B = w_{21}(0)\ddot{\varphi}^{(1)} + w_{22}(0)\ddot{\sigma}^{(1)} + w_{2,10}(0)\ddot{\xi}_1 + w_{2,14}(0)\ddot{\eta}_2 + w_{2,15}(0)\ddot{\eta}_3\ ,$$

$$(831)\quad w_{3B}(0)\ddot{u}^B = w_{33}(0)\ddot{\zeta}^{(1)} + w_{3,15}(0)\ddot{\eta}_3$$

und

$$(832)\quad w_{7B}(0)\ddot{u}^B = w_{77}(0)\ddot{\varphi}^{(3)} + w_{78}(0)\ddot{\sigma}^{(3)} + w_{7,12}(0)\ddot{\xi}_3$$
$$+ w_{7,13}(0)\ddot{\eta}_1 + w_{7,14}(0)\ddot{\eta}_2 + w_{7,15}(0)\ddot{\eta}_3 ,$$

$$(833)\quad w_{8B}(0)\ddot{u}^B = w_{87}(0)\ddot{\varphi}^{(3)} + w_{88}(0)\ddot{\sigma}^{(3)} + w_{8,12}(0)\ddot{\xi}_3$$
$$+ w_{8,13}(0)\ddot{\eta}_1 + w_{8,14}(0)\ddot{\eta}_2 + w_{8,15}(0)\ddot{\eta}_3 ,$$

$$(834)\quad w_{9B}(0)\ddot{u}^B = w_{99}(0)\ddot{\zeta}^{(3)} + w_{9,15}(0)\ddot{\eta}_3 .$$

Hieraus resultieren hinsichtlich (793) und (795), wonach insbesondere $\ddot{\xi}_1$ in (829) und (830) bzw. $\ddot{\xi}_3$ in (832) und (833) durch $-\ddot{\xi}_3$ bzw. $-\ddot{\xi}_1$ zu ersetzen ist, die Gleichungen

$$(835)\quad w_{11} = w_{77}(0) , \quad w_{12}(0) = w_{78}(0) , \quad w_{22} = w_{88}(0) ,$$

$$(836)\quad w_{1,10}(0) = - w_{7,12}(0) , \quad w_{2,10}(0) = - w_{8,12}(0)$$

und

$$(837)\quad w_{33} = w_{99} ,$$

also wegen (706), (707) und (709)

$$(838)\quad w_{77}(0) = I^{(1)} ,$$

$$(839)\quad w_{88}(0) = w_{8,12}(0) = M^{(1)}$$

und

$$(840)\quad w_{78}(0) = w_{7,12}(0) = M^{(1)}s^{(1)} .$$

Mit (837), (729) und (445) wird die Vermutung bestätigt, daß die in (444) definierten konstanten Trägheitsmomente $J^{(k)}$ der drei Galvanometerspiegel $g^{(k)}$ gleich groß sind, weshalb auf den Index k als Unterscheidungsmerkmal verzichtet werden kann:

$$(841)\quad J^{(k)} = J .$$

In (839) ist, wie man (600) entnimmt, die Bedingung

$$(842)\quad (M'^{(3)} + \frac{M''}{2})m_{30}^{(3)} = M^{(1)}$$

enthalten. Sie setzt die Positivität von $m_{30}^{(3)}$ voraus. Demnach muß an die Stelle von (826) die modifizierte Forderung

(843) $m_{io}^{(3)} = \delta_i^3$

treten. Damit vereinfacht sich (842) zu

(844) $M'^{(3)} + \frac{M''}{2} = M^{(1)}$,

so daß sich (827) auch durch

(845) $a_{31}(0) = - \frac{M^{(1)}g}{\varkappa(L_o-c)} < 0$

ausdrücken läßt. Des weiteren liefert (839) im Hinblick auf (597), (794), (843) und (844)

(846) $\frac{1}{3}\{1 - \frac{1}{4}(1 - \frac{\Lambda_o^2}{L_o^2} - \frac{6I''}{M''L_o^2})[a_{21}(0)]^2\} = \frac{1}{2}$,

also

(847) $[a_{21}(0)]^2 = \frac{2}{\frac{6I''}{M''L_o^2} + \frac{\Lambda_o^2}{L_o^2} - 1}$.

Wegen (151) und (801) gilt

(848) $[a_{21}(0)]^2 + [a_{31}(0)]^2 = 1$.

Beachtet man zudem, daß sowohl $[a_{21}(0)]^2$ als auch $-a_{31}(0)$ positiv sein muß, dann ergeben sich die Abschätzungen

(849) $0 < [a_{21}(0)]^2 < 1$, $0 < - a_{31}(0) < 1$

und hieraus in Anbetracht von (845) und (847) die Ungleichheiten

(850) $\varkappa(L_o-c) > M^{(1)}g$,

(851) $I'' > \frac{M''}{2}(L_o^2 - \frac{1}{3}\Lambda_o^2)$.

Nach (248), (252) und (163), (167), (393) nimmt der Betrag $\Xi''(\Lambda)$ der im Angriffspunkt B auf den starren Körper $\mathfrak{B}'^{(3)}$ einwirkenden Kraft, die von der Zugfeder $\mathfrak{B}''$ herrührt, für $\varphi^{(3)} = 0$, $\sigma^{(3)} = 0$ den Wert $\Xi''(\Lambda_o) = \varkappa(L_o-c)$ an, der gemäß (850) das Gewicht des Gehänges $\mathfrak{G}^{(1)}$ übertrifft:

(852) $\Xi''(\Lambda_o) > M^{(1)}g$.

Dagegen kann (851) nicht so überzeugend interpretiert werden und für die Technologie der Schraubenfeder $\mathfrak{G}''$ problematisch sein (MALISCHEWSKY, TEUPSER und ULLMANN, 1970). Die Realisierbarkeit der Gleichung

(853) $$[\frac{M^{(1)}g}{\varkappa(L_o-c)}]^2 + \frac{2}{\frac{6I''}{M''L_o^2} + \frac{\Lambda_o^2}{L_o^2} - 1} = 1 ,$$

wozu die Bedingungen (845), (847) und (848) verhelfen, ist auch noch nicht erwiesen.

Der Diskussion von (838) und (840) wird die Annahme

(854) $b'_{3o} = 0$

zugrunde gelegt. Man findet sie bei der Konstruktion des mechanischen Empfängers von VSJ-I berücksichtigt. Wegen (804) und (854) ergibt sich für b'_{io} die Darstellung

(855) $b'_{io} = b'_{2o}\delta_{i2}$.

Infolge von (803), (821) und (854) gilt analog hierzu

(856) $z'^{(3)}_{io} = z'^{(3)}_{2o}\delta_{i2}$.

Mittels (855) gehen aus (182) und (806) die Formeln

(857) $a_{31}(0) = \frac{1}{L_o}(z^{(3)}_{3o} - a_3)$

und

(858) $F_o = b'_{2o}(a_3 - z^{(3)}_{3o})$

hervor. Da die Größen F_o, L_o und, wie u.a. in (849) ersichtlich ist, $-a_{31}(0)$ positiv sind, hat man demnach

(859) $a_3 - z^{(3)}_{3o} > 0$,

womit ausgesagt wird, daß der Punkt A höher als der Punkt $Z_o^{(3)}$ liegt,

und

(860) $b'_{2o} > 0$

zu beachten. Übrigens nimmt auf Grund von (843) und (855) die Funktionaldeterminante (187) für $\varphi^{(3)} = 0$, $\sigma^{(3)} = 0$ den Wert Null an, weshalb die Variablen Λ und χ nicht als generalisierte Koordinaten des Gehänges $\mathfrak{G}^{(3)}$ verwendet werden können. Wegen (854) und (858)-(860) vereinfacht sich die modifizierte Gleichgewichtsbedingung (828) zu

(861) $b'_{2o} = z'^{(3)}_{2o}$.

Dieses Ergebnis bewirkt die Identifikation von (855) und (856), d.h. man kann (855) und (856) im Hinblick auf (811) oder auch (860) und unter Verwendung der in (680) eingeführten Bezeichnung in

(862) $b'_{io} = z'^{(3)}_{io} = s^{(3)}\delta_{i2}$

zusammenfassen. Der Angriffspunkt B der Federkraft (247) stimmt also mit dem Massenmittelpunkt von $\mathfrak{G}'^{(3)}$ überein:

(863) $B = S'^{(3)}$.

Bei VSJ-I sind die Punkte B und $S'^{(3)}$ nicht identisch.

Nun folgt aus (822), (862), (844) und (840)

(864) $s^{(3)} = s^{(1)}$,

und es darf, da zudem (682) gelten soll, analog zu (841)

(865) $s^{(k)} = s$

gesetzt werden, so daß z.B. an die Stelle von (858) die Formel

(866) $F_o = s(a_3 - z^{(3)}_{3o})$

tritt. Dagegen besagt die andere in (840) enthaltene Bedingung nichts Neues; denn unter Beachtung von (794), (843), (862), (865), (866) und (857) ergibt sich

(867) $M'^{(3)} + \frac{M''}{4} + \frac{M''}{12}[a_{31}(0)]^2 + (\frac{M''}{12}\Lambda_o^2 + \frac{I''}{2})\frac{1}{L_o^2}[a_{21}(0)]^2 = M^{(1)}$

oder wegen (848)

(868) $M'^{(3)} + \frac{M''}{3}\{1 - \frac{1}{4}(1 - \frac{\Lambda_o^2}{L_o^2} - \frac{6I''}{M''L_o^2})[a_{21}(0)]^2\} = M^{(1)}$

und somit nach (846)

(869) $M'^{(3)} + \frac{M''}{2} - M^{(1)}$,

was schon in (844) postuliert ist.

Der Ausdruck von $w_{77}(0)$ in (595) wird sehr übersichtlich, wenn man (862), (846) und (855) berücksichtigt; er lautet dann

(870) $w_{77}(0) = I^{(3)} + \frac{M''}{2}s^2$.

In (838) wird also die Gültigkeit der Gleichung

(871) $I^{(3)} + \frac{M''}{2}s^2 = I^{(1)}$

gefordert, die sich in eine noch einfachere Form bringen läßt. Zu dem Zweck benötigt man das Trägheitsmoment $I_o^{(k)}$ des starren Körpers $\mathfrak{G}'^{(k)}$ in bezug auf die Achse durch seinen Massenmittelpunkt $S'^{(k)}$ mit der Richtung des Einheitsvektors (117). Zwischen $I_o^{(k)}$ und dem in (420) definierten Trägheitsmoment $I^{(k)}$ stellt der STEINERsche Satz die Beziehung

(872) $I^{(k)} = M'^{(k)}s^{(k)2} + I_o^{(k)}$

her, wobei die in (680) eingeführte Bezeichnung für den Abstand der Punkte $Z^{(k)}$ und $S'^{(k)}$ verwendet wird. Daß die Identität von $\mathfrak{C}^{(1)}$ und $\mathfrak{C}^{(2)}$ speziell

(873) $I_o^{(1)} = I_o^{(2)}$

impliziert, ist evident, kann aber extra anhand von (108), (682), (701), (702) und (872) bestätigt werden. Aus (865), (869), (871) und (872) folgt des weiteren

(874) $I_o^{(3)} = I_o^{(1)}$,

weshalb man wieder auf den Index k als Unterscheidungsmerkmal der drei Trägheitsmomente $I_o^{(k)}$ verzichten, d.h. analog zu (841) und (865)

(875) $I_o^{(k)} = I_o$

setzen darf.

Die den Entwicklungen (829)-(834) zu entnehmenden Bedingungen für die optimale Anpassung der mechanischen Teilverbände $\mathfrak{B}^{(1)}$ und $\mathfrak{B}^{(3)}$ sind nur dann mit (838)-(841) bereits vollständig erfaßt, wenn die Bewegung des Fundaments $\mathfrak{G}^*$ im Zeitintervall $i(t)$ rein translatorisch ist, so daß die Funktionen (47) identisch verschwinden. Anderenfalls muß noch ein geeigneter Vergleich der mit den zweiten Ableitungen von (47) behafteten Koeffizienten in (829)-(831) und (832)-(834) vorgenommen werden. Hierbei hat man von den Beziehungen (796) der beiden potentialen Rotationen von $\mathfrak{G}^*$ auszugehen, die dem Tripel $\ddot{\eta}_1, \ddot{\eta}_2, \ddot{\eta}_3$ in (832)-(834) das Tripel $\ddot{\eta}_3, \ddot{\eta}_2, -\ddot{\eta}_1$ in (829)-(831) umkehrbar eindeutig zuordnen. Danach ist es evident, welche „Rotationskoeffizienten" in (829)-(831) und (832)-(834) gleichzusetzen sind, um durch diese Ergänzungen von (835)-(837) zu erreichen, daß die Entwicklungen (829)-(831) und (832)-(834) komplett ineinander übergehen. Aber schon (831) und (834) lassen offensichtlich eine solche Überführung nicht zu. Man könnte nun die dafür verantwortliche Voraussetzung ändern, nämlich fordern, daß die Drehachse des Galvanometergehänges $\mathfrak{g}^{(3)}$ nicht parallel, sondern orthogonal zur 3-Achse von $\overline{\mathfrak{G}}$ sein soll. Das ist jedoch im Fall eines langperiodischen Galvanometers $\mathfrak{e}^{(3)}$ wohl kaum realisierbar. Schwerer wiegt dagegen die Feststellung, daß außer

(876) $w_{7,15}(0) = 0$

und

(877) $w_{8,15}(0) = 0$

die übrigen Gleichungen den Gehängen $\mathfrak{G}^{(1)}$ und $\mathfrak{G}^{(3)}$ physikalisch absurde Eigenschaften oktroyieren würden. Deshalb muß der optimalen Anpassung von $\mathfrak{B}^{(1)}$ und $\mathfrak{B}^{(3)}$ die zusätzliche, im Hinblick auf (47) durch

(878) $\eta_i(t) \equiv 0 \quad \longleftrightarrow \quad c_{ij} \equiv \delta_{ij}$

ausgedrückte Beschränkung der Bewegungsfreiheit der reduzierten mechanischen Verbände $\mathfrak{G}^* + \mathfrak{B}^{(1)}$ und $\mathfrak{G}^* + \mathfrak{B}^{(3)}$ auferlegt werden.

Den Beweis von (876) respektive (621) liefert die Formel (618) unter den Bedingungen (619) und (620), die beide erfüllt sind. Wegen (794) geht (619) in

(879) $I_{31}^{(3)} = 0$

über, während (620) in (862) enthalten ist. Die Gültigkeit von (877) resultiert aus dem die Anordnung des mechanischen Empfängers $\mathfrak{E}^{(3)}$ auf dem Instrumentensockel betreffenden Postulat

(880) $z_{io}^{(3)} = z_{3o}^{(3)}\delta_{i3}$.

Danach soll der Punkt $Z^{(3)}$ der 3-Achse von $\overline{\mathfrak{S}}$ angehören. In der Regel liegt $Z_o^{(3)}$ oberhalb des Punktes S^* (oder S_o^*), was mit

(881) $z_{3o}^{(3)} > 0$

gleichbedeutend ist.

Aus (880) und (805) folgt sofort

(882) $z_1^{(3)}(\sigma^{(3)}) \equiv 0$

sowie

(883) $a_1 = 0$,

und im Hinblick auf (803), (804) und (881) entnimmt man (137) und (173) ohne weiteres

(884) $s_1'^{(3)} \equiv 0$, $b_1 \equiv 0$,

d.h., die Punkte A, $Z^{(3)}$, $B = S'^{(3)}$ verbleiben in der (2,3)-Ebene von $\overline{\mathfrak{S}}$, die nun auch eine der drei Hauptträgheitsebenen von $\mathfrak{B}'^{(3)}$ durch $S'^{(3)}$ ist. Deshalb gilt neben (879)

(885) $I_{21}^{(3)} = 0$,

so daß in Übereinstimmung mit (420), (456) und (794) zusammenfassend

(886) $I_{i1}^{(3)} = I^{(3)}\delta_{i1}$

gesetzt werden darf.

Unter Verwendung von (794), (843), (862), (865), (880) und (883) vereinfachen sich (602) und (603) zu

(887) $w_{7,12+1}(0) = \{2I^{(3)} + \frac{M''}{2}s[(1 - \frac{\Lambda_o^2}{3L_o^2} - \frac{2I''}{M''L_o^2})a_2$

$+ (1 + \frac{\Lambda_o^2}{3L_o^2} + \frac{2I''}{M''L_o^2})s]\}\delta_{11}$

und

(888) $w_{8,12+1}(0) = [2M'^{(3)}s + \frac{M''}{2}(1 + \frac{\Lambda_o^2}{3L_o^2} + \frac{2I''}{M''L_o^2})(s-a_2) + M''a_2]\delta_{11}$.

Diese Darstellungen implizieren speziell (876) und (877). Außerdem enthalten sie die Bedingungen

(889) $w_{7,14}(0) = 0$, $w_{8,14}(0) = 0$

und ergeben die Beziehung

(890) $w_{7,13}(0) - w_{8,13}(0)s = 2(I^{(3)} - M'^{(3)}s^2)$

oder wegen (865), (872) und (875)

(891) $w_{7,13}(0) - w_{8,13}(0)s = I_o$.

Wenn man (820), (821), (823), (876), (877) und (889) akzeptiert, dann tritt an die Stelle der Übersicht auf Seite 135 bei gleichbleibender Symbolik mutatis mutandis das neue Schema

	B = 2	3	4	5	6	7	8	9	10	11	12	13	14	15
A = 1	.	0	0	0	0	0	0	0	.	0	0	0	.	.
2		0	0	0	0	0	0	0	.	0	0	0	.	.
3			0	0	0	0	0	0	0	0	0	0	0	.
4				.	0	0	0	0	0	.	0	.	0	.
5					0	0	0	0	0	.	0	.	0	.
6						0	0	0	0	0	0	0	0	.
7							.	0	0	0	.	.	0	0
8								0	0	0	.	.	0	0
9									0	0	0	0	0	.
10										0	0	0	0	0
11											0	0	0	0
12												0	0	0
13													0	0
14														0

Die relativ geringe Anzahl der von Null verschiedenen Konstanten $w_{AB}(0)$ in den linearen Differentialgleichungen (579) bewirkt, daß jetzt auch die in den generalisierten Beschleunigungen $\ddot{u}^B$ entkoppelten linearisierten Bewegungsgleichungen (580) praktikabel sind; denn dadurch wird der Aufwand, den die Berechnung der Elemente $w^{AB}(0)$ der zu $\|w_{AB}(0)\|$ inversen Matrix erfordert, erheblich vermindert, was als conditio sine qua non für die Bildung der Koeffizienten von $\tilde{U}^A$ in (589) entsprechend der Vorschrift (588) anzusehen ist.

Der weiteren, die optimale Anpassung der mechanischen Teilverbände $\mathfrak{B}^{(1)}$ und $\mathfrak{B}^{(3)}$ bezweckenden Analyse liegt die in (878) ausgedrückte Beschränkung der Bewegung des Fundaments $\mathfrak{G}^*$ auf reine Translationen bezüglich $\mathfrak{S}$ im Zeitintervall $\mathfrak{i}(t)$ zugrunde. Daher brauchen eigentlich nur noch die zu (829)-(834) analogen Entwicklungen der übrigen in (791) und (792) explizite erwähnten Linearformen $U^{[1]}_{iB}\dot{u}^B$, $U^{[1]}_{6+i,B}\dot{u}^B$ und $U^{[0]}_{iB}u^B$, $U^{[0]}_{6+i,B}u^B$ ohne die Terme $U^{[0]}_{i,12+l}u^{12+l}$, $U^{[0]}_{6+i,12+l}u^{12+l}$ zu interessieren, von denen einige sowieso nicht vorkommen. Aus (117), (274), (632), (662)-(664), (681) und (865) folgt nämlich

$$(892)\quad U^{[0]}_{1,12+l} = U^{[0]}_{2,12+l}s = 2M^{(1)}gs\delta_{12} \,,$$

und die Gleichungen (632) und (633) führen hinsichtlich (794), (843) und (862) zu

(893) $U^{[0]}_{7,12+l} = 0 \,, \quad U^{[0]}_{8,12+l} = 0 \,.$

Dieses Ergebnis ist insofern bemerkenswert, als demnach das Gehänge $\mathfrak{G}^{(3)}$ auf eine quasistationäre Drehung des Fundaments $\mathfrak{G}^*$ relativ zu $\mathfrak{G}$ in erster Näherung nicht reagiert. Selbstverständlich trifft das insbesondere für sehr langsame Neigungen von $\mathfrak{G}^*$ um die Achse durch S^* (oder S^*_o) mit der Richtung (84), (88) zu, was man übrigens auch analytisch bestätigt findet: Unter den Bedingungen (794), (843) und (862) nehmen die rechten Seiten der Gleichungen (291) und (294), also die Elemente der ersten Spalte der Determinante in (315) und damit das in (314) definierte Maß für die Empfindlichkeit des mechanischen Empfängers $\mathfrak{E}^{(3)}$ gegen (quasistationäre) Neigungen von $\mathfrak{G}^*$ den Wert Null an. Das Resultat (892) entspricht der schon in (306) ausgedrückten Erwartung. Es besagt, daß $\mathfrak{G}^{(1)}$ in erster Näherung nur auf eine sehr langsame Neigung von $\mathfrak{G}^*$ reagiert, deren Achse parallel zur 2-Achse von $\mathfrak{G}$ ist.

Mit (628)-(633) und (648) bzw. (642)-(647) und (649)-(651) verfügt man über die vollzählige Liste der Koeffizienten $U^{[0]}_{iB}$, $U^{[0]}_{6+i,B}$ bzw. $U^{[1]}_{iB}$, $U^{[1]}_{6+i,B}$, die nicht von vornherein gleich Null sind wie z.B. $U^{[0]}_{i,9+l}$, $U^{[0]}_{6+i,9+l}$ bzw. $U^{[1]}_{i,9+l}$, $U^{[1]}_{6+i,9+l}$ und $U^{[1]}_{i,12+l}$, $U^{[1]}_{6+i,12+l}$. Folglich ergeben sich für die betreffenden Linearformen, wenn wieder die Substitutionen (99), (372) und (393), (394) beachtet werden, die wegen (878) teilweise verkürzten Entwicklungen

(894) $U^{[0]}_{1B}u^B = U^{[0]}_{11}\varphi^{(1)} + U^{[0]}_{12}\sigma^{(1)} \,,$

(895) $U^{[0]}_{2B}u^B = U^{[0]}_{21}\varphi^{(1)} + U^{[0]}_{22}\sigma^{(1)} \,,$

(896) $U^{[0]}_{3B}u^B = U^{[0]}_{33}\zeta^{(1)}$

und

(897) $U^{[0]}_{7B}u^B = U^{[0]}_{77}\varphi^{(3)} + U^{[0]}_{78}\sigma^{(3)} \,,$

(898) $U^{[0]}_{88}u^B = U^{[0]}_{87}\varphi^{(3)} + U^{[0]}_{88}\sigma^{(3)} \,,$

(899) $U^{[0]}_{9B}u^B = U^{[0]}_{99}\zeta^{(3)}$

sowie

(900) $U^{[1]}_{1B}\dot{u}^B = U^{[1]}_{11}\dot{\varphi}^{(1)} + U^{[1]}_{12}\dot{\sigma}^{(1)} + U^{[1]}_{13}\dot{\zeta}^{(1)}$,

(901) $U^{[1]}_{2B}\dot{u}^B = U^{[1]}_{21}\dot{\varphi}^{(1)} + U^{[1]}_{22}\dot{\sigma}^{(1)} + U^{[1]}_{23}\dot{\zeta}^{(1)}$,

(902) $U^{[1]}_{3B}\dot{u}^B = U^{[1]}_{31}\dot{\varphi}^{(1)} + U^{[1]}_{32}\dot{\sigma}^{(1)} + U^{[1]}_{33}\dot{\zeta}^{(1)}$

und

(903) $U^{[1]}_{7B}\dot{u}^B = U^{[1]}_{77}\dot{\varphi}^{(3)} + U^{[1]}_{78}\dot{\sigma}^{(3)} + U^{[1]}_{79}\dot{\zeta}^{(3)}$,

(904) $U^{[1]}_{8B}\dot{u}^B = U^{[1]}_{87}\dot{\varphi}^{(3)} + U^{[1]}_{88}\dot{\sigma}^{(3)} + U^{[1]}_{89}\dot{\zeta}^{(3)}$,

(905) $U^{[1]}_{9B}\dot{u}^B = U^{[1]}_{97}\dot{\varphi}^{(3)} + U^{[1]}_{98}\dot{\sigma}^{(3)} + U^{[1]}_{99}\dot{\zeta}^{(3)}$.

Ihnen entnimmt man auf Grund der Relationen (793) direkt die Bedingungen

(906) $U^{[0]}_{11} = U^{[0]}_{77}$,

(907) $U^{[0]}_{12} = U^{[0]}_{78}$, $U^{[0]}_{21} = U^{[0]}_{87}$

(908) $U^{[0]}_{22} = U^{[0]}_{88}$,

(909) $U^{[0]}_{33} = U^{[0]}_{99}$

und

(910) $U^{[1]}_{11} = U^{[1]}_{77}$,

(911) $U^{[1]}_{12} = U^{[1]}_{78} = U^{[1]}_{21} = U^{[1]}_{87}$,

(912) $U^{[1]}_{12} = U^{[1]}_{79}$, $U^{[1]}_{31} = U^{[1]}_{97}$,

(913) $U^{[1]}_{22} = U^{[1]}_{88}$,

(914) $U^{[1]}_{23} = U^{[1]}_{89}$, $U^{[1]}_{32} = U^{[1]}_{98}$,

(915) $U^{[1]}_{33} = U^{[1]}_{99}$,

wobei in (911) zugleich (645) berücksichtigt wird.

Hierzu müssen einige Voraussetzungen erfüllt sein. Sie sind, soweit es sich nur um (909)-(915) handelt, aus den Formeln (642)-(651) zu ersehen. Zunächst werden die Gleichungen (721), (722) und (731), (733) durch

$$(916)\quad \left(\frac{\partial\hat{\Xi}^{(1)}}{\partial\dot{\zeta}^{(1)}}\right)_0 = \left(\frac{\partial\hat{\Xi}^{(2)}}{\partial\dot{\zeta}^{(2)}}\right)_0 = \left(\frac{\partial\hat{\Xi}^{(3)}}{\partial\dot{\zeta}^{(3)}}\right)_0 ,$$

$$(917)\quad \hat{\alpha}^{(k)} = \hat{\alpha} , \qquad \check{\alpha}^{(k)} = \check{\alpha} > 0$$

und

$$(918)\quad \left(\frac{\partial w^{(1)}}{\partial\zeta^{(1)}}\right)_0 = \left(\frac{\partial w^{(2)}}{\partial\zeta^{(2)}}\right)_0 = \left(\frac{\partial w^{(3)}}{\partial\zeta^{(3)}}\right)_0 ,$$

$$(919)\quad \left(\frac{\partial w^{(1)}}{\partial\dot{\zeta}^{(1)}}\right)_0 = \left(\frac{\partial w^{(2)}}{\partial\dot{\zeta}^{(2)}}\right)_0 = \left(\frac{\partial w^{(3)}}{\partial\dot{\zeta}^{(3)}}\right)_0 ,$$

$$(920)\quad \left(\frac{\partial w^{(1)}}{\partial\dot{\mathfrak{z}}^{(1)}}\right)_0 = \left(\frac{\partial w^{(2)}}{\partial\dot{\mathfrak{z}}^{(2)}}\right)_0 + \left(\frac{\partial w^{(3)}}{\partial\dot{\mathfrak{z}}^{(3)}}\right)_0$$

vervollständigt. Die physikalische Begründung dafür liefert der Hinweis, daß bei allen drei mechanischen Empfängern $\mathfrak{E}^{(k)}$ sowohl die Wandlerfunktionen (240) als auch die Dämpfungsfunktionen (245) übereinstimmen und die zugehörigen Galvanometer $\mathfrak{e}^{(k)}$ identisch sein können, was übrigens in praxi normalerweise angestrebt wird. In (916)-(920) sind die entsprechenden Koeffizienten von $\zeta^{(k)}$, $\dot{\zeta}^{(k)}$ und $\dot{\hat{\mathfrak{z}}}^{(k)}$, $\dot{\check{\mathfrak{z}}}^{(k)}$ in den Darstellungen (246), (638) und (639) der linearen Dämpfungsfunktion und der Linearanteile $\tilde{\Xi}^{(k)}$ und $\tilde{w}^{(k)}$ der Funktionen (240) und (258) gleichgesetzt. Da an die Stelle der Variablen $\dot{\hat{\mathfrak{z}}}^{(k)}$ und $\dot{\check{\mathfrak{z}}}^{(k)}$ die linearisierten Funktionen (635) und (636) in den verallgemeinerten Geschwindigkeiten $\dot{\varphi}^{(k)}$ und $\dot{\sigma}^{(k)}$ treten, ergeben sich neben (916)-(920) unter Beachtung von (794) und (274) noch die Beziehungen

$$(921)\quad \varepsilon_{ijh} n_i^{(1)} \hat{m}_j^{(1)} \hat{\mathfrak{z}}_{ho}^{\prime(1)} = \varepsilon_{ijh} n_i^{(2)} \hat{m}_j^{(2)} \hat{\mathfrak{z}}_{ho}^{\prime(2)} = \varepsilon_{1jh} \hat{m}_j^{(3)} \hat{\mathfrak{z}}_{ho}^{\prime(3)} ,$$

$$(922)\quad \varepsilon_{ijh} n_i^{(1)} \check{m}_j^{(1)} \check{\mathfrak{z}}_{ho}^{\prime(1)} = \varepsilon_{ijh} n_i^{(2)} \check{m}_j^{(2)} \check{\mathfrak{z}}_{ho}^{\prime(2)} = \varepsilon_{1jh} \check{m}_j^{(3)} \check{\mathfrak{z}}_{ho}^{\prime(3)}$$

und

$$(923)\quad -\hat{m}_1^{(1)} = \hat{m}_2^{(2)} = \hat{m}_3^{(3)} , \qquad -\check{m}_1^{(1)} = \check{m}_2^{(2)} = \check{m}_3^{(3)} ,$$

deren geometrische Bedeutung evident ist. Die Gültigkeit von (916)-

(923) reicht hin, um die Bedingungen (909)-(915) realisieren zu können.

Demgegenüber lassen sich die in (906)-(908) postulierten Gleichungen nicht so leicht interpretieren. Der Spezialfall (254), der auch bei VSJ-I berücksichtigt wird, bewirkt jedoch weitgehende formale Vereinfachungen der Ausdrücke (628)-(631) für $k = 3$. Deshalb soll hier die Diskussion der Bedingungen (906)-(908) nur unter der Voraussetzung

(924) $c = 0$

erfolgen. Damit gehen (845) und (853) in

(925) $a_{31}(0) = - \frac{M^{(1)}g}{\varkappa L_o}$

und

(926) $(\frac{M^{(1)}g}{\varkappa L_o})^2 = \frac{6I'' - M''(3L_o^2 - \Lambda_o^2)}{6I'' - M''(L_o^2 - \Lambda_o^2)}$

über. Wenn man außer (924) noch (794), (834), (862), (865) und (880) beachtet, reduzieren sich die rechten Seiten der Gleichungen (906)-(908) auf

(927) $U_{77}^{[0]} = \varkappa s a_2 - \frac{\partial W^{(3)}(0,0)}{\partial \varphi^{(3)}}$,

(928) $U_{78}^{[0]} = \varkappa s - \frac{\partial W^{(3)}(0,0)}{\partial \sigma^{(3)}}$, $U_{87}^{[0]} = \varkappa s - \frac{\partial \Xi^{(3)}(0,0)}{\partial \varphi^{(3)}}$,

(929) $U_{88}^{[0]} = \varkappa[1 - \frac{1}{\varrho_o^{(3)}}(s - a_2)] - \frac{\partial \Xi^{(3)}(0,0)}{\partial \sigma^{(3)}}$,

und deren linke Seiten wegen (274), (681) und (865) auf

(930) $U_{11}^{[0]} = M^{(1)} g s n_2^{(1)} - \frac{\partial W^{(1)}(0,0)}{\partial \varphi^{(1)}}$,

(931) $U_{12}^{[0]} = - \frac{\partial W^{(1)}(0,0)}{\partial \sigma^{(1)}}$, $U_{21}^{[0]} = - \frac{\partial \Xi^{(1)}(0,0)}{\partial \varphi^{(1)}}$,

(932) $U_{22}^{[0]} = \frac{M^{(1)}g}{\varrho_o^{(1)}} n_2^{(1)} - \frac{\partial \Xi^{(1)}(0,0)}{\partial \sigma^{(1)}}$,

so daß die Beziehungen

$$(933)\quad M^{(1)}gsn_2^{(1)} - \frac{\partial W^{(1)}(0,0)}{\partial\varphi^{(1)}} = \varkappa sa_2 - \frac{\partial W^{(3)}(0,0)}{\partial\varphi^{(3)}} ,$$

$$(934)\quad - \frac{\partial W^{(1)}(0,0)}{\partial\sigma^{(1)}} = \varkappa s - \frac{\partial W^{(3)}(0,0)}{\partial\sigma^{(3)}} ,$$

$$- \frac{\partial \Xi^{(1)}(0,0)}{\partial\varphi^{(1)}} = \varkappa s - \frac{\partial \Xi^{(3)}(0,0)}{\partial\varphi^{(3)}} ,$$

$$(935)\quad \frac{M^{(1)}g}{\varrho_o^{(1)}} n_2^{(1)} - \frac{\partial \Xi^{(1)}(0,0)}{\partial\sigma^{(1)}} = \varkappa[1 - \frac{1}{\varrho_o^{(3)}}(s - a_2)] - \frac{\partial \Xi^{(3)}(0,0)}{\partial\sigma^{(3)}}$$

gelten müssen.

Die in (935) erscheinende Differenz $s - a_2$ ist gewiß nicht negativ; denn im Fall $-a_2 \geqq s > 0$ würde, da der Punkt A höher als der Punkt $Z_o^{(3)}$ liegen soll, die Konstruktion des mechanischen Empfängers $\mathfrak{E}^{(3)}$ monströs sein. Aus (182), (862), (865) und (880) folgt

$$(936)\quad s - a_2 = L_o a_{21}(0)$$

Wird zudem (849) berücksichtigt, dann kommt auch nicht $-a_2 = s$ in Betracht, d.h., es bleibt nur die Annahme

$$(937)\quad s - a_2 > 0$$

oder nach (936)

$$(938)\quad a_{21}(0) > 0$$

übrig. Statt (847) und (849) kann jetzt

$$(939)\quad a_{21}(0) = L_o \left| \sqrt{\frac{2M''}{6I'' - M''(L_o^2 - \Lambda_o^2)}} \right| < 1$$

gesetzt werden.

Wenn man sich nun alle möglichen Anordnungen der Punkte A, $Z^{(3)}$ und $B = S'^{(3)}$ vorstellt und bedenkt, daß $\mathfrak{G}''$ eine Zugfeder ist, so wird deutlich, daß die zu $\mathfrak{G}'^{(3)}$ gehörenden Klemmbacken der Blattfedern, die das Gehänge $\mathfrak{G}'^{(3)}$ an sein Gestell elastisch binden, von $B = S'^{(3)}$ stets weiter entfernt sind als die supplementären „gestellfesten" Klemmbacken. Das Zentrum des in $Z_o^{(3)}$ angetragenen Oskulationskreises der bezüglich $\overline{\mathfrak{S}}$ zwangsläufigen ebenen Bahn des Punktes $Z^{(3)}$, der einer „gehängefesten" Klemmbacke angehört, liegt also auf dem Strahl mit dem Anfangspunkt $Z_o^{(3)}$ und der Richtung der 2-Achse von $\overline{\mathfrak{S}}$. Daher entsprechen der Hauptnormalen des von $Z_o^{(3)}$ durchlaufenen Kurvenstücks im Punkt $Z_o^{(3)}$ die $\overline{\mathfrak{S}}$-Koordinaten δ_{i2} und, weil (843 den normierten Tangentialvektor in $Z_o^{(3)}$ darstellt, der Binormalen in $Z_o^{(3)}$ die $\overline{\mathfrak{S}}$-Koordinaten $-\delta_{i1}$. Wegen (281), (794) und (843) ergibt sich

$$(940)\quad \frac{dm_{io}^{(3)}(0)}{d\sigma^{(3)}} = -\frac{1}{\varrho_o^{(3)}}\,\delta_{i2}\;.$$

Nach (121) stimmt die generalisierte Koordinate $\sigma^{(3)}$ mit dem Parameter der Bogenlänge $\widehat{Z_o^{(3)}Z^{(3)}}$ überein, so daß man in (940) eine Anwendung der ersten FRENETschen Ableitungsformel erkennt. Demzufolge ist $-\varrho_o^{(3)}$ der Radius des besagten Oskulationskreises,

$$(941)\quad \varrho_o^{(3)} < 0\;.$$

Aus einer analogen Untersuchung resultiert hinsichtlich (690)

$$(942)\quad \varrho_o^{(1)} = \varrho_o^{(2)} > 0\;.$$

Die Beziehungen (933) und (935) vereinfachen sich, wenn speziell

$$(943)\quad n_i^{(1)} = \delta_{i3}$$

gilt. Sie können mittels (925) und (936) in

$$(944)\quad \varkappa L_o s[a_{21}(0) - a_{31}(0)n_2^{(1)} - \frac{s}{L_o}] = \frac{\partial W^{(1)}(0,0)}{\partial\varphi^{(1)}} - \frac{\partial W^{(3)}(0,0)}{\partial\varphi^{(3)}}$$

und

$$(945)\quad \varkappa L_o[\frac{1}{\varrho_o^{(3)}}\,a_{21}(0) - \frac{1}{\varrho_o^{(1)}}\,a_{31}(0)n_2^{(1)} - \frac{1}{L_o}] = \frac{\partial\Xi^{(1)}(0,0)}{\partial\sigma^{(1)}} - \frac{\partial\Xi^{(3)}(0,0)}{\partial\sigma^{(3)}}$$

umgeformt werden. Ob diese Schreibweise Vorteile bietet, ist ohne

Kenntnisse von der mathematischen Struktur der Differentialquotienten $\frac{\partial W^{(1)}(0,0)}{\partial \varphi^{(1)}}$, $\frac{\partial \Xi^{(1)}(0,0)}{\partial \sigma^{(1)}}$ und $\frac{\partial W^{(3)}(0,0)}{\partial \varphi^{(3)}}$, $\frac{\partial \Xi^{(3)}(0,0)}{\partial \sigma^{(3)}}$ nicht festzustellen. Dazu verhilft aber nur ein detailliertes theoretisches Studium der Aufhängung von $\mathfrak{G}'^{(k)}$ am Gestell des mechanischen Empfängers $\mathfrak{E}^{(k)}$. Daß die bevorzugte elastische Bindung des Gehänges $\mathfrak{G}^{(1)}$ oder $\mathfrak{G}^{(2)}$ komplizierter als die von $\mathfrak{G}'^{(3)}$ ist, bedarf jedoch keiner näheren Erörterungen. Schon in der linearen Theorie des Horizontalseismographen HSJ-I (TEUPSER und ULLMANN, 1964) sind die Untersuchungen des zur Aufhängung verwendeten Blattfedergelenks relativ umfangreich, während lediglich Teilergebnisse davon in die Theorie des Vertikalseismographen VSJ-I (MALISCHEWSKY, TEUPSER und ULLMANN, 1970) eingehen. Hierbei wird insbesondere eine Annahme als hinreichend erachtet, die, wenn man sie der Bewegung von $\mathfrak{G}'^{(k)}$ bezüglich $\bar{\mathfrak{G}}$ zugrunde legt, besagt, daß die zwangsläufige Bahn des Punktes $Z^{(k)}$ eine (sehr kurze) Strecke ist, weshalb in den beiden Theorien keine den endlichen Krümmungsradien $|\varrho_o^{(k)}|$ entsprechenden Größen vorkommen. Die Konsequenzen für die Formeln (929), (932) und (935) unter der Bedingung $|\varrho_o^{(k)}| \to \infty$ sind evident. Experimentelle Prüfungen des mechanischen Empfängers von HSJ-I scheinen die Brauchbarkeit des theoretischen Modells der Aufhängung zu bestätigen. Es zeigt sich aber, daß damit bei VSJ-I eine ebenso befriedigende analytische Darstellung des Blattfedergelenks, das den starren Körper des Gehänges an das Gestell des Empfängers bindet, nicht erreicht wird und Ansätze ad hoc erforderlich sind, die man als provisorisch bewerten muß. Ein Grund für diese Unzulänglichkeit ist in dem Ersatz des von $Z^{(k)}$ durchlaufenen Kurvenstücks durch seine Tangente im Punkt $Z_o^{(k)}$ zu sehen. Die Einführung von $\varrho_o^{(k)}$ in (281) bezweckt eine bessere Approximation mittels des Schmiegkreises der zwangsläufigen Bahn von $Z^{(k)}$ in $Z_o^{(k)}$. Eine dementsprechende Modifikation der bisherigen Theorie der einzelnen Blattfeder steht jedoch noch aus.

11. Die Temperaturempfindlichkeit der Vertikalkomponente (Ergänzung)

Der folgenden Betrachtung liegt die Annahme zugrunde, daß der mechanische Empfänger $\mathfrak{E}^{(3)}$ den beiden identischen Horizontalkomponenten $\mathfrak{E}^{(1)}$ und $\mathfrak{E}^{(2)}$ optimal angepaßt ist. Was man darunter zu verstehen hat, wird im vorhergehenden Abschnitt ausführlich erörtert. Die angestellte Untersuchung der Temperaturempfindlichkeit von $\mathfrak{E}^{(3)}$ berücksichtigt bis zur Gleichung (345) alle möglichen Aufhängungen von $\mathfrak{B}^{(3)}$ am Gestell des Empfängers $\mathfrak{E}^{(3)}$; denn die Richtung $m_{io}^{(3)}$ der Tangente an die zwangsläufige Bahn von $Z^{(3)}$ im Punkt $Z_o^{(3)}$ ist vorerst keiner Beschränkung unterworfen, wenn man von der Bedingung (319) absieht, die sich mit (316) ergibt. Sie betrifft nur die auch bei dem Vergleich der mechanischen Teilverbände $\mathfrak{V}^{(1)}$ und $\mathfrak{V}^{(3)}$ bevorzugte Aufstellung von $\mathfrak{E}^{(3)}$, weshalb sowohl (316) und (794) wie (319) und (799) übereinstimmen. Die nicht notwendige, aber hinreichende Aufspaltung von (345) in die zwei Gleichungen (346) und (347) kommt in den Spezialfällen (353) und (826) eo ipso nicht in Betracht. Es zeigt sich, daß aus (353) unter der Bedingung (349) besonders einfache Beziehungen zwischen den Wärmeausdehnungskoeffizienten resultieren. Die bisherige Diskussion der Temperaturempfindlichkeit der Vertikalkomponente $\mathfrak{E}^{(3)}$ berücksichtigt jedoch keine Aufhängung von $\mathfrak{B}^{(3)}$ mit den in (826) zusammengefaßten Richtungen. Davon braucht nun wegen (842) nur diejenige zu interessieren, die in (843) angegeben ist. In diesem Abschnitt kann wieder die eingeklammerte Kennziffer 3, womit manche Symbole behaftet sind, weggelassen werden, so daß insbesondere (843) hier durch

(946) $m_{io} = \delta_{i3}$

ausgedrückt wird.

Nach (863) greift die Federkraft (247) im Massenmittelpunkt des starren Körpers $\mathfrak{B}'$ an, und es muß die Bedingung (862) erfüllt sein. Sie bewirkt, daß die Gleichungen (338) und (339) ineinander übergehen, also denselben Verschiebungsvektor mit den $\overline{\mathfrak{S}}$-Koordinaten $\beta s \delta_{i2}$ darstellen. Jetzt kann sich neben γ_3 auch β_3 nicht bemerkbar machen, und von vornherein gilt

(947) $\gamma_2 = \beta_2 = \beta$.

In den übrigen Fällen, d.h. für $m_{3o} \neq \pm 1$, wird die Gleichheit der

Wärmeausdehnungskoeffizienten β_2 und γ_2 mit (349) extra gefordert, weil sich dann die zu diskutierenden Relationen vereinfachen.

Unter der praktikablen Voraussetzung (924) erscheint die Ableitung (340) in den Gleichungen (343) und (345), die mittels einer geeigneten Temperaturkompensation zustande kommen sollen, nicht mehr. Auf Grund von (946) ist (345) gleichbedeutend mit (347). Wegen (854) und (858) tritt an die Stelle von (341) die Beziehung

$$\text{(948)} \quad \frac{1}{F_o} \frac{d\overline{F_o}}{d\vartheta} = \alpha + \beta \, .$$

wobei (947) beachtet und

$$\text{(949)} \quad \alpha_3 = \alpha$$

gesetzt wird. Der Wärmeausdehnungskoeffizient α_2 ist also weder in (343) noch (347) vorhanden. Darüber hinaus stellt man fest, daß die Bedingungen (947), (948) und (854) die Gleichung (347) identisch befriedigen. Mit Hilfe von (807), (924), (948) und (949) läßt sich (343) in

$$\text{(950)} \quad \frac{1}{L_o} \frac{d\overline{\Delta}}{d\vartheta} - \frac{1}{\varkappa} \frac{d\overline{\varkappa}}{d\vartheta} = \alpha$$

umformen. Schließlich folgt aus (948) und (950)

$$\text{(951)} \quad \frac{1}{F_o} \frac{d\overline{F_o}}{d\vartheta} - \frac{1}{L_o} \frac{d\overline{\Delta}}{d\vartheta} + \frac{1}{\varkappa} \frac{d\overline{\varkappa}}{d\vartheta} = \beta \, .$$

12. Das zugeordnete Potential

Die analytischen Ausdrücke (529)-(533) für die generalisierten Kraftkomponenten U_A des mechanischen Verbands $\mathfrak{V}^*$ sind in koordinateninvarianter Form dargestellt. Man kann ihnen also nicht ohne weiteres ansehen, welchen speziellen generalisierten Koordinaten von $\mathfrak{V}^*$ sie zugeordnet sein sollen. Es ist jedoch selbstverständlich, daß die in (51) und (99) zusammengefaßten 9 Variablen als generalisierte Koordinaten des Verbands $\mathfrak{V}^*$ beibehalten werden; denn sie eignen sich für eine mathematisch einfache und zugleich anschauliche Beschreibung der Lage von $\mathfrak{V}^*$ in bezug auf $\mathfrak{G}$ optimal. Da auch die geometrische Bedeutung der mit (121) und (125) eingeführten primären Koordinaten von $\mathfrak{B}^{(k)}$ evident ist, möge weiterhin die Bedingung (393) gelten. Demnach stellen im folgenden die Größen U_A die den 15 Koordinaten $\varphi^{(k)}$, $\sigma^{(k)}$, $\zeta^{(k)}$, ξ_i, η_i zugeordneten generalisierten Kraftkomponenten des mechanischen Verbands $\mathfrak{V}^*$ dar. Hierbei sind die Identitäten (372), (99) und (393) zu beachten.

In (529) und (530) erscheinen im Fall $k = 3$, wenn von dem beide Male vorhandenen Faktor $\varkappa$ abgesehen wird, die Terme $(1 - \frac{c}{L})F$ und $-(1 - \frac{c}{L})(z_i^{(3)}+b_i'-a_i)m_i^{(3)}$. Mit ihnen lassen sich wegen (170), (198) und (189) die Umformungen

$$(952)\quad (1 - \tfrac{c}{L})F = - (L-c)\,\frac{\partial L}{\partial\sigma^{(3)}} = - \frac{1}{2}\,\frac{\partial(L-c)^2}{\partial\sigma^{(3)}}$$

und

$$(953)\quad -(1 - \tfrac{c}{L})(z_i^{(3)}+b_i'-a_i)m_i^{(3)} = - (L-c)\,\frac{\partial L}{\partial\sigma^{(3)}} = - \frac{1}{2}\,\frac{\partial(L-c)^2}{\partial\sigma^{(3)}}$$

vornehmen. Berücksichtigt man zudem (226) und (227), so ergeben sich anstelle von (529) und (530) zunächst die Darstellungen

$$(954)\quad U_{3k-2} = - M^{(k)}g\,\frac{\partial s_i^{(k)}}{\partial\varphi^{(k)}}\,c_{3i} + W^{(k)} - \delta_3^k\,\frac{\varvarkappa}{2}\,\frac{\partial(L-c)^2}{\partial\varphi^{(3)}}$$
$$+ \varepsilon_{ijh}n_j^{(k)}(\hat{\Xi}^{(k)}\hat{m}_i^{(k)}\hat{z}_h'^{(k)} + \check{\Xi}^{(k)}\check{m}_i^{(k)}\check{z}_h'^{(k)})$$

und

$$(955)\quad U_{3k-1} = - M^{(k)} g \frac{\partial s_i^{(k)}}{\partial \varphi^{(k)}} c_{3i} + \Xi^{(k)} - \delta_3^k \frac{\varkappa}{2} \frac{\partial (L-c)^2}{\partial \sigma^{(3)}}$$
$$+ m_i^{(k)} (\hat{\Xi}^{(k)} \hat{m}_i^{(k)} + \check{\Xi}^{(k)} \check{m}_i^{(k)}) .$$

Die im Punkt $P \in \mathfrak{M}^{(k)} \subset \mathfrak{G}'^{(k)}$ angreifende Rückstellkraft infolge der elastischen Aufhängung von $\mathfrak{G}'^{(k)}$ am Gestell des mechanischen Empfängers $\mathfrak{E}^{(k)}$ mit den $\overline{\mathfrak{S}}$-Koordinaten (229) möge aus dem Potential

$$(956)\quad Y' = Y'(\overline{x}_h)$$

gemäß der Vorschrift

$$(957)\quad X_i' = - \frac{\partial Y'}{\partial \overline{x}_i}$$

resultieren. Im Hinblick auf (103) und (393) wird die (stetig differenzierbare) Funktion

$$(958)\quad V^{(k)} = \sum_{\mathfrak{M}^{(k)}} Y' , \quad V^{(k)} = V^{(k)}(\varphi^{(k)}, \sigma^{(k)}) , \quad V^{(k)}(0,0) = 0 ,$$

eingeführt. Sie verhilft unter Beachtung von (136), (234), (235), (237) und (957) zu den Relationen

$$(959)\quad \Xi^{(k)}(\varphi^{(k)}, \sigma^{(k)}) = - \sum_{\mathfrak{M}^{(k)}} \frac{\partial Y'}{\partial \overline{x}_i} \frac{\partial \overline{x}_i}{\partial \sigma^{(k)}} = - \frac{\partial}{\partial \sigma^{(k)}} \sum_{\mathfrak{M}^{(k)}} Y'$$
$$= - \frac{\partial V^{(k)}(\varphi^{(k)}, \sigma^{(k)})}{\partial \sigma^{(k)}}$$

und

$$(960)\quad W^{(k)}(\varphi^{(k)}, \sigma^{(k)}) = - \sum_{\mathfrak{M}^{(k)}} \frac{\partial Y'}{\partial \overline{x}_i} \frac{\partial \overline{x}_i}{\partial \varphi^{(k)}} = - \frac{\partial}{\partial \varphi^{(k)}} \sum_{\mathfrak{M}^{(k)}} Y'$$
$$= - \frac{\partial V^{(k)}(\varphi^{(k)}, \sigma^{(k)})}{\partial \varphi^{(k)}} .$$

Wegen (238) erhält man

$$(961)\quad \frac{\partial V^{(k)}(0,0)}{\partial \sigma^{(k)}} = 0 , \quad \frac{\partial V^{(k)}(0,0)}{\partial \varphi^{(k)}} = 0 .$$

Es darf vorausgesetzt werden, daß die Funktion (958) analytisch, d.h. durch eine Potenzreihe in $\varphi^{(k)}$ und $\sigma^{(k)}$ darstellbar ist, die in ihrem Definitionsbereich konvergiert und deren Koeffizienten im wesentlichen die partiellen Ableitungen von (958) nach den Argumenten $\varphi^{(k)}$ und $\sigma^{(k)}$ an der Stelle $\varphi^{(k)} = 0$, $\sigma^{(k)} = 0$ sind. Da also die Funktion (958) im ganzen Definitionsbereich beliebig oft nach $\varphi^{(k)}$ und $\sigma^{(k)}$ differenzierbar ist, folgt aus (959) und (960) insbesondere

(962) $$\frac{\partial \Xi^{(k)}(\varphi^{(k)},\sigma^{(k)})}{\partial \varphi^{(k)}} = \frac{\partial W^{(k)}(\varphi^{(k)},\sigma^{(k)})}{\partial \sigma^{(k)}} ,$$

so daß nun die Formeln (629) und (630) übereinstimmen:

(963) $$U^{[0]}_{(3k-2)(3k-1)} = U^{[0]}_{(3k-1)(3k-2)} .$$

Demgemäß entsprechen sich die Paare von Gleichungen in (718), (928), (931) und (934).

Eine weitere Aussage über die prinzipiellen dynamischen Eigenschaften der Aufhängung von $\mathfrak{B}'^{(k)}$ am Gestell des Empfängers $\mathfrak{E}^{(k)}$ entnimmt man den Bedingungen

(964) $$\Xi^{(k)}(\varphi^{(k)},\sigma^{(k)}) = - \Xi^{(k)}(-\varphi^{(k)},-\sigma^{(k)})$$

und

(965) $$W^{(k)}(\varphi^{(k)},\sigma^{(k)}) = - W^{(k)}(-\varphi^{(k)},-\sigma^{(k)}) .$$

Sie bedeuten mathematisch, daß die Funktionen (959) und (960) in ihren beiden Argumenten schiefsymmetrisch sind, was trivialerweise zutrifft, falls mit (959) und (960), wie bisher (TEUPSER und ULLMANN, 1964; MALISCHEWSKY, TEUPSER und ULLMANN, 1970), nur homogene lineare Funktionen von $\varphi^{(k)}$ und $\sigma^{(k)}$ betrachtet werden. Auf Grund von (959) und (960) sind (964) und (965) genau dann erfüllt, wenn das elastische Potential (958) dem Symmetriepostulat

(967) $$V^{(k)}(\varphi^{(k)},\sigma^{(k)}) = V^{(k)}(-\varphi^{(k)},-\sigma^{(k)})$$

genügt.

Wegen (961) beginnt die Potenzreihe der analytischen Funktion (958) „frühestens" mit den Gliedern zweiter Ordnung. Die Darstellung

(968) $$V^{(k)}(\varphi^{(k)},\sigma^{(k)}) = \frac{1}{2}\left[\frac{\partial^2 V^{(k)}(0,0)}{\partial\varphi^{(k)2}}\varphi^{(k)2} + 2\frac{\partial^2 V^{(k)}(0,0)}{\partial\varphi^{(k)}\partial\sigma^{(k)}}\varphi^{(k)}\sigma^{(k)} + \frac{\partial^2 V^{(k)}(0,0)}{\partial\sigma^{(k)2}}\sigma^{(k)2}\right] + \cdots$$

enthält explizite nur alle in $\varphi^{(k)}$ und $\sigma^{(k)}$ quadratischen Terme; die Punkte deuten an, daß Glieder folgen können, deren Ordnungen jedoch größer als Zwei und übrigens nach (967) stets gerade sind. Einem bekannten Lemma (MALKIN, 1959) entsprechend bewirkt schon die Definitheit bzw. Indefinitheit der quadratischen Form in (968), daß das elastische Potential (958) definit bzw. indefinit ist. Wäre diese Form semidefinit, so würden die Glieder höherer Ordnung der Potenzreihe (968) entscheiden, ob die Funktion (958) definit oder indefinit sein kann. Dieser Fall wird nun aber durch die Annahme ausgeschlossen, daß die quadratische Form in (968) und damit das Potential (958) positiv definit ist. Hierfür sind dem Satz von SYLVESTER gemäß die Bedingungen

(969) $$\frac{\partial^2 V^{(k)}(0,0)}{\partial\varphi^{(k)2}} > 0$$

und

(970) $$\frac{\partial^2 V^{(k)}(0,0)}{\partial\varphi^{(k)2}}\,\frac{\partial^2 V^{(k)}(0,0)}{\partial\sigma^{(k)2}} > \left[\frac{\partial^2 V^{(k)}(0,0)}{\partial\varphi^{(k)}\partial\sigma^{(k)}}\right]^2$$

notwendig und hinreichend, die offensichtlich

(971) $$\frac{\partial^2 V^{(k)}(0,0)}{\partial\sigma^{(k)2}} > 0$$

involvieren. Unter Berücksichtigung von (959) und (960) kann man (969)-(971) durch

(972) $$\frac{\partial W^{(k)}(0,0)}{\partial\varphi^{(k)}} < 0\ , \qquad \frac{\partial \Xi^{(k)}(0,0)}{\partial\sigma^{(k)}} < 0$$

und

(973) $$\frac{\partial W^{(k)}(0,0)}{\partial\varphi^{(k)}}\,\frac{\partial \Xi^{(k)}(0,0)}{\partial\sigma^{(k)}} > \left[\frac{\partial W^{(k)}(0,0)}{\partial\sigma^{(k)}}\right]^2$$

oder

$$(974)\quad \frac{\partial W^{(k)}(0,0)}{\partial\varphi^{(k)}}\,\frac{\partial\Xi^{(k)}(0,0)}{\partial\sigma^{(k)}} > \left[\frac{\partial\Xi^{(k)}(0,0)}{\partial\varphi^{(k)}}\right]^2$$

ausdrücken.

In (954) und (955) erscheinen die partiellen Ableitungen erster Ordnung der $\overline{\mathfrak{S}}$-Koordinaten $s_i^{(k)}$ des Massenmittelpunkts $S^{(k)}$ des Gehänges $\mathfrak{G}^{(k)}$ nach $\varphi^{(k)}$ und $\sigma^{(k)}$. Auf Grund von (113), (137) und (178) gestatten die Funktionen

$$(975)\quad s_i^{(k)} = s_i^{(k)}(\varphi^{(k)},\sigma^{(k)})\ ,\qquad s_i^{(k)}(0,0) \equiv s_{io}^{(k)}\ ,$$

die Zerlegung

$$(976)\quad s_i^{(k)}(\varphi^{(k)},\sigma^{(k)}) = s_i^{(k)}(\varphi^{(k)},0) + s_i^{(k)}(0,\sigma^{(k)}) - s_{io}^{(k)}\ .$$

Hinsichtlich (113), (134), (137), (173), (178) und (181) ist zu bemerken, daß $s_i^{(k)}(\varphi^{(k)},0)$ stets und $s_i^{(k)}(0,\sigma^{(k)})$ sowie $L(\varphi^{(3)},\sigma^{(3)})$ nur dann analytische Funktionen sind, wenn dasselbe für die Funktionen (120) zutrifft, deren Ableitungen nach $\sigma^{(k)}$ jedenfalls bis zur dritten Ordnung existieren und stetig sein sollen.

Es empfiehlt sich, in Anbetracht von (167), (393), (958) und (975)

$$(977)\quad H^{(k)} = M^{(k)}g[s_3^{(k)}(\varphi^{(k)},\sigma^{(k)}) - s_{3o}^{(k)}] + V^{(k)}(\varphi^{(k)},\sigma^{(k)})$$
$$+ \delta_3^k \frac{\varkappa}{2}\{[L(\varphi^{(3)},\sigma^{(3)}) - c]^2 - (L_o-c)^2\}$$

zu setzen. Der Definitionsbereich und die Differenzierbarkeitseigenschaften der Funktion

$$(978)\quad H^{(k)} = H^{(k)}(\varphi^{(k)},\sigma^{(k)})\ ,\qquad H^{(k)}(0,0) = 0\ ,$$

sind evident. Mit (189), (198), (226), (227) und (961) bekommt man

$$(979)\quad \frac{\partial H^{(k)}(0,0)}{\partial\varphi^{(k)}} = g\varepsilon_{jh3}(M'^{(k)}n_j^{(k)}z'^{(k)}_{ho} + \delta_3^k \frac{M''}{2} n_j^{(3)}b'_{ho})$$
$$- \delta_3^k \varkappa(1 - \frac{c}{L_o})F_o$$

und

$$(980) \quad \frac{\partial H^{(k)}(0,0)}{\partial \sigma^{(k)}} = g(M'^{(k)} m_{3o}^{(k)} + \delta_3^k \frac{M''}{2} m_{3o}^{(3)}) + \delta_3^k \varkappa(1 - \frac{c}{L_o})(z_{io}^{(3)} + b'_{io} - a_i) m_{io}^{(3)} ,$$

also wegen der Gleichgewichtsbedingungen (263) und (264)

$$(981) \quad \frac{\partial H^{(k)}(0,0)}{\partial \varphi^{(k)}} = 0 , \quad \frac{\partial H^{(k)}(0,0)}{\partial \sigma^{(k)}} = 0 .$$

Unter Beachtung von (959), (960) und (977) lassen sich die Darstellungen (954) und (955) in

$$(982) \quad U_{3k-2} = - \frac{\partial H^{(k)}}{\partial \varphi^{(k)}} + V_{3k-2} , \quad U_{3k-1} = - \frac{\partial H^{(k)}}{\partial \sigma^{(k)}} + V_{3k-1}$$

mit

$$(983) \quad V_{3k-2} = M^{(k)} g \frac{\partial s_i^{(k)}}{\partial \varphi^{(k)}} (\delta_{3i} - c_{3i}) + \varepsilon_{ijh} n_j^{(k)} (\hat{\Xi}^{(k)} \hat{m}_i^{(k)} \hat{z}'^{(k)}_h + \check{\Xi}^{(k)} \check{m}_i^{(k)} \check{z}'^{(k)}_h)$$

und

$$(984) \quad V_{3k-1} = M^{(k)} g \frac{\partial s_i^{(k)}}{\partial \sigma^{(k)}} (\delta_{3i} - c_{3i}) + m_i^{(k)} (\hat{\Xi}^{(k)} \hat{m}_i^{(k)} + \check{\Xi}^{(k)} \check{m}_i^{(k)})$$

überführen.

Die Formeln (140)-(146) ermöglichen die Umwandlungen

$$(985) \quad \varepsilon_{ijh} \hat{m}_i^{(k)} n_j^{(k)} \hat{z}'^{(k)}_h = \hat{m}_i^{(k)} \frac{\partial \hat{z}_i^{(k)}}{\partial \varphi^{(k)}} = \frac{\partial \hat{z}^{(k)}}{\partial \varphi^{(k)}} ,$$

$$(986) \quad \hat{m}_i^{(k)} m_i^{(k)} = \hat{m}_i^{(k)} \frac{\partial \hat{z}_i^{(k)}}{\partial \sigma^{(k)}} = \frac{\partial \hat{z}^{(k)}}{\partial \sigma^{(k)}}$$

und dementsprechend

$$(987) \quad \varepsilon_{ijh} \check{m}_i^{(k)} n_j^{(k)} \check{z}'^{(k)}_h = \frac{\partial \check{z}^{(k)}}{\partial \varphi^{(k)}} , \quad \check{m}_i^{(k)} m_i^{(k)} = \frac{\partial \check{z}^{(k)}}{\partial \sigma^{(k)}} .$$

Des weiteren ergibt der Vergleich von (226) und (227) mit (448) und (449) im Hinblick auf (29) die Beziehungen

$$(988)\quad M^{(k)} \frac{\partial s_i^{(k)}}{\partial \varphi^{(k)}} = w_{3k-2,9+l}c_{li} \;, \qquad M^{(k)} \frac{\partial s_i^{(k)}}{\partial \sigma^{(k)}} = w_{3k-1,9+l}c_{li} \;.$$

Anhand von (985)-(988) und (26) kann man die in (983) und (984) erklärten Komponenten der generalisierten Kraftkoordinaten (982) auch durch

$$(989)\quad V_{3k-2} = g\, w_{3k-2,9+l}(c_{l3} - \delta_{l3}) + \hat{\Xi}^{(k)} \frac{\partial \hat{z}^{(k)}}{\partial \varphi^{(k)}} + \check{\Xi}^{(k)} \frac{\partial \check{z}^{(k)}}{\partial \varphi^{(k)}}$$

und

$$(990)\quad V_{3k-1} = g\, w_{3k-1,9+l}(c_{l3} - \delta_{l3}) + \hat{\Xi}^{(k)} \frac{\partial \hat{z}^{(k)}}{\partial \sigma^{(k)}} + \check{\Xi}^{(k)} \frac{\partial \check{z}^{(k)}}{\partial \sigma^{(k)}}$$

ausdrücken. Nach (583), (981) und (982) muß

$$(991)\quad V_{3k-2}(0) = 0 \;, \qquad V_{3k-1}(0) = 0$$

gelten, wobei analog zu (583) unter den Symbolen $V_{3k-2}(0)$ und $V_{3k-1}(0)$ die Werte zu verstehen sind, welche die Funktionen (989) und (990) annehmen, wenn ihre Argumente sämtlich gleich Null gesetzt werden.

Zu dem in (258) definierten resultierenden Moment $w^{(k)}\delta_{i3}$ der am Gehänge $g^{(k)}$ des Galvanometers $\mathfrak{e}^{(k)}$ angreifenden inneren eingeprägten Kräfte leistet das Rückstellmoment einen Beitrag, dessen 3-Koordinate von $\overline{G}$ eine Funktion des Drehwinkels $\zeta^{(k)}$ und die negative erste Ableitung des zugeordneten Potentials

$$(992)\quad h^{(k)} = h^{(k)}(\zeta^{(k)}) \;, \qquad h^{(k)}(0) = 0 \;,$$

ist. Diese Funktion repräsentiert prinzipielle dynamische Eigenschaften der elastischen Aufhängung von $g^{(k)}$ am Gehänge von $\mathfrak{e}^{(k)}$. Man darf insbesondere erwarten, daß sie positiv definit ist. Hieraus folgt sofort

$$(993)\quad \frac{dh^{(k)}(0)}{d\zeta^{(k)}} = 0 \;.$$

Des weiteren soll (992) eine analytische Funktion sein und die sie darstellende Potenzreihe in $\zeta^{(k)}$ mit dem quadratischen Glied beginnen. Die Bedingung

(994) $\frac{d^2h^{(k)}(0)}{d\zeta^{(k)2}} > 0$

ist also für die positive Definitheit des zugeordneten Potentials (992) notwendig und hinreichend. Eine einwandfreie Aufhängung von $g^{(k)}$ garantiert zudem nicht nur die durch

(995) $h^{(k)}(\zeta^{(k)}) = h^{(k)}(-\zeta^{(k)})$

ausgedrückte Symmetrie der Funktion (992), sondern erlaubt sogar die Annahme

(996) $\operatorname{sgn} \frac{dh^{(k)}(\zeta^{(k)})}{d\zeta^{(k)}} = \operatorname{sgn} \zeta^{(k)}$,

wonach der Funktionswert mit wachsendem Betrag des Drehwinkels $\zeta^{(k)}$ streng monoton steigt. Auf Grund von (995) können in der Potenzreihe des Potentials (992) lediglich gerade Potenzen des Arguments $\zeta^{(k)}$ vorkommen. Von der Summe

(997) $V_{3k} = w^{(k)} + \frac{dh^{(k)}}{d\zeta^{(k)}}$

läßt sich kein Term abspalten, der nur von $\zeta^{(k)}$ abhängt. Da die Funktion $w^{(k)}$ den Wert Null annimmt, wenn ihre Argumente sämtlich gleich Null sind, und (993) gilt, ergibt sich analog zu (991)

(998) $V_{3k}(0) = 0$.

Nach (531) und (997) erhält man die Darstellung

(999) $U_{3k} = -\frac{dh^{(k)}}{d\zeta^{(k)}} + V_{3k}$.

Wenn übrigens auch allen drei Funktionen (958) eine derartige Monotonie-Eigenschaft, wie sie für das zugeordnete Potential (992) mit (996) in Betracht kommt, zuerkannt wird, dann resultiert daraus $\frac{\partial W^{(k)}(0,0)}{\partial\sigma^{(k)}} = \frac{\partial\Xi^{(k)}(0,0)}{\partial\varphi^{(k)}} = 0$ für $k = 1,2,3$. Man muß jedoch hiervon absehen, weil dieses Ergebnis und die Beziehung (934) wegen der Positivität des Produkts $\varkappa s$ inkompatibel sind. Das Verschwinden der partiellen Ableitung von $W^{(k)}$ bzw. $\Xi^{(k)}$ nach $\sigma^{(k)}$ bzw. $\varphi^{(k)}$ an der Stelle $\varphi^{(k)} = 0$, $\sigma^{(k)} = 0$ bedeutet notabene, daß in der Potenzreihenentwicklung von $W^{(k)}$ bzw. $\Xi^{(k)}$ das in $\sigma^{(k)}$ bzw. $\varphi^{(k)}$ lineare

Glied fehlt, was der bisherigen Theorie der einzelnen Blattfeder widerspricht.

Der in $P \in \mathfrak{G}^*$ angreifenden seismischen Kraft ist das Potential

(1000) $Y^* = Y^*(x_h)$, $Y^*(\overline{x}_h) = 0$,

zugeordnet. Damit ergeben sich für ihre vom Ort und von der Geschwindigkeit des Punktes $P \in \mathfrak{G}^*$ bezüglich $\mathfrak{S}$ abhängigen $\mathfrak{S}$-Koordinaten (215) die Zerlegungen

(1001) $X_i^* = - \frac{\partial Y^*}{\partial x_i} + Y_i^*$.

Die Komponente Y_i^* wird als Funktion x_h und $\dot{x}_h$ aufgefaßt:

(1002) $Y_i^* = Y_i^*(x_h, x_h)$.

Im allgemeinen sind die partiellen Ableitungen $\frac{\partial Y_i(x_h, \dot{x}_h=0)}{\partial x_j}$ und $\frac{\partial Y_i(x_h, \dot{x}_h=0)}{\partial x_j}$ für $i \neq j$ ungleich. Hinsichtlich (25), (62) und (101) folgt aus (215) und (1001), (1002)

(1003) $\frac{\partial Y^*(\overline{x}_h)}{\partial x_i} = 0$, $Y_i^*(\overline{x}_h, \dot{x}_h=0) = 0$.

Es ist zweckmäßig, die $\overline{\mathfrak{S}}$-Koordinaten $\overline{Y}_k^*$ des potentialfreien Anteils (1002) der seismischen Kraft (1001) einzuführen, deren Zusammenhang mit den $\mathfrak{S}$-Koordinaten (1002) durch die Transformation

(1004) $\overline{Y}_k^* = Y_i^* c_{ik}$

geregelt wird. Bei der virtuellen Verrückung (212) verrichtet die in $P \in \mathfrak{G}^*$ angreifende Kraft (1001) bzw. (1004) die virtuelle Arbeit

(1005) $X_i^* \delta x_i = - dY^* + Y_i^* \delta \xi_i + \omega_{hl}(\varepsilon_{hjk} \overline{x}_j \overline{Y}_k^*) \delta \eta_l$.

In dieser Gleichung erscheint das totale Differential der Ortsfunktion (1000). Wegen (25), (62) und (101) hängt also $\sum_{\mathfrak{G}^*} Y^*$ nur von den Lagekoordinaten (51) des Fundaments $\mathfrak{G}^*$ ab, d.h., man bekommt die Funktion

(1006) $H^* = \sum_{\mathfrak{G}^*} Y^*$, $H^* = H^*(\xi_i, \eta_i)$, $H^*(0,\ldots,0) = 0$, und kann damit die in $\delta\xi_i$ und $\delta\eta_i$ lineare homogene Differentialform

$$(1007)\quad \sum_{\mathfrak{B}^*} dY^* = d \sum_{\mathfrak{B}^*} Y^* = dH^* = \frac{\partial H^*}{\partial \xi_i}\,\delta\xi_i + \frac{\partial H^*}{\partial \eta_i}\,\delta\eta_i$$

bilden. Nach (25), (62), (101) und (1003) gilt

$$(1008)\quad \frac{\partial H^*(0,\ldots,0)}{\partial \xi_i} = 0\ , \qquad \frac{\partial H^*(0,\ldots,0)}{\partial \eta_i} = 0\ .$$

Für viele seismologisch interessante Untersuchungen genügt es, mit (1006) eine analytische Funktion zu betrachten. Jedenfalls sollen alle partiellen Ableitungen zweiter Ordnung der Funktion (1006) in ihrem ganzen Definitionsbereich existieren und stetig sein.

Die $\mathfrak{S}$-Koordinaten

$$(1009)\quad V_{9+i} = \sum_{\mathfrak{B}^*} Y_i^*$$

der im Punkt S^* (oder S_o^*) angreifenden Resultante der potentialfreien seismischen Kräfte und die $\overline{\mathfrak{S}}$-Koordinaten

$$(1010)\quad Z_h^* = \sum_{\mathfrak{B}^*} \varepsilon_{hjk}\overline{x}_j\overline{Y}_k^*$$

des resultierenden Moments dieser Kräfte in bezug auf S^* (oder S_o^*) sind, wie man wieder im Hinblick auf (25), (62), (101), (1003) und mittels (1004) bestätigt, Funktionen der generalisierten Lage- und Geschwindigkeitskoordinaten von $\mathfrak{B}^*$, die für $\xi_j = 0$, $\eta_j = 0$ und $\dot{\xi}_j = 0$, $\dot{\eta}_j = 0$ den Wert Null annehmen:

$$(1011)\quad V_{9+i} = V_{9+i}(\xi_j,\eta_j,\dot{\xi}_j,\dot{\eta}_j)\ , \quad V_{9+i}(0,\ldots,0) = 0\ ,$$

$$(1012)\quad Z_h^* = Z_h^*(\xi_j,\eta_j,\dot{\xi}_j,\dot{\eta})\ , \quad Z_h^*(0,\ldots,0) = 0\ .$$

Die Formeln (1005), (1007), (1009) und (1010) verhelfen zu der Gleichung

$$(1013)\quad \sum_{\mathfrak{B}^*} X_i^*\delta x_i = \left(-\frac{\partial H^*}{\partial \xi_i} + V_{9+i}\right)\delta\xi_i + \left(-\frac{\partial H^*}{\partial \eta_i} + \omega_{hi}Z_h^*\right)\delta\eta_i\ .$$

Sie drückt ebenso wie (220) die gesamte virtuelle Arbeit der auf $\mathfrak{B}^*$ einwirkenden seismischen Kräfte aus. Der Koeffizientenvergleich anhand der Darstellungen (220) und (1013) liefert die Beziehungen

$$(1014)\quad \Xi_i^* = -\frac{\partial H^*}{\partial \xi_i} + V_{9+i}$$

und

(1015) $\omega_{hi}W_h^* = -\frac{\partial H^*}{\partial \eta_i} + \omega_{hi}Z_h^*$

oder unter Verwendung der Substitution

(1016) $V_{12+i} = \omega_{hi}Z_h^*$,

(1017) $V_{12+i} = V_{12+i}(\xi_j,\eta_j,\dot{\xi}_j,\dot{\eta}_j)$, $V_{12+i}(0,\ldots,0) = 0$,

wobei auch (1012) und (69) beachtet werden, sowie im Hinblick auf (532) und (533)

(1018) $U_{9+i} = -\frac{\partial H^*}{\partial \xi_i} + V_{9+i}$, $U_{12+i} = -\frac{\partial H^*}{\partial \eta_i} + V_{12+i}$.

Die Gleichungen (982), (999) und (1018) lassen erkennen, daß mit

(1019) $U = \sum_k [H^{(k)}(\varphi^{(k)},\sigma^{(k)}) + h^{(k)}(\zeta^{(k)})] + H^*(\xi_i,\eta_i)$

das zugeordnete Potential des mechanischen Verbands $\mathfrak{V}^*$ vorliegt. Nach (978), (992) und (1006) ergibt sich speziell $U = 0$, falls alle Argumente dieser Funktion, also die 15 Variablen $\varphi^{(k)}$, $\sigma^{(k)}$, $\zeta^{(k)}$ und ξ_i, η_i, gleich Null gesetzt werden. Wie z.B. in (377) und (583) ist auch hier die Symbolik

(1020) $U = U(u^C)$, $U(0) = 0$,

praktisch und unmißverständlich, wenn man die Bemerkung hinzufügt, daß die Substitutionen (372) und (99), (393) zu berücksichtigen sind. Mittels der partiellen Ableitungen $U_{|A}$ des Potentials (1020) können die Relationen (982), (999) und (1018) in

(1021) $U_A = -U_{|A} + V_A$

zusammengefaßt und die Bedingungen in (991), (998), (1011) und (1017) en bloc durch

(1022) $V_A(0) = 0$

ausgedrückt werden, weshalb wegen (583)

(1023) $U_{|A}(0) = 0$

gelten muß. Unter Beachtung von (372) und (99), (393) entnimmt man der Definitionsgleichung (1019) des zugeordneten Potentials U im einzelnen die partiellen Differentialquotienten

$$(1024)\quad U_{|3k-2} = \frac{\partial H^{(k)}(\varphi^{(k)},\sigma^{(k)})}{\partial\varphi^{(k)}}\,, \qquad U_{|3k-1} = \frac{\partial H^{(k)}(\varphi^{(k)},\sigma^{(k)})}{\partial\sigma^{(k)}}\,,$$

$$(1025)\quad U_{|3k} = \frac{dh^{(k)}(\zeta^{(k)})}{d\zeta^{(k)}}$$

und

$$(1026)\quad U_{|9+k} = \frac{\partial H^{*}(\xi_i,\eta_i)}{\partial\xi_k}\,, \qquad U_{|12+k} = \frac{\partial H^{*}(\xi_i,\eta_i)}{\partial\eta_k}\,.$$

Hieraus folgt auf Grund von (981), (993) und (1008) wiederum (1023). Die Differenzierbarkeitseigenschaften der Funktionen (978), (992) und (1006) garantieren die Existenz und Stetigkeit aller partiellen Ableitungen zweiter Ordnung des Potentials (1020) an jeder Stelle seines Definitionsbereichs. Mit (1024) und (1025) ergeben sich die Beziehungen

$$(1027)\quad U_{|3k-2|3k-1} = U_{|3k-1|3k-2}$$

und

$$(1028)\quad U_{|9+k|9+l} = U_{|9+l|9+k}\,, \qquad U_{|12+k|12+l} = U_{|12+l|12+k}\,,$$

$$(1029)\quad U_{|9+k|12+l} = U_{|12+l|9+k}\,.$$

Daß die übrigen Ableitungen $U_{|A|B}$ für $A \neq B$ identisch verschwinden, ist im Hinblick auf (1024)-(1026) evident.

Führt man nun (1021) in (379) ein, dann offerieren sich die allgemeinen Bewegungsgleichungen von $\mathfrak{B}^{*}$ in der Gestalt

$$(1030)\quad w_{AB}\ddot{u}^{B} + \Omega_{ABC}\dot{u}^{B}\dot{u}^{C} + U_{|A} = V_{A}\,.$$

Die Überschiebung beider Seiten dieser vektoriellen Gleichung mit $\dot{u}^{A}$ liefert, indem man (383) berücksichtigt, vorerst

$$(1031)\quad w_{AB}\dot{u}^{A}\ddot{u}^{B} + \frac{1}{2}\, w_{AB|C}\dot{u}^{A}\dot{u}^{B}\dot{u}^{C} + U_{|A}\dot{u}^{A} = V_{A}\dot{u}^{A}\,.$$

Da die generalisierten Koordinaten u^{C} als Funktionen der Zeit t aufzufassen sind, hängen das zugeordnete Potential (1020) und der Energietensor (377) mittelbar von t ab, so daß

$$(1032)\quad U_{|A}\dot{u}^{A} = \frac{dU}{dt}$$

und

(1033) $w_{AB|C}\dot{u}^C = \frac{dw_{AB}}{dt}$

gesetzt werden darf. Des weiteren gestattet die Symmetrie des Tensors (377) die Umformung

(1034) $w_{AB}\dot{u}^A\ddot{u}^B = \frac{1}{2}\, w_{AB}\, \frac{d}{dt}(\dot{u}^A\dot{u}^B)$.

Anhand von (1032)-(1034) und (385) kann man die Gleichung (1031) schließlich in die Form

(1035) $\frac{d}{dt}\,(E_{\mathfrak{B}*} + U) = V_A\dot{u}^A$

bringen. Danach nimmt die gesamte Energie $E_{\mathfrak{B}*} + U$ des Verbands $\mathfrak{B}^*$ mit der Zeit t genau dann zu bzw. ab, wenn die (möglicherweise sehr komplizierte) nichtlineare Funktion $V_A\dot{u}^A$ im betreffenden Zeitpunkt positiv bzw. negativ ist. Daß im Intervall $\iota(t)$ sich $E_{\mathfrak{B}*} + U$ nicht ändert, also $V_A\dot{u}^A$ identisch verschwindet, impliziert exzeptionelle Bedingungen, nämlich die Elimination der mechanischen Wandler- und energiedissipativen Dämpfungsvorrichtungen der Teilverbände sowie das Fehlen von am Fundament $\mathfrak{G}^*$ angreifenden seismischen Kräften, die allenfalls bei gewissen Labortests der Empfänger $\mathfrak{E}^{(k)}$ zugrunde gelegt werden.

Das in (1019) definierte zugeordnete Potential des mechanischen Verbands $\mathfrak{B}^*$ setzt sich aus den sieben Funktionen (978), (992) und (1006) additiv zusammen, die keine gemeinsamen Argumente haben, weshalb insbesondere die Definitheit von (1020) im Zeitintervall $\iota(t)$ nur dann zustande kommt, wenn jede dieser Funktionen im Intervall $\iota(t)$ definit mit dem gleichen Vorzeichen ist. Da die Rückstellmomente (992) stets positiv definit sind, kann das Potential (1020) niemals negativ definit sein. Für die positive Definitheit von (1020) ist also notwendig, daß auch die drei Funktionen (978) positiv definit sind. Diese Bedingung wird bei der Justierung der mechanischen Empfänger $\mathfrak{E}^{(k)}$ immer berücksichtigt und muß nun eingehend diskutiert werden.

Von den $\overline{\mathfrak{S}}$-Koordinaten (975) des Massenmittelpunkts $S^{(k)}$ des Gehänges $\mathfrak{G}^{(k)}$ ist in (977) lediglich die 3-Koordinate enthalten. Unter Beachtung von (113), (120), (137) und (178) erhält man

$$(1036)\quad M^{(k)}s_3^{(k)}(\varphi^{(k)},\sigma^{(k)}) = M'^{(k)}[z_3^{(k)}(\sigma^{(k)}) + z_3'^{(k)}(\varphi^{(k)})] + \delta_3^k \frac{M''}{2}[a_3 + z_3^{(3)}(\sigma^{(3)}) + b_3'(\varphi^{(3)})]$$

Wegen (171), (194), (273) und (975) gilt damit

$$(1037)\quad M^{(k)}[s_3^{(k)}(\varphi^{(k)},\sigma^{(k)}) - s_{3o}^{(k)}] = - M'^{(k)}(2z_{3o}'^{(k)}\sin^2\frac{\varphi^{(k)}}{2} + \varepsilon_{jh3}z_{jo}'^{(k)}n_h^{(k)}\sin\varphi^{(k)}) - \delta_3^k\frac{M''}{2}(2b_{3o}'\sin^2\frac{\varphi^{(3)}}{2} + \varepsilon_{jh3}b_{jo}'n_h^{(3)}\sin\varphi^{(3)}) + M'^{(k)}[z_3^{(k)}(\sigma^{(k)}) - z_{3o}^{(k)}] + \delta_3^k\frac{M''}{2}[z_3^{(3)}(\sigma^{(3)}) - z_{3o}^{(3)}]$$

oder auf Grund von (108), (118) und der Gleichgewichtsbedingungen (263) und (265) sowie von (681) und (821)

$$(1038)\quad M^{(k)}[s_3^{(k)}(\varphi^{(k)},\sigma^{(k)}) - s_{3o}^{(k)}] = 2(\delta_1^k M^{(1)}s^{(1)}n_2^{(1)}\sin^2\frac{\varphi^{(1)}}{2} + \delta_2^k M^{(2)}s^{(2)}n_1^{(2)}\sin^2\frac{\varphi^{(2)}}{2}) + \delta_3^k[\frac{\varkappa}{g}(1-\frac{c}{L_o})F_o\sin\varphi^{(3)} - 2(M'^{(3)}z_{3o}'^{(3)} + \frac{M''}{2}b_{3o}')\sin^2\frac{\varphi^{(3)}}{2}] + \frac{M^{(k)}+M'^{(k)}}{2}[z_3^{(k)}(\sigma^{(k)}) - z_{3o}^{(k)}] .$$

Die zweimal stetig differenzierbare Funktion

$$(1039)\quad \varrho^{(k)} = \varrho^{(k)}(\sigma^{(k)}) \neq 0 , \quad \varrho^{(k)}(0) \equiv \varrho_o^{(k)} ,$$

repräsentiert den Krümmungsradius des vom Punkt $Z^{(k)}$ durchlaufenen Kurvenstücks an der Stelle $Z^{(k)}$. Nach (120), (123) und der ersten FRENETschen Ableitungsformel ergibt sich

$$(1040)\quad \frac{d^2z_i^{(k)}(\sigma^{(k)})}{d\sigma^{(k)2}} = \frac{dm_i^{(k)}(\sigma^{(k)})}{d\sigma^{(k)}} = \frac{1}{\varrho^{(k)}(\sigma^{(k)})}\varepsilon_{ijh}n_j^{(k)}m_h^{(k)}(\sigma^{(k)})$$

Hieraus folgt mit Hilfe des Entwicklungssatzes (35) und der Orthogonalitätsrelation (124)

$$(1041)\quad \frac{d^3 z_i^{(k)}(\sigma^{(k)})}{d\sigma^{(k)3}} = \frac{1}{\varrho^{(k)}(\sigma^{(k)})}\,\varepsilon_{ijh} n_j^{(k)} \frac{dm_h^{(k)}(\sigma^{(k)})}{d\sigma^{(k)}} - \frac{1}{[\varrho^{(k)}(\sigma^{(k)})]^2}\,\frac{d\varrho^{(k)}(\sigma^{(k)})}{d\sigma^{(k)}}\,\varepsilon_{ijh} n_j^{(k)} m_h^{(k)}(\sigma^{(k)})$$

$$= -\frac{1}{[\varrho^{(k)}(\sigma^{(k)})]^2}\,[m_i^{(k)}(\sigma^{(k)}) + \frac{d\varrho^{(k)}(\sigma^{(k)})}{d\sigma^{(k)}}\,\varepsilon_{ijh} n_j^{(k)} m_h^{(k)}(\sigma^{(k)})]\;.$$

In der über (278) hinausreichenden Darstellung

$$(1042)\quad z_i^{(k)}(\sigma^{(k)}) = z_{io}^{(k)} + \frac{dz_i^{(k)}(0)}{d\sigma^{(k)}}\,\sigma^{(k)} + \frac{1}{2}\,\frac{d^2 z_i^{(k)}(0)}{d\sigma^{(k)2}}\,\sigma^{(k)2} + \frac{1}{6}\,\frac{d^3 z_i^{(k)}(0)}{d\sigma^{(k)3}}\,\sigma^{(k)3} + o(\sigma^{(k)3})$$

(für $\sigma^{(k)} \to 0$) wird das BACHMANN-LANDAUsche Symbol $o(\sigma^{(k)3})$ verwendet, dessen Definition man etwa dem Lehrbuch „Differentialgeometrie" von KREYSZIG entnehmen kann. Im Hinblick auf (123), (1039) und (1040) läßt sich (1042) durch

$$(1043)\quad z_i^{(k)}(\sigma^{(k)}) = z_{io}^{(k)} + m_{io}^{(k)}\sigma^{(k)} + \frac{1}{2\varrho_o^{(k)}}(\varepsilon_{ijh} n_j^{(k)} m_{ho}^{(k)})\sigma^{(k)2} - \frac{1}{6\varrho_o^{(k)2}}\,[m_{io}^{(k)} + \frac{d\varrho^{(k)}(0)}{d\sigma^{(k)}}\,\varepsilon_{ijh} n_j^{(k)} m_{ho}^{(k)}]\sigma^{(k)3} + o(\sigma^{(k)3})$$

(für $\sigma^{(k)} \to 0$) ausdrücken. Diese Entwicklung liefert unter Berücksichtigung von (274) und (794) die Gleichungen

(1044) $z_3^{(k)}(\sigma^{(k)}) - z_{3o}^{(k)} =$

$$\delta_1^k \frac{n_2^{(1)}}{2\varrho_o^{(1)}} [\sigma^{(1)^2} - \frac{1}{3\varrho_o^{(1)}} \frac{d\varrho^{(1)}(0)}{d\sigma^{(1)}} \sigma^{(1)^3} + o(\sigma^{(1)^3})]$$

$$+ \delta_2^k \frac{n_1^{(2)}}{2\varrho_o^{(2)}} [\sigma^{(2)^2} - \frac{1}{3\varrho_o^{(2)}} \frac{d\varrho^{(2)}(0)}{d\sigma^{(2)}} \sigma^{(2)^3} + o(\sigma^{(2)^3})]$$

$$+ \delta_3^k \{m_{3o}^{(3)}\sigma^{(3)} + \frac{1}{2\varrho_o^{(3)}} m_{2o}^{(3)}\sigma^{(3)^2}$$

$$- \frac{1}{6\varrho_o^{(3)^2}} [m_{3o}^{(3)} + \frac{d\varrho^{(3)}(0)}{d\sigma^{(3)}} m_{2o}^{(3)}]\sigma^{(3)^3} + o(\sigma^{(3)^3})\}$$

(für $\sigma^{(k)} \to 0$).

Mittels (108), (977), (1038) und (1044) erhält man

(1045) $H^{(1)}(\varphi^{(1)},\sigma^{(1)}) =$

$$M^{(1)}g\, n_2^{(1)}[2s^{(1)}\sin^2 \frac{\varphi^{(1)}}{2} + \frac{1}{2\varrho_o^{(1)}} \sigma^{(1)^2}$$

$$- \frac{1}{6\varrho_o^{(1)^2}} \frac{d\varrho^{(1)}(0)}{d\sigma^{(1)}} \sigma^{(1)^3} + o(\sigma^{(1)^3})]$$

$$+ V^{(1)}(\varphi^{(1)},\sigma^{(1)})$$

(für $\sigma^{(1)} \to 0$) und analog

(1046) $H^{(2)}(\varphi^{(2)},\sigma^{(2)}) =$

$$M^{(2)}g\, n_1^{(2)}[2s^{(2)}\sin^2 \frac{\varphi^{(2)}}{2} + \frac{1}{2\varrho_o^{(2)}} \sigma^{(2)^2}$$

$$- \frac{1}{6\varrho_o^{(2)^2}} \frac{d\varrho^{(2)}(0)}{d\sigma^{(2)}} \sigma^{(2)^3} + o(\sigma^{(2)^3})]$$

$$+ V^{(2)}(\varphi^{(2)},\sigma^{(2)})$$

(für $\sigma^{(2)} \to 0$). Da die Krümmungsradien $\varrho_o^{(1)}$ und $\varrho_o^{(2)}$ ebenso wie die in (680) definierten Abstände $s^{(1)}$ und $s^{(2)}$ positiv sind, ist die positive Definitheit der von den eckigen Klammern in (1045) und (1046) eingefaßten Funktionen evident. Die elastischen Potentiale $V^{(1)}(\varphi^{(1)},\sigma^{(1)})$ und $V^{(2)}(\varphi^{(2)},\sigma^{(2)})$ sind auch positiv definit. Offensichtlich ist $H^{(1)}(\varphi^{(1)},\sigma^{(1)})$ bzw. $H^{(2)}(\varphi^{(2)},\sigma^{(2)})$ genau dann positiv, wenn

$$(1047)\quad M^{(1)}g\, n_2^{(1)}[2s^{(1)}\sin^2\frac{\varphi^{(1)}}{2} + \frac{1}{2\varrho_o^{(1)}}\sigma^{(1)2} - \frac{1}{6\varrho_o^{(1)2}}\frac{d\varrho^{(1)}(0)}{d\sigma^{(1)}}\sigma^{(1)3} + o(\sigma^{(1)3})] + V^{(1)}(\varphi^{(1)},\sigma^{(1)}) \geqq 0$$

(für $\sigma^{(1)} \to 0$) bzw.

$$(1048)\quad M^{(2)}g\, n_1^{(2)}[2s^{(2)}\sin^2\frac{\varphi^{(2)}}{2} + \frac{1}{2\varrho_o^{(2)}}\sigma^{(2)2} - \frac{1}{6\varrho_o^{(2)2}}\frac{d\varrho^{(2)}(0)}{d\sigma^{(2)}}\sigma^{(2)3} + o(\sigma^{(2)3})] + V^{(2)}(\varphi^{(2)},\sigma^{(2)}) \geqq 0$$

(für $\sigma^{(2)} \to 0$) gilt, wobei das Gleichheitszeichen nur im Fall $\varphi^{(1)} = 0$, $\sigma^{(1)} = 0$ bzw. $\varphi^{(2)} = 0$, $\sigma^{(2)} = 0$ in Betracht kommt.

Wegen (968) kann man statt (1045) bzw. (1046)

$$(1049)\quad H^{(1)}(\varphi^{(1)},\sigma^{(1)}) = \frac{1}{2}[M^{(1)}g\, s^{(1)}n_2^{(1)} + \frac{\partial^2 V^{(1)}(0,0)}{\partial\varphi^{(1)2}}]\varphi^{(1)2} + \frac{\partial^2 V^{(1)}(0,0)}{\partial\varphi^{(1)}\partial\sigma^{(1)}}\varphi^{(1)}\sigma^{(1)} + \frac{1}{2}[\frac{M^{(1)}g\, n_2^{(1)}}{\varrho_o^{(1)}} + \frac{\partial^2 V^{(1)}(0,0)}{\partial\sigma^{(1)2}}]\sigma^{(1)2} + \dots$$

bzw.

$$(1050)\quad H^{(2)}(\varphi^{(2)},\sigma^{(2)}) = \frac{1}{2}[M^{(2)}g\, s^{(2)}n_1^{(2)} + \frac{\partial^2 V^{(2)}(0,0)}{\partial\varphi^{(2)^2}}]\varphi^{(2)^2} + \frac{\partial^2 V^{(2)}(0,0)}{\partial\varphi^{(2)}\partial\sigma^{(2)}}\varphi^{(2)}\sigma^{(2)} + \frac{1}{2}[\frac{M^{(2)}g\, n_1^{(2)}}{\varrho_0^{(2)}} + \frac{\partial^2 V^{(2)}(0,0)}{\partial\sigma^{(2)^2}}]\sigma^{(2)^2} + \dots$$

setzen; die Punkte sollen jedesmal auf die Existenz eines Restgliedes hindeuten, das als nicht notwendig analytische Funktion von $\varphi^{(1)}$ und $\sigma^{(1)}$ bzw. von $\varphi^{(2)}$ und $\sigma^{(2)}$ für $\varphi^{(1)} = 0$, $\sigma^{(1)} = 0$ bzw. $\varphi^{(2)} = 0$, $\sigma^{(2)} = 0$ mit einer Ordnung verschwindet, die sogar größer als Drei ist, wenn

$$(1051)\quad \frac{d\varrho^{(1)}(0)}{d\sigma^{(1)}} = \frac{d\varrho^{(2)}(0)}{d\sigma^{(2)}} = 0$$

angenommen wird. Aus (628)-(631) folgt im Hinblick auf (108), (274), (681), (959) und (960)

$$(1052)\quad U_{11}^{[0]} = M^{(1)}g\, s^{(1)}n_2^{(1)} + \frac{\partial^2 V^{(1)}(0,0)}{\partial\varphi^{(1)^2}} ,$$

$$(1053)\quad U_{44}^{[0]} = M^{(2)}g\, s^{(2)}n_1^{(2)} + \frac{\partial^2 V^{(2)}(0,0)}{\partial\varphi^{(2)^2}} ,$$

$$(1054)\quad U_{12}^{[0]} = U_{21}^{[0]} = \frac{\partial^2 V^{(1)}(0,0)}{\partial\varphi^{(1)}\partial\sigma^{(1)}} , \quad U_{45}^{[0]} = U_{54}^{[0]} = \frac{\partial^2 V^{(2)}(0,0)}{\partial\varphi^{(2)}\partial\sigma^{(2)}} ,$$

$$(1055)\quad U_{22}^{[0]} = \frac{M^{(1)}g\, n_2^{(1)}}{\varrho_0^{(1)}} + \frac{\partial^2 V^{(1)}(0,0)}{\partial\sigma^{(1)^2}} ,$$

$$(1056)\quad U_{55}^{[0]} = \frac{M^{(1)}g\, n_2^{(1)}}{\varrho_0^{(1)}} + \frac{\partial^2 V^{(2)}(0,0)}{\partial\sigma^{(2)^2}} .$$

Damit geht (1049) bzw. (1050) in

$$(1057)\quad H^{(1)}(\varphi^{(1)},\sigma^{(1)}) = \frac{1}{2}\,U_{11}^{[0]}\varphi^{(1)^2} + U_{12}^{[0]}\varphi^{(1)}\sigma^{(1)} + \frac{1}{2}\,U_{22}^{[0]}\sigma^{(1)^2} + \ldots$$

bzw.

$$(1058)\quad H^{(2)}(\varphi^{(2)},\sigma^{(2)}) = \frac{1}{2}\,U_{44}^{[0]}\varphi^{(2)^2} + U_{45}^{[0]}\varphi^{(2)}\sigma^{(2)} + \frac{1}{2}\,U_{55}^{[0]}\sigma^{(2)^2} + \ldots$$

über. Einem bereits angewandten Lemma und dem Satz von SYLVESTER entsprechend genügt es, die Bedingungen

$$(1059)\quad U_{11}^{[0]} > 0\,,\quad U_{22}^{[0]} > 0\,,\quad U_{11}^{[0]}U_{22}^{[0]} > (U_{12}^{[0]})^2$$

und

$$(1060)\quad U_{44}^{[0]} > 0\,,\quad U_{55}^{[0]} > 0\,,\quad U_{44}^{[0]}U_{55}^{[0]} > (U_{45}^{[0]})^2$$

zu erfüllen, um die positive Definitheit der beiden Funktionen $H^{(1)}(\varphi^{(1)},\sigma^{(1)})$ und $H^{(2)}(\varphi^{(2)},\sigma^{(2)})$ zu sichern.

Die angestrebte Identität der mechanischen Empfänger $\mathfrak{E}^{(1)}$ und $\mathfrak{E}^{(2)}$ drückt sich u.a. in den Gleichungen (675), (682), (690), (701) und (717)-(719) aus; sie impliziert speziell die in (700) vermerkte vollkommene strukturelle Übereinstimmung der Funktionen $\Xi^{(1)}$ und $\Xi^{(2)}$ sowie $W^{(1)}$ und $W^{(2)}$, was hinsichtlich (958)-(960) mit

$$(1061)\quad \varphi^{(1)} = \sigma^{(2)}\,,\quad \sigma^{(1)} = \sigma^{(2)}\,:\quad V^{(1)}(\varphi^{(1)},\sigma^{(1)}) = V^{(2)}(\varphi^{(2)},\sigma^{(2)})$$

gleichbedeutend ist. Setzt man also voraus, daß $\mathfrak{E}^{(1)}$ und $\mathfrak{E}^{(2)}$ identisch sind, dann reduziert sich die Anzahl der Beziehungen in (1045)-(1060) auf die Hälfte, und es braucht wegen

$$(1062)\quad \varphi^{(1)} = \varphi^{(2)}\,,\quad \sigma^{(1)} = \sigma^{(2)}\,:\quad H^{(1)}(\varphi^{(1)},\sigma^{(1)}) = H^{(2)}(\varphi^{(2)},\sigma^{(2)})$$

nur die Funktion $H^{(1)}(\varphi^{(1)},\sigma^{(1)})$ zu interessieren.

Der weiteren Diskussion liegt die Definitionsgleichung (977) für $k = 3$ zugrunde. Sie lautet unter Berücksichtigung von (108), (968),

(1036) und (1044) vorerst

$$(1063)\quad H^{(3)}(\varphi^{(3)},\sigma^{(3)}) = \varkappa(1 - \frac{c}{L_o})F_o \sin\varphi^{(3)} + (M'^{(3)} + \frac{M''}{2})gm_{3o}^{(3)}\sigma^{(3)}$$

$$+ \frac{1}{2}[-(M'^{(3)}z_{3o}'^{(3)} + \frac{M''}{2}b_{3o}')g$$

$$+ \frac{\partial^2 V^{(3)}(0,0)}{\partial\varphi^{(3)2}}]\varphi^{(3)2}$$

$$+ \frac{\partial^2 V^{(3)}(0,0)}{\partial\varphi^{(3)}\partial\sigma^{(3)}}\varphi^{(3)}\sigma^{(3)}$$

$$+ \frac{1}{2}[\frac{(M'^{(3)} + \frac{M''}{2})g}{\varrho_o^{(3)}} m_{2o}^{(3)} + \frac{\partial^2 V^{(3)}(0,0)}{\partial\sigma^{(3)2}}]\sigma^{(3)2}$$

$$- \frac{(M'^{(3)} + \frac{M''}{2})g}{6\varrho_o^{(3)2}}[m_{3o}^{(3)} + \frac{d\varrho^{(3)}(0)}{d\sigma^{(3)}} m_{2o}^{(3)}]\sigma^{(3)2}$$

$$+ \frac{\varkappa}{2}\{[L(\varphi^{(3)},\sigma^{(3)}) - c]^2 - (L_o-c)^2\} + \cdots ,$$

wobei die Punkte die Existenz eines Terms anzeigen, der eine Funktion von $\varphi^{(3)}$ und $\sigma^{(3)}$ ist, die für $\varphi^{(3)} = 0$, $\sigma^{(3)} = 0$ mit der vierten Ordnung verschwindet. Man muß nun den Ausdruck zwischen den geschweiften Klammern in dieser Gleichung analysieren. Zu dem Zweck eignet sich die Umformung

$$(1064)\quad (L-c)^2 - (L_o-c)^2 = (L+L_o-2c)(L-L_o)$$

$$= [(1 - \frac{c}{L_o})(L+L_o) + \frac{c}{L_o}(L-L_o)](L-L_o)$$

$$= (1 - \frac{c}{L_o})(L^2-L_o^2) + \frac{c}{4L_o^3}(L^2-L_o^2)^2(\frac{2L_o}{L+L_o})^2 .$$

Der Faktor $(\frac{2L_o}{L+L_o})^2$ erlaubt wegen

$$(1065)\quad |L-L_o| < 2L_o$$

die Darstellung

$$(1066)\quad \left(\frac{2L_o}{L+L_o}\right)^2 = \left(\frac{1}{1+\frac{L-L_o}{2L_o}}\right)^2 = 1 - 2\frac{L-L_o}{2L_o} + 3\left(\frac{L-L_o}{2L_o}\right)^2 - \dots .$$

Das Bildungsgesetz der absolut konvergenten Potenzreihe in $\frac{L-L_o}{2L_o}$ ist evident. Anhand von (189) und (198) kann man $L = L(\varphi^{(3)},\sigma^{(3)})$ durch

$$(1067)\quad L = L_o - \frac{F_o}{L_o}\varphi^{(3)} + m_{io}^{(3)}a_{i1}(0)\,\sigma^{(3)} + \dots$$

ausdrücken; die Punkte verweisen auf ein Restglied, das von $\varphi^{(3)}$ und $\sigma^{(3)}$ abhängt und für $\varphi^{(3)} = 0$, $\sigma^{(3)} = 0$ mit einer Ordnung verschwindet, die größer als Eins ist. In Anbetracht von (1064), (1066) und (1067) ergibt sich

$$(1068)\quad \frac{\varkappa}{2}\{[L(\varphi^{(3)},\sigma^{(3)}) - c]^2 - (L_o-c)^2\} =$$

$$\varkappa\left(1 - \frac{c}{L_o}\right)\frac{L^2-L_o^2}{2}$$

$$+ \frac{\varkappa c}{2L_o^3}\left(\frac{L^2-L_o^2}{2}\right)^2\left[1 + \frac{F_o}{L_o^2}\varphi^{(3)} - \frac{m_{io}^{(3)}a_{i1}(0)}{L_o}\sigma^{(3)} + \dots\right] .$$

Nach (181) und (120), (171), (173), (174) gilt

$$(1069)\quad \frac{L^2-L_o^2}{2} = \frac{1}{2}(z_i^{(3)}z_i^{(3)} - z_{io}^{(3)}z_{io}^{(3)}) - a_i(z_i^{(3)}-z_{io}^{(3)}+b_i'-b_{io}')$$

$$+ z_i^{(3)}b_i' - z_{io}^{(3)}b_{io}'$$

$$= (b_i'-b_{io}')(z_{io}^{(3)}-a_i)$$

$$+ [(b_i-b_{io}')+(z_{io}^{(3)}+b_{io}'-a_i)](z_i^{(3)}-z_{io}^{(3)})$$

$$+ \frac{1}{2}(z_i^{(3)}-z_{io}^{(3)})^2 .$$

Die Formeln (123), (182), (194), (198), (794), (799) und (1043) verhelfen zu

(1070) $(b'_i - b'_{io})(z^{(3)}_{io} - a_i) = -F_o \sin\varphi^{(3)} + \frac{1}{2}(a_i - z^{(3)}_{io})b'_{io}\varphi^{(3)^2}$

$$+ o(\varphi^{(3)^3})$$

(für $\varphi^{(3)} \to 0$) ,

(1071) $(b'_i - b'_{io})(z^{(3)}_i - z^{(3)}_{io}) = -[(\varepsilon_{ij1}b'_{jo})\varphi^{(3)} + \frac{1}{2}b'_{io}\varphi^{(3)^2}$

$$+ o(\varphi^{(3)^2})][m^{(3)}_{io}\sigma^{(3)}$$

$$- \frac{1}{2\varrho^{(3)}_o}(\varepsilon_{ih1}m^{(3)}_h)\sigma^{(3)^2} + o(\sigma^{(3)^2})]$$

(für $\varphi^{(3)} \to 0$, $\sigma^{(3)} \to 0$) oder auch

(1072) $(b'_i - b'_{io})(z^{(3)}_i - z^{(3)}_{io}) = -(\varepsilon_{hi1}m^{(3)}_{ho}b'_{io})\varphi^{(3)}\sigma^{(3)}$

$$- \frac{1}{2}(m^{(3)}_{io}b'_{io})\varphi^{(3)^2}\sigma^{(3)}$$

$$+ \frac{1}{2\varrho^{(3)}_o}(m^{(3)}_{io}b'_{io})\varphi^{(3)}\sigma^{(3)^2} + \ldots ,$$

(1073) $(z^{(3)}_{io} + b'_{io} - a_i)(z^{(3)}_i - z^{(3)}_{io}) = L_o a_{i1}(0)(z^{(3)}_i - z^{(3)}_{io})$

$$= L_o m^{(3)}_{io} a_{i1}(0)\sigma^{(3)}$$

$$+ \frac{L_o}{2\varrho^{(3)}_o} \varepsilon_{hi1}m^{(3)}_{ho}a_{i1}(0)\sigma^{(3)^2}$$

$$- \frac{L_o}{6\varrho^{(3)^2}_o} [m^{(3)}_{io}a_{i1}(0)$$

$$+ \frac{d\varrho^{(3)}(0)}{d\sigma^{(3)}} \varepsilon_{hi1}m^{(3)}_{ho}a_{i1}(0)]\sigma^{(3)^3}$$

$$+ o(\sigma^{(3)^3})$$

(für $\sigma^{(3)} \to 0$) und

(1074) $\dot{\bar{2}}\ \text{-}_i^{(3)}-z_{io}^{(3)})^2 = \frac{1}{2}\,\sigma^{(3)^2} + o(\sigma^{(3)^3})$

(für $\sigma^{(3)} \to 0$). Somit geht (1069) in

(1075) $$\frac{L^2-L_o^2}{2} =$$

$$- F_o \sin\varphi^{(3)} + L_o m_{io}^{(3)} a_{i1}(0)\sigma^{(3)} + \frac{1}{2}(a_i - z_{io}^{(3)}) b'_{io}\varphi^{(3)^2}$$

$$- (\varepsilon_{hi1} m_{ho}^{(3)} b'_{io})\varphi^{(3)}\sigma^{(3)} + \frac{1}{2}[1 + \frac{L_o}{\varrho_o^{(3)}}\,\varepsilon_{hi1} m_{ho}^{(3)} a_{i1}(0)]\sigma^{(3)^2}$$

$$- \frac{1}{2}(m_{io}^{(3)} b'_{io})\varphi^{(3)^2}\sigma^{(3)} + \frac{1}{2\varrho_o^{(3)}}(m_{io}^{(3)} b'_{io})\varphi^{(3)}\sigma^{(3)^2}$$

$$- \frac{L_o}{6\varrho_o^{(3)^2}}\,[m_{io}^{(3)} a_{i1}(0) + \frac{d\varrho^{(3)}(0)}{d\sigma^{(3)}}\,\varepsilon_{hi1} m_{ho}^{(3)} a_{i1}(0)]\sigma^{(3)^3} + \ldots$$

über. Hieraus folgt

(1076) $$(\frac{L^2-L_o^2}{2})^2 =$$

$$F_o^2\varphi^{(3)^2} - 2F_o L_o m_{io}^{(3)} a_{i1}(0)\varphi^{(3)}\sigma^{(3)} + L_o^2[m_{io}^{(3)} a_{i1}(0)]^2\sigma^{(3)^2}$$

$$- F_o(a_i - z_{io}^{(3)}) b'_{io}\varphi^{(3)^3}$$

$$+ [2F_o\varepsilon_{hi1} m_{ho}^{(3)} b'_{io} + L_o(a_h - z_{ho}^{(3)}) b'_{ho} m_{io}^{(3)} a_{i1}(0)]\varphi^{(3)^2}\sigma^{(3)}$$

$$- [F_o + \frac{F_o L_o}{\varrho_o^{(3)}}\,\varepsilon_{hi1} m_{ho}^{(3)} a_{i1}(0)$$

$$+ 2L_o\varepsilon_{hi1} m_{ho}^{(3)} b'_{io} m_{jo}^{(3)} a_{j1}(0)]\varphi^{(3)}\sigma^{(3)^2}$$

$$+ L_o[1 + \frac{L_o}{\varrho_o^{(3)}}\,\varepsilon_{hi1} m_{ho}^{(3)} a_{i1}(0)] m_{jo}^{(3)} a_{j1}(0)\sigma^{(3)^2} + \ldots\ .$$

Unter Verwendung der beiden letzten Relationen und der Gleichgewichtsbedingung (269) nimmt (1068) die Gestalt

$$(1077)\quad \frac{\varkappa}{2}\{[L(\varphi^{(3)},\sigma^{(3)}) - c]^2 - (L_o-c)^2\} =$$

$$- \varkappa(1 - \frac{c}{L_o})F_o\sin\varphi^{(3)} - (M'^{(3)} + \frac{M''}{2})g\ m_{3o}^{(3)}\sigma^{(3)}$$

$$+ \frac{\varkappa}{2}[(1 - \frac{c}{L_o})(a_i-z_{io}^{(3)})b_{io}' + c\,\frac{F_o^2}{L_o^3}]\varphi^{(3)^2}$$

$$- \varkappa[(1 - \frac{c}{L_o})\ \varepsilon_{hi1}m_{ho}^{(3)}b_{io}' + c\,\frac{F_o}{L_o^2}\,m_{io}^{(3)}a_{i1}(0)]\varphi^{(3)}\sigma^{(3)}$$

$$+ \frac{\varkappa}{2}\{1 + \frac{L_o-c}{\varrho_o^{(3)}}\ \varepsilon_{hi1}m_{ho}^{(3)}a_{i1}(0) - \frac{c}{L_o}\ [\varepsilon_{hi1}m_{ho}^{(3)}a_{i1}(0)]^2\}\sigma^{(3)^2}$$

$$+ c\,\frac{\varkappa}{2}\,\frac{F_o}{L_o^3}\,[(\frac{F_o}{L_o})^2 - (a_i-z_{io}^{(3)})b_{io}']\varphi^{(3)^3}$$

$$+ \frac{\varkappa}{2}\{-(1 - \frac{c}{L_o})m_{io}^{(3)}b_{io}'$$

$$+ \frac{c}{L_o^3}[2F_o\varepsilon_{hi1}m_{ho}^{(3)}b_{io}' + L_o(a_h-z_{ho}^{(3)})b_{ho}'m_{io}^{(3)}a_{i1}(0)$$

$$- 3\,\frac{F_o^2}{L_o}\,m_{io}^{(3)}a_{i1}(0)]\}\varphi^{(3)^2}\sigma^{(3)}$$

$$+ \frac{\varkappa}{2}\{\frac{1}{\varrho_o^{(3)}}(1 - \frac{c}{L_o})m_{io}^{(3)}b_{io}'$$

$$- \frac{c}{L_o^3}[F_o + \frac{F_oL_o}{\varrho_o^{(3)}}\ \varepsilon_{hi1}m_{ho}^{(3)}a_{i1}(0) + 2L_o\varepsilon_{hi1}m_{ho}^{(3)}b_{io}'m_{jo}^{(3)}a_{j1}(0)$$

$$- 3F_o(m_{io}^{(3)}a_{i1}(0))^2]\}\varphi^{(3)}\sigma^{(3)^2}$$

$$+ \frac{\varkappa}{2}\{-\frac{1}{3\varrho_o^{(3)^2}}(L_o-c)[m_{io}^{(3)}a_{i1}(0) + \frac{d\varrho^{(3)}(0)}{d\sigma^{(3)}}\ \varepsilon_{hi1}m_{ho}^{(3)}a_{i1}(0)]$$

$$+ \frac{c}{L_o^2}[1 + \frac{L_o}{\varrho_o^{(3)}}\ \varepsilon_{hi1}m_{ho}^{(3)}a_{i1}(0)$$

$$- (m_{io}^{(3)}a_{i1}(0))^2]m_{jo}^{(3)}a_{j1}(0)\}\sigma^{(3)^3} + \ldots$$

an.

Es ist nun zweckmäßig, der Gleichung (1063) die übersichtliche symbolische Form

(1078) $$H^{(3)}(\varphi^{(3)},\sigma^{(3)}) = \frac{1}{2}\left(\varphi^{(3)}\frac{\partial}{\partial\varphi^{(3)}} + \sigma^{(3)}\frac{\partial}{\partial\sigma^{(3)}}\right)^2 H^{(3)}(0,0) + \frac{1}{6}\left(\varphi^{(3)}\frac{\partial}{\partial\varphi^{(3)}} + \sigma^{(3)}\frac{\partial}{\partial\sigma^{(3)}}\right)^3 H^{(3)}(0,0) + \cdots$$

zu geben. Dabei wird (981) beachtet und bedeuten die Punkte dasselbe wie in (1063). Im Hinblick auf (1077) liefert der Koeffizientenvergleich zwischen den beiden Schreibweisen (1063) und (1078) der Funktion $H^{(3)}(\varphi^{(3)},\sigma^{(3)})$ die Ausdrücke

(1079) $$\frac{\partial^2 H^{(3)}(0,0)}{\partial\varrho^{(3)^2}} = -\left(M'^{(3)}z'^{(3)}_{3o} + \frac{M''}{2}b'_{3o}\right)g + \varkappa\left[\left(1-\frac{c}{L_o}\right)(a_i - z^{(3)}_{io})b'_{io} + c\,\frac{F_o}{L_o^3}\right] + \frac{\partial^2 V^{(3)}(0,0)}{\partial\varphi^{(3)^2}} ,$$

(1080) $$\frac{\partial^2 H^{(3)}(0,0)}{\partial\varphi^{(3)}\partial\sigma^{(3)}} = -\varkappa\left[\left(1-\frac{c}{L_o}\right)\varepsilon_{hi1}m^{(3)}_{ho}b'_{io} + c\,\frac{F_o}{L_o^2}\,m^{(3)}_{io}a_{i1}(0)\right] + \frac{\partial^2 V^{(3)}(0,0)}{\partial\varphi^{(3)}\partial\sigma^{(3)}} ,$$

(1081) $$\frac{\partial^2 H^{(3)}(0,0)}{\partial\sigma^{(3)^2}} = \frac{\left(M'^{(3)} + \frac{M''}{2}\right)g}{\varrho^{(3)}_o}\,m^{(3)}_{2o} + \varkappa\left\{1 + \frac{L_o - c}{\varrho^{(3)}_o}\,\varepsilon_{hi1}m^{(3)}_{ho}a_{i1}(0) - \frac{c}{L_o}\left[\varepsilon_{hi1}m^{(3)}_{ho}a_{i1}(0)\right]^2\right\} + \frac{\partial^2 V^{(3)}(0,0)}{\partial\sigma^{(3)^2}} ,$$

(1082) $$\frac{\partial^3 H^{(3)}(0,0)}{\partial\varphi^{(3)^3}} = 3c\varkappa \frac{F_o}{L_o^3}[(\frac{F_o}{L_o})^2 - (a_i - z_{io}^{(3)})b'_{io}] ,$$

(1083) $$\frac{\partial^3 H^{(3)}(0,0)}{\partial\varphi^{(3)^2}\partial\sigma^{(3)}} =$$

$$\varkappa\{-(1 - \frac{c}{L_o})m_{io}^{(3)}b'_{io} + \frac{c}{L_o^3}[2F_o\varepsilon_{hi1}m_{ho}^{(3)}b'_{io}$$

$$+ L_o(a_h - z_{ho}^{(3)})b'_{ho}m_{io}^{(3)}a_{i1}(0)$$

$$- 3\frac{F_o^2}{L_o} m_{io}^{(3)}a_{i1}(0)]\} ,$$

(1084) $$\frac{\partial^3 H^{(3)}(0,0)}{\partial\varphi^{(3)}\partial\sigma^{(3)^2}} =$$

$$\varkappa\{\frac{1}{\varrho_o^{(3)}}(1 - \frac{c}{L_o})m_{io}^{(3)}b'_{io}$$

$$- \frac{c}{L_o^3}[F_o + \frac{F_oL_o}{\varrho_o^{(3)}} \varepsilon_{hi1}m_{ho}^{(3)}a_{i1}(0)$$

$$+ 2L_o\varepsilon_{hi1}m_{ho}^{(3)}b'_{io}m_{jo}^{(3)}a_{j1}(0) - 3F_o(m_{io}^{(3)}a_{i1}(0))^2]\} ,$$

(1085) $$\frac{\partial^3 H^{(3)}(0,0)}{\partial\sigma^{(3)^3}} =$$

$$- \frac{(M'^{(3)} + \frac{M''}{2})g}{\varrho_o^{(3)^2}} \frac{d\varrho^{(3)}(0)}{d\sigma^{(3)}} m_{2o}^{(3)}$$

$$+ \varkappa\{- \frac{1}{\varrho_o^{(3)^2}}(L_o - c) \frac{d\varrho^{(3)}(0)}{d\sigma^{(3)}} \varepsilon_{hi1}m_{ho}^{(3)}a_{i1}(0)$$

$$+ \frac{3c}{L_o^2}[1 + \frac{L_o}{\varrho_o^{(3)}}\varepsilon_{hi1}m_{ho}^{(3)}a_{i1}(0) - (m_{io}^{(3)}a_{i1}(0))^2]m_{jo}^{(3)}a_{j1}(0)\} .$$

Der Ausdruck für die Ableitung $\frac{\partial^3 H^{(3)}(0,0)}{\partial\sigma^{(3)^3}}$ kommt zustande, indem man nochmals die Bedingung (269) berücksichtigt.

Auf Grund der Annahme (794) und von (182), (959) und (960) stimmen die rechten Seiten der Gleichungen (1079)-(1081) und (628)-(631) im Fall $k = 3$ überein, d.h., es gilt

(1086) $$\frac{\partial^2 H^{(3)}(0,0)}{\partial\varphi^{(3)^2}} = U_{77}^{[0]} ,$$

(1087) $$\frac{\partial^2 H^{(3)}(0,0)}{\partial\varphi^{(3)}\partial\sigma^{(3)}} = U_{78}^{[0]} = U_{87}^{[0]} ,$$

(1088) $$\frac{\partial^2 H^{(3)}(0,0)}{\partial\sigma^{(3)^2}} = U_{88}^{[0]} .$$

Diese Beziehungen resultieren notabene direkt aus der Definition des zugeordneten Potentials (1019) und der Koeffizienten $U_{AB}^{[0]}$ in (586), deren physikalische Bedeutung den linearisierten Bewegungsgleichungen (587) des mechanischen Verbands $\mathfrak{B}^*$ zu entnehmen ist. Mit Hilfe von (1078) und (1086)-(1088) gelangt man nun wie in (1057) und (1058), wenn wieder nur die quadratischen Glieder interessieren, zu der Darstellung

(1089) $$H^{(3)}(\varphi^{(3)},\sigma^{(3)}) = \frac{1}{2} U_{77}^{[0]}\varphi^{(3)^2} + U_{78}^{[0]}\varphi^{(3)}\sigma^{(3)} + \frac{1}{2} U_{88}^{[0]}\sigma^{(3)^2} + \dots .$$

Sie dient der Feststellung, daß die Funktion (1063) positiv definit ist, falls die zu (1059) und (1060) analogen Ungleichungen

(1090) $$U_{77}^{[0]} > 0 , \quad U_{88}^{[0]} > 0 , \quad U_{77}^{[0]}U_{88}^{[0]} > (U_{78}^{[0]})^2$$

befriedigt werden können.

Die formal einfacheren Ausdrücke für $U_{77}^{[0]}$, $U_{78}^{[0]} = U_{87}^{[0]}$ und $U_{88}^{[0]}$ in (927)-(929) ergeben sich unter der Voraussetzung, daß die auf dem Instrumentensockel der seismischen Apparatur geeignet angeordneten mechanischen Empfänger $\mathfrak{E}^{(k)}$ optimal einander angepaßt sind, was u.a. durch die Forderungen (821), (843), (862), (865), (880), (924) und (936) angestrebt wird. Davon braucht man jedoch lediglich

(924) bzw. (254) und zusätzlich die Orthogonalitätsrelation

(1091) $m_{io}^{(3)} b'_{io} = 0$,

die (843) und (862) als strengere Annahmen impliziert, sowie das Postulat

(1092) $\frac{d\varrho^{(3)}(0)}{d\sigma^{(3)}} = 0$,

dessen Entsprechung zu (1051) evident ist, zu erfüllen, um alle partiellen Ableitungen (1082)-(1085) zum Verschwinden zu bringen, wodurch eine neben der positiven Definitheit erwünschte Eigenschaft der Funktion (1078), nämlich ebenso wie (958) gemäß (967) symmetrisch zu sein, in hinreichender Näherung gewonnen wird. Die approximative Symmetrisierung von (1078) ist der eigentliche Grund dafür, daß man bei der Justierung des Gehänges $\mathfrak{G}^{(3)}$ den Spezialfall (254) zu realisieren versucht.

Wenn im Zeitintervall i(t) Drehungen des Fundaments $\mathfrak{G}^*$ in Betracht kommen und demzufolge die CAYLEYschen Variablen (47) nicht identisch gleich Null sind, enthalten die mit den Zerlegungen (982) der generalisierten Kraftkoordinaten U_{3k-2} und U_{3k-1} eingeführten, in (989) und (990) explizite dargestellten Komponenten V_{3k-2} und V_{3k-1} auch Terme, die nur von den generalisierten Koordinaten $\varphi^{(k)}$, $\sigma^{(k)}$ und η_i abhängen. Es handelt sich hier um die additiven Beiträge

(1093) $g\, w_{3k-2,9+l}(c_{l3} - \delta_{l3})$, $g\, w_{3k-1,9+l}(c_{l3} - \delta_{l3})$;

denn die elektromechanischen Wandler- und Dämpfungsfunktionen $\hat{\Xi}^{(k)}$ und $\check{\Xi}^{(k)}$ lassen keine Aufgliederungen zu, unter deren Summanden Funktionen von $\varphi^{(k)}$ und $\sigma^{(k)}$ erscheinen, die für $\varphi^{(k)} = 0$, $\sigma^{(k)} = 0$ den Wert Null annehmen.

Zum Zweck einer Analyse der Terme (1093) werden die CAYLEYschen Formeln (62) in die Gleichungen

(1094) $c_{lj} - \delta_{lj} = - 2\varepsilon_{ljh}\eta_h + C_{lj}$

mit

(1095) $C_{lj} = \frac{2}{1+\eta_i\eta_i}[\eta_l\eta_j - (\delta_{lj} - \varepsilon_{ljk}\eta_k)\eta_h\eta_h]$

verwandelt. Sie verhelfen zu den Relationen

(1096) $w_{3k-2,9+l}(c_{13}-\delta_{13}) = 2w_{3k-2,9+l}(0)\varepsilon_{lh3}\eta_h + W_{3k-2}$

und

(1097) $w_{3k-1,9+l}(c_{13}-\delta_{13}) = 2w_{3k-1,9+l}(0)\varepsilon_{lh3}\eta_h + W_{3k-1}$,

wobei

(1098) $W_{3k-2} = 2[w_{3k-2,9+l} - w_{3k-2,9+l}(0)]\varepsilon_{lh3}\eta_h + w_{3k-2,9+l}C_{13}$

und

(1099) $W_{3k-1} = 2[w_{3k-1,9+l} - w_{3k-1,9+l}(0)]\varepsilon_{lh3}\eta_h + w_{3k-1,9+l}C_{13}$

gesetzt wird. Die so definierte Größe W_{3k-2} bzw. W_{3k-1} ist wegen (1095) und (448), (137), (173) bzw. (449), (123) eine nichtlineare Funktion von η_i und $\varphi^{(k)}$ bzw. $\sigma^{(k)}$, die für $\eta_i = 0$ identisch verschwindet:

(1100) $W_{3k-2} = W_{3k-2}(\varphi^{(k)},\eta_i)$, $W_{3k-2}(\varphi^{(k)},0,0,0) \equiv 0$,

(1101) $W_{3k-1} = W_{3k-1}(\sigma^{(k)},\eta_i)$, $W_{3k-1}(\sigma^{(k)},0,0,0) \equiv 0$.

Die bezüglich der generalisierten Koordinaten des mechanischen Verbands $\mathfrak{B}^*$ linearen Glieder in (1096) und (1097) werden allein von den CAYLEYschen Variablen η_i gebildet. Offensichtlich kommt aber beide Male kein in η_3 lineares Glied vor.

Unter Zugrundelegung des Schemas auf Seite 135 folgt aus (1096) und (1097) im einzelnen

(1102) $w_{1,9+l}(c_{13}-\delta_{13}) = 2w_{1,10}(0)\eta_2 + W_1$,

(1103) $w_{2,9+l}(c_{13}-\delta_{13}) = 2w_{2,10}(0)\eta_2 + W_2$,

(1104) $w_{4,9+l}(c_{13}-\delta_{13}) = - 2w_{4,11}(0)\eta_1 + W_4$,

(1105) $w_{5,9+l}(c_{13}-\delta_{13}) = - 2w_{5,11}(0)\eta_1 + W_5$

und

(1106) $w_{7,9+l}(c_{13}-\delta_{13}) = 2[w_{7,10}(0)\eta_2 - w_{7,11}(0)\eta_1] + W_7$,

(1107) $w_{8,9+l}(c_{13}-\delta_{13}) = 2[w_{8,10}(0)\eta_2 - w_{8,11}(0)\eta_1] + W_8$.

Während in (1102)-(1105), d.h. für $k = 1,2$, stets nur ein lineares Glied erscheint, enthält das letzte Gleichungspaar ($k = 3$) deren zwei. Die optimale Anpassung der mechanischen Teilverbände $\mathfrak{D}^{(k)}$ bewirkt jedoch, wie das modifizierte Schema auf Seite 177 zeigt, daß die Beziehungen (1098) und (1099) im Fall $k = 3$ nichtlinear sind; dann ergibt sich also statt (1106) und (1107)

(1108) $w_{7,9+l}(c_{13}-\delta_{13}) = W_7 \,, \quad w_{8,9+l}(c_{13}-\delta_{13}) = W_8 \,.$

Der Vergleich von (599), (600) mit (632), (633) liefert

(1109) $2g\, w_{3k-2,9+l}(0)\varepsilon_{lh3} = -\, U^{[0]}_{3k-2,12+h} \,,$

(1110) $2g\, w_{3k-1,9+l}(0)\varepsilon_{lh3} = -\, U^{[0]}_{3k-1,12+h} \,.$

Demnach gelangt man auch über (662)-(664) und (893) zu (1102)-(1105) und (1108). Anhand von (1096), (1097) und (1109), (1110) können die Darstellungen (989) und (990) durch

(1111) $V_{3k-2} = -\, U^{[0]}_{3k-2,12+h}\eta_h + g\, W_{3k-2} + \hat{\Xi}^{(k)} \dfrac{\partial \hat{z}^{(k)}}{\partial \varphi^{(k)}} + \check{\Xi}^{(k)} \dfrac{\partial \check{z}^{(k)}}{\partial \varphi^{(k)}}$

und

(1112) $V_{3k-1} = -\, U^{[0]}_{3k-1,12+h}\eta_h + g\, W_{3k-1} + \hat{\Xi}^{(k)} \dfrac{\partial \hat{z}^{(k)}}{\partial \sigma^{(k)}} + \check{\Xi}^{(k)} \dfrac{\partial \check{z}^{(k)}}{\partial \sigma^{(k)}}$

ersetzt werden. Dabei sind notabene die Bedingungen (662)-(664) und eventuell (893) sowie die in (1100) und (1101) formulierten Hinweise betreffs der nichtlinearen Funktionen W_{3k-2} und W_{3k-1} zu berücksichtigen. Das physikalisch dominierende Resultat der Analyse der Ausdrücke (1093) besagt, daß in der Zerlegung (1021) der generalisierten Kraftkoordinaten U_A neben den negativen partiellen Ableitungen $-U_{|A}$ des zugeordneten Potentials (1020) von $\mathfrak{D}^*$ weitere Summanden als Ortsfunktionen existieren, wenn das Fundament $\mathfrak{G}^*$ im Zeitintervall $i(t)$ Neigungen ausführt und daher die Funktionen $\eta_1(t)$ und $\eta_2(t)$ nicht zugleich identisch verschwinden; jene Ortsfunktionen enthalten Linearanteile bezüglich der CAYLEYschen Variablen η_1, η_2.

Bewegt sich $\mathfrak{G}^*$ rein translatorisch, dann nehmen die Funktionen (47) in jedem Zeitpunkt t des Intervalls $i(t)$ den Wert Null an, so daß (1111) und (1112) sich auf

(1113) $V_{3k-2} = \hat{\Xi}^{(k)} \dfrac{\partial \hat{z}^{(k)}}{\partial \varphi^{(k)}} + \check{\Xi}^{(k)} \dfrac{\partial \check{z}^{(k)}}{\partial \varphi^{(k)}}$

und

$$(1114)\quad V_{3k-1} = \hat{\Xi}^{(k)} \frac{\partial \hat{z}^{(k)}}{\partial \sigma^{(k)}} + \check{\Xi}^{(k)} \frac{\partial \check{z}^{(k)}}{\partial \sigma^{(k)}}$$

reduzieren, die Argumente η_i und $\dot{\eta}_i$ der Funktionen (1011) von vornherein gleich Null zu setzen sind und die Komponenten (1017) mit den generalisierten Kraftkoordinaten U_{12+i} in (1018) automatisch eliminiert werden. Obwohl das Ausscheiden von U_{12+i} bei einer Translation des Fundaments $\mathfrak{B}^*$ selbstverständlich ist, kann man es wegen $\frac{\partial x_j}{\partial \eta_i} \equiv 0$ für $P \in \mathfrak{B}^*$ extra anhand von (371) und (373) bestätigen. Dementsprechend verwandelt sich die Gleichung (1035) unter Berücksichtigung der Substitutionen (372), (99), (393) und von (146), (1011), (1113), (1114) in

$$(1115)\quad \frac{d}{dt}(E_{\mathfrak{B}^*} + U) = \sum_k (\hat{\Xi}^{(k)}\dot{\hat{z}}^{(k)} + \check{\Xi}^{(k)}\dot{\check{z}}^{(k)} + V_{3k}\dot{\zeta}^{(k)}) + V_{9+i}(\xi_j,0,0,0,\dot{\xi}_j,0,0,0)\dot{\xi}_i \;.$$

Eine weitere Beschränkung der Allgemeinheit bewirkt die Annahme, daß $\hat{\Xi}^{(k)}$ und V_{3k} analytische Funktionen von $\dot{\hat{z}}^{(k)}$ und $\dot{\zeta}^{(k)}$ sind. Deren Potenzreihen beginnen mit den linearen Gliedern. Die Beziehung (997) und die in (638)-(640) eingeführten Symbole verhelfen also zu den Darstellungen

$$(1116)\quad \hat{\Xi}^{(k)} = - \hat{\alpha}^{(k)}\dot{\hat{z}}^{(k)} + \left(\frac{\partial \hat{\Xi}^{(k)}}{\partial \dot{\zeta}^{(k)}}\right)_0 \dot{\zeta}^{(k)} + \dots$$

und

$$(1117)\quad V_{3k} = \left(\frac{\partial w^{(k)}}{\partial \dot{\hat{z}}^{(k)}}\right)_0 \dot{\hat{z}}^{(k)} + \left(\frac{\partial w^{(k)}}{\partial \dot{\zeta}^{(k)}}\right)_0 \dot{\zeta}^{(k)} + \dots \;.$$

Die Punkte zeigen an, daß möglicherweise in $\dot{\hat{z}}^{(k)}$ und $\dot{\zeta}^{(k)}$ nichtlineare Terme folgen. Im Hinblick darauf bekommt man anstelle von (1115)

(1118) $\frac{d}{dt}(E_{\mathfrak{D}*} + U) =$

$$\sum_k \{- \hat{\alpha}^{(k)}\dot{z}^{(k)^2} + [(\frac{\partial\hat{\Xi}^{(k)}}{\partial\dot{\zeta}^{(k)}})_0 + (\frac{\partial w^{(k)}}{\partial\dot{z}^{(k)}})_0]\dot{z}^{(k)}\dot{\zeta}^{(k)}$$

$$+ (\frac{\partial w^{(k)}}{\partial\dot{\zeta}^{(k)}})_0\dot{\zeta}^{(k)^2} + \dots\} + \sum_k \check{\Xi}^{(k)}(\check{z}^{(k)},\dot{\check{z}}^{(k)})\dot{\check{z}}^{(k)}$$

$$+ V_{9+i}(\xi_j,0,0,0,\dot{\xi}_j,0,0,0)\dot{\xi}_i \ .$$

Die Dämpfungsvorrichtung des Empfängers $\mathfrak{E}^{(k)}$ verursacht eine Dissipation der mechanischen Energie des Gehänges $\mathfrak{G}^{(k)}$ relativ zu $\bar{\mathfrak{G}}$. Nach (245) gilt demgemäß

(1119) $$\operatorname{sgn} \sum_k \check{\Xi}^{(k)}(\check{z}^{(k)},\dot{\check{z}}^{(k)})\dot{\check{z}}^{(k)} = - \operatorname{sgn} \sum_k |\dot{\check{z}}^{(k)}| \ .$$

Der Ansatz (1117) besagt insbesondere, daß die Komponente V_{3k} der generalisierten Kraftkoordinate U_{3k} in (999) von der Variablen $\zeta^{(k)}$ nicht abhängt. Daher resultiert aus (997) speziell

(1120) $$(\frac{\partial w^{(k)}}{\partial\zeta^{(k)}})_0 = - \frac{d^2h^{(k)}(0)}{d\zeta^{(k)^2}} ,$$

und diese Beziehung ergibt zusammen mit (648) und (994)

(1121) $$U^{[0]}_{(3k)(3k)} > 0$$

Weder die Dämpfungs- noch die elektromechanischen Wandlervorrichtungen einschließlich des elektrischen Netzes des Empfängers $\mathfrak{E}^{(k)}$ und des zugehörigen Galvanometers $\mathfrak{e}^{(k)}$ enthalten interne Energiequellen, so daß die Potenzreihe

(1122) $$- \hat{\alpha}^{(k)}\dot{z}^{(k)^2} + [(\frac{\partial\hat{\Xi}^{(k)}}{\partial\dot{\zeta}^{(k)}})_0 + (\frac{\partial w^{(k)}}{\partial\dot{z}^{(k)}})_0]\dot{z}^{(k)}\dot{\zeta}^{(k)}$$

$$+ (\frac{\partial w^{(k)}}{\partial\dot{\zeta}^{(k)}})_0\dot{\zeta}^{(k)^2} + \dots$$

negativ semidefinit sein muß. Einem schon öfters benutzten Lemma zufolge steht die negative Definitheit von (1122) fest, wenn die involvierte vollständige quadratische Form negativ definit ist. Die dafür notwendige und hinreichende Bedingung wird durch

(1123) $\hat{\alpha}^{(k)} > 0$

und

(1124) $- \hat{\alpha}^{(k)}(\frac{\partial w^{(k)}}{\partial \zeta^{(k)}})_0 > \frac{1}{4}[(\frac{\partial \hat{\Xi}^{(k)}}{\partial \dot{\zeta}^{(k)}})_0 + (\frac{\partial w^{(k)}}{\partial \dot{z}^{(k)}})_0]^2$

ausgedrückt (Satz von SYLVESTER). Offensichtlich implizieren beide Ungleichungen

(1125) $(\frac{\partial w^{(k)}}{\partial \zeta^{(k)}})_0 < 0$

oder wegen (651)

(1126) $U^{[1]}_{(3k)(3k)} > 0$.

In der Seismometrie bevorzugt man die „geschwindigkeitsproportionale" Dämpfung (246). Damit erscheint neben (1123) die positive Konstante $\check{\alpha}^{(k)}$. Die Gleichungen (642) und (646) lassen nun erkennen, daß

(1127) $U^{[1]}_{(3k-2)(3k-2)} > 0$, $U^{[1]}_{(3k-1)(3k-1)} > 0$

gilt, es sei denn, die Produkte $\varepsilon_{ijh}n_i^{(k)}\hat{m}_j^{(k)}\hat{z}'^{(k)}_{ho}$, $\hat{m}_l^{(k)}m_{lo}^{(k)}$ und $\varepsilon_{ijh}n_i^{(k)}\check{m}_j^{(k)}\check{z}'^{(k)}_{ho}$, $\check{m}_l^{(k)}m_{lo}^{(k)}$ wären sämtlich gleich Null. Dann würden aber die Wandler- und Dämpfungsvorrichtungen des Empfängers $\mathfrak{E}^{(k)}$ extrem ungeeignet justiert sein, was leicht einzusehen ist, indem man sich die Lage der Vektoren $n_i^{(k)}$, $m_{io}^{(k)}$, $\hat{z}'^{(k)}_{io}$, $\hat{m}_{io}^{(k)}$ und $\check{z}'^{(k)}_{io}$, $\check{m}_{io}^{(k)}$ sowie die Beweglichkeit des Gehänges $\mathfrak{G}^{(k)}$ relativ zu $\overline{\mathfrak{G}}$ anschaulich verdeutlicht. Folglich müssen die Bedingungen

(1128) $\varepsilon_{ijh}n_i^{(k)}\hat{m}_j^{(k)}\hat{z}'^{(k)}_{ho} \neq 0$, $\hat{m}_l^{(k)}m_{lo}^{(k)} \neq 0$

und analog

(1129) $\varepsilon_{ijh}n_i^{(k)}\check{m}_j^{(k)}\check{z}'^{(k)}_{ho} \neq 0$, $\check{m}_l^{(k)}m_{lo}^{(k)} \neq 0$

erfüllt sein.

Im einfachsten Fall sind die Größen $\hat{\Xi}^{(k)}$, $\check{\Xi}^{(k)}$ und V_{3k} lineare homogene Funktionen der generalisierten Geschwindigkeiten $\dot{\varphi}^{(k)}$, $\dot{\sigma}^{(k)}$

und $\zeta^{(k)}$ (TEUPSER, 1965). Unter dieser Voraussetzung hat man die Relationen (635)-(637) in die entsprechend „verkürzte" Gleichung (1118) einzuführen und erhält mit Hilfe von (642)-(647) und (649)-(651)

$$(1130)\quad \frac{d}{dt}(E_{\mathfrak{D}*} + U) = - \sum_k [U^{[1]}_{(3k-2)(3k-2)}\dot{\varphi}^{(k)^2} + U^{[1]}_{(3k-1)(3k-1)}\dot{\sigma}^{(k)^2} + U^{[1]}_{(3k)(3k)}\dot{\zeta}^{(k)^2} + 2U^{[1]}_{(3k-2)(3k-1)}\dot{\varphi}^{(k)}\dot{\sigma}^{(k)} + (U^{[1]}_{(3k-2)(3k)} + U^{[1]}_{(3k)(3k-2)})\dot{\varphi}^{(k)}\dot{\zeta}^{(k)} + (U^{[1]}_{(3k-1)(3k)} + U^{[1]}_{(3k)(3k-1)})\dot{\sigma}^{(k)}\dot{\zeta}^{(k)}] + V_{9+i}(\xi_j,0,0,0,\dot{\xi}_j,0,0,0)\dot{\xi}_i \;.$$

Da die Wandler- und Dämpfungsvorrichtungen von $\mathfrak{E}^{(k)}$ und $\mathfrak{e}^{(k)}$ zumindest eine effektive Dissipation (FORBAT, 1966) der mechanischen Energie der Gehänge $\mathfrak{G}^{(k)}$ und $\mathfrak{g}^{(k)}$ bezüglich $\overline{\mathfrak{S}}$ bewirken, ist die von eckigen Klammern eingefaßte quadratische Form in $\dot{\varphi}^{(k)}$, $\dot{\sigma}^{(k)}$ und $\dot{\zeta}^{(k)}$ gewiß positiv semidefinit, was genau dann zutrifft, wenn alle Hauptminoren der betreffenden Formmatrix nicht negativ sind (GANTMACHER, 1958). Im einzelnen ergeben sich die drei (symmetrischen) Formmatrizen

$$(1131)\quad \left\| \begin{matrix} U^{[1]}_{11} & U^{[1]}_{12} & \frac{1}{2}(U^{[1]}_{13}+U^{[1]}_{31}) \\ U^{[1]}_{12} & U^{[1]}_{22} & \frac{1}{2}(U^{[1]}_{23}+U^{[1]}_{32}) \\ \frac{1}{2}(U^{[1]}_{13}+U^{[1]}_{31}) & \frac{1}{2}(U^{[1]}_{23}+U^{[1]}_{32}) & U^{[1]}_{33} \end{matrix} \right\|$$

$$(1132)\quad \left\| \begin{matrix} U^{[1]}_{44} & U^{[1]}_{45} & \frac{1}{2}(U^{[1]}_{46}+U^{[1]}_{64}) \\ U^{[1]}_{45} & U^{[1]}_{55} & \frac{1}{2}(U^{[1]}_{56}+U^{[1]}_{65}) \\ \frac{1}{2}(U^{[1]}_{46}+U^{[1]}_{64}) & \frac{1}{2}(U^{[1]}_{56}+U^{[1]}_{65}) & U^{[1]}_{66} \end{matrix} \right\|$$

$$(1133)\quad \left\|\begin{matrix} U_{77}^{[1]} & U_{78}^{[1]} & \frac{1}{2}(U_{79}^{[1]}+U_{97}^{[1]}) \\ U_{78}^{[1]} & U_{88}^{[1]} & \frac{1}{2}(U_{89}^{[1]}+U_{98}^{[1]}) \\ \frac{1}{2}(U_{79}^{[1]}+U_{97}^{[1]}) & \frac{1}{2}(U_{89}^{[1]}+U_{98}^{[1]}) & U_{99}^{[1]} \end{matrix}\right\|$$

Die positive Definitheit der diskutierten drei quadratischen Formen in (1130) bedeutet physikalisch eine von den elektromechanischen Wandler- und Dämpfungsvorrichtungen verursachte totale Energie-Dissipation. Nach dem Satz von SYLVESTER ist hierfür die Positivität der Hauptabschnittsdeterminanten der Matrizen (1131)-(1133) notwendig und hinreichend.

Es empfiehlt sich, diese energetischen Bedingungen etwa anhand der Matrix (1131) zu untersuchen. Den Ungleichungen (1127) entnimmt man sofort

$$(1134)\quad U_{11}^{[1]} > 0 .$$

Um den formalen Aufwand der Entwicklungen der übrigen beiden Hauptabschnittsdeterminanten von (1131) zu verringern, werden die Substitutionen

$$(1135)\quad \varepsilon_{ijh} n_i^{(1)} \hat{m}_j^{(1)} \hat{z}'^{(1)}_{ho} = \hat{\varepsilon} , \quad \hat{m}_l^{(1)} m_{lo}^{(1)} = \hat{m}$$

und

$$(1136)\quad \varepsilon_{ijh} n_i^{(1)} \check{m}_j^{(1)} \check{z}'^{(1)}_{ho} = \check{\varepsilon} , \quad \check{m}_l^{(1)} m_{lo}^{(1)} = \check{m}$$

verwendet. Damit bekommt man in Anbetracht von (642)-(647) und (649)-(651)

$$(1137)\quad \begin{vmatrix} U_{11}^{[1]} & U_{12}^{[1]} \\ U_{12}^{[1]} & U_{22}^{[1]} \end{vmatrix} = (\hat{\alpha}^{(1)}\hat{\varepsilon}^2 + \check{\alpha}^{(1)}\check{\varepsilon}^2)(\hat{\alpha}^{(1)}\hat{m}^2 + \check{\alpha}^{(1)}\check{m}^2)$$

$$- (\hat{\alpha}^{(1)}\hat{\varepsilon}\hat{m} + \check{\alpha}^{(1)}\check{\varepsilon}\check{m})^2 = \hat{\alpha}^{(1)}\check{\alpha}^{(1)} \begin{vmatrix} \hat{\varepsilon} & \hat{m} \\ \check{\varepsilon} & \check{m} \end{vmatrix}^2$$

und

$$(1138)\qquad \begin{vmatrix} U_{11}^{[1]} & U_{12}^{[1]} & \frac{1}{2}(U_{13}^{[1]}+U_{31}^{[1]}) \\ U_{12}^{[1]} & U_{22}^{[1]} & \frac{1}{2}(U_{23}^{[1]}+U_{32}^{[1]}) \\ \frac{1}{2}(U_{13}^{[1]}+U_{31}^{[1]}) & \frac{1}{2}(U_{23}^{[1]}+U_{32}^{[1]}) & U_{33}^{[1]} \end{vmatrix} =$$

$$U_{33}^{[1]}\begin{vmatrix} U_{11}^{[1]} & U_{12}^{[1]} \\ U_{12}^{[1]} & U_{22}^{[1]} \end{vmatrix} - \frac{U_{23}^{[1]}+U_{32}^{[1]}}{4}\begin{vmatrix} U_{11}^{[1]} & U_{13}^{[1]}+U_{31}^{[1]} \\ U_{12}^{[1]} & U_{23}^{[1]}+U_{32}^{[1]} \end{vmatrix}$$

$$+ \frac{U_{13}^{[1]}+U_{31}^{[1]}}{4}\begin{vmatrix} U_{12}^{[1]} & U_{13}^{[1]}+U_{31}^{[1]} \\ U_{22}^{[1]} & U_{23}^{[1]}+U_{32}^{[1]} \end{vmatrix} =$$

$$- (\frac{\partial w^{(1)}}{\partial \dot{\zeta}^{(1)}})_0 \hat{\alpha}^{(1)} \check{\alpha}^{(1)} \begin{vmatrix} \hat{\varepsilon} & \hat{\mathfrak{m}} \\ \check{\varepsilon} & \check{\mathfrak{m}} \end{vmatrix}^2$$

$$- \frac{1}{4}[(\hat{\alpha}^{(1)}\hat{\varepsilon}^2+\check{\alpha}^{(1)}\check{\varepsilon}^2)\hat{\mathfrak{m}}^2-2(\hat{\alpha}^{(1)}\hat{\varepsilon}\hat{\mathfrak{m}}+\check{\alpha}^{(1)}\check{\varepsilon}\check{\mathfrak{m}})\hat{\mathfrak{m}}\hat{\varepsilon}$$

$$+(\hat{\alpha}^{(1)}\hat{\mathfrak{m}}^2+\check{\alpha}^{(1)}\check{\mathfrak{m}}^2)\hat{\varepsilon}^2][(\frac{\partial \hat{\Xi}^{(1)}}{\partial \dot{\zeta}^{(1)}})_0 + (\frac{\partial w^{(1)}}{\partial \dot{z}^{(1)}})_0]^2 =$$

$$\{- \hat{\alpha}^{(1)}(\frac{\partial w^{(1)}}{\partial \dot{\zeta}^{(1)}})_0 - \frac{1}{4}[(\frac{\partial \hat{\Xi}^{(1)}}{\partial \dot{\zeta}^{(1)}})_0 + (\frac{\partial w^{(1)}}{\partial \dot{z}^{(1)}})_0]^2\}\check{\alpha}^{(1)}\begin{vmatrix} \hat{\varepsilon} & \hat{\mathfrak{m}} \\ \check{\varepsilon} & \check{\mathfrak{m}} \end{vmatrix}^2 .$$

Gemäß (1123) und (246) sind die Konstanten $\hat{\alpha}^{(1)}$ und $\check{\alpha}^{(1)}$ positiv, so daß die Determinante (1137) bzw. (1138) genau dann positiv ist, wenn

$$(1139)\qquad \begin{vmatrix} \hat{\varepsilon} & \hat{\mathfrak{m}} \\ \check{\varepsilon} & \check{\mathfrak{m}} \end{vmatrix} \neq 0$$

bzw. sowohl (1124) für $k = 1$ als auch (1139) gilt.

Das Resultat der Untersuchung läßt sich selbstverständlich direkt verallgemeinern. Im Hinblick auf (1135), (1136) und (1139) verfügt man über die Ungleichung

$$(1140)\quad \begin{vmatrix} \varepsilon_{ijh} n_i^{(k)} \hat{m}_j^{(k)} \hat{z}'^{(k)}_{ho} & \hat{m}_l^{(k)} m_{lo}^{(k)} \\ \varepsilon_{ijh} n_i^{(k)} \check{m}_j^{(k)} \check{z}'^{(k)}_{ho} & \check{m}_l^{(k)} m_{lo}^{(k)} \end{vmatrix} \neq 0 ,$$

die zusammen mit (1123) und (1124) für eine totale Energie-Dissipation infolge der Wandler- und Dämpfungsvorrichtungen des mechanischen Empfängers $\mathfrak{E}^{(k)}$ und des Galvanometers $\mathfrak{e}^{(k)}$ notwendig und hinreichend ist. Falls jedoch beide Vorrichtungen von $\mathfrak{E}^{(k)}$ geometrisch identisch und daher speziell die Vektoren $\hat{z}'^{(k)}_{ho}$ und $\check{z}'^{(k)}_{ho}$ sowie $\hat{m}_l^{(k)}$ und $\check{m}_l^{(k)}$ gleich sind, nimmt die Determinante in (1140) den Wert Null an, wodurch entsprechend (1137) und (1138) zwei Hauptabschnittsdeterminanten der unter (1131)-(1133) befindlichen k-ten Formmatrix verschwinden. Dann ist die betreffende Energie-Dissipation „nur" effektiv.

Die weitere Diskussion der rechten Seite der Gleichung (1130) bedient sich der Annahme, daß die Funktionen $V_{9+i}(\xi_j,0,0,0,\dot{\xi}_j,0,0,0)$ bezüglich ihrer Argumente $\dot{\xi}_j$ linear und homogen sind. Nunmehr können sämtliche potentialfreien Anteile V_A der Kraftkoordinaten U_A in (1021) als homogene Linearformen in den generalisierten Geschwindigkeiten $\dot{u}^B$ dargestellt werden. Für die Koeffizienten V_{AB} des Ansatzes

$$(1141)\quad V_A = V_{AB}\dot{u}^B$$

ergeben sich anhand der Gleichungen (1035) und (1130) sowie der Substitutionen (372) und (93), (393) die Bedingungen

$$(1142)\quad V_{3(k-1)+i,3(k-1)+h} = - U^{[1]}_{3(k-1)+i,3(k-1)+h} ,$$

$$(1143)\quad B \neq 3(k-1)+h : \quad V_{3(k-1)+i,B} = 0 ,$$

$$(1144)\quad V_{9+i,9+h} = V_{9+i,9+h}(\xi_j) , \quad V_{9+i,9+h}(0,0,0) = - U^{[1]}_{9+i,9+h} ,$$

$$(1145)\quad B \neq 9+h : \quad V_{9+i,B} = 0 ,$$

$$(1146)\quad V_{12+i,B} = 0 .$$

Wegen (1141) und

$$(1147)\quad V_{AB} \equiv \tfrac{1}{2}(V_{AB} + V_{BA}) + \tfrac{1}{2}(V_{AB} - V_{BA})$$

ist die Zerlegung

$$(1148)\quad V_A = V_A^+ + V_A^-$$

mit

$$(1149)\quad V_A^+ = \frac{1}{2}(V_{AB} + V_{BA})u^B$$

und

$$(1150)\quad V_A^- = \frac{1}{2}(V_{AB} - V_{BA})\dot{u}^B$$

möglich. Die Komponenten V_A^- sind die sogenannten gyroskopischen Kräfte (FORBAT, 1966). Aus (1148)-(1150) folgt

$$(1151)\quad V_A\dot{u}^A = V_A^+\dot{u}^A ,$$

$$(1152)\quad V_A^-\dot{u}^A = 0 .$$

Die Leistung der gyroskopischen Kräfte ist also in jedem Zeitpunkt des Intervalls $i(t)$ gleich Null. Unter Berücksichtigung der Beziehungen (1151) und (1149) geht (1035) in

$$(1153)\quad \frac{d}{dt}(E_{\mathfrak{D}*} + U) = V_A^+\dot{u}^A = \frac{1}{2}(V_{AB} + V_{BA})\dot{u}^A\dot{u}^B$$

über.

Die mit negativem Vorzeichen versehene Summe der von eckigen Klammern eingeschlossenen quadratischen Formen in (1130) bildet eine negativ semidefinite quadratische Form in den neun Variablen $\dot{\varphi}^{(k)}$, $\dot{\sigma}^{(k)}$ und $\dot{\zeta}^{(k)}$ (k=1,2,3). Nach (1151), (1144) und (1149) ist in (1130)

$$(1154)\quad V_{9+i}(\xi_j,0,0,0,\dot{\xi}_j,0,0,0)\dot{\xi}_i = \frac{1}{2}[V_{9+i,9+h}(\xi_j)+V_{9+h,9+i}(\xi_j)]\dot{\xi}_i\dot{\xi}_h$$

zu setzen. Man bekommt eine quadratische Form in den Geschwindigkeiten $\dot{\xi}_i$, deren Koeffizienten im allgemeinen Funktionen der Koordinaten ξ_i sind. Sie muß für alle Werte $\xi_i \in i(\xi_i)$ negativ semidefinit sein, um zu erreichen, daß die gesamte rechte Seite der Gleichung (1130), die sich als quadratische Form in den zwölf Veränderlichen $\dot{\varphi}^{(k)}$, $\dot{\sigma}^{(k)}$, $\dot{\zeta}^{(k)}$ und $\dot{\xi}_i$ mit teilweise von ξ_i abhängigen Koeffizienten auffassen läßt, negativ semidefinit ist. Dann kann man die Dissipationsfunktion

$$(1155)\quad V = -\frac{1}{4}(V_{AB} + V_{BA})\dot{u}^A\dot{u}^B$$

einführen und die in (1149) definierten Größen V_A^+ als dissipative Kräfte (FORBAT, 1966) bezeichnen. Notabene bewirken die Bedingungen

(1144), daß einige der (symmetrischen) Koeffizienten der in den generalisierten Geschwindigkeiten $\dot{u}^B$ homogenen Formen (1149) und (1155) generell Funktionen von ξ_i sind. Im Spezialfall V_{AB} = const oder im Hinblick auf (1142), (1143)-(1147)

$$(1156)\quad V_{AB} = -U_{AB}^{[1]}$$

erhält man statt (1149), (1150) und (1155) die Darstellungen

$$(1157)\quad V_A^+ = -\tfrac{1}{2}(U_{AB}^{[1]} + U_{BA}^{[1]})\dot{u}^B\ , \quad V_A^- = -\tfrac{1}{2}(U_{AB}^{[1]} - U_{BA}^{[1]})\dot{u}^B$$

und

$$(1158)\quad V = -\tfrac{1}{4}(U_{AB}^{[1]} + U_{BA}^{[1]})\dot{u}^A\dot{u}^B\ ;$$

letztere ist die RAYLEIGHsche Dissipationsfunktion.

Unter den zuletzt akzeptierten Voraussetzungen fungieren die potentialfreien Kraftkomponenten (1141) als generalisierte Reibungskräfte, die den Koordinaten u^A zugeordnet sind. LANDAU und LIFSCHIZ bemerken hierzu, daß zwar im Rahmen der Mechanik angestellte Überlegungen zu keiner Aussage über die Symmetrieeigenschaften aller Koeffizienten (1156) bezüglich ihrer Indizes A und B verhelfen, wohl aber mit Methoden der statistischen Physik die Bedingung

$$(1159)\quad U_{AB}^{[1]} = U_{BA}^{[1]}$$

begründet werden kann. Sie entspricht dem von ONSAGER entdeckten statistischen Symmetrieprinzip der sogenannten kinetischen Koeffizienten von Linearkombinationen der partiellen Differentialquotienten der Entropie eines abgeschlossenen Systems nach seinen charakteristischen thermodynamischen Größen als Ausdrücke für deren zeitliche Ableitungen. Infolge der Symmetrieeigenschaft (1159) sind die gyroskopischen Kräfte V_A^- in (1157) eliminiert; die Zerlegung (1148) ist sinnlos geworden. Demgegenüber nimmt FORBAT an, daß gyroskopische Kräfte wirksam sein können, jedoch immer nur dann, wenn auch „passive Widerstände dissipativer Natur" existieren. Wegen (1159) und der Ungleichungen (1128) resultiert aus (644), (647) und (649), (650)

$$(1160)\quad \left(\frac{\partial\hat{\Xi}^{(k)}}{\partial\dot{\zeta}^{(k)}}\right)_0 = \left(\frac{\partial w^{(k)}}{\partial\dot{z}^{(k)}}\right)_0\ .$$

13. Die Stabilität der Gleichgewichtslage

Der mechanische Verband $\mathfrak{V}^*$ ist autonom, d.h., seine Bewegungsgleichungen enthalten die Zeit t nicht explizite. Die möglichen Strukturen dieser Funktionalgleichungen für die generalisierten Koordinaten u^A als Funktionen von t sind bereits erörtert worden. Im komplizierten Fall ergeben sich nichtlineare Integrodifferentialgleichungen. Das Gleichungssystem läßt stets die triviale Lösung $u^A(t) \equiv 0$ zu. Den Koordinatenwerten $u^A = 0$ entspricht also eine im Zeitintervall i(t) stationäre, auf $\mathfrak{S}$ bezogene Gleichgewichtslage des Verbands $\mathfrak{V}^*$. Wegen der zusätzlich geforderten Unität der Gleichgewichtslage im gesamten Variabilitätsbereich der Koordinaten u^A kann $u^A = \text{const}$ nur dann eine spezielle Lösung der Bewegungsgleichungen von $\mathfrak{V}^*$ sein, wenn es sich hierbei um die triviale Lösung handelt.

In der Formulierung (593) der allgemeinen Bewegungsgleichungen erscheinen rechtsseitig nur homogene Linearformen der nichtlinearen Funktionen (591) mit der Eigenschaft (594). Die Linearisierung des Gleichungssystems (593) bedeutet methodisch, daß die Existenz der Funktionen (591) in (593) ignoriert wird, d.h., an die Stelle der eigentlichen nichtlinearen Bewegungsgleichungen (593) tritt das „System der Gleichungen der ersten Näherung" (587). Um es durch die gewöhnlichen Differentialgleichungen (668) darstellen zu können, die sich prinzipiell in geschlossener Form auflösen lassen, müssen eventuell einige der Gleichungen (587) gliedweise wiederholt nach t differenziert werden. Die zu (668) gehörige charakteristische Gleichung (673) ist eine algebraische Gleichung N-ten Grades in ω mit den konstanten Koeffizienten $c_0, c_1, \ldots, c_{N-1}, c_N$; man kann ihr also die Gestalt

$$(1161) \quad c_0\omega^N + c_1\omega^{N-1} + \cdots + c_{N-1}\omega + c_N = 0 \,, \quad c_0 > 0 \,,$$

geben.

Jedem Satz von N Anfangswerten entspricht umkehrbar eindeutig eine partikuläre Lösung des zu (587) äquivalenten Gleichungssystems (668), die eine spezielle Bewegung des autonomen Verbands $\mathfrak{V}^*$ im Zeitintervall i(t) exakt darstellen würde, falls die Bewegungsgleichungen von $\mathfrak{V}^*$ linear wären. Unter dieser vorläufigen, heuristischen Annahme verhilft die Theorie der Integration von gewöhnlichen linearen Differentialgleichungen zu folgenden Definitionen: Die Gleichgewichtslage $u^A = 0$ ist genau dann asymptotisch stabil, wenn sämtliche Wurzeln der charakteristischen Gleichung (1161) negative Realteile haben. Würde sich unter den Wurzeln von (1161) auch nur eine mit positivem Realteil befinden, so wäre die Gleichgewichtslage von $\mathfrak{V}^*$ instabil. Sie ist stabil, aber nicht asymptotisch, falls die Realteile aller Wurzeln der Gleichung (1161) niemals positiv, jedoch teilweise gleich Null sind und bei mehrfachen Wurzeln die Anzahl der ihnen entsprechenden „Lösungsgruppen" (MALKIN, 1959) gleich ihrer Vielfachheit ist. Wäre letztere größer als die betreffende Anzahl, so würde die Gleichgewichtslage des mechanischen Verbands $\mathfrak{V}^*$ instabil sein.

Der Voraussetzung, daß die schon in (262) gekennzeichnete Gleichgewichtslage von $\mathfrak{V}^*$ asymptotisch stabil ist, liegen zunächst nur die angeführten Definitionen der „Stabilität nach der ersten Näherung" zugrunde. Die Realteile aller Wurzeln von (1161) sind also negativ und demzufolge die Koeffizienten $c_0,\dots,c_N$ sämtlich positiv. Da aber diese leicht zu beweisende STODOLAsche Bedingung im allgemeinen für die asymptotische Stabilität nicht hinreicht, kann man sich des ROUTH-SCHURschen Algorithmus bedienen (KLOTTER, 1960), der speziell die sogenannten Probefunktionen $P_0,P_1,\dots,P_{N-1},P_N$ liefert (ROUTH, 1898). Hierbei handelt es sich um die von den Koeffizienten $c_0,\dots,c_N$ in bestimmter Weise gebildeten N+1 rationalen Ausdrücke

$$(1162)\quad P_0 = c_0\,,\quad P_1 = c_1\,,\quad P_2 = c_2 - \frac{c_0 c_3}{c_1}\,,\dots,\quad P_N = c_N\,.$$

Es stellt sich heraus, daß die charakteristische Gleichung (1161) genau dann nur Wurzeln mit negativem Realteil hat, wenn alle Probefunktionen (1162) positiv sind. Übrigens wären ebenso viele Wurzeln, deren Realteil positiv ist, vorhanden, wie Vorzeichenwechsel in der (N+1)-gliedrigen Folge (1162) auftreten würden.

Die in (1162) nicht explizite dargestellten ROUTHschen Probefunktionen $P_3,\dots,P_{N-1}$ sind kompliziert, falls man ihre von den Koeffizienten $c_0,\dots,c_N$ gebildeten Ausdrücke so übernimmt, wie sie der ROUTH-SCHURsche Algorithmus sukzessive hervorbringt. Dagegen ist das Bildungsgesetz der HURWITZschen Determinanten

$$(1163)\quad D_1 = c_1\,,\quad D_2 = \begin{vmatrix} c_1 & c_0 \\ c_3 & c_2 \end{vmatrix}\,,\quad D_3 = \begin{vmatrix} c_1 & c_0 & 0 \\ c_3 & c_2 & c_1 \\ c_5 & c_4 & c_3 \end{vmatrix}\,,\ldots,$$

$$D_{N-1} = \begin{vmatrix} c_1 & c_0 & 0 & 0 & 0 & \ldots & 0 & 0 & 0 \\ c_3 & c_2 & c_1 & c_0 & 0 & \ldots & 0 & 0 & 0 \\ \vdots & \vdots & \vdots & \vdots & \vdots & & \vdots & \vdots & \vdots \\ 0 & 0 & 0 & 0 & 0 & \ldots & 0 & c_N & c_{N-1} \end{vmatrix}\,,$$

$$D_N = \begin{vmatrix} c_1 & c_0 & 0 & 0 & 0 & \ldots & 0 & 0 \\ c_3 & c_2 & c_1 & c_0 & 0 & \ldots & 0 & 0 \\ \vdots & \vdots & \vdots & \vdots & \vdots & & \vdots & \vdots \\ 0 & 0 & 0 & 0 & 0 & \ldots & 0 & c_N \end{vmatrix} = c_N\, D_{N-1}$$

offenkundig; die Abschätzung (674) ergibt $N \geqq 30$. Nach dem Stabilitäts-Kriterium von HURWITZ ist die Positivität der N Determinanten $D_1,\ldots,D_N$ notwendig und hinreichend dafür, daß jede Wurzel der Gleichung (1161) einen negativen Realteil hat (SCHMEIDLER, 1949). Bei der numerischen Berechnung von $D_3,\ldots,D_{N-1}$ erweist sich jedoch wieder der ROUTH-SCHURsche Algorithmus als ein brauchbares Verfahren. Zwischen den Probefunktionen $P_1,\ldots,P_N$ der Folge (1162) und den Determinanten in (1163) bestehen nämlich die einfachen Beziehungen

$$(1164)\quad P_1 = D_1\,,\quad P_2 = \frac{D_2}{D_1}\,,\quad P_3 = \frac{D_3}{D_2}\,,\ldots,\quad P_N = \frac{D_N}{D_{N-1}}$$

(CREMER, 1953).

Die korrelativen algebraischen Stabilitäts-Kriterien von ROUTH und HURWITZ erfordern einen rechentechnischen Aufwand, der mit dem Grad N der charakteristischen Gleichung (1162) sehr stark zunimmt. Es wurden aber auch andere Kriterien für die „Stabilität nach der ersten Näherung" erforscht, die numerisch nicht so aufwandreich sind. Darunter befindet sich das in der Nachrichten- und Regelungstechnik noch immer bevorzugte sogenannte Ortskurven-Verfahren von NYQUIST. Ihm liegt ein CAUCHYscher Satz in der Funktionentheorie über die Anzahl der Nullstellen und Pole einer Funktion zugrunde (NYQUIST, 1932; STRECKER, 1950), die hier mit der in (573) eingeführten charakteristischen Determinante $\Omega \equiv \det(W_{AB}(\omega))$ zu identifizieren ist. Die Ortskurve in der komplexen Ω-Ebene wird von der Funktion $\Omega = \Omega(\omega)$ erzeugt, indem das Argument ω die imaginäre Achse der komplexen ω-Ebene von $-i\infty$ bis $+i\infty$ durchläuft. Auf diese Weise haben sich das Lücken- und das Lagen-Kriterium ergeben (LEONHARD, 1944; CREMER, 1947). Die Herleitung beider „Schnitt-Kriterien" (KLOTTER, 1960) ist leicht verständlich und die numerische Bestimmung der eigentlich interessierenden „Schnittfrequenzen" einfacher und bequemer als die Berechnungen mittels des ROUTH-SCHURschen Algorithmus.

Die strenge Determiniertheit des autonomen mechanischen Verbands $\mathfrak{V}^*$ bedeutet, daß jedem faktisch möglichen, in einem geeignet gewählten Zeitintervall $i(t)$ stattfindenden Bewegungsvorgang im Verband $\mathfrak{V}^*$, dem eine spezielle Lösung der allgemeinen Bewegungsgleichungen (593) entspricht, ein auf den Zeitpunkt t_o bezogener Satz von

(1165) $Q \geqq N$

Anfangswerten $v_o^1,\ldots,v_o^2$ der „Zustandsvariablen" $v^1,\ldots,v^Q$ des Verbands $\mathfrak{V}^*$ umkehrbar eindeutig zugeordnet ist. Im folgenden repräsentieren die Minuskeln p und q als Indizes die Zahlen $1,2,\ldots,Q$. Unter den Zustandsvariablen

(1166) $v^q = v^q(t)\,, \quad v^q(t_o) \equiv v_o^q\,,$

können sich generalisierte Koordinaten u^A und Geschwindigkeiten $\dot{u}^A$ oder Funktionen dieser Größen befinden. Es läßt sich stets so einrichten, daß die spezielle Anfangsbedingung $v_o^q = 0$ das identische Verschwinden der Funktionen (1166) bewirkt und damit lediglich die triviale Lösung $u^A(t) \equiv 0$ des Gleichungssystems (593) hervorbringt, die den (seismologisch absolut uninteressanten) Zustand der totalen Ruhe von $\mathfrak{V}^*$ bezüglich $\mathfrak{S}$ im Intervall $i(t)$ beschreibt.

Ob die einzige Gleichgewichtslage (262) gemäß der Definition von LJAPUNOV (asymptotisch) stabil ist oder nicht, entscheiden die Lösungen der Bewegungsgleichungen (593), deren Anfangswerte v_o^q sich sehr wenig von Null unterscheiden. Deshalb liegt die Vermutung nahe, daß der Charakter solcher Lösungen bereits durch die Gesamtheit der

Glieder niedrigsten Grades in (593) hinreichend bestimmt wird und demnach die linearisierten Gleichungen (587) oder die äquivalenten linearen Differentialgleichungen (668) für die Untersuchung der Stabilität der Gleichgewichtslage (262) genügen. Das in dieser Weise reduzierte Stabilitätsproblem läßt sich mit elementaren Methoden erledigen; denn die Differentialgleichungen (668) sind in geschlossener Form integrierbar. An den dazu benötigten Wurzeln der charakteristischen Gleichung (1161) orientieren sich die erörterten Definitionen der (asymptotischen) Stabilität und Instabilität der Gleichgewichtslage von $\mathfrak{V}^*$. Im übrigen gilt offensichtlich $Q = N$.

Nun geben aber schon einfache Beispiele zu erkennen (MALKIN, 1959), daß eine derartige Behandlung des Stabilitätsproblems nicht exakt und generell falsch ist. Indem man die nichtlinearen Gleichungen (593) durch das lineare System (587) ersetzt, wird nämlich das eigentliche Problem ignoriert und ein anderes behandelt. Dabei kann die Gleichgewichtslage des Verbands $\mathfrak{V}^*$ als stabil erscheinen, obwohl sie faktisch instabil ist, und auch der konträre Sachverhalt kommt in Betracht. Die aufgezeigte Diskrepanz muß besonders dann erwartet werden, wenn der für den Übergang von (587) zu (668) möglicherweise erforderliche Differentiationsprozeß an den vollständigen Gleichungen (593) durchgeführt wird und die rechten Seiten der daraus resultierenden Gleichungen nichtlineare Funktionen bilden, unter deren Argumenten zeitliche Ableitungen der generalisierten Koordinate u^A von höherer als K_B-ter Ordnung und wiederholte Integrale von $\mathfrak{z}^{(k)}(t)$ und $\zeta^{(k)}(t)$ vorkommen.

Um die Stabilität der Gleichgewichtslage des autonomen mechanischen Verbands $\mathfrak{V}^*$ im Sinne von LJAPUNOV definieren zu können, soll nun angenommen werden, daß sich die nichtlinearen Bewegungsgleichungen (593) in die übersichtliche Form

$$(1167) \quad \dot{v}^q = g^q(v^p)$$

bringen lassen. Damit liegen den folgenden Untersuchungen Q explizite gewöhnliche Differentialgleichungen erster Ordnung für die Q Zustandsvariablen (1165) vor. Die (nichtlinearen) physikalischen Funktionen $g^q(v^p)$ sind in ihrem ganzen Definitionsbereich, dem der „Nullpunkt" $v^q = 0$ angehört, stetig und garantieren, daß die Gleichungen (1167) zu jedem Satz von Anfangswerten v_0^q, die diesem Bereich entstammen, genau eine partikuläre Lösung (1166) liefern. Wegen

(1168) $g^q(0) = 0$

entspricht der Anfangsbedingung $v_o^q = 0$ die triviale Lösung $v^q(t) \equiv 0$ von (1167). Die Symbolik in (1167) und (1168) ist ebenso unmißverständlich wie die u.a. in (1020) verwendete. Der Normalfall

(1169) $u^A \equiv v^A \ , \quad \dot{u}^A \equiv v^{15+A}$

bewirkt, daß die Bewegungsgleichungen (1167) die Gestalt

(1170) $\dot{v}^A = v^{15+A} \ , \quad \dot{v}^{15+A} = g^{15+A}(v^p)$

(Q = 30) oder auch

(1171) $\ddot{u}^A = g^{15+A}(u^D, \dot{u}^D)$

annehmen. Übrigens folgen aus dem Vergleich dieser im allgemeinen 15 gewöhnlichen Differentialgleichungen zweiter Ordnung für die generalisierten Koordinaten u^A des Verbands $\mathfrak{B}^*$ mit den in den Beschleunigungen $\ddot{u}^A$ entkoppelten Bewegungsgleichungen (392) die Beziehungen

(1172) $g^{15+A}(u^D, \dot{u}^D) = U^A - \Omega^A_{BC}\dot{u}^B\dot{u}^C$.

Im Hinblick auf die LJAPUNOVsche Definition der Stabilität (einer ungestörten Bewegung) hat man die wenigstens im Zeitintervall $\iota(t)$ stationäre Gleichgewichtslage (262) als stabil zu bezeichnen, wenn sich zu irgendeiner beliebig kleinen positiven Zahl ε eine andere positive Zahl $\delta(\varepsilon)$ derart angeben läßt, daß jede partikuläre Lösung (1166) der Bewegungsgleichungen (1167) im ganzen Intervall $\iota(t)$ die Bedingung

(1173) $|v^q(t)| < \varepsilon$

erfüllt, falls für die Anfangswerte v_o^q die Ungleichungen

(1174) $|v_o^q| < \delta$

gelten. Sonst wäre die Gleichgewichtslage von $\mathfrak{B}^*$ instabil. Sie soll aber nicht nur stabil, sondern sogar asymptotisch stabil sein, was im Sinne von LJAPUNOV besagt, daß bei hinreichend kleinem δ aus (1174), wie auch im übrigen die Anfangswerte v_o^q gewählt sind, stets

$$(1175)\quad \lim_{t\to 0} v^q(t) = 0$$

folgt.

Demnach wird die (asymptotische) Stabilität oder Instabilität der Gleichgewichtslage (262) durch den Charakter aller potentiellen Bewegungen des mechanischen Verbands $\mathfrak{V}^*$ bestimmt, die „in der Nähe" der Gleichgewichtslage verlaufen und sich per definitionem über ein unendliches Zeitintervall erstrecken (MALKIN, 1959). Letzteres gibt die Bedingung (1175) deutlich zu erkennen. Andererseits kann man aus mehreren dargelegten physikalischen Gründen auf die in praxi ohnehin selbstverständliche Annahme nicht verzichten, daß die Beobachtungsdauer endlich ist. Damit scheinen die angeführten Definitionen von LJAPUNOV inkompatibel zu sein. Diese Unvereinbarkeit bedeutet jedoch nur, daß für die Stabilität bzw. Instabilität der im Zeitintervall $i(t)$ stationären Gleichgewichtslage von $\mathfrak{V}^*$ die entsprechende LJAPUNOVsche Bedingung hinreicht bzw. notwendig ist und die asymptotische Stabilität im Sinne von LJAPUNOV die Stabilität der Gleichgewichtslage (262) garantiert. Die LJAPUNOVschen Definitionen sind also auch im Rahmen der hier diskutierten seismometrischen Problematik brauchbar. Übrigens bietet sich neben der von LJAPUNOV entwickelten Theorie (MALKIN, 1959) keine weitere derartige Betrachtung an, die physikalisch angemessener und zugleich mathematisch bequemer ist; offenbar existiert noch nicht einmal eine genügend exakte Theorie der kleinen Schwingungen eines autonomen mechanischen Verbands um eine (stabile) Gleichgewichtslage.

Für die Untersuchung der Stabilität der Gleichgewichtslage von $\mathfrak{V}^*$ können folgende, teilweise modifizierte LJAPUNOVsche Kriterien zweckdienlich sein: Läßt sich eine definite, nach allen ihren Argumenten v^p wenigstens einmal stetig differenzierbare Funktion

$$(1176)\quad G = G(v^p)$$

angeben, deren totale zeitliche, unter Berücksichtigung der Differentialgleichungen (1167) gebildete Ableitung

$$(1177)\quad \dot{G} = \frac{\partial G}{\partial v^p}\,\dot{v}^q = \frac{\partial G}{\partial v^q}\,g^q \equiv \Gamma(v^p)$$

sich als semidefinit mit dem zu $G(v^p)$ entgegengesetzten Vorzeichen erweist oder identisch verschwindet, so ist die Gleichgewichtslage

(262) stabil. Falls bei gleichbleibenden Eigenschaften der Funktion (1176)

(1178) $\operatorname{sgn} \Gamma(v^p) = - \operatorname{sgn} G(v^p)$

gilt, hat man die Gleichgewichtslage (262) als asymptotisch stabil anzusehen, die aber dann instabil sein kann, wenn sich in (1177) eine definite Funktion ergibt, während (1176) nicht semidefinit mit dem zu (1177) konträren Vorzeichen ist. Die Modifikationen entsprechen dem Sachverhalt, daß die Stabilität der Gleichgewichtslage des mechanischen Verbands $\mathfrak{V}^*$ nur in einem bestimmten endlichen Zeitintervall $i(t)$ interessiert.

Die betreffenden Sätze von LJAPUNOV setzen jedesmal die Konstruktion einer Funktion (1176) mit besonderen Eigenschaften voraus. Zur Lösung dieser Aufgabe sind verschiedene generelle Anleitungen entwickelt worden. Eine Konstruktionsvorschrift für alle in Betracht kommenden Fälle fehlt jedoch noch immer. Der Erfolg der sogenannten direkten (zweiten) Methode von LJAPUNOV beruht oft auf systematischem Probieren. Das Problem, eine LJAPUNOVsche Funktion (1176) zu konstruieren, vereinfacht sich aber wesentlich, wenn das zugrunde liegende System von gewöhnlichen Differentialgleichungen erster Ordnung linear ist. Dann verfügt man nämlich über die erforderlichen, von LJAPUNOV selbst hergeleiteten Hilfssätze, deren eigentliche Bedeutung darin besteht, daß mit ihnen andere praktikable Kriterien für die (asymptotische) Stabilität oder Instabilität (einer stationären Bewegung) begründet werden können. Im folgenden benötigt man hierzu sämtliche in den Zustandsgrößen v^p linearen Terme der rechten Seiten der Bewegungsgleichungen (1167).

Wegen (1168) liefert die Linearisierung von (1167) das System der Gleichungen der ersten Näherung

(1179) $\dot{v}^q = g^q_p v^p \; , \quad g^q_p = \text{const} \; .$

Entsprechend den LJAPUNOVschen Bedingungen sollen die in ihren Argumenten v^p nichtlinearen „Restfunktionen"

(1180) $G^q(v^p) \equiv g^q(v^p) - g^q_p v^p \; , \quad G^q(0) = 0 \; ,$

Reihenentwicklungen nach Potenzen von v^p gestatten, die also mit Gliedern von mindestens zweitem Grade beginnen. Man stellt jedoch fest, daß diese Funktionen gar nicht analytisch sein müssen; denn es wird lediglich die Gültigkeit der Q Ungleichungen

$$(1181)\quad |G^q(v^p)| < a \sum_p |v^p|$$

in einer gewissen Umgebung des Nullpunkts im Definitionsbereich von (1180) verlangt, wobei die nur von den Koeffizienten einer konstruierbaren quadratischen Form abhängige positive Konstante a hinreichend klein ist (MALKIN, 1959). Unter Verwendung von (1180) nehmen die vollständigen Bewegungsgleichungen (1167) die Gestalt

$$(1182)\quad \dot{v}^q = g^q_p v^p + G^q(v^p)$$

an.

Die LJAPUNOVschen Hauptsätze über die (asymptotische) Stabilität oder Instabilität nach der ersten Näherung verhelfen nun zu folgenden einfachen Kriterien: Wenn alle Wurzeln der charakteristischen Gleichung

$$(1183)\quad \det(g^q_p - \delta^q_p \omega) = 0$$

des linearen Ersatzsystems (1179) negative Realteile haben, dann ist die Gleichgewichtslage (262) stabil und sogar (im bisherigen Sinne) asymptotisch stabil, wie auch die mit (1180) berücksichtigten Glieder höherer Ordnung in den „unverkürzten" Differentialgleichungen (1182) beschaffen sind. Hat wenigstens eine der Wurzeln von (1183) einen positiven Realteil, so kann die im Zeitintervall i(t) stationäre Gleichgewichtslage von $\mathfrak{D}^*$ instabil sein, und zwar unabhängig von der Struktur der nichtlinearen Funktionen (1180). Existieren keine derartigen Wurzeln von (1183), aber solche, deren Realteile verschwinden, dann entscheiden die Terme in (1180), ob die Gleichgewichtslage (262) stabil oder möglicherweise instabil ist; hier liegt ein sogenannter kritischer Fall vor, in dem die Nichtlinearitäten der Bewegungsgleichungen (1182) den Stabilitätscharakter der Gleichgewichtslage von $\mathfrak{D}^*$ wesentlich beeinflussen, wovon sich die anderen, unkritischen Fälle dadurch unterscheiden, daß zur Lösung des Stabilitätsproblems das linearisierte Gleichungssystem (1179) hinreicht. In diesen Fällen sind übrigens die angeführten Kriterien umkehrbar. Es zeigt sich nämlich, daß die Gleichgewichtslage (262) bei beliebig vorgegebenen Funktionen (1180) nur dann (asymptotisch) stabil ist bzw. instabil sein kann, wenn die charakteristische

Gleichung (1183) ausschließlich Wurzeln mit negativen Realteilen bzw. mindestens eine Wurzel mit positivem Realteil hat.

Die asymptotische Stabilität im Sinne von LJAPUNOV garantiert also die nur im endlichen Zeitintervall $i(t)$ interessierende Stabilität der Gleichgewichtslage des mechanischen Verbands $\mathfrak{V}^*$, wie schon bemerkt wurde, und deren Bestimmung anhand der Gleichung (1183) ohne zusätzliche Berücksichtigung der von den Variablen v^p gebildeten nichtlinearen Glieder in (1167) oder (1182). Die Voraussetzungen, daß sich die Bewegungsgleichungen von $\mathfrak{V}^*$ in der Form (1167) darstellen lassen und die Gleichgewichtslage (262) asymptotisch stabil ist, bewirken die Äquivalenz der beiden HURWITZschen Gleichungen (1161) und (1183). Folglich besteht zwischen dem Polynom N-ten Grades in (1161) und der Q-reihigen charakteristischen Determinante der linearen Differentialgleichungen (1179) die Beziehung

$$(1184) \quad (-1)^Q \det(g_p^q - \delta_p^q) = \omega^N + \frac{c_1}{c_0}\omega^{N-1} + \cdots + \frac{c_{N-1}}{c_0}\omega + \frac{c_N}{c_0} ,$$

die nur unter der Bedingung

$$(1185) \quad Q = N$$

zustande kommt, und alle in (1163) definierten HURWITZschen Determinanten sind positiv.

Die Untersuchung der Stabilität der Gleichgewichtslage des Verbands $\mathfrak{V}^*$ wird durch die für die seismometrische Praxis ebenso wichtige Frage nach dem Bereich der zulässigen Anfangswerte v_0^q ergänzt. Obwohl sich LJAPUNOV damit nicht befaßt hat, ermöglicht der Beweis seines Hauptsatzes über die (asymptotische) Stabilität nach der ersten Näherung die Berechnung des sogenannten Bereichs der asymptotischen Stabilität, den die Menge aller Q-tupel bzw. wegen (1185) N-tupel von potentiellen Anfangswerten v_0^q bildet, deren zugeordnete partikuläre Lösungen der Bewegungsgleichungen (1167) dem Postulat (1175) genügen. Dieser Stabilitäts- oder Einzugsbereich der Gleichgewichtslage von $\mathfrak{V}^*$ ist keinesfalls kleiner als der im Definitionsbereich der definiten LJAPUNOVschen Funktion (1176) enthaltene Bereich (1174), wenn man die zu ε gehörende Zahl δ geeignet wählt (MALKIN, 1959). Es zeigt sich, daß der Bereich der asymptotischen Stabilität mit jenem übereinstimmt, in dem die Bedingungen (1181) erfüllt werden können. Sind die nichtlinearen Funktionen (1176) analytisch, so ist der Gültigkeitsbereich der Ungleichungen (1181) eine gewisse, nach (1185) N-dimensionale Umgebung des Nullpunkts $v^q = 0$, die sich leicht berechnen läßt, wenn man die Zahl a kennt. In jedem Fall, d.h. selbst bei komplizierteren Funktionen (1176), muß letztlich a ermittelt werden. Die Bestimmung des Stabilitätsbereichs kann übrigens auch mit dem folgenden in praxi interessierenden fundamentalen Problem zusammenhängen: Dieser Bereich ist vorgegeben, man verfügt aber nur über die Gleichungen der ersten Näherung (1179) und hat angemessene Voraussetzungen für die im einzelnen noch unbekannten nichtlinearen Funktionen (1180) aufzufinden.

Im Normalfall (1169) ergibt sich unter Beachtung von (1167), (1170), (1180) und (1182)

(1186) $g^A_B = 0 , \quad g^A_{15+B} = \delta^A_B ,$

(1187) $G^A(v^p) \equiv 0 ,$

also die charakteristische Determinante der $Q = N = 30$ linearen Differentialgleichungen (1179) zu

$$(1188) \quad \det(g^q_p - \delta^q_p\omega) = \begin{vmatrix} -\omega & \dots & 0 & 1 & \dots & 0 \\ \vdots & & \vdots & \vdots & & \vdots \\ 0 & \dots & -\omega & 0 & \dots & 1 \\ g^{16}_1 & \dots & g^{16}_{15} & g^{16}_{16}-\omega & \dots & g^{16}_{30} \\ \vdots & & \vdots & \vdots & & \vdots \\ g^{30}_1 & \dots & g^{30}_{15} & g^{30}_{16} & \dots & g^{30}_{30}-\omega \end{vmatrix} =$$

$$- \begin{vmatrix} 1 & \dots & 0 & 0 & \dots & 0 \\ \vdots & & \vdots & \vdots & & \vdots \\ 0 & \dots & 1 & 0 & \dots & 0 \\ g^{16}_1 & \dots & g^{16}_{15} & g^{16}_1+g^{16}_{16}\omega-\omega^2 & \dots & g^{16}_{15}+g^{16}_{30}\omega \\ \vdots & & \vdots & \vdots & & \vdots \\ g^{30}_1 & \dots & g^{30}_{15} & g^{30}_{16}\omega & \dots & g^{30}_{15}+g^{30}_{30}\omega-\omega^2 \end{vmatrix} =$$

$$\det(\delta^A_B\omega^2 - g^{15+A}_{15+B}\omega - g^{15+A}_B) .$$

Anhand von (591) kann die Beziehung (1172) in

(1189) $g^{15+A}(u^D,\dot{u}^D) = R^A + \tilde{U}^A$

umgewandelt werden, wobei jetzt R^A eine nichtlineare Funktion der generalisierten Koordinaten u^D und Geschwindigkeiten $\dot{u}^D$ und $\tilde{U}^A$ hinsichtlich (589) eine homogene Linearform in denselben Variablen ist. Demnach resultiert aus (589), (1169), (1180) und (1189)

(1190) $U_B^{A[0]} = - g_B^{15+A} , \quad U_B^{A[1]} = - g_{15+B}^{15+A} ,$

(1191) $R^A = G^{15+A}(u^D,\dot{u}^D) ,$

und die zu (1170) äquivalenten Differentialgleichungen zweiter Ordnung (1171) nehmen die Gestalt (592) an; die linken Seiten dieser Gleichungen bilden notabene nur die explizite hingeschriebenen Terme. Das trifft auch für die linearisierten Bewegungsgleichungen (590) zu, deren charakteristische Determinante

(1192) $\det(\delta_B^A\omega^2+U_B^{A[1]}\omega+U_B^{A[0]})$

wegen (1190) mit (1188) übereinstimmt. Auf Grund von (389) und (588) gilt

(1193) $\det(w_{AB}(0))\cdot\det(\delta_D^C\omega^2+U_D^{C[1]}\omega+U_D^{C[0]}) =$

$\det(w_{AB}(0)\omega^2+U_{AB}^{[1]}\omega+U_{AB}^{[0]}) .$

In Anbetracht von (1184), (1188), (1190) und (1193) darf man nun

(1194) $\det(w_{AB}(0)\omega^2+U_{AB}^{[1]}\omega+U_{AB}^{[0]}) = c_0\omega^N + c_1\omega^{N-1} + \dots + c_{N-1}\omega + c_N ,$

also speziell

(1195) $\det(w_{AB}(0)) = c_0 , \quad \det(U_{AB}^{[0]}) = c_N$

setzen. Die Positivität von c_0 wird durch (387) gewährleistet. Da (1194) ein HURWITZsches Polynom sein soll, ist zudem die ROUTHsche Probefunktion $P_N = c_N$ in (1162) als positiv anzunehmen, d.h., es ergibt sich die notwendige Bedingung

(1196) $\det(U_{AB}^{[0]}) > 0 .$

Alle die Größen $U_{AB}^{[0]}$ betreffenden Untersuchungen zeigen, daß die

Matrix $\|U_{AB}^{[0]}\|$ für $N = 30$ niemals symmetrisch sein kann. Sind die Bewegungen des Fundaments $\mathfrak{B}^*$ im Zeitintervall $i(t)$ rein translatorisch und daher die Funktionen (47) identisch gleich Null, so hat man wieder entsprechende, formal jedoch nur geringfügige Modifikationen der bisherigen Analyse der Stabilität der Gleichgewichtslage des mechanischen Verbands $\mathfrak{V}^*$ zu berücksichtigen. Insbesondere vermindert sich dann der Grad N des Polynoms (1194) um sechs, weil die Koeffizienten $U_{12+h,A}^{[0]}$, $U_{A,12+h}^{[0]}$ und $U_{12+h,A}^{[1]}$, $U_{A,12+h}^{[1]}$ gar nicht mehr erscheinen. Unter dieser Voraussetzung läßt sich die (höchstens 24-reihige) Matrix $\|U_{AB}^{[0]}\|$ symmetrisieren. Wenn nun die mit den derart modifizierten symmetrischen Matrizen $\|U_{AB}^{[0]}\|$ und $\|U_{AB}^{[1]}+U_{BA}^{[1]}\|$ gebildeten quadratischen Formen positiv definit sind, stellt (1194) ein HURWITZsches Polynom dar (DERWIDUÉ, 1957). Hierbei handelt es sich also um eine hinreichende Bedingung für die asymptotische Stabilität der Gleichgewichtslage (262), die übrigens die Annahme (1159) nicht benötigt.

14. Die elementare Mannigfaltigkeit als Menge der potentialen Lagen eines mechanischen Teilverbands der seismischen Apparatur

Die vorgenommenen Untersuchungen betreffen nicht immer den kompletten mechanischen Verband $\mathfrak{V}^*$. Es sind auch solche Probleme berücksichtigt worden, die sich auf gewisse Bestandteile von $\mathfrak{V}^*$ beschränken, deren theoretische Behandlung für die seismometrische Praxis ebenso notwendig ist. Außerdem hat man zu beachten, daß die Justierung der Seismographen einige Tests erfordert, die zunächst dem einzelnen mechanischen Empfänger $\mathfrak{E}^{(k)}$ der seismischen Apparatur und anschließend den Wechselwirkungen zwischen $\mathfrak{E}^{(k)}$ und dem zugehörigen Galvanometer $\mathfrak{e}^{(k)}$ gelten, währenddessen das Gestell von $\mathfrak{E}^{(k)}$ entweder ruht oder vorgegebene Bewegungen ausführt (TEUPSER, 1962). Die Simulation solcher Experimente mit dem hier analysierten theoretischen Modell einer seismischen Stationsapparatur besteht im wesentlichen darin, die Bewegungen von $\mathfrak{G}^{(k)}$ oder $\mathfrak{V}^{(k)}$ bezüglich $\overline{\mathfrak{G}}$ bei relativ zu $\mathfrak{G}$ ruhendem oder bewegtem Fundament $\mathfrak{G}^*$ unter bestimmten Bedingungen zu diskutieren, die sich wegen der vorausgesetzten Autonomie des Verbands $\mathfrak{V}^*$ schon vollständig in den Anfangswerten der für den betreffenden Teilverband von $\mathfrak{V}^*$ maßgebenden Zustandsvariablen (1166) ausdrücken lassen. Übrigens werden in diesen Fällen eventuelle Rückwirkungen des Gehänges $\mathfrak{G}^{(k)}$ auf $\mathfrak{G}^*$ und dadurch bedingte gegenseitige Beeinflussungen der drei Komponenten der Apparatur gar nicht erwogen; letztlich interessieren nur dementsprechend isolierte kinematische Vorgänge in einem der Teilverbände $\mathfrak{G}^{(k)}$, $\mathfrak{V}^{(k)}$, $\mathfrak{G}^* + \mathfrak{G}^{(k)}$ und $\mathfrak{G}^* + \mathfrak{V}^{(k)}$

Im folgenden bedeutet $\mathfrak{M}_n$ einen derartigen oder anderen seismometrisch definierten Bestandteil des mechanischen Verbands $\mathfrak{V}^*$, der speziell mit $\mathfrak{V}^*$ identisch sein kann:

(1197) $\mathfrak{M}_n \subseteq \mathfrak{V}^*$.

Der Index n zeigt die Anzahl der Freiheitsgrade an, die dem untersuchten Teilverband von $\mathfrak{V}^*$ zuerkannt wird. Da für den gesamten Verband $\mathfrak{V}^*$ höchstens 15 Freiheitsgrade in Betracht kommen, erfüllt die natürliche Zahl n stets die Bedingung

(1198) $n \leqq 15$.

Der mechanische Verband $\mathfrak{M}_n$ ist erst dann eindeutig erklärt, wenn man die betreffende Untermenge von $\mathfrak{V}^*$ ausgewählt und entschieden hat, welche Bewegungsfreiheit ihr in dem endlichen, beiderseits offenen Zeitintervall

(1199) $\quad \imath \equiv \imath(t)$

zugestanden werden soll. Beispielsweise wird von jetzt ab der Teilverband $\mathfrak{G}^{(k)}$ bzw. $\mathfrak{V}^{(k)}$ oder $\mathfrak{G}^* + \mathfrak{G}^{(k)}$ durch $\mathfrak{M}_2$ bzw. $\mathfrak{M}_3$ oder $\mathfrak{M}_n$ mit $3 \leqq n \leqq 8$ repräsentiert.

Jeder auf das Inertialsystem $\mathfrak{S}$ bezogenen kinematisch möglichen Lage Q des Verbands $\mathfrak{M}_n$ entspricht genau ein n-tupel von reellen Zahlen, die spezielle Werte der n generalisierten Koordinaten $q^1,\ldots,q^n$ von $\mathfrak{M}_n$ sind. Es empfiehlt sich nun, zur Darstellung der Indizes 1,...,n griechische Minuskeln und auch hier wieder die EINSTEINsche Summenkonvention zu verwenden. Der Variabilitätsbereich von q^α ist das endliche offene Intervall $\imath^\alpha$, dem insbesondere der Wert Null angehört:

(1200) $\quad q^\alpha \in \imath^\alpha \,, \quad 0 \in \imath^\alpha \,.$

Untersucht man z.B. den Verband $\mathfrak{V}^{(k)} = \mathfrak{M}_3$, so kann $\zeta_\alpha^{(k)} = q^\alpha$ und folglich $\imath(\zeta_\alpha^{(k)}) = \imath^\alpha$ gesetzt werden. Da die in (25), (62) und (101)-(103) formulierten geometrischen Bindungen des im kartesischen Koordinatensystem $\mathfrak{S}$ und im Zeitintervall (1199) diskutierten mechanischen Verbands $\mathfrak{V}^*$ holonom und skleronom sind, hängen die $\mathfrak{S}$-Koordinaten x_i eines Massenpunktes $P \in \mathfrak{M}_n$ nur von $q^1,\ldots,q^n$ ab:

(1201) $\quad P \in \mathfrak{M}_n : \quad x_i = \varphi_i(q^1,\ldots,q^n) \,.$

Diese Funktionen haben stetige partielle Ableitungen mindestens bis zur dritten Ordnung nach sämtlichen Argumenten q^α.

Prinzipiell bieten sich unendlich viele n-tupel von reellen Variablen als generalisierte Koordinaten des Verbands $\mathfrak{M}_n$ an. Neben (1200) sind dafür ebenso etwa die Veränderlichen $\overline{q}^1,\ldots,\overline{q}^n$ geeignet. Der Variabilitätsbereich von $\overline{q}^\alpha$ sei das endliche offene Intervall $\overline{\imath}^\alpha$, dem wieder die Null angehören möge:

(1202) $\quad \overline{q}^\alpha \in \overline{\imath}^\alpha \,, \quad 0 \in \overline{\imath}^\alpha \,.$

Jeder Lage Q des autonomen mechanischen Verbands $\mathfrak{M}_n$ entspricht also auch genau ein n-tupel von Werten der „neuen" generalisierten Koordinaten (1202). Die Beziehungen zwischen ihnen und den „alten" Koordinaten (1200) regelt die direkte Transformation

(1203) $\bar{q}^{\alpha} = \bar{g}^{\alpha}(q^1,\ldots,q^n)\,, \quad \bar{g}^{\alpha}(0,\ldots,0) = 0\,,$

oder ihre Inversion

(1204) $q^{\alpha} = g^{\alpha}(\bar{q}^1,\ldots,\bar{q}^n)\,, \quad g^{\alpha}(0,\ldots,0) = 0\,.$

Die Funktionen $\bar{g}^{\alpha}(q^1,\ldots,q^n)$ und $g^{\alpha}(\bar{q}^1,\ldots,\bar{q}^n)$ müssen dreimal stetig differenzierbar sein. Die Identität

(1205) $q^{\alpha} = g^{\alpha}(\bar{g}^1(q^1,\ldots,q^n),\ldots,\bar{g}^n(q^1,\ldots,q^n))$

verhilft unter Verwendung des gemischten KRONECKERschen Symbols δ^{α}_{β} zu

(1206) $\dfrac{\partial q^{\alpha}}{\partial \bar{q}^{\gamma}}\,\dfrac{\partial \bar{q}^{\gamma}}{\partial q^{\beta}} = \delta^{\alpha}_{\beta}\,.$

Hieraus resultiert

(1207) $\det\left(\dfrac{\partial q^{\alpha}}{\partial \bar{q}^{\gamma}}\right)\det\left(\dfrac{\partial \bar{q}^{\delta}}{\partial q^{\beta}}\right) = 1\,.$

Demnach ist

(1208) $\det\left(\dfrac{\partial \bar{g}^{\alpha}(q^1,\ldots,q^n)}{\partial q^{\beta}}\right) \neq 0$

eine notwendige Bedingung für die umkehrbar eindeutige Koordinatentransformation

(1209) $\{q^1 \in \iota^1\,,\ldots,\, q^n \in \iota^n\} \quad \longleftrightarrow \quad \{\bar{q}^1 \in \bar{\iota}^1\,,\ldots,\, \bar{q}^n \in \bar{\iota}^n\}\,.$

Man könnte die Lage Q von $\mathfrak{M}_n$ als Punkt eines Gebiets $\mathfrak{J}_n$ im n-dimensionalen affinen Raum und die n Variablen (1200) als die $\mathfrak{S}_n$-Koordinaten von $Q \in \mathfrak{J}_n$ auffassen, so daß $\mathfrak{J}_n$ das Innere eines Parallelepipeds darstellen würde, dessen begrenzende 2n Hyperebenen paarweise zu den n Koordinatenebenen von $\mathfrak{S}_n$ parallel wären. Dann ließen sich die Veränderlichen (1202) als die $\bar{\mathfrak{S}}_n$-Koordinaten des Punktes $Q \in \mathfrak{J}_n$ erklären und $\bar{\mathfrak{S}}_n$ müßte im allgemeinen, d.h., falls die Funktionen in (1203) und (1204) keine homogenen Linearformen ihrer Argumente sind, ein krummliniges Koordinatensystem sein. Diese Interpretation der generalisierten Koordinaten des Verbands $\mathfrak{M}_n$ ist offensichtlich nicht zwingend. Sie paßt sich aber der konventionellen geometrischen Deutung der Systeme gewöhnlicher Differentialgleichungen erster Ordnung in einem mehrdimensionalen affinen Raum an, dem sogar mit der für die bekannten Existenzbeweise notwendigen Definition des Abstands zweier Raumpunkte von vornherein eine EUKLIDsche Metrik aufgeprägt wird (KAMKE, 1956).

Die notabene willkürliche Annahme, daß $\mathfrak{J}_n$ prinzipiell ein Gebiet eines affinen Raumes darstellt, soll den weiteren Untersuchungen nicht zugrunde gelegt werden. Statt dessen möge vorläufig die Bemerkung genügen, daß die Gesamtheit der kinematisch möglichen Lagen Q des mechanischen Verbands $\mathfrak{M}_n$ bezüglich $\mathfrak{G}$ eine Menge $\mathfrak{J}_n$ bildet und zudem eine umkehrbar eindeutige Abbildung

(1210) $$\{q^1 \in i^1, \ldots, q^n \in i^n\} \longleftrightarrow Q \in \mathfrak{J}_n$$

existiert, die jedoch nur bis auf alle zulässigen Koordinatentransformationen (1209) bestimmt ist. Die so definierte Menge $\mathfrak{J}_n$ repräsentiert eine n-dimensionale elementare Mannigfaltigkeit (RAŠEVSKIJ, 1959). Sie besitzt einige schwache geometrische Eigenschaften. Man kann die Elemente Q von $\mathfrak{J}_n$ wieder Punkte und die Abbildung (1210) Koordinatensystem in $\mathfrak{J}_n$ nennen. Dem Punkt Q entsprechen also im Koordinatensystem (1210) die Koordinaten $q^1, \ldots, q^n$. Die von den Funktionen in (1203) und (1204) geregelten Transformationen (1209) verhelfen zu Koordinatensystemen in der Mannigfaltigkeit $\mathfrak{J}_n$, die sich im Gegensatz zu $\mathfrak{G}_n$ und $\overline{\mathfrak{G}}_n$ durch nichts untereinander auszeichnen.

Da die Funktionen in (1203) und (1204) wenigstens dreimal stetig differenzierbar sind, ergibt sich mit $\mathfrak{J}_n$ eine Mannigfaltigkeit, deren Ordnung mindestens gleich Drei ist. Die Vergrößerung der Ordnung von $\mathfrak{J}_n$ verringert die Mächtigkeit der Menge der erlaubten Koordinatentransformationen (1209) und vermehrt die geometrischen Eigenschaften der Mannigfaltigkeit $\mathfrak{J}_n$. Aber selbst wenn die Ordnung von $\mathfrak{J}_n$ nur gleich Null wäre, läßt sich der Begriff des Grenzpunktes $Q_n \in \mathfrak{J}_n$ definieren, dem die Koordinatenwerte $q_o^\alpha \in i^\alpha$ zugeordnet sind. Man darf nämlich sagen, daß ein veränderlicher Punkt $Q \in \mathfrak{J}_n$ z.B. in einer abzählbaren Folge von potentialen Lagen des mechanischen Verbands $\mathfrak{M}_n$ gegen Q_o strebt, falls in wenigstens einem Koordinatensystem (1210) sich jede einzelne Koordinate q^α von Q demjenigen Wert ihres Variabilitätsbereichs i^α unbeschränkt nähert, der in diesem System die Koordinate q_o^α des fixierten Punktes Q_o ist.

Mit $n > 1$ wird eine zweite natürliche Zahl f eingeführt, die der Bedingung

(1211) $1 \leqq f \leqq n - 1$

genügt. Die echte Untermenge $\mathfrak{K}_f$ der n-dimensionalen Mannigfaltigkeit $\mathfrak{I}_n$ bildet ein f-dimensionales Flächenstück in $\mathfrak{I}_n$, wenn die Koordinaten eines jeden Punktes $Q \in \mathfrak{K}_f$ etwa im Koordinatensystem (1210) aus einer Parameterdarstellung

(1212) $Q \in \mathfrak{K}_f \subset \mathfrak{I}_n : \quad q^\alpha = h^\alpha_f(s^1,\ldots,s^f)$

hervorgehen, wobei die Variabilitätsbereiche der Parameter $s^1,\ldots,s^f$ endliche offene Intervalle $\mathfrak{t}^1,\ldots,\mathfrak{t}^f$ sind, also

(1213) $s^1 \in \mathfrak{t}^1 ,\ldots, s^f \in \mathfrak{t}^f$

zutrifft, die Funktionen $h^\alpha_f(s^1,\ldots,s^f)$ stetige partielle Ableitungen bis zur dritten Ordnung nach sämtlichen Argumenten $s^1,\ldots,s^f$ haben und

(1214) $$\text{Rang} \begin{Vmatrix} \dfrac{\partial h^1_f(s^1,\ldots,s^f)}{\partial s^1} & \cdots & \dfrac{\partial h^n_f(s^1,\ldots,s^f)}{\partial s^1} \\ \vdots & & \vdots \\ \dfrac{\partial h^1_f(s^1,\ldots,s^f)}{\partial s^f} & \cdots & \dfrac{\partial h^n_f(s^1,\ldots,s^f)}{\partial s^f} \end{Vmatrix} = f$$

gilt. Die letztgenannte (notwendige und lokal hinreichende) Bedingung verhindert, daß $\mathfrak{K}_f$ singuläre Punkte enthält und zu einem geometrischen Gebilde in $\mathfrak{I}_n$ entartet, dessen Dimension kleiner als f sein würde. Alle f Parameter (1213) sind wesentlich, d.h., eine beliebige Änderung ihrer Werte bewirkt eine Verrückung des entsprechenden Punktes Q auf dem Flächenstück $\mathfrak{K}_f$.

Das mit Hilfe von (1212) im allgemeinen nur lokal definierte Flächenstück $\mathfrak{K}_f$ erfüllt die Voraussetzungen für eine f-dimensionale elementare Mannigfaltigkeit; denn es bieten sich neben (1213) weitere (unendlich viele) f-tupel von Veränderlichen $\tilde{s}^1,\ldots,\tilde{s}^f$ an, deren Variabilitätsbereiche wieder endliche offene Intervalle $\tilde{\mathfrak{t}}^1,\ldots,\tilde{\mathfrak{t}}^f$ sind, so daß

(1215) $\tilde{s}^1 \in \tilde{\mathfrak{t}}^1 ,\ldots, \tilde{s}^f \in \tilde{\mathfrak{t}}^f$

zutrifft, und von denen außerdem verlangt wird, daß zwischen ihnen und den Parametern (1213) umkehrbar eindeutige Beziehungen

(1216) $\{s^1 \in t^1, \ldots, s^f \in t^f\} \quad \leftrightarrow \quad \{\tilde{s}^1 \in \tilde{t}^1, \ldots, \tilde{s}^f \in \tilde{t}^f\}$

bestehen, die analog zu (1203) und (1204) durch mindestens dreimal stetig differenzierbare Funktionen geregelt werden. Folglich ist die Abbildung

(1217) $\{s^1 \in t^1, \ldots, s^f \in t^f\} \quad \leftrightarrow \quad Q \in \mathfrak{K}_f$

auch nur bis auf alle zulässigen Parametertransformationen (1216) bestimmt. Selbstverständlich kann man statt (1212) die Darstellung

(1218) $Q \in \mathfrak{K}_f \subset \mathfrak{J}_n : \quad q^\alpha = \tilde{h}_f^\alpha(\tilde{s}^1, \ldots, \tilde{s}^f)$

wählen; die Funktionen $\tilde{h}_f^\alpha(\tilde{s}^1, \ldots, \tilde{s}^f)$ haben die gleichen Stetigkeits- und Differenzierbarkeitseigenschaften wie $h_f^\alpha(s^1, \ldots, s^f)$, und ihre partiellen Ableitungen erster Ordnung genügen der zu (1214) äquivalenten Bedingung. Die Parameter (1213) fungieren als die Koordinaten eines Punktes $Q \in \mathfrak{K}_f$ im Koordinatensystem (1218) des f-dimensionalen Flächenstücks in der Mannigfaltigkeit $\mathfrak{J}_n$.

Dem mechanischen Verband $\mathfrak{V}^*$ ist die elementare Mannigfaltigkeit $\mathfrak{J}_{15}$ zuzuordnen, wenn die Untersuchung sämtliche 15 Freiheitsgrade von $\mathfrak{V}^*$ berücksichtigen muß. Bleiben jedoch z.B. Drehungen des Fundaments $\mathfrak{B}^*$ um die vertikale Achse durch S^* (oder S_o^*) unbeachtet ($\eta_3 \equiv 0$), dann kommt für $\mathfrak{V}^*$ eine zugeordnete Mannigfaltigkeit in Betracht, deren Dimension höchstens gleich 14 ist und die als in $\mathfrak{J}_{15}$ liegendes Flächenstück $\mathfrak{K}_f$ mit $10 \leqq f \leqq 14$ gedeutet werden kann. Man darf bei jedem seismometrisch definierten Bestandteil des kompletten Verbands $\mathfrak{V}^*$ die entsprechende Mannigfaltigkeit seiner kinematisch möglichen Lagen bezüglich $\mathfrak{G}$ für ein Flächenstück in $\mathfrak{J}_{15}$ halten. Im allgemeineren Fall, wo das Studium des mechanischen Verbands $\mathfrak{M}_n$ die Untersuchung eines Verbands $\mathfrak{M}_f$ impliziert, so daß $\mathfrak{M}_f \subset \mathfrak{M}_n$ gilt, läßt sich die zu $\mathfrak{M}_f$ gehörige elementare Mannigfaltigkeit als ein bestimmtes f-dimensionales Flächenstück $\mathfrak{K}_f$ in der mit $\mathfrak{M}_n$ vorgegebenen n-dimensionalen Mannigfaltigkeit $\mathfrak{J}_n$ auffassen. Für $\mathfrak{K}_{n-1} \subset \mathfrak{J}_n$ ist die Bezeichnung der Hyperfläche (besser: Hyperflächenstück) üblich.

Zu einem mechanischen Teilverband von $\mathfrak{V}^*$, dem nur ein Freiheitsgrad zuerkannt wird, könnte zwar ein separates Galvanometer $\mathfrak{e}^{(k)}$

oder das relativ zu $\mathfrak{G}$ lineartranslatorische Bewegungen ausführende Fundament $\mathfrak{G}^*$ verhelfen. Es würde sich dann aber um kein seismometrisch interessierendes Forschungsobjekt handeln. Deswegen kann die Bedingung (1198) durch $n > 1$ ergänzt werden, was übrigens schon in Verbindung mit (1211) kategorisch erfolgt ist. Dennoch kommt der eindimensionalen elementaren Mannigfaltigkeit $\mathfrak{K}_1 \subset \mathfrak{I}_n$ eine fundamentale Bedeutung zu, welcher Verband $\mathfrak{M}_n$ auch untersucht wird. Man bezeichnet $\mathfrak{K}_1$ als Kurve (besser: Kurvenstück). Es empfiehlt sich, in diesem Fall den Index 1 wegzulassen, d.h. anstelle von $\mathfrak{K}_1$, s^1, $\mathfrak{t}^1$, h_1^α usw. der Einfachheit halber die Symbole $\mathfrak{K}$, s, $\mathfrak{t}$, h^α usw. zu verwenden. Demnach ergibt sich für die Koordinaten q^α des Kurvenpunktes $Q \in \mathfrak{K}$ im Hinblick auf (1212) die Parameterdarstellung

$$(1219) \quad Q \in \mathfrak{K} \subset \mathfrak{I}_n : \quad q^\alpha = h^\alpha(s) \ , \quad s \in \mathfrak{t} \ .$$

Man kann $\mathfrak{t}$ immer so wählen, daß der Kurvenparameter s nur positive Werte annimmt, jedoch

$$(1220) \quad \inf \mathfrak{t} = 0$$

gilt. Genauer gesagt ist $\mathfrak{K}$ ein in $\mathfrak{I}_n$ liegendes einfaches Kurvenstück ohne Endpunkte. Die im endlichen offenen Intervall $\mathfrak{t}$ definierten n Funktionen $h^\alpha(s)$ sind wenigstens dreimal stetig differenzierbar, und diese Eigenschaft von $h^\alpha(s)$ möge bei Annäherung an die untere Intervallgrenze, also wegen (1220) für $s \to 0$, erhalten bleiben. Die Annahme

$$(1221) \quad \lim_{s \to 0} h^\alpha(s) = q_0^\alpha \in \mathfrak{i}^\alpha$$

erklärt den bereits erwähnten Grenzpunkt $Q_0 \in \mathfrak{I}_n$, dem die Koordinatenwerte q_0^α entsprechen sollen, zum Anfangspunkt (Randpunkt) des Kurvenstücks $\mathfrak{K}$, der aber notabene kein Punkt von $\mathfrak{K}$ ist. Nach (1214) muß die Bedingung

$$(1222) \quad \text{Rang} \left\| \frac{dh^\alpha(s)}{ds} \right\| = 1$$

erfüllt sein.

In der Mannigfaltigkeit $\mathfrak{I}_n$ bzw. $\mathfrak{K}_f \subset \mathfrak{I}_n$ kann jedes beliebige Tensorfeld konstruiert werden. Hierzu gelangt man mittels einer bestimmten Anzahl irgendwelcher Funktionen der Veränderlichen (1200) bzw. (1213), die beim Übergang zu den Variablen (1202) bzw. (1215)

der den betreffenden Tensor charakterisierenden Transformationsregel zu genügen haben. Die in allen Punkten $Q \in \mathfrak{I}_n$ definierten Koordinatendifferentiale dq^α erzeugen ein einfach kontravariantes Tensorfeld in $\mathfrak{I}_n$; denn aus (1203) folgt

$$(1223) \quad d\bar{q}^\alpha = \frac{\partial \bar{q}^\alpha}{\partial q^\beta} dq^\beta .$$

Damit und im Hinblick auf (1219) ergibt sich insbesondere das längs des Kurvenstücks $\mathfrak{K} \subset \mathfrak{I}_n$ erklärte kontravariante Tensorfeld $\frac{dq^\alpha}{ds}$. Eine in $\mathfrak{I}_n$ definierte reelle Funktion $f(q^1,\ldots,q^n)$, deren Wert gegenüber den zulässigen Koordinatentransformationen (1209) invariant ist, heißt Skalar. Existieren die Differentialquotienten

$$(1224) \quad \frac{\partial f}{\partial q^\alpha} \equiv f_{|\alpha} ,$$

so bilden sie den Gradienten des Skalars $f(q^1,\ldots,q^n)$. Partielle Ableitungen von $f(q^1,\ldots,q^n)$ höherer Ordnung werden gegebenenfalls durch $f_{|\alpha|\beta}$, $f_{|\alpha|\beta|\gamma}$ usw. gekennzeichnet. Der Gradient (1224) ist ein einfach kovarianter Tensor, da sich seine Koordinaten wegen der Invarianz des Skalars $f(q^1,\ldots,q^n)$ gemäß

$$(1225) \quad \frac{\partial f}{\partial \bar{q}^\alpha} = \frac{\partial q^\beta}{\partial \bar{q}^\alpha} \frac{\partial f}{\partial q^\beta}$$

transformieren. Beispielsweise erzeugt das zugeordnete Potential (1020) des mechanischen Verbands $\mathfrak{V}^*$ ein Skalarfeld in der elementaren Mannigfaltigkeit $\mathfrak{I}_{15}$.

Im Zeitintervall (1199) legt der Punkt Q in der Mannigfaltigkeit $\mathfrak{I}_n$ den Weg $\mathfrak{C}$ zurück, der zwar stets eine eindimensionale, im allgemeinen aber keine elementare Mannigfaltigkeit ist. Die Koordinaten q^α des Punktes $Q \in \mathfrak{C} \subset \mathfrak{I}_n$ hängen von der Zeit $t \in i$ ab:

$$(1226) \quad Q \in \mathfrak{C} \subset \mathfrak{I}_n : \quad q^\alpha = q^\alpha(t) , \quad t \in i .$$

Die Funktionen $q^\alpha(t)$ müssen zweimal stetig differenzierbar sein. Es wird

$$(1227) \quad \lim_{t \to t_0} q^\alpha(t) = q^\alpha_0$$

vorausgesetzt, so daß Q_o nun als Anfangspunkt von $\mathfrak{C}$ erscheint. Die in $\mathfrak{i}$ längs $\mathfrak{C}$ bestimmten Funktionen

(1228) $\dot{q}^{\alpha} \equiv p^{\alpha}$, $p^{\alpha} = p^{\alpha}(t)$,

sind demnach einmal stetig differenzierbar. Mit

(1229) $\lim_{t \to t_o} p^{\alpha}(t) = p_o^{\alpha}$

werden die n Größen $p_o^1,\ldots,p_o^n$ eingeführt. Ihre kinematische Bedeutung für den mechanischen Verband $\mathfrak{M}_n$ ist ebenso wie die des n-tupels $q_o^1,\ldots,q_o^n$ evident: In (1227) bzw. (1229) wird die Anfangslage bzw. „Anfangsgeschwindigkeit" von $\mathfrak{M}_n$ bezüglich $\mathfrak{S}$ vorgeschrieben. Das in $Q \in \mathfrak{C}$ zur Zeit $t \in \mathfrak{i}$ erklärte n-tupel $p^1,\ldots,p^n$ transformiert sich wie ein kontravarianter Tensor; zu dieser Feststellung verhelfen sofort das Transformationsgesetz (1223) für die Koordinatendifferentiale dq^{α} und die Definition (1228) von p^{α}, da zwischen dq^{α} und p^{α} die Beziehung $dq^{\alpha} = p^{\alpha}dt$ besteht.

Die Voraussetzung

(1230) $\mathfrak{K} \subseteq \mathfrak{C}$

bewirkt, daß $\mathfrak{K} \subset \mathfrak{J}_n$ dem Weg $\mathfrak{C}$ angehört. Der Punkt $Q \in \mathfrak{C}$ durchläuft das Kurvenstück $\mathfrak{K}$ schlicht in einem offenen Zeitintervall $\mathfrak{i}_o$. Offenbar gilt

(1231) $\mathfrak{i}_o \subseteq \mathfrak{i}$.

Die weitere Bedingung

(1232) $t_o = \inf \mathfrak{i}_o$

besagt im Hinblick auf (1221) und (1227), daß $\mathfrak{K}$ und $\mathfrak{C}$ den Grenzpunkt Q_o zum gemeinsamen Anfangspunkt haben. Folglich bewegt sich $Q \in \mathfrak{C}$ „zunächst" längs des Kurvenstücks $\mathfrak{K}$, das übrigens alle Kurvenstücke der Mannigfaltigkeit $\mathfrak{J}_n$ enthalten möge, die den Forderungen (1230)-(1232) genügen. Auch der positive Kurvenparameter $s \in \mathfrak{k}$ läßt sich als dreimal stetig differenzierbare Funktion der Zeit $t \in \mathfrak{i}_o$ darstellen:

(1233) $s = s(t) > 0$, $t \in \mathfrak{i}_o$.

Unter Beachtung von (1220), (1221), (1227) und (1232) bekommt man

(1234) $\lim_{t \to t_o} s(t) = 0$.

Durch

(1235) $\dot{s} \geqq 0$

wird ausgedrückt, daß s mit t monoton wächst. Setzt man die Funktion (1233) in (1219) ein, dann ergibt sich

(1236) $Q \in \mathfrak{K} \subset \mathfrak{J}_n : \quad q^\alpha = h^\alpha(s(t)) \, , \quad t \in i_o$.

Diese analytische Darstellung des Kurvenstücks $\mathfrak{K}$ und (1228) liefern die Relationen

(1237) $p^\alpha(t) = \frac{dh^\alpha}{ds} \dot{s} \, , \quad t \in i_o$,

die wegen (1222) und (1235) zu der notwendigen Bedingung

(1238) $\text{Rang} \, \| p^\alpha(t) \| = \text{sgn} \, \dot{s} \, , \quad t \in i_o$,

führen.

Der Begriff der elementaren Mannigfaltigkeit $\mathfrak{J}_n$ läßt sich noch weiter reichend geometrisieren, indem jedem Punkt $Q \in \mathfrak{J}_n$ ein n-dimensionaler affiner Raum $\mathfrak{T}_n$ zugeordnet wird. Der Anschaulichkeit halber faßt man Q auch als einen bestimmten Punkt des Raumes $\mathfrak{T}_n$ auf und stellt sich vor, daß $\mathfrak{T}_n$ in Q an die n-dimensionale Mannigfaltigkeit $\mathfrak{J}_n$ angeheftet ist. Im Punkt $Q \in \mathfrak{T}_n$ werden n linear unabhängige Vektoren $\vec{e}_\alpha$ angetragen. Sie bilden zusammen mit Q in $\mathfrak{T}_n$ das lokale affine n-Bein $[Q; \vec{e}_1, \ldots, \vec{e}_n]$. Die darauf bezogenen affinen Koordinaten eines (ebenfalls in Q angetragenen) infinitesimalen Vektors $d\vec{r}$ sollen die in $Q \in \mathfrak{J}_n$ definierten Koordinatendifferentiale dq^α sein, d.h., es wird die Beziehung

(1239) $d\vec{r} = dq^\alpha \vec{e}_\alpha$

postuliert. Man kann nun den Vektor $d\vec{r}$ bzw. den kontravarianten Tensor dq^α als eine unendlich kleine Verrückung des Punktes Q längs einer Kurve in $\mathfrak{T}_n$ bzw. $\mathfrak{J}_n$ deuten. Danach ist der Raum $\mathfrak{T}_n$ nicht nur in Q an die Mannigfaltigkeit $\mathfrak{J}_n$ angeheftet, sondern mit ihr in erster Näherung in einer unendlich kleinen Umgebung des gemeinsamen Punktes Q vereinigt. Deshalb nennt man $\mathfrak{T}_n$ den affinen Tangentialraum von $\mathfrak{J}_n$ in Q.

Die Darstellung (1239) gibt zu erkennen, daß $\vec{e}_\alpha$ einen Tangentialvektor an die α-te Koordinatenlinie des Koordinatensystems (1210) der Mannigfaltigkeit $\mathfrak{J}_n$ im Punkt Q repräsentiert. Die Relation (1239) bewirkt also einen direkten Zusammenhang zwischen dem zunächst frei gewählten n-Bein $[Q;\vec{e}_1,\ldots,\vec{e}_n]$ und dem Koordinatensystem (1210). Neben (1239) gilt mutatis mutandis

(1240) $d\vec{r} = d\vec{q}^{\alpha}\vec{f}_\alpha$,

wobei die n Vektoren $\vec{f}_\alpha$ erscheinen. Aus dem Vergleich dieser Beziehung mit (1239), der Transformation (1223) und den Formeln (1206) und (1204) resultiert

(1241) $\vec{f}_\alpha = \frac{\partial q^\beta}{\partial \bar{q}^\alpha}\vec{e}_\beta = \frac{\partial g^\beta(\bar{q}^1,\ldots,\bar{q}^h)}{\partial \bar{q}^\alpha}\vec{e}_\beta$;

die n partiellen Ableitungen $\frac{\partial g^\beta(\bar{q}^1,\ldots,\bar{q}^n)}{\partial \bar{q}^\alpha}$ sind notabene an der Stelle $Q \in \mathfrak{J}_n$ zu bilden. Der wegen (1207) von Null verschiedene Wert der Koeffizientendeterminante $\det(\frac{\partial q^\beta}{\partial \bar{q}^\alpha})$ des linearen Gleichungssystems (1241) garantiert die lineare Unabhängigkeit der (wieder in Q angetragenen) n Vektoren $\vec{f}_\alpha$. Die enge Bindung des hinzugewonnenen lokalen affinen n-Beins $[Q;\vec{f}_1,\ldots,\vec{f}_n]$ an ein bestimmtes zulässiges Koordinatensystem in $\mathfrak{J}_n$, das sich im allgemeinen von (1210) unterscheidet, braucht nicht expliziert zu werden.

Jedem in $Q \in \mathfrak{J}_n$ definierten kontravarianten Tensor mit den Koordinaten z^α bezüglich (1210) entspricht umkehrbar eindeutig ein Vektor $\vec{z}$ im Tangentialraum $\mathfrak{T}_n$ auf Grund der zu (1239) analogen Relation

(1242) $\vec{z} = z^\alpha\vec{e}_\alpha$.

Es liegt nahe, die Vektoren in $\mathfrak{T}_n$ als Tangentialvektoren der Mannigfaltigkeit $\mathfrak{J}_n$ im Punkt Q zu bezeichnen. Durch Differentiation der Parameterdarstellung (1219) des Kurvenstücks $\mathfrak{K} \subset \mathfrak{J}_n$ ergibt sich das in allen Punkten $Q \in \mathfrak{K}$ erklärte Tensorfeld $\frac{dh^\alpha(s)}{ds}$ und der Tangentialvektor

(1243) $\vec{t} = \frac{dh^\alpha(s)}{ds}\vec{e}_\alpha$

von $\mathfrak{R}$ in Q. Den Funktionen (1228), die ebenfalls dem Transformationsgesetz für einen kontravarianten Tensor genügen, wird der Vektor

$$(1244)\quad \vec{p} = p^{\alpha}\vec{e}_{\alpha}$$

zugeordnet. Aus (1228), (1240) und (1244) folgt

$$(1245)\quad \vec{p} = \frac{d\vec{r}}{dt} .$$

Demnach bedeutet $\vec{p}$ die auf $\mathfrak{I}_n$ bezogene Geschwindigkeit des Punktes Q zur Zeit $t \in i$ längs des Weges $\mathfrak{C} \subset \mathfrak{J}_n$. Für $Q \in \mathfrak{R} \subset \mathfrak{C}$ verhelfen die Gleichungen (1237), (1243) und (1244) zu

$$(1246)\quad \vec{p} = \dot{s}\,\frac{dh^{\alpha}}{ds}\,\vec{e}_{\alpha} = \dot{s}\vec{t} , \qquad t \in i_o .$$

15. Differentialgeometrischer Exkurs

Mit den Funktionen

(1247) $g_{\alpha\beta} = g_{\alpha\beta}(q^1,\ldots,q^n)\ , \quad q^\delta \in \iota^\delta\ ,$

die stetige partielle Ableitungen bis zur zweiten Ordnung nach sämtlichen Argumenten q^γ haben sollen, wird in der n-dimensionalen elementaren Mannigfaltigkeit $\mathfrak{I}_n$ ein zweifach kovariantes Tensorfeld eingeführt. Die im Punkt $Q \in \mathfrak{I}_n$ vorgegebenen Tensorkoordinaten $g_{\alpha\beta}$ sind auf das Koordinatensystem (1210) bezogen und transformieren sich bei dem in (1204) geregelten Übergang zu den Koordinaten $\overline{q}^\gamma$ des Punktes $Q \in \mathfrak{I}_n$ per definitionem gemäß dem Gesetz

(1248) $\overline{g}_{\alpha\beta} = \dfrac{\partial q^\gamma}{\partial \overline{q}^\alpha}\dfrac{\partial q^\delta}{\partial \overline{q}^\beta}\, g_{\gamma\delta}\ ; \quad \overline{g}_{\alpha\beta} = \overline{g}_{\alpha\beta}(\overline{q}^1,\ldots,\overline{q}^n)\ , \quad \overline{q}^\delta \in \overline{\iota}^\delta\ .$

Die weiteren Bedingungen

(1249) $g_{\alpha\beta} = g_{\beta\alpha}$

und

(1250) $\det(g_{\alpha\beta}) \neq 0$

besagen, daß das betrachtete Tensorfeld symmetrisch sein muß und in keinem Punkt von $\mathfrak{I}_n$ entarten darf. Unter Verwendung dieses Tensorfeldes kann der Mannigfaltigkeit $\mathfrak{I}_n$ eine RIEMANNsche Metrik aufgeprägt werden. Dadurch wird $\mathfrak{I}_n$ zu einem n-dimensionalen RIEMANNschen Raum, dessen geometrische Eigenschaften der sogenannte metrische Tensor (1247) vollständig bestimmt. Im Hinblick auf (1223) und (1206) folgt aus (1248)

(1251) $g_{\alpha\beta}(q^1,\ldots,q^n)dq^\alpha dq^\beta = \overline{g}_{\alpha\beta}(\overline{q}^1,\ldots,\overline{q}^n)d\overline{q}^\alpha d\overline{q}^\beta\ ,$

d.h., die quadratische Differentialform $g_{\alpha\beta}dq^\alpha dq^\beta$ ist invariant. Man bezeichnet sie als metrische Fundamentalform. Auch die Überschiebung von $g_{\alpha\beta}$ mit den in $Q \in \mathfrak{I}_n$ erklärten Tensoren y^α und z^β liefert eine Invariante, nämlich die symmetrische reguläre Bilinearform

(1252) $g_{\alpha\beta}y^\alpha z^\beta = g_{\alpha\beta}z^\alpha y^\beta\ .$

Wegen (1250) existiert die zu $\|g_{\alpha\beta}(q^1,\ldots,q^n)\|$ inverse Matrix, deren Elemente die zweimal stetig differenzierbaren Funktionen

$$(1253)\quad g^{\alpha\beta} = g^{\alpha\beta}(q^1,\ldots,q^n)\ ,\quad q^\delta \in i^\delta\ ,$$

sind und die ebenfalls symmetrisch und regulär ist, so daß

$$(1254)\quad g^{\alpha\beta} = g^{\beta\alpha}\ ,$$

$$(1255)\quad \det(g^{\alpha\beta}) \neq 0$$

und last not least

$$(1256)\quad g^{\alpha\gamma}g_{\gamma\beta} = \delta^\alpha_\beta$$

gilt. Die Funktionen (1253) bilden das kontravariante metrische Tensorfeld in $\mathfrak{I}_n$. Das KRONECKERsche Symbol δ^α_β gewinnt eigentlich erst in (1256) die Bedeutung eines gemischtvarianten Tensors, der übrigens invariant und konstant ist. Die Invarianz des KRONECKERschen Tensors äußert sich in der zusätzlichen Transformationseigenschaft $\bar{\delta}^\alpha_\beta = \delta^\alpha_\beta$.

Die Überschiebung der Tensoren $g_{\alpha\beta}$ und y^β bzw. z^β definiert im Punkt $Q \in \mathfrak{I}_n$ den einfach kovarianten Tensor y_α bzw. z_α:

$$(1257)\quad y_\alpha = g_{\alpha\beta}y^\beta\ ,\quad z_\alpha = g_{\alpha\beta}z^\beta\ .$$

Werden beide Seiten der auf Grund von (1250) umkehrbar eindeutigen linearen Beziehung zwischen den Tensoren y_α und y^β bzw. z_α und z^β mit $g^{\alpha\gamma}$ überschoben, dann gelangt man unter Beachtung von (1256) zu den reziproken Gleichungen

$$(1258)\quad y^\alpha = g^{\alpha\beta}y_\beta\ ,\quad z^\alpha = g^{\alpha\beta}z_\beta\ ,$$

die sich von (1250) formal nur durch das „Heben" und „Senken" der Indizes unterscheiden. Diese legitimen, zueinander inversen Operationen verwandeln die Invariante (1252) sofort in

$$(1259)\quad g^{\alpha\beta}y_\alpha z_\beta = g^{\alpha\beta}z_\alpha y_\beta = y^\alpha z_\alpha = y_\alpha z^\alpha\ ,$$

wobei $g^\alpha{}_\beta = \delta^\alpha_\beta$, $g_\alpha{}^\beta = \delta^\beta_\alpha$ berücksichtigt wird; das Resultat kann anhand von (1256)-(1258) bestätigt werden. In Anbetracht von (1226) und (1228) ergeben sich entsprechend (1257) die n zeitlich variablen Größen

(1260) $p_\alpha = g_{\alpha\beta}(q^1(t),\ldots,q^n(t))p^\beta(t)$, $p_\alpha = p_\alpha(t)$, $t \in i$.

Sie sind analog zu den Funktionen (1228) einmal stetig differenzierbar nach dem Argument t, und es ist ebenso evident, daß sich das in jedem Punkt Q des Weges $\mathfrak{C} \subset \mathfrak{I}_n$ zur Zeit $t \in i$ erklärte n-tupel $p_1,\ldots,p_n$ wie ein kovarianter Tensor transformiert. Mit (1227), (1229) und (1260) erhält man die n Grenzwerte

(1261) $\lim\limits_{t\to t_o} p_\alpha(t) = p_{\alpha o}$.

Durch den in $Q \in \mathfrak{I}_n$ definierten zweimal stetig differenzierbaren metrischen Tensor (1247) wird zugleich dem affinen Tangentialraum $\mathfrak{T}_n$ eine bestimmte EUKLIDsche Metrik aufgeprägt. Der RIEMANNsche Raum $\mathfrak{I}_n$ und der n-dimensionale EUKLIDsche Raum $\mathfrak{T}_n$ vereinigen sich in erster Näherung in einer unendlich kleinen Umgebung ihres gemeinsamen Punktes Q. Es darf ohne weiteres

(1262) $\vec{e}_\alpha \cdot \vec{e}_\beta = g_{\alpha\beta}(q^1,\ldots,q^n)$

gesetzt werden. Dieser Ansatz ist für die Geometrie des RIEMANNschen Raumes $\mathfrak{I}_n$ von fundamentaler Bedeutung. Er liefert zusammen mit (1241) und (1248) erwartungsgemäß die Relation

(1263) $\vec{f}_\alpha \cdot \vec{f}_\beta = \bar{g}_{\alpha\beta}(\bar{q}^1,\ldots,\bar{q}^n)$.

Die aus

(1264) $\vec{e}^\alpha = g^{\alpha\beta}\vec{e}_\beta$

hervorgehenden n Vektoren $\vec{e}^\alpha$ sind wegen (1255) linear unabhängig. Sie bilden, in $Q \in \mathfrak{T}_n$ angetragen, das zu $[Q;\vec{e}_1,\ldots,\vec{e}_n]$ reziproke n-Bein $[Q;\vec{e}^1,\ldots,\vec{e}^n]$; denn im Hinblick auf (1256), (1262) und (1264) bekommt man die dafür charakteristische Beziehung

(1265) $\vec{e}^\alpha \cdot \vec{e}_\beta = \delta^\alpha_\beta$.

Übrigens verhilft (1256) oder einfacher das Heben und Senken der Indizes in (1264) zu dem reziproken Gleichungssystem

(1266) $\vec{e}_\alpha = g_{\alpha\beta}\vec{e}^\beta$.

Werden in (1262) alle Indizes gehoben, so ergeben sich die skalaren Produkte

(1267) $\vec{e}^\alpha \cdot \vec{e}^\beta = g^{\alpha\beta}(q^1,\ldots,q^n)$,

wozu man auch anhand von (1264) und (1265) gelangt.

Aus (1242), (1258), (1264) und (1254) resultiert die zu (1242) äquivalente Darstellung

(1268) $\vec{z} = z_\alpha \vec{e}^\alpha$

Darin fungieren die Koordinaten z_α des im Punkt $Q \in \mathfrak{I}_n$ definierten kovarianten Tensors als die auf $[Q;\vec{e}^1,\ldots,\vec{e}^n]$ bezogenen Koordinaten von $\vec{z}$. Nach (1242), (1262), (1265), (1267) und (1268) sind in (1252) und (1259) sämtliche Formulierungen des skalaren Produkts der beiden beliebigen Vektoren

(1269) $\vec{y} = y^\alpha \vec{e}_\alpha = y_\alpha \vec{e}^\alpha$

und $\vec{z}$ zusammengestellt. Man erhält

(1270) $\vec{y}\cdot\vec{z} = g_{\alpha\beta}y^\alpha z^\beta = g^{\alpha\beta}y_\alpha z_\beta = y^\alpha z_\alpha = y_\alpha z^\alpha$

und speziell

(1271) $\vec{z}\cdot\vec{z} = g_{\alpha\beta}z^\alpha z^\beta = g^{\alpha\beta}z_\alpha z_\beta = z^\alpha z_\alpha$.

Es wird angenommen, daß jeder Vektor $\vec{z}$ des reellen EUKLIDschen Raumes $\mathfrak{I}_n$ die Voraussetzung

(1272) $\vec{z} \neq \vec{0}$: $\quad \vec{z}\cdot\vec{z} > 0$

erfüllt, wobei $\vec{0}$ den Nullvektor bezeichnet. Wegen (1262) und (1267) muß

(1273) $g_{11} > 0 \;,\ldots,\; g_{nn} > 0 \;,\quad g^{11} > 0 \;,\ldots,\; g^{nn} > 0$

zutreffen. Wie (1271) zeigt, ist (1272) genau dann gewährleistet, wenn sich mit $g_{\alpha\beta}(q^1,\ldots,q^n)z^\alpha z^\beta$ oder $g^{\alpha\beta}(q^1,\ldots,q^n)z_\alpha z_\beta$ eine positiv definite quadratische Form ergibt. Die notwendige und hinreichende Bedingung hierfür liefert wieder der Satz von SYLVESTER, demzufolge hinsichtlich der Formmatrix $\|g_{\alpha\beta}(q^1,\ldots,q^n)\|$ die Ungleichungen

$$(1274)\quad g_{11} > 0 \ , \qquad \begin{vmatrix} g_{11} & g_{12} \\ g_{21} & g_{22} \end{vmatrix} > 0 \ ,\ldots, \qquad \det(g_{\alpha\beta}) > 0$$

zu gelten haben. Unter der invarianten Voraussetzung (1272) respektive (1274) stellt $\mathfrak{J}_n$ bzw. $\mathfrak{T}_n$ einen sogenannten eigentlich RIEMANNschen bzw. EUKLIDschen Raum dar.

Die Länge $|\vec{z}|$ eines von $\vec{0}$ verschiedenen Vektors $\vec{z}$ soll also positiv sein. In (1271) sind alle möglichen Schreibweisen von

$$(1275)\quad |\vec{z}|^2 = \vec{z}\cdot\vec{z}$$

zusammengefaßt. Danach ergeben insbesondere die Beziehungen (1239) und (1262)

$$(1276)\quad |d\vec{r}|^2 = g_{\alpha\beta}(q^1,\ldots,q^n)dq^\alpha dq^\beta \ ;$$

d.h., die Länge der gedachten unendlich kleinen Verrückung des Punktes auf irgendeiner Kurve des Raumes $\mathfrak{J}_n$ oder $\mathfrak{T}_n$ läßt sich durch den positiven Wert der Quadratwurzel der positiv definiten metrischen Fundamentalform (1251) ausdrücken. Für den Betrag der Geschwindigkeit, mit der sich Q zur Zeit $t \in i$ längs des Weges $\mathfrak{C} \subset \mathfrak{J}_n$ bewegt, bekommt man in Anbetracht von (1226), (1228), (1245) und (1276 die Relation

$$(1277)\quad |\vec{p}|^2 = \left|\frac{d\vec{r}}{dt}\right| = g_{\alpha\beta}(q^1(t),\ldots,q^n(t)p^\alpha(t)p^\beta(t) \ .$$

Befindet sich der Punkt Q auf dem Kurvenstück $\mathfrak{K} \subset \mathfrak{C}$, so kann statt dessen unter Berücksichtigung von (1219), (1233), (1243), (1246) und (1262)

$$(1278)\quad |\vec{p}|^2 = \dot{s}^2|\vec{t}|^2 \ , \qquad t \in i_o \ ,$$

mit

$$(1279)\quad |\vec{t}| = g_{\alpha\beta}(h^1(s),\ldots,h^n(s))\ \frac{dh^\alpha(s)}{ds}\ \frac{dh^\beta(s)}{ds}$$

gesetzt werden.

Der in (1243) eingeführte Tangentialvektor des Kurvenstücks $\mathfrak{K}$ im Punkt Q ist bezüglich seiner Länge noch nicht eindeutig bestimmt. Die naheliegende Annahme

(1280) $|\vec{t}| = 1$

bedeutet die Normierung dieses Vektors und verwandelt die Formeln (1278) und (1279) in

(1281) $|\vec{p}| = \dot{s}$, $t \in i_o$,

wobei (1235) beachtet wird, und

(1282) $ds^2 = g_{\alpha\beta}(h^1(s),\ldots,h^n(s))dh^\alpha(s)dh^\beta(s)$.

Stellt (1239) eine infinitesimale Verrückung von Q längs $\mathfrak{K}$ dar, so entnimmt man (1219) und dem Vergleich von (1276) und (1282)

(1283) $Q \in \mathfrak{K}$: $|d\vec{r}| = ds$.

Demnach erscheint das positive Differential ds des (positiven) Kurvenparameters s als das Bogenelement des Kurvenstücks $\mathfrak{K} \subset \mathfrak{I}_n$ im Punkt Q. Wegen (1231), (1277) und (1281) gilt

(1284) $\dot{s}^2 = g_{\alpha\beta}(q^1(t),\ldots,q^n(t))p^\alpha(t)p^\beta(t)$, $t \in i_o$.

Die Positivfunktion (1233) repräsentiert nun offenbar die Länge des Weges $\mathfrak{C}_o \subseteq \mathfrak{K}$, den der Punkt Q im offenen Zeitintervall $(t_o,t) \subseteq i_o$ zurücklegt. Aus (1233), (1234) und (1284) folgt nämlich

(1285) $s(t) = \int_{t_o}^{t} \left|\sqrt{g_{\alpha\beta}(q^1(\tau),\ldots,q^n(\tau))p^\alpha(\tau)p^\beta(\tau)}\right| d\tau$, $t \in i_o$.

Es sei

(1286) $\mathfrak{U}_n \subseteq \mathfrak{I}_n$

eine gewisse n-dimensionale Umgebung eines auf dem Weg $\mathfrak{C} \subset \mathfrak{I}_n$ gelegenen, sonst willkürlich wählbaren, fixierten Punktes. Bei hinreichend kleinem Durchmesser von $\mathfrak{U}_n$ läßt sich diese Umgebung stets als ein n-dimensionales Flächenstück auffassen, das in einem eigentlich EUKLIDschen Raum $\mathfrak{I}$ ruht, dessen Dimension höchstens gleich $\binom{n+1}{2}$ sein muß (RAŠEVSKIJ, 1959). Der beliebige Punkt Q möge dem Flächenstück

(1287) $\mathfrak{U}_n \subset \mathfrak{I}$

angehören; er wird damit zu einem Punkt des Raumes $\mathfrak{I}$. Der n-dimensionale eigentlich EUKLIDsche Raum $\mathfrak{X}_n$ bildet jetzt die in $\mathfrak{I}$ eingebettete Tangentialebene des Flächenstücks $\mathfrak{U}_n$ im Punkt Q. Der vom Nullpunkt eines den Raum $\mathfrak{I}$ aufspannenden kartesischen Koordinatensystems bis zu Q reichende Radiusvektor $\vec{r}$ hängt nur von den n (krummlinigen) Koordinaten q^α des Punktes $Q \in \mathfrak{U}_n$ ab. Die Vektorfunktion

(1288) $$Q \in \mathfrak{U}_n \subset \mathfrak{I} : \quad \vec{r} = \vec{r}(q^1, \ldots, q^n)$$

soll dreimal stetig differenzierbar sein. Sie stellt also das im Raum $\mathfrak{I}$ befindliche n-dimensionale Flächenstück $\mathfrak{U}_n$ dar. Der in Q angetragene infinitesimale Vektor

(1289) $$d\vec{r} = dq^\alpha \vec{r}_{|\alpha}$$

liegt jedenfalls in der Tangentialebene $\mathfrak{T}_n \subset \mathfrak{I}$ und darf mit (1239) identifiziert werden, so daß sich

(1290) $$\vec{r}_{|\alpha} = \vec{e}_\alpha$$

ergibt. Demnach sind die Vektoren $\vec{e}_\alpha$ zweimal stetig differenzierbare Funktionen der Koordinaten q^α des Punktes $Q \in \mathfrak{U}_n$.

Auch der in Q gebundene stetig differenzierbare Vektor $\vec{z} = \vec{z}(q^1, \ldots, q^n)$ tangiert $\mathfrak{U}_n$. Aus (1242) folgt

(1291) $$d\vec{z} = dz^\alpha \vec{e}_\alpha + z^\beta \vec{e}_{\beta|\gamma} dq^\gamma .$$

Wegen (1290) gilt

(1292) $$\vec{e}_{\beta|\gamma} = \vec{e}_{\gamma|\beta}$$

und deshalb

(1293) $$2\vec{e}_\alpha \cdot \vec{e}_{\beta|\gamma} = (\vec{e}_\alpha \cdot \vec{e}_\beta)_{|\gamma} + (\vec{e}_\gamma \cdot \vec{e}_\alpha)_{|\beta} - (\vec{e}_\beta \cdot \vec{e}_\gamma)_{|\alpha}$$

oder in Anbetracht von (1262)

(1294) $$\vec{e}_\alpha \cdot \vec{e}_{\beta|\gamma} = \frac{1}{2}(g_{\alpha\beta|\gamma} + g_{\gamma\alpha|\beta} - g_{\beta\gamma|\alpha}) .$$

Es ist üblich, die rechten Seiten dieser Beziehungen durch die CHRISTOFFELschen Symbole erster Art $\Gamma_{\alpha\beta\gamma}$ zu repräsentieren, also

(1295) $$\Gamma_{\alpha\beta\gamma} = \frac{1}{2}(g_{\alpha\beta|\gamma} + g_{\gamma\alpha|\beta} - g_{\beta\gamma|\alpha})$$

zu setzen. Die CHRISTOFFELschen Symbole zweiter Art $\Gamma^{\alpha}_{\beta\gamma}$ ergeben sich gemäß der Vorschrift

(1296) $\Gamma^{\alpha}_{\beta\gamma} = g^{\alpha\delta}\Gamma_{\delta\beta\gamma}$.

Das hierzu reziproke Gleichungssystem

(1297) $\Gamma_{\alpha\beta\gamma} = g_{\alpha\delta}\Gamma^{\delta}_{\beta\gamma}$

liefert die Überschiebung beider Seiten von (1296) mit $g_{\alpha\varrho}$ unter Berücksichtigung von (1256). Die Funktionen

(1298) $\Gamma_{\alpha\beta\gamma} = \Gamma_{\alpha\beta\gamma}(q^1,\ldots,q^n)$, $q^{\delta} \in i^{\delta}$,

und

(1299) $\Gamma^{\alpha}_{\beta\gamma} = \Gamma^{\alpha}_{\beta\gamma}(q^1,\ldots,q^n)$, $q^{\delta} \in i^{\delta}$,

sind einmal stetig differenzierbar. Im Hinblick auf (1249), (1295) und (1296) erkennt man sofort die Symmetrieeigenschaft

(1300) $\Gamma_{\alpha\beta\gamma} = \Gamma_{\alpha\gamma\beta}$, $\Gamma^{\alpha}_{\beta\gamma} = \Gamma^{\alpha}_{\gamma\beta}$.

Die Formeln (1293)-(1296) und (1264) verhelfen zu den Darstellungen

(1301) $\Gamma_{\alpha\beta\gamma} = \vec{e}_{\alpha}\cdot\vec{e}_{\beta|\gamma}$, $\Gamma^{\alpha}_{\beta\gamma} = \vec{e}^{\alpha}\cdot\vec{e}_{\beta|\gamma}$,

denen die Symmetrie der CHRISTOFFELschen Symbole bezüglich ihrer Indizes β und γ unmittelbar zu entnehmen ist, wenn nur (1292) beachtet wird.

Für den im EUKLIDschen Raum $\mathfrak{J}$ gelegenen Vektor (1292) ergibt sich der Ansatz

(1302) $\vec{e}_{\beta|\gamma} = \Gamma^{\alpha}_{\beta\gamma}\vec{e}_{\alpha} + \vec{n}_{\beta\gamma}$,

wobei der ebenso wie $\vec{e}_{\alpha}$ und $\vec{e}_{\beta|\gamma}$ in Q angetragene Vektor

(1303) $\vec{n}_{\beta\gamma} = \vec{n}_{\gamma\beta}$

erscheint, der überdies wegen (1265) und (1301) mit jedem der n linear unabhängigen Vektoren $\vec{e}^{\alpha}$ der n-dimensionalen Ebene $\mathfrak{I}_n \subset \mathfrak{J}$ die Orthogonalitätsrelation

(1304) $\vec{e}^{\alpha}\cdot\vec{n}_{\beta\gamma} = 0$

eingeht. Offensichtlich bedeutet $\vec{n}_{\beta\gamma}$ genau diejenige Komponente von $\vec{e}_{\beta|\gamma}$, die in der durch den Punkt Q gehenden Normalebene $\mathfrak{N} \subset \mathfrak{I}$ des Flächenstücks $\mathfrak{U}_n$ liegt. Die Dimension von $\mathfrak{N}$ ist gleich der um n verminderten Dimension des Raumes $\mathfrak{I}$, also z.B. gleich $\binom{n}{2}$, wenn $\mathfrak{I}$ ein $\binom{n+1}{2}$-dimensionaler EUKLIDscher Raum sein muß. Mit (1302) nimmt (1291) zunächst die Gestalt

$$(1305)\quad d\vec{z} = (dz^\alpha + \Gamma^\alpha_{\beta\gamma} z^\beta dq^\gamma)\vec{e}_\alpha + z^\beta dq^\gamma \vec{n}_{\beta\gamma}$$

an. Man nennt

$$(1306)\quad Dz^\alpha \equiv dz^\alpha + \Gamma^\alpha_{\beta\gamma} z^\beta dq^\gamma , \qquad q^\delta \in i^\delta ,$$

das absolute Differential des in $\mathfrak{I}_n$ erklärten stetig differenzierbaren kontravarianten Tensors $z^\alpha = z^\alpha(q^1,\dots,q^n)$ im Punkt $Q \in \mathfrak{I}_n$ und kann schließlich

$$(1307)\quad d\vec{z} = Dz^\alpha \vec{e}_\alpha + z^\beta dq^\gamma \vec{n}_{\beta\gamma}$$

setzen.

Aus der zu (1242) äquivalenten Darstellung des betrachteten Vektors $\vec{z}$ folgt

$$(1308)\quad d\vec{z} = dz_\alpha \vec{e}^\alpha + z_\beta d\vec{e}^\beta .$$

Wegen (1264), (1302), (1266), (1249), (1297), (1256), (1295), (1296), (1254) und (1258) gilt

$$(1309)\quad d\vec{e}^\beta = d(g^{\beta\delta}\vec{e}_\delta) = (g^{\beta\delta}{}_{|\gamma}\vec{e}_\delta + g^{\beta\delta}\vec{e}_{\delta|\gamma})dq^\gamma$$
$$= (g^{\beta\delta}{}_{|\gamma}\vec{e}_\delta + g^{\beta\delta}\Gamma^\alpha_{\delta\gamma}\vec{e}_\alpha)dq^\gamma + g^{\beta\delta}dq^\gamma\vec{n}_{\delta\gamma} ,$$

$$(1310)\quad d\vec{e}^\beta - g^{\beta\delta}dq^\gamma\vec{n}_{\delta\gamma} = (g^{\beta\delta}{}_{|\gamma}g_{\alpha\delta} + g^{\beta\delta}\Gamma_{\alpha\delta\gamma})dq^\gamma\vec{e}^\alpha$$
$$= g^{\beta\delta}(\Gamma_{\alpha\delta\gamma} - g_{\alpha\delta|\gamma})dq^\gamma\vec{e}^\alpha$$
$$= - g^{\beta\delta}\Gamma_{\delta\gamma\alpha}dq^\gamma\vec{e}^\alpha = - \Gamma^\beta_{\gamma\alpha}dq^\gamma\vec{e}^\alpha ,$$

$$(1311)\quad z_\beta d\vec{e}^\beta = - \Gamma^\beta_{\gamma\alpha}z_\beta dq^\gamma\vec{e}^\alpha + z^\beta dq^\gamma\vec{n}_{\beta\gamma} ,$$

so daß (1308) in

$$(1312)\quad d\vec{z} = (dz_\alpha - \Gamma^\beta_{\gamma\alpha}z_\beta dq^\gamma)\vec{e}^\alpha + z^\beta dq^\gamma\vec{n}_{\beta\gamma}$$

übergeht. Mit

(1313) $Dz_\alpha \equiv dz_\alpha - \Gamma^\beta_{\gamma\alpha} z_\beta dq^\gamma , \quad q^\delta \in \imath^\delta ,$

ergibt sich das sogenannte absolute Differential des in $\mathfrak{J}_n$ definierten stetig differenzierbaren kovarianten Tensors $z_\alpha = z_\alpha(q^1,\ldots,q^n)$ im Punkt $Q \in \mathfrak{J}_n$. Demnach ist für (1312) die zu (1308) analoge Schreibweise

(1314) $d\vec{z} = Dz_\alpha \vec{e}^\alpha + d^\beta dq^\gamma \vec{n}_{\beta\gamma}$

möglich. Die gleichberechtigten Formulierungen von $d\vec{z}$ in (1307) und (1314) verhelfen zu

(1315) $Dz^\alpha \vec{e}_\alpha = Dz_\alpha \vec{e}^\alpha .$

Hierbei handelt es sich um die in $\mathfrak{I}_n \subset \mathfrak{J}$ gelegene Komponente von $d\vec{z}$. Die Koordinaten Dz^α bzw. Dz_α der auf das lokale affine n-Bein $[Q;\vec{e}_1,\ldots,\vec{e}_n]$ bzw. $[Q;\vec{e}^1,\ldots,\vec{e}^n]$ bezogenen infinitesimalen Änderung des ebenfalls dem EUKLIDschen Raum $\mathfrak{I}_n$ angehörenden Vektors $\vec{z}$ bilden offenbar einen in $Q \in \mathfrak{J}_n$ erklärten kontravarianten bzw. kovarianten Tensor. Man bekommt einerseits mittels (1262), (1265), (1267) und (1315)

(1316) $Dz_\alpha = g_{\alpha\beta} Dz^\beta , \quad Dz^\alpha = g^{\alpha\beta} Dz_\beta ,$

andererseits wegen (1257) und (1258)

(1317) $Dz_\alpha = D(g_{\alpha\beta} z^\beta) , \quad Dz^\alpha = D(g^{\alpha\beta} z_\beta) ,$

also unter Verwendung der üblichen Regel zur Differentiation eines Produkts

(1318) $(Dg_{\alpha\beta}) z^\beta = 0 , \quad (Dg^{\alpha\beta}) z_\beta = 0 .$

Diese zwei in z^β bzw. z_β homogenen linearen Gleichungssysteme müssen für jeden beliebigen Vektor $\vec{z}$ des Raumes $\mathfrak{I}_n$ gelten. Dazu ist notwendig und hinreichend, daß die Koeffizienten $Dg_{\alpha\beta}$ bzw. $Dg^{\alpha\beta}$ einzeln den Wert Null annehmen:

(1319) $Dg_{\alpha\beta} = 0 , \quad Dg^{\alpha\beta} = 0 .$

Es soll nun wieder bedacht werden, daß der Punkt $Q \in \mathfrak{J}_n$ im Zeitintervall (1199) den Weg $\mathfrak{C}$ zurücklegt. Zur Zeit $t \in \mathfrak{i}$ möge sich Q auf dem Wegstück $\mathfrak{C} \cap \mathfrak{U}_n$ befinden. Der Vektor (1245) läßt sich jetzt als die zeitliche Änderung des Radiusvektors (1288) deuten, d.h., er stellt die Geschwindigkeit des Punktes $Q \in \mathfrak{J}$, der an das Flächenstück $\mathfrak{U}_n$ gebunden ist, relativ zu einem in $\mathfrak{J}$ ruhenden (etwa kartesischen) Koordinatensystem dar. Zur Beschreibung der kinematischen Eigenschaften von $Q \in \mathfrak{J}$ dient neben (1288) und (1245) der Beschleunigungsvektor

(1320) $$\frac{d\vec{p}}{dt} = \frac{d^2\vec{r}}{dt^2} .$$

Die Formeln (1307) und (1314) treffen speziell für den Vektor (1244) zu; sie ergeben mit (1228)

(1321) $$Q \in \mathfrak{C} \cap \mathfrak{U}_n \subset \mathfrak{J} : \quad \frac{d\vec{p}}{dt} = \frac{Dp^\alpha}{dt} \vec{e}_\alpha + p^\beta p^\gamma \vec{n}_{\beta\gamma}$$
$$= \frac{Dp_\alpha}{dt} \vec{e}^\alpha + p^\beta p^\gamma \vec{n}_{\beta\gamma} .$$

Demnach ist die Beschleunigung (1320) die Resultante der beiden wegen (1304) zueinander orthogonalen Komponenten

(1322) $$\frac{Dp^\alpha}{dt} \vec{e}_\alpha = \frac{Dp_\alpha}{dt} \vec{e}^\alpha$$

und $p^\beta p^\gamma \vec{n}_{\beta\gamma}$, wovon erstere der Tangentialebene $\mathfrak{T}_n$ und letztere der Normalebene $\mathfrak{N}$ des Flächenstücks $\mathfrak{U}_n$ im Punkt Q angehört.

Im Zeitintervall i_o durchläuft $Q \in \mathfrak{J}_n$ das Kurvenstück $\mathfrak{K}$. Dann folgt aus (1237) und (1243), da das absolute Differential des auf $\mathfrak{K}$ definierten Skalars (1235) mit dem gewöhnlichen Differential von (1235) übereinstimmt,

(1323) $$Q \in \mathfrak{K} \subseteq \mathfrak{C} : \quad \frac{Dp^\alpha}{dt} \vec{e}_\alpha = [\frac{D}{dt}(\frac{dh^\alpha}{ds} \dot{s})]\vec{e}_\alpha$$
$$= (\ddot{s} \frac{dh^\alpha}{ds} + \dot{s}^2 \frac{D}{ds} \frac{dh^\alpha}{ds})\vec{e}_\alpha$$
$$= \ddot{s}\vec{t} + \dot{s}^2(\frac{D}{ds} \frac{dh^\alpha}{ds})\vec{e}_\alpha .$$

In dieser Komponentenzerlegung des im n-dimensionalen EUKLIDschen Tangentialraum $\mathfrak{T}_n$ gelegenen Beschleunigungsvektors (1322) erscheint explizite die Tangentialbeschleunigung $\ddot{s}\vec{t}$ des Punktes $Q \in \mathfrak{K}$ zur Zeit $t \in i_o$. Wenn die zweite Komponente $\dot{s}^2(\frac{D}{ds}\frac{dh^\alpha}{ds})\vec{e}_\alpha$ nicht verschwindet, ist sie zu dem gemäß (1280) normierten Tangentialvektor $\vec{t}$ orthogonal; denn es gilt auf Grund von (1243), (1249), (1262), (1279), (1280) und (1319) stets

$$(1324) \quad Q \in \mathfrak{K}: \quad (\frac{D}{ds}\frac{dh^\alpha}{ds})\vec{e}_\alpha\cdot\vec{t} = g_{\alpha\beta}(\frac{D}{ds}\frac{dh^\alpha}{ds})\frac{dh^\beta}{ds}$$

$$= \frac{1}{2}\frac{D}{ds}(g_{\alpha\beta}\frac{dh^\alpha}{ds}\frac{dh^\beta}{ds}) = 0 .$$

Die von den im Punkt Q angetragenen Vektoren (1243) und $(\frac{D}{ds}\frac{dh^\alpha}{ds})\vec{e}_\alpha \neq \vec{0}$ aufgespannte zweidimensionale Ebene $\mathfrak{B}_2$ des Tangentialraums $\mathfrak{T}_n$ heißt die zweite Schmiegebene in $\mathfrak{T}_n$ bezüglich des Kurvenstücks $\mathfrak{K} \subset \mathfrak{J}_n$. Der Beschleunigungsvektor (1323) liegt also in $\mathfrak{B}_2 \subseteq \mathfrak{T}_n$. Anhand von (1321), (1324) und (1237) gelangt man zu der Darstellung

$$(1325) \quad Q \in \mathfrak{K} \cap \mathfrak{U}_n \subset \mathfrak{J}: \quad \frac{d\vec{p}}{dt} = \ddot{s}\vec{t} + \dot{s}^2(\frac{D}{ds}\frac{dh^\alpha}{ds})\vec{e}_\alpha + \dot{s}^2\frac{dh^\beta}{ds}\frac{dh^\gamma}{ds}\vec{n}_{\beta\gamma} .$$

Da die Funktionen (1219) dreimal stetig differenzierbar sind, ist der Tensor $\frac{D}{ds}\frac{dh^\alpha(s)}{ds}$ nach der Bogenlänge s absolut differenzierbar. Mit $\frac{D}{ds}[\frac{D}{ds}\frac{dh^\alpha(s)}{ds}] = \frac{D^2}{ds^2}\frac{dh^\alpha(s)}{ds}$ erhält man wieder einen in $Q \in \mathfrak{K} \subset \mathfrak{J}_n$ definierten kontravarianten Tensor. Erweisen sich die Funktionen (1219) als n-mal stetig differenzierbar, so können auf dem Kurvenstück $\mathfrak{K}$ die n kontravarianten Tensorfelder $\frac{dh^\alpha(s)}{ds}$, $\frac{D}{ds}\frac{dh^\alpha(s)}{ds}, \ldots, \frac{D^{n-1}}{ds^{n-1}}\frac{dh^\alpha(s)}{ds}$ gebildet und mit ihrer Hilfe im Punkt $Q \in \mathfrak{T}_n$ die n Vektoren

$$(1326) \quad \frac{dh^\alpha(s)}{ds}\vec{e}_\alpha , \quad [\frac{D}{ds}\frac{dh^\alpha(s)}{ds}]\vec{e}_\alpha , \ldots, \quad [\frac{D^{n-1}}{ds^{n-1}}\frac{dh^\alpha(s)}{ds}]\vec{e}_\alpha$$

angetragen werden. Sie sind im allgemeinen für jeden Wert von $s \in \mathfrak{t}$ linear unabhängig. Es zeigt sich, daß diese Eigenschaft erhalten bleibt, wenn man statt der Bogenlänge s einen anderen Kurvenparameter $\tilde{s} \in \tilde{\mathfrak{t}}$ verwendet. In dem betrachteten sogenannten Hauptfall wird $\mathfrak{K}$ als ein Kurvenstück vom Haupttyp bezeichnet. Die von den ersten f linear unabhängigen Vektoren der Folge (1326) aufgespannte Ebene durch den Punkt $Q \in \mathfrak{X}_n$ nennt man die f-te Schmiegebene $\mathfrak{D}_f \subset \mathfrak{X}_n$ bezüglich $\mathfrak{K} \subset \mathfrak{J}_n$. Für $f > 1$ ergibt sich

$$(1327) \quad \mathfrak{D}_1 \subset \cdots \subset \mathfrak{D}_f .$$

Hierbei ist (1211) zu berücksichtigen. Im Hauptfall existieren alle n-1 möglichen Schmiegebenen. In (1327) darf dann $f = n-1$ gesetzt werden. Übrigens kann man in jedem Punkt eines Kurvenstücks vom Haupttyp ein orthonormiertes begleitendes n-Bein anbringen und für dessen Basisvektoren eine Formelgruppe herleiten, die den üblichen FRENETschen Formeln entspricht (RAŠEVSKIJ, 1959).

Ist dagegen der (f+1)-te Vektor in (1326) von den f voranstehenden linear unabhängigen Vektoren linear abhängig, so trifft dasselbe, falls $f < n-1$ gilt, für jeden folgenden Vektor von (1326) zu. Unter dieser notabene alle Punkte des Kurvenstücks $\mathfrak{K}$ betreffenden und parameterinvarianten Bedingung liegen die letzten n-f Vektoren von (1326) in der maximal-dimensionalen Schmiegebene $\mathfrak{D}_f$, die, nebenbei bemerkt, längs $\mathfrak{K} \subset \mathfrak{J}_n$ parallel verschoben wird, wenn Q das Kurvenstück $\mathfrak{K} \subseteq \mathfrak{C}$ im Zeitintervall $\mathfrak{t}_o$ durchläuft. In einem solchen Fall bezeichnet man $\mathfrak{K}$ als verflacht. Je kleiner die Anzahl f der die maximal-dimensionale Schmiegebene $\mathfrak{D}_f$ aufspannenden Vektoren ist, desto stärker ist die Verflachung von $\mathfrak{K}$. Das am stärksten verflachte Kurvenstück $\mathfrak{K}$ erhält man demnach für $f = 1$. Dann ergibt sich mit $\mathfrak{K}$ eine Geodätische im eigentlich RIEMANNschen Raum $\mathfrak{J}_n$. Per definitionem muß in der Folge (1326) der zweite Vektor vom ersten linear abhängen. Die beiden Vektoren sind, wie (1324) zeigt, im allgemeinen zueinander orthogonal, was der geforderten linearen Abhängigkeit widerspricht. Der Widerspruch wird beseitigt, indem man einen der betreffenden Vektoren gleich dem Nullvektor setzt. Hierfür kommt wegen (1222) nur der zweite Vektor von (1326) in Betracht. Mit

$$(1328) \quad \frac{D}{ds} \frac{dh^\alpha(s)}{ds} = 0$$

oder im Hinblick auf (1306) und (1219), (1299)

$$(1329) \quad \frac{d^2h^\alpha(s)}{ds^2} = - \Gamma^\alpha_{\beta\gamma}(h^1(s),\dots,h^n(s)) \frac{dh^\beta(s)}{ds} \frac{dh^\gamma(s)}{ds}$$

ergeben sich also die auf die Bogenlänge $s \in \mathfrak{t}$ bezogenen Differentialgleichungen der (anisotropen) Geodätischen $\mathfrak{K} \subset \mathfrak{J}_n$.

Ein in $Q \in \mathfrak{U}_n$ gebundener Vektor (1242) der Tangentialebene

$\mathfrak{X}_n \subset \mathfrak{J}$ wird infolge einer infinitesimalen Verrückung (1239) des Punktes Q genau dann längs des Wegstücks $\mathfrak{C} \cap \mathfrak{U}_n$ parallel verschoben, wenn er dabei im Raum $\mathfrak{J}$ entweder konstant bleibt oder seine (vom Nullvektor verschiedene) Änderung (1305) zur Tengentialebene $\mathfrak{X}_n$ orthogonal ist, so daß aus (1304)-(1306) und (1265) die Gleichungen

$$(1330)\quad Dz^{\alpha} \equiv dz^{\alpha} + \Gamma^{\alpha}_{\beta\gamma} z^{\beta} dq^{\gamma} = 0$$

hervorgehen. Im Hinblick darauf liegt es nahe, von der Parallelverschiebung eines kontravarianten Tensors z^{α} längs des Weges $\mathfrak{C} \subset \mathfrak{J}_n$ zu sprechen, falls die Funktionen $z^{\alpha} = z^{\alpha}(q^1(t),\ldots,q^n(t))$ im Zeitintervall (1199) stetig differenzierbar sind und das Gesetz (1330) in jedem Punkt $Q \in \mathfrak{C}$ erfüllt ist. Diese Definition bedarf weder des EUKLIDschen Raumes $\mathfrak{J}$ noch einer Metrik der n-dimensionalen elementaren Mannigfaltigkeit $\mathfrak{J}_n$. Man muß in $\mathfrak{J}_n$ mit dem Koordinatensystem (1210) lediglich einen Satz von einmal stetig differenzierbaren Funktionen (1299) einführen, deren Symmetrieeigenschaften bezüglich ihrer Indizes β, γ wie in (1300) und deren Herleitung aus einem in $\mathfrak{J}_n$ erklärten Tensorfeld (1247) gemäß den Beziehungen (1256), (1295) und (1296) nicht vorausgesetzt werden. Es wird nur verlangt, daß sich die stets konstruierbaren Funktionen (1299) bei dem in (1203) geregelten Übergang zu den Koordinaten $\bar{q}^{\alpha}$ des Punktes $Q \in \mathfrak{J}_n$ auch weiterhin nach der Vorschrift

$$(1331)\quad \bar{\Gamma}^{\alpha}_{\beta\gamma} = \frac{\partial^2 q^{\delta}}{\partial\bar{q}^{\beta}\partial\bar{q}^{\gamma}} \frac{\delta\bar{q}^{\alpha}}{\partial q^{\delta}} + \frac{\partial q^{\varrho}}{\partial\bar{q}^{\beta}} \frac{\partial q^{\sigma}}{\partial\bar{q}^{\gamma}} \frac{\partial\bar{q}^{\alpha}}{\partial q^{\delta}} \Gamma^{\delta}_{\varrho\sigma}$$

transformieren. Die so definierten Funktionen (1298) bilden im Punkt $Q \in \mathfrak{J}_n$ ein „Objekt des Zusammenhangs", und auf Grund des von ihnen in $\mathfrak{J}_n$ erzeugten Feldes ist die Mannigfaltigkeit $\mathfrak{J}_n$ ein affin zusammenhängender Raum (ohne Windung, wenn $\Gamma^{\alpha}_{\beta\gamma} = \Gamma^{\alpha}_{\gamma\beta}$ gilt).

Die Darstellung (1226) des Weges $\mathfrak{C}$ wird auf den Zeitparameter t bezogen, der sich als Argument des längs $\mathfrak{C}$ parallel verschobenen Tensors z^{α} anbietet; d.h., die Bedingung (1330) betrifft die stetig differenzierbaren Funktionen

$$(1332)\quad z^{\alpha} = \zeta^{\alpha}(t)\ , \quad t \in i\ ,$$

und nimmt die Gestalt

(1333) $\frac{D\zeta^\alpha(t)}{dt} = 0$

oder hinsichtlich (1226) und (1228)

(1334) $\frac{d\zeta^\alpha(t)}{dt} = - \Gamma^\alpha_{\beta\gamma}(q^1(t),\ldots,q^n(t))\zeta^\beta(t)p^\gamma(t)$

an. Die Koeffizienten von $\zeta^\beta(t)$ in (1334) sind bekannte Funktionen der Zeit $t \in i$. Mit (1334) verfügt man über ein System von n gewöhnlichen Differentialgleichungen erster Ordnung für die (gesuchten) n Funktionen (1332). Die Lösung (1332) von (1334), die den beliebig vorgebbaren n Anfangsbedingungen

(1335) $\lim_{t \to t_o} \zeta^\alpha(t) = z^\alpha_o$

genügt, ist eindeutig bestimmt und existiert im ganzen Zeitintervall (1199), wie in der Theorie der Differentialgleichungen gezeigt wird (KAMKE, 1950).

Im affin zusammenhängenden Raum $\mathfrak{J}_n$ lassen sich auch die Geodätischen erklären, deren geometrische Bedeutung in der Analogie zu den Geraden des n-dimensionalen affinen Raumes besteht. Das Kurvenstück $\mathfrak{K} \subset \mathfrak{J}_n$ ist genau dann eine Geodätische, wenn das aus (1335) mittels (1333) oder (1334) resultierende Tensorfeld (1332) des Weges $\mathfrak{C}$ in jedem Punkt $Q \in \mathfrak{K}$ zu einem im affinen Tangentialraum $\mathfrak{T}_n$ gelegenen Tangentialvektor $\vec{z} = \zeta^\alpha(t)\vec{e}_\alpha$ $(t \in i_o)$ des Kurvenstücks $\mathfrak{K}$ verhilft. Diese Eigenschaft des Vektors $\vec{z}$ involviert seine Verschiedenheit vom Nullvektor, was durch

(1336) $\text{Rang}\ \|\zeta^\alpha(t)\| = 1\ , \quad t \in i_o\ ,$

garantiert wird. Die Kollinearität sämtlicher Tangentialvektoren von $\mathfrak{K}$ in Q erlaubt unter Beachtung von (1246) den Ansatz

(1337) $\frac{dh^\alpha(s)}{ds}\,\dot{s} = \pi(t)\ \zeta^\alpha(t)\ ,$

in dem die stetige Funktion $\pi(t)$ erscheint. Wegen (1243) müssen aber auch die Differentialquotienten $\frac{dh^\alpha(s)}{ds}$, die sich auf Grund der Darstellung (1236) von $\mathfrak{K}$ als mittelbare Funktionen der Zeit $t \in i_o$ ergeben, die Gleichungen (1334) erfüllen. Hierfür ist nach (1337) und (1233)-(1235) sowie (1237) die Bedingung

(1338) $s(t) = \int_{t_o}^{t} \pi(\tau)d\tau$

hinreichend. Man erhält damit statt (1337) und (1332)

(1339) $z^\alpha = \frac{dh^\alpha(s)}{ds}, \quad s \in \mathfrak{t},$

und (1334) geht in das kanonische System (1329) von n gewöhnlichen Differentialgleichungen zweiter Ordnung für die (gesuchten) n Funktionen (1219) über.

Die stetige Differenzierbarkeit der Funktionen (1298) gewährleistet die Existenz und Unität der Lösung von (1329), die den 2n Anfangsbedingungen (1221) und

(1340) $\lim_{s\to 0} \frac{dh^\alpha(s)}{ds} = z_o^\alpha$

zugeordnet ist; in (1340) werden (1332), (1335), (1339) und (1234) berücksichtigt. Es führt also vom beliebigen Anfangspunkt $Q_o \in \mathfrak{I}_n$ in jede Richtung (1340) genau eine Geodätische $\mathfrak{K}$ bis zum Rande des affin zusammenhängenden Raumes $\mathfrak{I}_n$, der ihm notabene nicht angehört. Übrigens erkennt man anhand des Transformationsgesetzes (1331) für die Funktionen (1299), daß auch $\frac{1}{2}(\Gamma^\alpha_{\beta\gamma} + \Gamma^\alpha_{\gamma\beta})$ ein Objekt des Zusammenhangs in $\mathfrak{I}_n$ darstellt. Wird dieses Feld der Mannigfaltigkeit $\mathfrak{I}_n$ aufgeprägt, dann ergibt sich ein windungsfreier affin zusammenhängender Raum. Solche Räume zeichnen sich gegenüber denen mit Windung durch interessantere geometrische Eigenschaften aus. Im Hinblick auf die Identität

(1341) $\Gamma^\alpha_{\beta\gamma} \equiv \frac{1}{2}(\Gamma^\alpha_{\beta\gamma} + \Gamma^\alpha_{\gamma\beta}) + \frac{1}{2}(\Gamma^\alpha_{\beta\gamma} - \Gamma^\alpha_{\gamma\beta})$

und die Differentialgleichungen (1329) wird sofort deutlich, daß es aber für die Geodätischen in $\mathfrak{I}_n$ völlig belanglos ist, ob das Objekt des Zusammenhangs die Funktionen (1299) oder die in den Indizes β und γ jedenfalls symmetrischen Funktionen $\frac{1}{2}[\Gamma^\alpha_{\beta\gamma}(q^1,\ldots,q^n) + \Gamma^\alpha_{\gamma\beta}(q^1,\ldots,q^n)]$ bilden. Deshalb brauchen Untersuchungen von Geodätischen immer nur in windungsfreien Räumen zu erfolgen.

Zwischen s und einem anderen Kurvenparameter $\tilde{s}$ von $\mathfrak{K} \subset \mathfrak{I}_n$ besteht eine umkehrbar eindeutige Beziehung, und zwar ist $\tilde{s}$ eine zweimal stetig differenzierbare Funktion von s, deren erste Ableitung

$\frac{d\tilde{s}}{ds}$ an keiner Stelle des Definitionsintervalls $\mathfrak{t}$ verschwindet. Analog zu (1219) lassen sich die Koordinaten q^α des Punktes $Q \in \mathfrak{R}$ als dreimal stetig differenzierbare Funktionen $\tilde{h}^\alpha(\tilde{s})$ darstellen, wobei das Argument $\tilde{s}$ im endlichen offenen Intervall $\tilde{\mathfrak{t}}$ variiert und entsprechend (1222) die Differentialquotienten $\frac{d\tilde{h}^\alpha(s)}{d\tilde{s}}$ niemals alle zugleich den Wert Null annehmen. Aus

(1342) $h^\alpha(s) = \tilde{h}^\alpha(\tilde{s})$

folgt

(1343) $\frac{dh^\alpha(s)}{ds} = \frac{d\tilde{h}^\alpha(\tilde{s})}{d\tilde{s}} \frac{d\tilde{s}}{ds}, \quad \frac{d\tilde{s}}{ds} \neq 0 ,$

(1344) $\frac{d^2h^\alpha(s)}{ds^2} = \frac{d^2\tilde{h}^\alpha(\tilde{s})}{d\tilde{s}^2} \left(\frac{d\tilde{s}}{ds}\right)^2 + \frac{d\tilde{h}^\alpha(\tilde{s})}{d\tilde{s}} \frac{d^2\tilde{s}}{ds^2} .$

Sind die Funktionen in (1219) eine Lösung von (1329), d.h., ist das Kurvenstück $\mathfrak{R}$ eine Geodätische des betrachteten (windungsfreien) affin zusammenhängenden Raumes $\mathfrak{J}_n$, so nennt man die Variable s einen kanonischen Parameter der Geodätischen von $\mathfrak{J}_n$ und verfügt nun auch mit $\tilde{s}$ über einen derartigen Parameter genau dann, wenn sich neben (1329) das kanonische Differentialgleichungssystem

(1345) $\frac{d^2\tilde{h}^\alpha(s)}{d\tilde{s}^2} = - \Gamma^\alpha_{\beta\gamma}(\tilde{h}^1(\tilde{s}),\ldots,\tilde{h}^n(\tilde{s})) \frac{d\tilde{h}^\beta(\tilde{s})}{d\tilde{s}} \frac{d\tilde{h}^\gamma(s)}{d\tilde{s}}$

ergibt. Nach (1329) und (1342)-(1345) lautet die hierfür notwendige und hinreichende Bedingung

(1346) $\frac{d\tilde{h}^\alpha(s)}{d\tilde{s}} \frac{d^2\tilde{s}}{ds^2} = 0$

oder wegen Rang $\left\|\frac{d\tilde{h}^\alpha(\tilde{s})}{d\tilde{s}}\right\| = 1$ einfach

(1347) $\frac{d\tilde{s}}{ds} = \text{const} \neq 0 .$

Der kanonische Parameter s ist also hier bis auf eine ganze lineare Transformation bestimmt. Im n-dimensionalen eigentlich RIEMANNschen Raum $\mathfrak{J}_n$, dessen metrischer Tensor in (1247) eingeführt wird, dient die Länge (1285) des Weges $\mathfrak{C}_0$ auf der Geodätischen $\mathfrak{R}$ zugleich als kanonischer Parameter, wie schon die Herleitung der Differentialgleichungen (1329) zeigt.

Der betrachtete RIEMANNsche Raum $\mathfrak{J}_n$ ist speziell ein n-dimensionaler eigentlich EUKLIDscher Raum, falls eine Koordinatentransformation (1203) bewirkt, daß die auf das „neue" Koordinatensystem in $\mathfrak{J}_n$ bezogenen, aus (1248) resultierenden Koordinaten $\overline{g}_{\alpha\beta}$ des metrischen Tensors von $\mathfrak{J}_n$ konstant sind. Dann verschwinden in jedem Punkt $Q \in \mathfrak{J}_n$ die partiellen Ableitungen von $\overline{g}_{\alpha\beta}$ nach den affinen Koordinaten $\overline{q}^\gamma$ und damit sämtliche Größen $\overline{\Gamma}^\alpha_{\beta\gamma}$, wozu jene Ableitungen in gleicher Weise beitragen wie die Differentialquotienten $g_{\alpha\beta|\gamma}$ gemäß den Formeln (1295) und (1296) zu den CHRISTOFFELschen Symbolen $\Gamma^\alpha_{\beta\gamma}$. Die stets gültigen, zu (1331) äquivalenten Beziehungen

$$(1348)\quad \Gamma^\alpha_{\beta\gamma} = \frac{\partial^2 \overline{q}^\delta}{\partial q^\beta \partial q^\gamma} \frac{\partial q^\alpha}{\partial \overline{q}^\delta} + \frac{\partial \overline{q}^\varrho}{\partial q^\beta} \frac{\partial \overline{q}^\sigma}{\partial q^\gamma} \frac{\partial q^\alpha}{\partial \overline{q}^\delta} \overline{\Gamma}^\delta_{\varrho\sigma}$$

reduzieren sich für

$$(1349)\quad \overline{\Gamma}^\delta_{\varrho\sigma} = 0$$

unter Beachtung von (1206) auf

$$(1350)\quad \frac{\partial^2 \overline{q}^\delta}{\partial q^\beta \partial q^\gamma} = \Gamma^\alpha_{\beta\gamma}(q^1,\ldots,q^n) \frac{\partial \overline{q}^\delta}{\partial q^\alpha} .$$

Wenn $\mathfrak{J}_n$ ein EUKLIDscher Raum ist, existiert die im Sinne der Analyse vorausgesetzte Lösung (1203) dieses Systems von partiellen Differentialgleichungen zweiter Ordnung. Die nicht notwendige Bedingung $\overline{g}^\alpha(0,\ldots,0) = 0$ in (1203) schränkt die Gesamtheit der Lösungen von (1350) ein, weil sie gegebenenfalls nur affine Koordinatensysteme in $\mathfrak{J}_n$ mit demselben Nullpunkt zuläßt. Bieten sich nämlich schon $q^1,\ldots,q^n$ als affine Koordinaten an, d.h., gilt

$$(1351)\quad \Gamma^\alpha_{\beta\gamma}(q^1,\ldots,q^n) \equiv 0 , \quad q^\delta \in \iota^\delta ,$$

so können zwischen ihnen und allen anderen von den Gleichungen $\frac{\partial^2 \overline{q}^\delta}{\partial q^\beta \partial q^\gamma} = 0$ und $\overline{g}^\alpha(0,\ldots,0) = 0$ gelieferten affinen Koordinaten $\overline{q}^1,\ldots,\overline{q}^n$ nur homogene lineare Relationen $\overline{q}^\delta = c^\delta_\gamma q^\gamma$ mit $c^\delta_\gamma = \mathrm{const}$, $\det(c^\delta_\gamma) \neq 0$ bestehen.

Dem EUKLIDschen Raum $\mathfrak{J}_n$ braucht man nicht in jedem Punkt Q einen gesonderten EUKLIDschen Tangentialraum anzuheften; denn das im (krummlinigen) Koordinatensystem (1210) dargestellte kontravariante Tensorfeld $z^\alpha(q^1,\dots,q^n)$ läßt sich mittels der Zuordnung (1242) nunmehr durch das in einem einzigen n-dimensionalen eigentlich EUKLIDschen Raum, etwa in $\mathfrak{J}_n$ selbst definierte Vektorfeld $\vec{z}(q^1,\dots,q^n)$ repräsentieren. Der Tangentialvektor $\vec{e}_\alpha$ an die α-te Koordinatenlinie von (1210) ist jetzt ohne weiteres eine stetig differenzierbare Funktion von $q^1,\dots,q^n$, und alle partiellen Ableitungen $\vec{e}_{\alpha|\beta}$ verschwinden offenbar genau dann identisch, wenn es sich bei (1210) um ein geradliniges Koordinatensystem handelt. Wird zudem (1301) berücksichtigt, so stellt man die Richtigkeit der Behauptung fest, wonach (1351) und die Bedingung, daß (1210) ein affines Koordinatensystem im EUKLIDschen Raum $\mathfrak{J}_n$ ist, gleichbedeutend sind.

Zur Herleitung eines praktikablen Kriteriums dafür, daß die durch den (nicht konstanten) Tensor (1247) metrisierte Mannigfaltigkeit $\mathfrak{J}_n$ ein EUKLIDscher Raum ist, dient eine Menge $\mathfrak{J}^*$ von Punkten $Q \in \mathfrak{J}_n$, deren Koordinaten q^α lediglich irgendwelche zweimal stetig differenzierbare Funktionen von zwei Parametern s' und s" mit den (endlichen) Variabilitätsintervallen $\mathfrak{t}'$ und $\mathfrak{t}''$ sein sollen. Für $n > 2$ stellt $\mathfrak{J}^* \subset \mathfrak{J}_n$ möglicherweise ein Flächenstück $\mathfrak{K}_2$ dar. Unter Verwendung der in $\mathfrak{J}^*$ definierten Differentialoperatoren

(1352) $$d' = ds'\frac{\partial}{\partial s'}, \quad d'' = ds''\frac{\partial}{\partial s''}$$

und

(1353) $$d'd'' = ds'\left(ds'\frac{\partial^2}{\partial s'^2} + ds''\frac{\partial^2}{\partial s'\partial s''}\right),$$

(1354) $$d''d' = ds''\left(ds''\frac{\partial^2}{\partial s''^2} + ds'\frac{\partial^2}{\partial s''\partial s'}\right)$$

folgt aus

(1355) $$Q \in \mathfrak{J}^* \subset \mathfrak{J}_n : \quad q^\alpha = \eta^\alpha(s's''), \quad s' \in \mathfrak{t}', \quad s'' \in \mathfrak{t}'',$$

(1356) $$Q \in \mathfrak{J}^* : \quad dq^\alpha = (d' + d'')q^\alpha, \quad d^2q^\alpha = (d'd'' + d''d')q^\alpha .$$

Auch der speziell in $Q \in \mathfrak{J}^*$ erklärte zweimal stetig differenzierbare Tensor $z_\alpha = z_\alpha(q^1,\dots,q^n)$ kann als mittelbare Funktion von s' und s" aufgefaßt werden, so daß analog zu (1356)

$$(1357)\quad Q \in \mathfrak{J}^* : \quad dz_\alpha = (d' + d'')z_\alpha \, , \quad d'z_\alpha = (d'd'' + d''d')z_\alpha$$

und wegen (1313)

$$(1358)\quad Q \in \mathfrak{J}^* : \quad Dz_\alpha = D'z_\alpha + D''z_\alpha$$

mit

$$(1359)\quad D'z_\alpha = d'z_\alpha - \Gamma^\beta_{\gamma\alpha} z_\beta d'q^\gamma \, , \quad D''z_\alpha = d''z_\alpha - \Gamma^\beta_{\gamma\alpha} z_\beta d''q^\gamma$$

gilt. Die beiden Komponenten $D'z_\alpha$ und $D''z_\alpha$ der Zerlegung des absoluten Differentials Dz_α in (1358) sind ebenso wie dieses mittelbare Funktionen der Parameter s', s" und erzeugen in $\mathfrak{J}^*$ zwei stetig differenzierbare Tensorfelder.

Die infinitesimalen Ausdrücke $D'D''z_\alpha$ und $D''D'z_\alpha$ ergeben wieder in $Q \in \mathfrak{J}^*$ definierte einfach kovariante Tensoren. Im Hinblick auf (1359) erhält man

$$(1360)\quad D'D''z_\alpha = d'(d''z_\alpha - \Gamma^\beta_{\sigma\alpha} z_\beta d''q^\sigma) - \Gamma^\gamma_{\varrho\alpha}(d''z_\gamma - \Gamma^\beta_{\sigma\gamma} z_\beta dq''^\sigma)d'q^\varrho$$

oder, indem anhand von (1352) die Relationen

$$(1361)\quad d''z_\alpha = z_{\alpha|\sigma} d''q^\sigma \, , \quad d'd''z_\alpha = z_{\alpha|\sigma|\varrho} d''q^\sigma d'q^\varrho = z_{\alpha|\varrho|\sigma} d'q^\varrho d''q^\sigma$$

und

$$(1362)\quad d'(\Gamma^\beta_{\sigma\alpha} z_\beta) = (d'\Gamma^\beta_{\sigma\alpha})z_\beta + \Gamma^\beta_{\sigma\alpha} d'z_\beta = (\Gamma^\beta_{\sigma\alpha|\varrho} z_\beta + \Gamma^\beta_{\sigma\alpha} z_{\beta|\varrho})d'q^\varrho$$

gebildet und eingeführt werden,

$$(1363)\quad D'D''z_\alpha = (z_{\alpha|\varrho|\sigma} - \Gamma^\beta_{\sigma\alpha|\varrho} z_\beta - \Gamma^\beta_{\sigma\alpha} z_{\beta|\varrho} - \Gamma^\gamma_{\varrho\alpha} z_{\gamma|\sigma}$$
$$+ \Gamma^\gamma_{\varrho\alpha}\Gamma^\beta_{\sigma\gamma} z_\beta)d'q^\varrho d''q^\sigma$$
$$= [z_{\alpha|\varrho|\sigma} - \Gamma^\beta_{\sigma\alpha} z_{\beta|\varrho} - \Gamma^\beta_{\varrho\alpha} z_{\beta|\sigma}$$
$$- (\Gamma^\beta_{\sigma\alpha|\varrho} - \Gamma^\beta_{\sigma\gamma}\Gamma^\gamma_{\varrho\alpha})z_\beta]d'q^\varrho d''q^\sigma$$

und dementsprechend

$$(1364)\quad D''D'z_\alpha = [z_{\alpha|\sigma|\varrho} - \Gamma^\beta_{\varrho\alpha} z_{\beta|\sigma} - \Gamma^\beta_{\sigma\alpha} z_{\beta|\varrho}$$
$$- (\Gamma^\beta_{\varrho\alpha|\sigma} - \Gamma^\beta_{\varrho\gamma}\Gamma^\gamma_{\sigma\alpha})z_\beta]d'q^\varrho d''q^\sigma \, ,$$

also

(1365) $D'D''z_\alpha - D''D'z_\alpha = (\Gamma^\beta_{\varrho\alpha|\sigma} - \Gamma^\beta_{\varrho\gamma}\Gamma^\gamma_{\sigma\alpha} - \Gamma^\beta_{\sigma\alpha|\varrho} + \Gamma^\beta_{\sigma\gamma}\Gamma^\gamma_{\varrho\alpha}) z_\beta d'q^\varrho d''q^\sigma$.

Da die linken Seiten dieser n Gleichungen einen kovarianten Tensor im Punkt $Q \in \mathfrak{J}^*$ bilden, muß dasselbe für deren rechte Seiten zutreffen, die das Resultat der Überschiebung von

(1366) $R_{\varrho\sigma\alpha}{}^\beta \equiv \Gamma^\beta_{\varrho\alpha|\sigma} + \Gamma^\beta_{\sigma\gamma}\Gamma^\gamma_{\varrho\alpha} - \Gamma^\beta_{\sigma\alpha|\varrho} - \Gamma^\beta_{\varrho\gamma}\Gamma^\gamma_{\sigma\alpha}$

mit dem kovarianten Tensor z_β und den Koordinatendifferentialen dq'^ϱ, $d''q^\sigma$ sind, denen nach (1223) die Bedeutung von in $Q \in \mathfrak{J}^*$ erklärten kontravarianten Tensoren zukommt. Folglich ist (1366) ein vierstüfiger, und zwar dreifach kovarianter und einfach kontravarianter Tensor, dessen Definitionsbereich sich über die ganze Mannigfaltigkeit $\mathfrak{J}_n$ erstreckt:

(1367) $R_{\varrho\sigma\alpha}{}^\beta = R_{\varrho\sigma\alpha}{}^\beta(q^1,\ldots,q^n)$, $q^\delta \in i^\delta$.

Er wird wegen seiner differentialgeometrischen Eigenschaften, die hier nicht weiter untersucht werden können, als Krümmungstensor des n-dimensionalen Raumes $\mathfrak{J}_n$ bezeichnet.

Wie aus (1366) hervorgeht, benötigt man zur Konstruktion des Krümmungstensors (1367) allein die stetig differenzierbaren, dem Transformationsgesetz (1331) genügenden Funktionen (1299), d.h., seine Existenz ist schon in dem durch das betreffende Objekt des Zusammenhangs gekennzeichneten affin zusammenhängenden Raum gesichert. Nun bleiben aber diese Betrachtungen auf den RIEMANNschen Raum $\mathfrak{J}_n$ beschränkt, der infolge der Formeln (1295)-(1300) stets mit einem von seiner Metrik her eindeutig bestimmten windungsfreien affinen Zusammenhang versehen ist. Die Überschiebung von (1367) mit dem metrischen Fundamentaltensor (1247) liefert den kovarianten Krümmungstensor

(1368) $R_{\varrho\sigma\alpha\beta} = R_{\varrho\sigma\alpha}{}^\gamma g_{\beta\gamma}$, $R_{\varrho\sigma\alpha\beta} = R_{\varrho\sigma\alpha\beta}(q^1,\ldots,q^n)$, $q^\delta \in i^\delta$,

dessen Struktur sich durch eine stärkere Symmetrie auszeichnet als die von (1367). Unter Berücksichtigung von (1366) und (1295)-(1297) gelangt man zu der Darstellung

$$(1369)\quad R_{\varrho\sigma\alpha\beta} = \frac{1}{2}(g_{\varrho\beta|\sigma|\alpha} - g_{\varrho\alpha|\sigma|\beta} - g_{\sigma\beta|\varrho|\alpha} + g_{\sigma\alpha|\varrho|\beta}) + g_{\gamma\delta}(\Gamma^{\gamma}_{\varrho\beta}\Gamma^{\delta}_{\sigma\alpha} - \Gamma^{\gamma}_{\sigma\beta}\Gamma^{\delta}_{\varrho\alpha}) .$$

Für die insgesamt n^4 Koordinaten des vierstufigen kovarianten Krümmungstensors im n-dimensionalen RIEMANNschen Raum $\mathfrak{J}_n$ ergeben sich die voneinander wesentlich verschiedenen identischen linearen Abhängigkeiten

$$(1370)\quad R_{\varrho\sigma\alpha\beta} = R_{\alpha\beta\varrho\sigma} , \quad R_{\varrho\sigma\alpha\beta} = - R_{\sigma\varrho\alpha\beta} , \quad R_{\varrho\sigma\alpha\beta} = - R_{\varrho\sigma\beta\alpha} ,$$

$$(1371)\quad R_{\varrho\sigma\alpha\beta} + R_{\varrho\alpha\sigma\beta} + R_{\alpha\sigma\varrho\beta} = 0 ,$$

derentwegen zur Bestimmung aller Tensorkoordinaten nur $\frac{n^2(n^2-1)}{12}$ von ihnen notwendig und hinreichend sind (RAŠEVSKIJ, 1959). Z.B. ist im Spezialfall $n = 2$, der auch in der Seismometrie interessiert ($\mathfrak{G}^{(k)} = \mathfrak{M}_2$), die Anzahl der wesentlichen Koordinaten von (1368) gleich Eins; nach (1370) und der RICCIschen Identität (1371) kann R_{1212} die wesentliche Koordinate sein.

Es werden nun zwei beliebige Punkte Q_I und Q_{II} eines in (1219) dargestellten Kurvenstücks $\mathfrak{K} \subset \mathfrak{J}_n$ fixiert und die ihnen entsprechenden Werte des Kurvenparameters s mit s_I und s_{II} bezeichnet. Für den zwischen Q_I und Q_{II} gelegenen Abschnitt $\mathfrak{K}'$ von $\mathfrak{K}$ läßt sich der Kurvenparameter s' gemäß der Vorschrift

$$(1372)\quad Q \in \mathfrak{K}' \subset \mathfrak{K} : \quad s' = \frac{s - s_I}{s_{II} - s_I} , \quad s_I \leqq s \leqq s_{II} ,$$

verwenden. Neben $\mathfrak{K}'$ wird zugleich eine Schar $\mathfrak{J}^*$ von Kurvenstücken betrachtet, deren Endpunkte Q_I und Q_{II} sind. Das Variabilitätsintervall t" des Scharparameters s" von $\mathfrak{J}^* \subset \mathfrak{J}_n$ sei ebenso wie dasjenige von s' das abgeschlossene Intervall [0,1]. Jedem Wert von $s'' \in [0,1]$ entspricht genau ein Kurvenstück $\mathfrak{K}'' \in \mathfrak{J}^*$, wozu die Endpunkte Q_I und Q_{II} gehören, denen bezüglich (1210) die Koordinaten q^α_I und q^α_{II} zugeordnet sein mögen. Für $s'' = 0$ sollen $\mathfrak{K}'$ und $\mathfrak{K}''$ völlig übereinstimmen. Allen Kurvenstücken der Schar $\mathfrak{J}^*$ wird derselbe Kurvenparameter $s' \in [0,1]$ zuerteilt. Die analytische Darstellung von $\mathfrak{J}^*$ ist in (1355) formuliert. Es gilt also

$$(1373)\quad Q \in \mathfrak{K}' \in \mathfrak{J}^* : \quad q^\alpha = \eta^\alpha(s',0) , \quad s' \in [0,1] ,$$

(1374) $Q \in \mathfrak{K}'' \in \mathfrak{J}^*$: $q^\alpha = \eta^\alpha(s', s''=\text{const})$, $s'' \in [0,1]$,

und

(1375) $\eta^\alpha(0,s'') = q^\alpha_I = \text{const}$, $\eta^\alpha(1,s'') = q^\alpha_{II} = \text{const}$.

Die jetzige geometrische Bedeutung der Punktmenge $\mathfrak{J}^* \subset \mathfrak{J}_n$, der zweimal stetig differenzierbaren Funktionen $\eta^\alpha(s',s'')$ und ihrer Argumente s', s" ist evident. Wegen (1258) darf mit $z_\alpha = z_\alpha(q^1,\dots,q^n)$ auch der Tensor $z^\alpha = z^\alpha(q^1,\dots,q^n)$ in $Q \in \mathfrak{J}^*$ als zweimal stetig differenzierbare Funktion von s' und s" gedeutet werden. Insbesondere wird

(1376) $z^\alpha(q^1_I,\dots,q^n_I) = z^\alpha_I$, $z^\alpha(q^1_{II},\dots,q^n_{II}) = z^\alpha_{II}$

gesetzt. Anhand von (1364) und (1365) ergibt sich

(1377) $D'D''z_\alpha - D''D'z_\alpha = R_{\varrho\sigma\alpha}{}^\beta z_\beta d'q^\varrho d''q^\sigma$

und hieraus in Anbetracht der Relationen (1257), (1319), (1368) und (1370)

(1378) $g_{\alpha\beta}(D'D''z^\alpha - D''D'z^\alpha) = - R_{\varrho\sigma\beta\alpha} z^\beta d'q^\varrho d''q^\sigma$

oder hinsichtlich (1256) und (1368) allgemein

(1379) $D'D''z^\alpha - D''D'z^\alpha = - R_{\varrho\sigma\beta}{}^\alpha z^\beta d'q^\varrho d''q^\sigma$.

Nun denke man sich das speziell auf jedem Kurvenstück $\mathfrak{K}'' \in \mathfrak{J}^*$ definierte kontravariante Tensorfeld z^α durch eine Parallelverschiebung des in allen Punkten $Q \in \mathfrak{J}_n$ erklärten (konstanten) Tensors z^α_I von Q_I nach Q_{II} längs $\mathfrak{K}''$ erzeugt, was die zu (1330) analogen Gleichungen

(1380) $D'z^\alpha = 0$

besagen. Sie bewirken, daß sich die Beziehungen (1379) zu

(1381) $D'D''z^\alpha = - R_{\varrho\sigma\beta}{}^\alpha z^\beta d'q^\varrho d''q^\sigma$

vereinfachen. Unter der Bedingung

(1382) $R_{\varrho\sigma\beta}{}^\alpha(q^1,\dots,q^n) \equiv 0$, $q^\delta \in i^\delta$, geht (1381) in

(1383) $D'D''z^{\alpha} = 0$

über. Dann wird also auch der Tensor $D''z^{\alpha}$ dem Kurvenstück $\mathfrak{K}'' \in \mathfrak{J}^*$ entlang parallel verschoben. Der Formel (1306) entsprechend gilt

(1384) $D''z^{\alpha} = d''z^{\alpha} + \Gamma^{\alpha}_{\beta\gamma} z^{\beta} d''q^{\gamma}$.

Dieses in jedem Punkt $Q \in \mathfrak{K}''$ existierende absolute Differential ist speziell im fixierten Endpunkt Q_I bzw. Q_{II} von $\mathfrak{K}''$ wegen

(1385) $d''q^{\gamma}_I = 0$, $d''q^{\gamma}_{II} = 0$

gleich dem gewöhnlichen Differential $d''z^{\alpha}(q^1_I,\ldots,q^n_I)$ bzw. $d''z^{\alpha}(q^1_{II},\ldots,q^n_{II})$:

(1386) $D''z^{\alpha}(q^1_I,\ldots,q^n_I) = d''z^{\alpha}(q^1_I,\ldots,q^n_I)$,

(1387) $D''z^{\alpha}(q^1_{II},\ldots,q^n_{II}) = d''z^{\alpha}(q^1_{II},\ldots,q^n_{II})$.

Die Konstanz des der Analyse zugrunde gelegten Tensorfeldes z^{α}_I in $\mathfrak{J}_n$ impliziert

(1388) $d''z^{\alpha}(q^1_I,\ldots,q^n_I) = 0$

oder hinsichtlich (1386)

(1389) $D''z^{\alpha}(q^1_I,\ldots,q^n_I) = 0$.

Demnach muß das auf $\mathfrak{K}'' \in \mathfrak{J}^*$ definierte Tensorfeld $D''z^{\alpha}$ verschwinden; denn es resultiert gemäß (1383) aus der Parallelverschiebung des „Nulltensors" (1389) längs $\mathfrak{K}''$ von Q_I bis Q_{II}. Folglich ergibt sich insbesondere

(1390) $D''z^{\alpha}(q^1_{II},\ldots,q^n_{II}) = 0$

und unter Beachtung von (1387)

(1391) $d''z^{\alpha}(q^1_{II},\ldots,q^n_{II}) = 0$.

Somit bleibt das Ergebnis z^{α}_{II} des von Q_I in Q_{II} durch die Parallelverschiebung entlang dem Kurvenstück $\mathfrak{K}''$ übertragenen konstanten Tensors z^{α}_{I} stets dasselbe, nämlich

$$(1392)\quad z^{\alpha}_{II} = z^{\alpha}_{I} \ ,$$

wie auch immer $\mathfrak{K}'' \in \mathfrak{I}_n$ gewählt wird. Diese Eigenschaft charakterisiert den EUKLIDschen Raum vollständig. Ist (1210) ein affines Koordinatensystem in $\mathfrak{I}_n$, d.h., gilt (1351), dann führt (1366) zu (1382). Falls die Koordinaten eines Tensors im Punkt $Q \in \mathfrak{I}_n$ bezüglich (1210) sämtlich gleich Null sind, trifft das notabene in bezug auf jedes zulässige Koordinatensystem in $\mathfrak{I}_n$ zu. Mit (1382) verfügt man also über eine praktikable notwendige und hinreichende Bedingung dafür, daß $\mathfrak{I}_n$ ein EUKLIDscher Raum ist.

Wegen (1368) und (1250) sind die Aussagen (1380) und

$$(1393)\quad R_{\varrho\sigma\alpha\beta}(q^1,\ldots,q^n) \equiv 0 \ , \qquad q^{\delta} \in i^{\delta} \ ,$$

äquivalent. Im seismometrisch wichtigen Spezialfall $n = 2$ liefern die Beziehungen (1369) und (1250), (1295)-(1300) unter Verwendung der Substitution

$$(1394)\quad G = |\sqrt{\det(g_{\alpha\beta})}| = \left|\sqrt{g_{11}g_{22} - (g_{12})^2}\right| > 0$$

für die wesentliche Tensorkoordinate R_{1212} die Gleichung

$$(1395)\quad R_{1212} = G[(\frac{G}{g_{22}}\,\Gamma^1_{22})_{|1} - (\frac{G}{g_{22}}\,\Gamma^1_{12})_{|2}]$$

(DUSCHEK und HOCHRAINER, 1950) oder, wenn die rechtsseitigen Indizes vertauscht werden, was man in Anbetracht der nach (1370) gültigen Symmetrierelation $R_{1212} = R_{2121}$ vornehmen darf,

$$(1396)\quad R_{1212} = G[(\frac{G}{g_{11}}\,\Gamma^2_{11})_{|2} - (\frac{G}{g_{11}}\,\Gamma^2_{21})_{|1}] \ .$$

Verschwindet auch R_{1212} identisch, d.h., ist $\mathfrak{I}_2$ ein EUKLIDscher Raum, dann (und nur dann) folgt aus (1395) bzw. (1396)

$$(1397)\quad (\frac{G}{g_{22}}\,\Gamma^1_{22})_{|1} = (\frac{G}{g_{22}}\,\Gamma^1_{12})_{|2}$$

bzw.

(1398) $$\left(\frac{G}{g_{11}}\Gamma^2_{12}\right)_{|1} = \left(\frac{G}{g_{11}}\Gamma^2_{11}\right)_{|2} .$$

16. Die allgemeinen Bewegungsgleichungen (Ergänzung)

Die Vektoren (1288), (1245) und (1320) beschreiben den Ort, die Geschwindigkeit und die Beschleunigung des Punktes Q zur Zeit $t \in \mathfrak{i}$ bezüglich eines höchstens $\binom{n+1}{2}$-dimensionalen (kartesischen) Koordinatensystems, das den eigentlich EUKLIDschen Raum $\mathfrak{J}$ aufspannt, in dem das n-dimensionale Flächenstück $\mathfrak{U}_n$ ruht, woran der bewegliche Punkt Q gebunden ist. Diese kinematische Darstellung der im Zeitintervall $\mathfrak{i}$ und im Inertialsystem $\mathfrak{G}$ interessierenden veränderlichen Konfiguration des mechanischen Verbands $\mathfrak{M}_n$, die durch $Q \in \mathfrak{J}_n$ repräsentiert wird, soll zunächst im Sinne des heuristischen Prinzips zu einem einfachen dynamischen Modell komplettiert werden, das weitestgehend der Dynamik des einzelnen Massenpunktes in der NEWTONschen Mechanik entspricht, wobei sich der Massenpunkt auf einer glatten, relativ zu einem Inertialsystem ruhenden Fläche unter der Einwirkung einer eingeprägten Kraft bewegt. Dem Modell kommt aber wegen $n > 1$ nur im Fall $n = 2$ $(\mathfrak{G}^{(k)} = \mathfrak{M}_2)$ eine direkte physikalische Bedeutung zu; für $3 \leqq n \leqq 15$ resultiert es aus der formalen Anwendung des NEWTONschen Bewegungsgesetzes (lex secunda) in abstrakten (RIEMANNschen) Räumen.

Man kann nämlich postulieren, daß die Beschleunigung (1320) der mit dem Punkt $Q \in \mathfrak{J}$ verhafteten Masse Eins von einer in Q angreifenden Kraft erteilt wird, die sich aus der eingeprägten Kraft $\vec{F}$ und der Zwangskraft $\vec{Z}$ zusammensetzt. Beide Vektoren werden in $Q \in \mathfrak{U}_n$ angetragen, und zwar so, daß $\vec{F}$ der Tangentialebene $\mathfrak{T}_n$ des Flächenstücks $\mathfrak{U}_n \subset \mathfrak{J}$ im Punkt Q angehört und $\vec{Z}$ orthogonal zu $\mathfrak{T}_n$ ist. Demnach ergeben sich unter Verwendung des in $\mathfrak{T}_n$ gelegenen lokalen affinen n-Beins $[Q;\vec{e}_1,\ldots,\vec{e}_n]$ oder des hierzu reziproken n-Beins $[Q;\vec{e}^1,\ldots,\vec{e}^n]$ und der Vektoren (1303) der Normalebene $\mathfrak{N}$ von $\mathfrak{U}_n$ in Q die Orthogonalitätsrelationen

$$(1399) \quad \vec{F} \cdot \vec{n}_{\beta\gamma} = 0 \,, \quad \vec{Z} \cdot \vec{e}_\alpha = 0 \,, \quad \vec{Z} \cdot \vec{e}^\alpha = 0 \,.$$

Gemäß der in der klassischen Mechanik üblichen Annahme, die, nebenbei bemerkt, nicht aus den NEWTONschen Axiomen folgt, bewirkt die Zwangskraft $\vec{Z}$ nur, daß der Massenpunkt Q auf dem Flächenstück $\mathfrak{U}_n$ verbleibt. Da Gleitreibung nicht in Betracht kommt, leistet also $\vec{Z}$

zur Bewegung von Q längs $\mathfrak{C} \cap \mathfrak{U}_n$ keinen Beitrag. Der heuristische Ansatz

$$(1400)\quad \frac{d\vec{p}}{dt} = \vec{F} + \vec{Z}$$

entspricht formal völlig der lex secunda. Wegen (1321) und (1399) gilt nun per definitionem

$$(1401)\quad \frac{Dp^{\alpha}}{dt}\,\vec{e}_{\alpha} = \frac{Dp_{\alpha}}{dt}\,\vec{e}^{\alpha} = \vec{F}$$

und

$$(1402)\quad p^{\beta}p^{\gamma}\vec{h}_{\beta\gamma} = \vec{Z}\ .$$

Die Beziehung (1401) läßt eine interne Interpretation zu, d.h., für ihre mechanische Deutung wird der Raum $\mathfrak{I}$ nicht benötigt; denn die Beschleunigungskomponente (1322) und die eingeprägte Kraft $\vec{F}$ sind vektorielle Größen des n-dimensionalen (EUKLIDschen) Tangentialraumes $\mathfrak{T}_n$ der (metrisierten) Mannigfaltigkeit $\mathfrak{I}_n$. Die auf $[Q;\vec{e}_1,\ldots,\vec{e}_n]$ bzw. $[Q;\vec{e}^1,\ldots,\vec{e}^n]$ bezogenen Koordinaten F^{α} bzw. F_{α} stellen ebenso wie die absoluten Differentiale Dp^{α} bzw. Dp_{α} im Punkt $Q \in \mathfrak{C} \subset \mathfrak{I}_n$ zur Zeit $t \in \mathfrak{i}$ erklärte kontra- bzw. kovariante Tensoren dar. Den beiden Komponentenzerlegungen

$$(1403)\quad \vec{F} = F^{\alpha}\vec{e}_{\alpha}\ ,\qquad \vec{F} = F_{\alpha}\vec{e}^{\alpha}$$

und den Gleichungen (1264)-(1266) werden die Formeln

$$(1404)\quad F^{\alpha} = g^{\alpha\beta}F_{\beta}\ ,\qquad F_{\alpha} = g_{\alpha\beta}F^{\beta}$$

entnommen. Aus (1401), (1228) und (1306) bzw. (1313) für $z^{\alpha} \equiv p_{\alpha}$ bzw. $z_{\alpha} \equiv p_{\alpha}$ folgt

$$(1405)\quad \dot{p}^{\alpha} = \Gamma^{\alpha}_{\beta\gamma}p^{\beta}p^{\gamma} = F^{\alpha}$$

bzw.

$$(1406)\quad \dot{p}_{\alpha} - \Gamma^{\beta}_{\gamma\alpha}p_{\beta}p^{\gamma} = F_{\alpha}\ .$$

Zwecks Umformung des letzteren Gleichungssystems überschiebt man (1405) beiderseits mit dem metrischen Tensor (1247), führt den nach t differenzierten Ausdruck (1260) für p_α in (1406) ein und erhält als Differenz der so modifizierten Relationen (1405) und (1406)

$$(1407)\quad (\Gamma_{\alpha\beta\gamma} - g_{\alpha\beta|\gamma})p^\beta p^\gamma + \Gamma^\beta_{\gamma\alpha} p_\beta p^\gamma = 0 .$$

Sie liefert unter Berücksichtigung von (1295), (1296) und der zu (1260) inversen Gleichungen

$$(1408)\quad p^\gamma = g^{\gamma\delta}(q^1(t),\ldots,q^n(t))p_\delta(t) , \quad t \in i ,$$

das Resultat

$$(1409)\quad \Gamma^\beta_{\gamma\alpha} p_\beta p^\gamma = \frac{1}{2} g_{\beta\gamma|\alpha} p^\beta p^\gamma = \frac{1}{2} g_{\beta\gamma|\alpha} g^{\gamma\delta} p^\beta p_\delta = - \frac{1}{2} g^{\gamma\delta}{}_{|\alpha} g_{\beta\gamma} p^\beta p_\delta$$
$$= - \frac{1}{2} g^{\gamma\delta}{}_{|\alpha} p_\gamma p_\delta ,$$

mittels dessen (1406) in

$$(1410)\quad \dot{p}_\alpha + \frac{1}{2} g^{\beta\gamma}{}_{|\alpha} p_\beta p_\gamma = F_\alpha$$

übergeht.

Für die heuristischen Bewegungsgleichungen des mit der Masse Eins behafteten Punktes $Q \in \mathfrak{I}_n$ haben sich die zwei verschiedenen Formulierungen (1405) und (1410) ergeben. Während die Herleitung von (1410) voraussetzt, daß $\mathfrak{I}_n$ ein RIEMANNscher Raum ist, kommen die Gleichungen (1405) bereits in einem (windungsfreien) affin zusammenhängenden Raum $\mathfrak{I}_n$ zustande. Wenn die 2n Größen q^α, p^α bzw. q^α, p_α in (1405) bzw. (1410) als voneinander unabhängige Funktionen der Zeit $t \in i$ aufgefaßt werden, dann sind die n Gleichungen (1405) bzw. (1410) schon im einfachsten Fall, daß die Kraftkoordinaten (1404) nur von q^α und p^α bzw. p_α abhängen, also

$$(1411)\quad F^\alpha = F^\alpha(q^1,\ldots,q^n,p^1,\ldots,p^n)$$

bzw.

$$(1412)\quad F_\alpha = F_\alpha(q^1,\ldots,q^n,p_1,\ldots,p_n)$$

gilt, unvollständig und deshalb durch (1228) bzw. (1408) mit $\dot{q}^\gamma$ statt p^γ zu ergänzen. Demnach ergibt sich die komplette Darstellung der heuristischen Bewegungsgleichungen zu

$$(1413)\quad \dot{q}^{\alpha} = p^{\alpha}, \quad \dot{p}^{\alpha} = F^{\alpha} - \Gamma^{\alpha}_{\beta\gamma}(q^1,\ldots,q^n)p^{\beta}p^{\gamma}$$

bzw.

$$(1414)\quad \dot{q}^{\alpha} = g^{\alpha\beta}(q^1,\ldots,q^n)p_{\beta}, \quad \dot{p}_{\alpha} = F_{\alpha} - \frac{1}{2}\, g^{\beta\gamma}{}_{|\alpha}(q^1,\ldots,q^n)p_{\beta}p_{\gamma}.$$

Im Fall (1411) bzw. (1412) ist (1413) bzw. (1414) ein System von 2n expliziten gewöhnlichen (nichtlinearen) Differentialgleichungen erster Ordnung für die 2n Funktionen $q^{\alpha}(t)$, $p^{\alpha}(t)$ bzw. $q^{\alpha}(t)$, $p_{\alpha}(t)$.

Wegen (1228) kann man (1405) sofort in die Form

$$(1415)\quad \ddot{q}^{\alpha} = F^{\alpha} - \Gamma^{\alpha}_{\beta\gamma}(q^1,\ldots,q^n)\dot{q}^{\beta}\dot{q}^{\gamma}$$

bringen. Einige der Kraftkoordinaten F^{α} hängen möglicherweise nicht nur von den n Veränderlichen q^{α} und deren Differentialquotienten $\dot{q}^{\alpha}$, sondern auch von höheren zeitlichen Ableitungen und wiederholten Integralen gewisser generalisierter Koordinaten ab. Trifft jedoch der einfachste Fall (1411) zu, wobei jetzt für die n Argumente p^{α} gemäß (1228) besser die Symbole $\dot{q}^{\alpha}$ verwendet werden, dann bilden die Bewegungsgleichungen des Massenpunktes $Q \in \mathfrak{J}_n$ ein System von n expliziten gewöhnlichen (nichtlinearen) Differentialgleichungen zweiter Ordnung für die n Funktionen $q^{\alpha}(t)$. Es würde dem in der schwingungstechnischen Literatur oft präsumierten „Äquivalenzsatz" (KAUDERER, 1958) entsprechen, in (1415) das formale Analogon zum NEWTONschen Bewegungsgesetz zu senen, d.h., von der Vorstellung auszugehen, daß $\ddot{q}^{\alpha}$ bzw. $F^{\alpha} - \Gamma^{\alpha}_{\beta\gamma}\dot{q}^{\beta}\dot{q}^{\gamma}$ kartesische Koordinaten der mit der Masse Eins multiplizierten Beschleunigung eines Punktes im n-dimensionalen EUKLIDschen Raum bzw. der die Beschleunigung des fiktiven Massenpunktes bewirkenden Kraft sind. Diese Interpretation kann jedoch eher irritieren als informieren (ULLMANN, 1970). Wenn (1210) kein affines Koordinatensystem des EUKLIDschen Raumes $\mathfrak{J}_n$ ist, verhält sich trotz des vektoriellen Charakters der gewöhnlichen Beschleunigung und der Kraft in der Mechanik des Massenpunktes weder $\ddot{q}^{\alpha}$ noch $F^{\alpha} - \Gamma^{\alpha}_{\beta\gamma}\dot{q}^{\beta}\dot{q}^{\gamma}$ wie ein kontravarianter Tensor (Vektor). Resultieren z.B. alle generalisierten Kräfte des untersuchten mechanischen Verbands $\mathfrak{M}_n$ (vorübergehend etwa bei der Justierung) aus einem Potential, so erweist sich ein dynamisches Modell von $\mathfrak{M}_n$ offenbar als ungeeignet, wo zu der den Massenpunkt Q mit den Koordinaten (1200) beschleunigenden Kraft eine Komponente beiträgt, deren kartesische Koordinaten die nicht sämtlich identisch verschwindenden in $\dot{q}^{\delta}$ quadratischen Formen $\Gamma^{\alpha}_{\beta\gamma}(q^1,\ldots,q^n)\dot{q}^{\beta}\dot{q}^{\gamma}$ sind.

Multipliziert man beide Seiten der Gleichung (1400) skalar mit der Geschwindigkeit $\vec{p}$, dann ergibt sich wegen (1244) und (1399)

(1416) $\frac{1}{2}\frac{d}{dt}|\vec{p}|^2 = \vec{F}\cdot\vec{p}$.

Die totale zeitliche Änderung der kinetischen Energie

(1417) $T = \frac{1}{2}|\vec{p}|^2$

des mit der Masse Eins behafteten Punktes Q ist also gleich dem von $\vec{p}$ und der eingeprägten Kraft $\vec{F}$ gebildeten skalaren Produkt:

(1418) $\dot{T} = \vec{F}\cdot\vec{p}$.

Unter Beachtung der Beziehung (1277) erhält man zunächst

(1419) $T = \frac{1}{2}\, g_{\alpha\beta}(q^1(t),\ldots,q^n(t))p^{\alpha}(t)p^{\beta}(t)$

und hinsichtlich (1271) für $\vec{z} \equiv \vec{p}$ bzw. $z^{\alpha} \equiv p^{\alpha}$, $z_{\alpha} \equiv p_{\alpha}$

(1420) $T = \frac{1}{2}\, g^{\alpha\beta}(q^1(t),\ldots,q^n(t))p_{\alpha}(t)p_{\beta}(t) = \frac{1}{2}\, p^{\alpha}(t)p_{\alpha}(t)$.

Die in diesen Darstellungen von T vorkommenden Funktionen (1226), (1228) und (1260) sind im Zeitintervall ι definiert, so daß hier T eine mittelbare Funktion von $t \in \iota$ ist. Die Bildung der zur Zeit t erklärten Invarianten T erfordert die Einführung eines metrischen Tensors (1247). Da das dynamische Modell des Verbands $\mathfrak{M}_n$ auch die kinetische Energie des Massenpunktes $Q \in \mathfrak{I}_n$ involvieren soll, steht nun endgültig fest, daß $\mathfrak{I}_n$ ein n-dimensionaler eigentlich RIEMANNscher Raum sein muß: ein nur affin zusammenhängender Raum $\mathfrak{I}_n$ würde notabene ein unzulängliches Modell von $\mathfrak{M}_n$ liefern. Der Tangentialraum $\mathfrak{T}_n$ von $\mathfrak{I}_n$, in dem u.a. die Vektoren $\vec{p}$ und $\vec{F}$ liegen, ist also ein eigentlich EUKLIDscher Raum. Aus (1270) folgt, wenn man $\vec{y} \equiv \vec{F}$, d.h. nach (1269) und (1403) $y^{\alpha} \equiv F^{\alpha}$, $y_{\alpha} \equiv F_{\alpha}$, und wieder $\vec{z} \equiv \vec{p}$, $z^{\alpha} \equiv p^{\alpha}$, $z_{\alpha} \equiv p_{\alpha}$ setzt,

(1421) $\vec{F}\cdot\vec{p} = g_{\alpha\beta}F^{\alpha}p^{\beta} = g^{\alpha\beta}F_{\alpha}p_{\beta} = F^{\alpha}p_{\alpha} = F_{\alpha}p^{\alpha}$.

Auf Grund von (1418)-(1421) ergibt sich insbesondere

(1422) $\frac{1}{2}\frac{d}{dt}(g_{\alpha\beta}p^{\alpha}p^{\beta}) = g_{\alpha\beta}F^{\alpha}p^{\beta} = F_{\alpha}p^{\alpha}$.

Bezüglich des Koordinatensystems (1210), dem übrigens die physikalische Bedeutung eines Inertialsystems zuerkannt wird, durchläuft der Massenpunkt Q zur Zeit $t \in i_{\varrho}$ das Kurvenstück $\mathfrak{K} \subseteq \mathfrak{C}$ mit der Geschwindigkeit (1246) und der Beschleunigung (1323); die Bewegungsgleichungen (1401) können jetzt in die Form

(1423) $Q \in \mathfrak{K} \subseteq \mathfrak{C}: \quad \ddot{s}\vec{t} + \dot{s}^2(\frac{D}{ds}\frac{dh^{\alpha}}{ds})\vec{e}_{\alpha} = \vec{F}$

gebracht werden. Die im Punkt $Q \in \mathfrak{K}$ angreifende Kraft $\vec{F}$ liegt in der zweiten Schmiegebene $\mathfrak{D}_2 \subseteq \mathfrak{I}_n$ von $\mathfrak{K}$, die unter der Bedingung $(\frac{D}{ds}\frac{dh^{\alpha}}{ds})\vec{e}_{\alpha} \neq \vec{0}$ existiert. Wegen (1324) und (1280) gilt stets

(1424) $\ddot{s} = \vec{F}\cdot\vec{t}$.

Demnach verschwindet die skalare Tangential- bzw. Bahnbeschleunigung $\ddot{s}$ von $Q \in \mathfrak{K}$ genau dann, wenn $\vec{F}$ gleich Null oder zur Tangente von $\mathfrak{K}$ in Q orthogonal ist. Der Vektor $\dot{s}^2(\frac{D}{ds}\frac{dh^{\alpha}}{ds})\vec{e}_{\alpha}$ repräsentiert die Normalbeschleunigung des Massenpunktes $Q \in \mathfrak{K}$, die von der Normalkomponente $\vec{F} - \vec{F}\cdot\vec{t}\vec{t}$ bewirkt wird:

(1425) $\dot{s}^2(\frac{D}{ds}\frac{dh^{\alpha}}{ds})\vec{e}_{\alpha} = \vec{F} - \vec{F}\cdot\vec{t}\vec{t}$.

Analog zur gewöhnlichen Kinematik eines Massenpunktes läßt sich der Betrag der betreffenden Normalbeschleunigung auch durch $\dot{s}^2\varkappa_1(s)$ ausdrücken, wobei

(1426) $\varkappa_1(s) = \left|\sqrt{g_{\alpha\beta}(h^1(s),\dots,h^n(s))[\frac{D}{ds}\frac{dh^{\alpha}(s)}{ds}][\frac{D}{ds}\frac{dh^{\beta}(s)}{ds}]}\right|$

die sogenannte erste Krümmung des Kurvenstücks $\mathfrak{K}$ in seinem Punkt Q bedeutet (RAŠEVSKIJ, 1959). Weil der Radikand eine positiv definite quadratische Form in $\frac{D}{ds}\frac{dh^{\alpha}}{ds}$ ist, besagt

(1427) $\varkappa_1(s) \equiv 0$

dasselbe wie (1328), nämlich, daß $\mathfrak{K} \subset \mathfrak{I}_n$ eine Geodätische ist. Der Punkt Q kann sich im Zeitintervall i_o aber nur dann längs einer Geodätischen $\mathfrak{K}$ bewegen, wenn die rechte Seite der Gleichung (1425) den

Nullvektor $\vec{0}$ bildet, d.h. die zur Zeit $t \in i_o$ in Q angreifende Kraft $\vec{F}$ entweder als Tangentialvektor von $\mathfrak{K}$ erscheint oder verschwindet. In letzterem Sonderfall muß nach (1235), (1424) und (1425) die skalare Bahngeschwindigkeit $\dot{s}$ positiv konstant sein. Übrigens folgt aus (1319), (1324) und (1426)

$$(1428)\quad [\varkappa_1(s)]^2 = - g_{\alpha\beta}(h^1(s),\ldots,h^n(s))[\frac{D^2}{ds^2}\frac{dh^\alpha(s)}{ds}]\frac{dh^\beta(s)}{ds} .$$

Speziell für $n = 2$ ist $(\frac{D^2}{ds^2}\frac{dh^\alpha}{ds})\vec{e}_\alpha$ von $(\frac{D}{ds}\frac{dh^\alpha}{ds})\vec{e}_\alpha$ und $\frac{dh^\alpha}{ds}\vec{e}_\alpha$ linear abhängig; die Relationen (1282), (1324) und (1428) verhelfen zu dem Ansatz

$$(1429)\quad \mathfrak{K} \subset \mathfrak{J}_2 :\quad \frac{D^2}{ds^2}\frac{dh^\alpha(s)}{ds} = k(s)\frac{D}{ds}\frac{dh^\alpha(s)}{ds} - [\varkappa_1(s)]^2\frac{dh^\alpha(s)}{ds} .$$

Er interessiert nur, wenn das Kurvenstück $\mathfrak{K} \subset \mathfrak{J}_2$ nicht verflacht, d.h. keine Geodätische, sondern vom Haupttyp ist. Um die Funktion $k(s)$ zu bestimmen, wird der Tensor (1429) mit $\frac{D}{ds}\frac{dh^\alpha}{ds}$ multipliziert und das Produkt mit dem metrischen Tensor (1247) überschoben. Unter Beachtung von (1324), (1426), (1319) und der Bedingung $\varkappa_1(s) > 0$ ergibt sich

$$(1430)\quad k(s) = \frac{d}{ds}\ln \varkappa_1(s) .$$

Schließlich soll noch darauf hingewiesen werden, daß man für die kinetische Energie des Massenpunktes $Q \in \mathfrak{K} \subseteq \mathfrak{C}$ wegen (1417) und (1281) die einfache Beziehung

$$(1431)\quad T = \frac{1}{2}\dot{s}^2$$

erhält.

Es ist nun zu zeigen, daß den nach dem heuristischen Prinzip konstruierten Bewegungsgleichungen des mit der Masse Eins behafteten Punktes $Q \in \mathfrak{J}_n$ auch eine direkte physikalische Bedeutung zukommt, indem sie zugleich die Bewegungen des mechanischen Verbands $\mathfrak{M}_n$ relativ zum Inertialsystem $\mathfrak{G}$ beschreiben, die aus dem D'ALEMBERTschen Prinzip bzw. den äquivalenten LAGRANGEschen Gleichungen

$$(1432)\quad (\frac{d}{dt}\frac{\partial}{\partial p^\alpha} - \frac{\partial}{\partial q^\alpha})E = Q_\alpha$$

resultieren. Bei deren Formulierung wird (1228) berücksichtigt. Die n Größen Q_α sind die zu den generalisierten Koordinaten (1200) gehörenden verallgemeinerten Kraftkomponenten des Verbands $\mathfrak{M}_n$, und E ist die auf $\mathfrak{S}$ bezogene kinetische Energie von $\mathfrak{M}_n$. Per definitionem gilt

$$(1433)\quad Q_\alpha = \sum_{\mathfrak{M}_n} X_i \varphi_{i|\alpha}$$

und

$$(1434)\quad E = \frac{1}{2} \sum_{\mathfrak{M}_n} \mu \dot{x}_i \dot{x}_i \ .$$

Im Fall $\mathfrak{M}_{15} = \mathfrak{V}^*$ hat man $E = E_{\mathfrak{V}*}$ und für $q^1(t) = u^1(t)$,..., $q^{15}(t) = u^{15}(t)$ des weiteren $Q_1 = U_1$,..., $Q_{15} = U_{15}$ zu setzen; dann sind die beiden Gleichungssysteme (1432) und (558) identisch.

in (1433) gehen die partiellen Ableitungen der Funktionen der Darstellung (1201) ein. Die $\mathfrak{S}$-Koordinaten x_i eines beliebigen Massenpunktes $P \in \mathfrak{M}_n$ können auch als dreimal stetig differenzierbare Funktionen der n Variablen (1202) dargestellt werden. Anhand von (1201) und der Koordinatentransformation (1204) ergibt sich

$$(1435)\quad P \in \mathfrak{M}_n : \quad x_i = \varphi_i(\bar{g}^1(\bar{q}^1,\ldots,\bar{q}^n),\ldots,\bar{g}^n(\bar{q}^1,\ldots,\bar{q}^n))$$
$$= \bar{\varphi}_i(\bar{q}^1,\ldots,\bar{q}^n) \ ,$$

also mit $\bar{\varphi}_{i\alpha} \equiv \dfrac{\partial \bar{\varphi}_i}{\partial \bar{q}^\alpha}$ speziell

$$(1436)\quad \bar{\varphi}_{i|\alpha} = \frac{\partial q^\beta}{\partial \bar{q}^\alpha} \varphi_{i|\beta} \ .$$

Folglich bestehen zwischen (1433) und den zu (1202) gehörenden verallgemeinerten Kraftkomponenten

$$(1437)\quad \bar{Q}_\alpha = \sum_{\mathfrak{M}_n} X_i \bar{\varphi}_{i|\alpha}$$

die Relationen

$$(1438)\quad \bar{Q}_\alpha = \frac{\partial q^\beta}{\partial \bar{q}^\alpha} Q_\beta \ .$$

Sie lassen im Hinblick auf (1225) erkennen, daß sich die zur Zeit $t \in \mathfrak{i}$ im Punkt $Q \in \mathfrak{C} \subset \mathfrak{J}_n$ erklärten generalisierten Kraftkoordinaten (1433) wie ein einfach kovarianter Tensor transformieren.

Es werden die zweimal stetig differenzierbaren Funktionen

$$(1439)\quad f_{\alpha\beta} = \sum_{\mathfrak{M}_n} \mu\varphi_{i|\alpha}\varphi_{i|\beta}\ , \quad f_{\alpha\beta} = f_{\alpha\beta}(q^1,\dots,q^n)\ , \quad q^\delta \in \mathfrak{i}^\delta\ ,$$

bzw.

$$(1440)\quad \bar{f}_{\alpha\beta} = \sum_{\mathfrak{M}_n} \mu\bar{\varphi}_{i|\alpha}\bar{\varphi}_{i|\beta}\ , \quad \bar{f}_{\alpha\beta} = \bar{f}_{\alpha\beta}(\bar{q}^1,\dots,\bar{q}^n)\ , \quad \bar{q}^\delta \in \bar{\mathfrak{i}}^\delta\ ,$$

eingeführt. Unter Verwendung von (1436) kann man die Beziehungen

$$(1441)\quad \bar{f}_{\alpha\beta} = \frac{\partial q^\gamma}{\partial \bar{q}^\alpha}\frac{\partial q^\delta}{\partial \bar{q}^\beta} f_{\gamma\delta}$$

herstellen. Sie entsprechen gemäß (1248) dem Transformationsgesetz eines in $Q \in \mathfrak{J}_n$ definierten zweifach kovarianten Tensors. Offensichtlich ist $f_{\alpha\beta}$ symmetrisch:

$$(1442)\quad f_{\alpha\beta} = f_{\beta\alpha}\ .$$

Für $n = 15$ und $q^1(t) = u^1(t)\ ,\dots,\ q^{15}(t) = u^{15}(t)$ liefert der Vergleich von (1439) mit (377) sofort $\|f_{\alpha\beta}\| = \|w_{AB}\|$. Aus (1201), (1226) und (1228) resultiert

$$(1443)\quad \dot{x}_i = \varphi_{i|\alpha}p^\alpha\ .$$

In Anbetracht dessen und von (1439) nimmt (1434) die Gestalt

$$(1444)\quad E = \frac{1}{2} f_{\alpha\beta}(q^1,\dots,q^n)p^\alpha p^\beta$$

an. Demnach wird die kinetische Energie des mechanischen Verbands $\mathfrak{M}_n$ durch eine homogene quadratische Form in den generalisierten Geschwindigkeiten (1228) ausgedrückt. Wegen

$$(1445)\quad E \gtreqless 0 \quad \longleftrightarrow \quad \sum_\alpha |p^\alpha| \gtreqless 0$$

ist diese Form positiv definit. Die hierfür notwendigen und hinreichenden Bedingungen

$$(1446)\quad f_{11} > 0\ , \qquad \begin{vmatrix} f_{11} & f_{12} \\ f_{21} & f_{22} \end{vmatrix} > 0\ ,\ldots,\qquad \det(f_{\alpha\beta}) > 0$$

(Satz von SYLVESTER) gewährleisten insbesondere die Existenz der zu $\|f_{\alpha\beta}\|$ inversen Matrix, deren Elemente die zweimal stetig differenzierbaren Funktionen

$$(1447)\quad f^{\alpha\beta} = f^{\alpha\beta}(q^1,\ldots,q^n)\ , \qquad q^\delta \in i^\delta\ , \qquad f^{\alpha\beta} = f^{\beta\alpha}\ ,$$

sind. Sie bilden mit den Tensorkoordinaten (1439) die Orthogonalitätsrelationen

$$(1448)\quad f^{\alpha\gamma} f_{\gamma\beta} = \delta^\alpha_\beta$$

und demgemäß einen in $Q \in \mathfrak{I}_n$ definierten zweifach kontravarianten symmetrischen Tensor. Aus (1446) und (1448) folgt

$$(1449)\quad \det(f^{\alpha\beta}) = \frac{1}{\det(f_{\alpha\beta})} > 0\ .$$

Unter Beachtung von (1444), (1226), (1228) und (1442) ergibt die Entwicklung der linken Seiten der Bewegungsgleichungen (1432)

$$(1450)\quad \left(\frac{d}{dt}\frac{\partial}{\partial p^\alpha} - \frac{\partial}{\partial q^\alpha}\right)E = \frac{d}{dt}(f_{\alpha\beta}p^\beta) - \frac{1}{2} f_{\beta\gamma|\alpha}p^\beta p^\gamma$$

$$= f_{\alpha\beta}\dot{p}^\beta + \frac{1}{2}(f_{\alpha\beta|\gamma} + f_{\gamma\alpha|\beta} - f_{\beta\gamma|\alpha})p^\beta p^\gamma\ ,$$

also, wenn man analog zu (383) oder (1295) die Substitutionen

$$(1451)\quad \Phi_{\alpha\beta\gamma} = \frac{1}{2}(f_{\alpha\beta|\gamma} + f_{\gamma\alpha|\beta} - f_{\beta\gamma|\alpha})$$

vornimmt,

$$(1452)\quad \left(\frac{d}{dt}\frac{\partial}{\partial p^\alpha} - \frac{\partial}{\partial q^\alpha}\right)E = f_{\alpha\beta}\dot{p}^\beta + \Phi_{\alpha\beta\gamma}p^\beta p^\gamma\ .$$

Die Funktionen (CHRISTOFFELsche Symbole erster Art)

$$(1453)\quad \Phi_{\alpha\beta\gamma} = \Phi_{\alpha\beta\gamma}(q^1,\ldots,q^n)\ , \qquad q^\delta \in i^\delta\ , \qquad \Phi_{\alpha\beta\gamma} = \Phi_{\alpha\gamma\beta}\ ,$$

sind einmal stetig differenzierbar und liefern notabene keinen Tensor. Dasselbe ist von den Funktionen (CHRISTOFFELsche Symbole zweiter Art)

(1454) $\Phi^{\alpha}_{\beta\gamma} = \Phi^{\alpha}_{\beta\gamma}(q^1,\ldots,q^n)\ , \quad q^\delta \in i^\delta\ ,$

zu sagen, die mittels (1447) und (1453) durch die Beziehungen

(1455) $\Phi^{\alpha}_{\beta\gamma} = f^{\alpha\delta}\Phi_{\delta\beta\gamma}\ , \quad \Phi^{\alpha}_{\beta\gamma} = \Phi^{\alpha}_{\gamma\beta}\ ,$

erklärt werden. Wegen (1452), (1448) und (1454) kann man die Gleichungen (1432) in

(1456) $\dot{p}^\alpha + \Phi^{\alpha}_{\beta\gamma}p^\beta p^\gamma = f^{\alpha\beta}Q_\beta$

umformen.

Da der zwar als vorgegeben zu betrachtende, aber noch nicht physikalisch konkretisierte Tensor (1247) die RIEMANNsche Metrik der elementaren Mannigfaltigkeit $\mathfrak{J}_n$ bestimmt und die Operation des Hebens und Senkens der Indizes eines Tensors auf seiner Überschiebung mit dem metrischen Tensor (1247) basiert, wäre es inkonsequent, für die n homogenen Linearformen $f^{\alpha\beta}Q_\beta$ in den generalisierten Kraftkoordinaten (1433) die n Symbole Q^α zu verwenden. Man muß vielmehr folgerichtig

(1457) $Q^\alpha = g^{\alpha\beta}Q_\beta$

setzen. Nun verfügen jedoch die Funktionen (1439) über die in (1441), (1442) und (1446) zusammengestellten Eigenschaften, die den kovarianten metrischen Tensor eines n-dimensionalen eigentlich RIEMANNschen Raumes charakterisieren, so daß die Identifikation von (1439) und (1247) naheliegt. Das Postulat

(1458) $g_{\alpha\beta}(q^1,\ldots,q^n) = f_{\alpha\beta}(q^1,\ldots,q^n)\ , \quad q^\delta \in i^\delta\ ,$

involviert

(1459) $g^{\alpha\beta}(q^1,\ldots,q^n) = f^{\alpha\beta}(q^1,\ldots,q^n)\ , \quad q^\delta \in i^\delta\ ,$

und im Hinblick auf (1451), (1455) und (1295), (1296)

(1460) $\Gamma_{\alpha\beta\gamma} = \Phi_{\alpha\beta\gamma}(q^1,\ldots,q^n)\ , \quad \Gamma^{\alpha}_{\beta\gamma} = \Phi^{\alpha}_{\beta\gamma}(q^1,\ldots,q^n)\ , \quad q^\delta \in i^\delta\ .$

Demnach gehen die Bewegungsgleichungen (1456) des mechanischen Verbands $\mathfrak{M}_n \subseteq \mathfrak{B}^*$ unter Berücksichtigung von (1457) in

(1461) $\dot{p}^\alpha + \Gamma^{\alpha}_{\beta\gamma}p^\beta p^\gamma = Q^\alpha$

über, und man muß hinsichtlich (1405)

(1462) $F^{\alpha} \equiv Q^{\alpha}$

annehmen, um ihre vollständige Übereinstimmung mit den heuristischen Bewegungsgleichungen des fiktiven Massenpunktes $Q \in \mathfrak{J}_n$ herzustellen. Die Umkehrung dieser Betrachtung setzt (1462) oder wegen (1404) und (1457)

(1463) $F_{\alpha} \equiv Q_{\alpha}$

voraus. Die Überschiebung von (1432) mit p^{α} liefert, indem die Formeln (1452), (1451), (1228) und (1463) beachtet werden, den Energiesatz

(1464) $f_{\alpha\beta}p^{\alpha}\dot{p}^{\beta} + \frac{1}{2}\dot{f}_{\alpha\beta}p^{\alpha}p^{\beta} = \frac{1}{2}\frac{d}{dt}(f_{\alpha\beta}p^{\alpha}p^{\beta}) = Q_{\alpha}p^{\alpha}$.

Da zugleich (1422) und (1463) gilt, führt er zu der Bedingung

(1465) $\frac{d}{dt}[(g_{\alpha\beta} - f_{\alpha\beta})p^{\alpha}p^{\beta}] = 0$,

die nur erfüllt ist, falls die konstante quadratische Form $(g_{\alpha\beta} - f_{\alpha\beta})p^{\alpha}p^{\beta}$ selbst identisch verschwindet, d.h. das Postulat (1458) akzeptiert wird. Die Annahmen (1458) und (1463) sind also äquivalent, und das hieraus resultierende einfache dynamische Modell für den untersuchten Verband $\mathfrak{M}_n$ ist offensichtlich sehr informativ. Auf Grund von (1458) und (1444), (1420) ergibt sich übrigens

(1466) $T \equiv E$.

Im Zeitintervall i_o durchläuft der Punkt $Q \in \mathfrak{J}_n$ genau dann eine Geodätische $\mathfrak{K} \subseteq \mathfrak{C}$, wenn die in Q angreifende Kraft

(1467) $\vec{F} = Q_{\alpha}\vec{e}^{\alpha}$

entweder zu jeder Zeit $t \in i_o$ verschwindet oder, was allein interessiert, ein Tangentialvektor von $\mathfrak{K}$ im Punkt Q ist, so daß die Darstellung

(1468) $\vec{F} = \vec{F}\cdot\vec{t}\vec{t}$

in Betracht kommt. Sie verhilft anhand von (1466), (1431) und (1246) zu

(1469) $E\,\vec{F} = \frac{1}{2}\,\vec{F}\cdot\vec{p}\vec{p}$.

Daraus folgt mit (1467), (1421), (1244) und (1262), (1265)

(1470) $E\,Q_\alpha = \frac{1}{2}\,Q_\beta p^\beta p^\gamma g_{\gamma\alpha}$

und schließlich wegen (1445)

(1471) $\sum\limits_\alpha |p^\alpha| > 0 : \quad Q_\alpha = \frac{1}{2E}\,Q_\beta p^\beta p^\gamma g_{\gamma\alpha}$.

Die generalisierten Kraftkoordinaten (1433) müßten demnach sämtlich in den verallgemeinerten Geschwindigkeiten (1228) quadratisch sein, was jedoch ebenso wie $Q_\alpha \equiv 0$ nicht anzunehmen ist.

Das Postulat (1458) kann trotz seiner evidenten Nützlichkeit nicht als conditio sine qua non für ein dem mechanischen Verband $\mathfrak{M}_n$ optimal angepaßtes einfaches dynamisches Modell erachtet werden. Da die Funktionen (1439) alle Eigenschaften eines kovarianten metrischen Tensors aufweisen, wird der elementaren Mannigfaltigkeit $\mathfrak{I}_n$ neben der durch (1247) definierten primären RIEMANNschen Metrik infolge von (1439) eine sekundäre, im allgemeinen andersartige Metrik aufgeprägt. Die entsprechenden, notabene in derselben Mannigfaltigkeit $\mathfrak{I}_n$ interpretierten RIEMANNschen Räume können sich wesentlich voneinander unterscheiden. Sie müssen sich aber, weil eine optimale Anpassung des heuristischen Modells an den Verband erzielt werden soll, umkehrbar eindeutig aufeinander abbilden lassen. Unter diesem Aspekt bedeutet (1458) die identische isometrische Abbildung. Davon unterscheidet sich eine konforme Abbildung nur wenig, die eine infinitesimale Ähnlichkeit der beiden Räume (unter Vernachlässigung von unendlich kleinen Größen zweiter Ordnung) bewirkt und durch die zwischen den Tensoren (1247) und (1439) bestehende Beziehung

(1472) $g_{\alpha\beta}(q^1,\ldots,q^n) = e^{u(q^1,\ldots,q^n)} f_{\alpha\beta}(q^1,\ldots,q^n)$, $\quad q^\delta \in i^\delta$,

charakterisiert wird. Die noch näher zu bestimmende Funktion

(1473) $u = u(q^1,\ldots,q^n)$, $\quad q^\delta = i^\delta$,

möge dreimal stetig differenzierbar sein.

Aus (1254), (1256), (1442), (1448) und (1472) folgt

(1474) $(g_{\alpha\beta} - e^u f_{\alpha\beta}) g^{\beta\gamma} f^{\alpha\delta} = f^{\gamma\delta} - e^u g^{\gamma\delta} = 0$,

(1475) $g^{\alpha\beta} = e^{-u} f^{\alpha\beta}$.

Den Gleichungen (1420), (1444) und (1472) entnimmt man

(1476) $T = e^u E$.

Wegen (1295), (1453) und (1472), (1473) gilt

(1477) $\Gamma_{\alpha\beta\gamma} = e^u[\Phi_{\alpha\beta\gamma} + \frac{1}{2}(f_{\alpha\beta}u_{|\gamma} + f_{\gamma\alpha}u_{|\beta} - f_{\beta\gamma}u_{|\alpha})]$,

also auf Grund von (1296), (1455), (1448) und (1475)

(1478) $\Gamma^{\alpha}_{\beta\gamma} = \Phi^{\alpha}_{\beta\gamma} + \frac{1}{2}(\delta^{\alpha}_{\beta}u_{|\gamma} + \delta^{\alpha}_{\gamma}u_{|\beta} - f_{\beta\gamma}f^{\alpha\delta}u_{|\delta})$.

Damit gelangt man unter Berücksichtigung von (1228) und (1444) zu

(1479) $\Gamma^{\alpha}_{\beta\gamma}p^{\beta}p^{\gamma} = \Phi^{\alpha}_{\beta\gamma}p^{\beta}p^{\gamma} + \dot{u}p^{\alpha} - Ef^{\alpha\beta}u_{|\beta}$.

Diese Beziehungen ergeben in Anbetracht der Gleichungssysteme (1405) und (1456)

(1480) $F^{\alpha} = \dot{u}p^{\alpha} + f^{\alpha\beta}(Q_{\beta} - Eu_{|\beta})$

oder, wenn zuerst (1475) beachtet und hinterher der Index α gesenkt wird ($g_{\alpha}{}^{\beta} = \delta^{\beta}_{\alpha}$),

(1481) $F_{\alpha} = \dot{u}p_{\alpha} + e^u(Q_{\alpha} - Eu_{|\alpha})$.

In der Zerlegung der n generalisierten Kraftkoordinaten (1433)

(1482) $Q_{\alpha} = - \Phi_{|\alpha} + R_{\alpha}$

erscheinen explizite die n partiellen Ableitungen des zweimal stetig differenzierbaren zugeordneten Potentials des Verbands $\mathfrak{M}_n$

(1483) $\Phi = \Phi(q^1,\dots,q^n)$, $q^{\delta} \in \iota^{\delta}$,

und die n potentialfreien Anteile R_{α} von (1433). Im Fall $n = 15$ bekommt man $\Phi = U$ und für $q^1 = u^1$,..., $q^{15} = u^{15}$ hinsichtlich (1021) des weiteren $\Phi_{|1} = U_{|1}$,..., $\Phi_{|15} = U_{|15}$ und $R_1 = V_1$,..., $R_{15} = V_{15}$. Wegen (1228), (1444) und (1482) läßt sich der Energiesatz (1466) in die Gestalt

(1484) $\frac{d}{dt}(E + \Phi) = R_{\alpha}p^{\alpha}$

bringen. Sie gibt zu erkennen, daß zur Zeit $t \in \iota$ die Energie $E + \Phi$ genau dann dissipiert wird, wenn die im Punkt $Q \in \mathfrak{X}_n$ angetragenen Vektoren $R_\alpha \vec{e}^\alpha$ und (1244) einen stumpfen Winkel einschließen.

Die Konstante H_o bezeichnet das absolute Maximum der Energie $E + \Phi$ im Zeitintervall i_o. Möglicherweise nimmt die in diesem Intervall betrachtete Energie $E + \Phi$ den Wert H_o als obere Grenze auf dem Rand von i_o an. Jedenfalls gilt

$$(1485) \quad t \in i_o : \quad E + \Phi \leqq H_o = \text{const} .$$

Findet z.B. im Zeitintervall i eine Energiedissipation statt ($R_\alpha p^\alpha \leqq 0$), so ergibt sich per definitionem von H_o und nach (1444), (1483)-(1485), (1227), (1229), (1231)

$$(1486) \quad H_o = \frac{1}{2} g_{\alpha\beta}(q_o^1,\dots,q_o^n)p_o^\alpha p_o^\beta + \Phi(q_o^1,\dots,q_o^n) .$$

Speziell für $R_\alpha p^\alpha \equiv 0$ ist der untersuchte mechanische Verband $\mathfrak{M}_n$ konservativ. Dann folgt aus (1484), (1485), (1231) und der Bedeutung von H_o

$$(1487) \quad R_\alpha p^\alpha \equiv 0 \quad \longleftrightarrow \quad E + \Phi = H_o .$$

Die Zerlegung (1482) und die Einführung der Konstanten H_o ermöglichen die identische Umformung der Gleichungen (1481) in

$$(1488) \quad F_\alpha = \dot{u}p_\alpha + e^u[(H_o - E - \Phi)u_{|\alpha} + R_\alpha] + e^{2u}\left(\frac{H_o - \Phi}{e^u}\right)_{|\alpha} .$$

Anstelle von (1235) soll nun die strengere Bedingung

$$(1489) \quad \dot{s} > 0$$

erfüllt sein; d.h., der sich längs eines Kurvenstücks $\mathfrak{K} \subseteq \mathfrak{C}$ bewegende Punkt $Q \in \mathfrak{I}_n$ darf zu keiner Zeit $t \in i_o$ in momentaner Ruhe verharren. Die in (1489) geforderte strenge Monotonie der Positivfunktion (1223) bedeutet außerdem, daß auch $t \in i_o$ als Kurvenparameter von $\mathfrak{K} \subseteq \mathfrak{C}$ in Betracht kommt. Für die kinetische Energie E des Verbands $\mathfrak{M}_n$ im Zeitintervall i_o verschafft man sich anhand von (1431) und (1476) die Darstellung

$$(1490) \quad t \in i_o : \quad E = \frac{1}{2} e^{-u} \dot{s}^2 .$$

Auf Grund von (1489) ist die logarithmische Ableitung

$$(1491) \quad \frac{\dot{E}}{E} = - \dot{u} + 2 \frac{\ddot{s}}{\dot{s}}$$

im ganzen Intervall i_o definiert. Die mit (1489) garantierte Positivität der kinetischen Energie (1490) verhilft unter Beachtung von (1485), (1483) und (1219) zu der Ungleichung

(1492) $Q \in \mathfrak{K} \subseteq \mathfrak{C}: \quad H_o - \Phi > 0 .$

Die Beziehungen (1488) interessieren jetzt nur bezüglich des Zeitintervalls $i_o \subseteq i$ bzw. für den Fall, daß der fiktive Massenpunkt Q unter der Einwirkung der Kraft (1403) ein Kurvenstück $\mathfrak{K} \subseteq \mathfrak{C}$ durchläuft.

Es empfiehlt sich, die in (1488) enthaltene Funktion (1473) nach der Vorschrift

(1493) $\frac{H_o - \Phi}{e^u} = \varepsilon_o^{-1} = \text{const}$

zu bestimmen. Die Konstante ε_o ist wegen (1492) positiv, aber sonst beliebig wählbar. Damit erhält man

(1494) $e^u = \varepsilon_o(H_o - \Phi)$

oder

(1495) $u = \ln\varepsilon_o + \ln(H_o - \Phi) ,$

(1496) $u_{|\alpha} = -\frac{\Phi_{|\alpha}}{H_o - \Phi} , \qquad \dot{u} = -\frac{\dot{\Phi}}{H_o - \Phi}$

und in Anbetracht dessen statt (1488)

(1497) $Q \in \mathfrak{K} \subseteq \mathfrak{C}: \quad F_\alpha = -\frac{\dot{\Phi}}{H_o-\Phi}p_\alpha - \varepsilon_o[(H_o-E-\Phi)\Phi_{|\alpha} - (H_o-\Phi)R_\alpha] .$

Die Formeln (1491) und (1496) ergeben

(1498) $\frac{\ddot{s}}{\dot{s}} = \frac{1}{2}(\frac{\dot{E}}{E} - \frac{\dot{\Phi}}{H_o - \Phi}) .$

Im Spezialfall $R_\alpha p^\alpha \equiv 0$ vereinfacht sich diese Beziehung im Hinblick auf (1484) und (1487) zu

(1499) $\frac{\ddot{s}}{\dot{s}} = -\frac{\dot{\Phi}}{H_o - \Phi} .$

Gestatten besondere Untersuchungen des mechanischen Verbands $\mathfrak{M}_n$ (z.B. während seiner Justierung) die Annahme

(1500) $R_\alpha \equiv 0$,

d.h., daß sämtliche eingeprägten Kräfte von $\mathfrak{M}_n$ aus einem Potential resultieren und daher $\mathfrak{M}_n$ konservativ ist, dann reduzieren sich die Gleichungen (1497) unter Berücksichtigung von (1487) und (1499) auf

(1501) $F_\alpha = \frac{\ddot{s}}{\dot{s}} p_\alpha$

oder, indem man den Index α wieder hebt und (1244), (1246) sowie (1403) beachtet,

(1502) $\vec{F} = \ddot{s}\vec{t}$.

Diese vektorielle Bewegungsgleichung des Massenpunktes $Q \in \mathfrak{K} \subseteq \mathfrak{C}$ gilt nach (1423) genau dann, wenn die Funktionen (1219) die Differentialgleichungen (1328) befriedigen. Sie sind notwendig und hinreichend dafür, daß das Kurvenstück $\mathfrak{K} \subset \mathfrak{I}_n$ eine Geodätische ist.

Der Ansatz (1472) liefert also ein neues brauchbares einfaches dynamisches Modell des Verbands $\mathfrak{M}_n$. Die Metrik des RIEMANNschen Raumes $\mathfrak{I}_n$ bestimmt gemäß (1472) und (1494) der Tensor

(1503) $g_{\alpha\beta}(q^1,\ldots,q^n) = \varepsilon_o[H_o - \Phi(q^1,\ldots,q^n)]f_{\alpha\beta}(q^1,\ldots,q^n)$.

Hierzu werden neben den Funktionen (1439) das in $\mathfrak{I}_n$ erklärte Skalarfeld (1483) und zwei Konstanten H_o und $\varepsilon_o > 0$ verwendet. Während ε_o keiner weiteren Bedingung unterliegt und daher insbesondere eine sehr kleine Zahl sein darf, muß

(1504) $H_o - \Phi(q^1,\ldots,q^n) > 0$, $q^\delta \in i^\delta$.

vorausgesetzt werden, um Singularitäten der Metrik von $\mathfrak{I}_n$ zu vermeiden. Das zugeordnete Potential (1483) ist beschränkt und deshalb H_o entsprechend (1504) vorgebbar. Diese Bedeutung der Konstanten H_o, nämlich eine obere Schranke der Funktion (1483) zu sein, kann aber der bisherigen und weiterhin verbindlichen Definition von H_o widersprechen, die sich auf das Zeitintervall i_o bezieht, in dem der Punkt Q das Kurvenstück $\mathfrak{K} \subset \mathfrak{I}_n$ durchläuft, so daß mit (1503) möglicherweise nur dem Inneren einer n-dimensionalen „Röhre" $\mathfrak{K}_n \subseteq \mathfrak{I}_n$, die das Kurvenstück $\mathfrak{K}$ eng umhüllt, eine reguläre RIEMANNsche Metrik aufgeprägt wird. Wenn die potentialfreien generalisierten Kraftkomponenten Q_α lediglich von den Variablen q^α und p^α abhängen, legen bereits die 2n Anfangswerte (1227), (129) und die Bedingung (1489)

Das Kurvenstück $\mathfrak{K} \subseteq \mathfrak{C}$ bzw. die obere Grenze des Zeitintervalls $i_o \subseteq i$ eindeutig fest. Übrigens darf man vermuten, daß in praxi meistens $\mathfrak{K} = \mathfrak{C}$ bzw. $i_o = i$ gilt. Jedenfalls basiert der so konstruierte, die Teilmannigfaltigkeit $\mathfrak{K}_n \subseteq \mathfrak{J}_n$ metrisierende Tensor (1503) auf (1489) und gewissen notwendigen, dem Punkt $Q_o \in \mathfrak{J}_n$ zugeordneten Anfangswerten einer speziellen Lösung des Gleichungssystems (1413) bzw. (1456); letzteres ist, nebenbei bemerkt, durch $\dot{q}^\alpha = p^\alpha$ zu vervollständigen.

Daß der Tensor (1503) eventuell nur einer echten Teilmannigfaltigkeit von $\mathfrak{J}_n$ eine eigentlich EUKLIDsche Metrik aufprägt, bewirkt keine wesentliche Modifikation der Betrachtungen. Faktisch interessieren stets die in einem vorgegebenen Zeitintervall i stattfindenden kinematischen und dynamischen Vorgänge im untersuchten autonomen mechanischen Verband $\mathfrak{M}_n$, wozu man jedoch gar nicht die gesamte Mannigfaltigkeit $\mathfrak{J}_n$ benötigt, sondern immer nur eine „schmale" n-dimensionale Umgebung des Weges $\mathfrak{C} \subset \mathfrak{J}_n$, den der Punkt $Q \in \mathfrak{J}_n$ in dem Zeitintervall i zurücklegt und der notabene den Anfangsbedingungen der Bewegung von Q eindeutig zugeordnet ist. Diese Umgebung muß mit einer eigentlich EUKLIDschen Metrik versehen werden, weil sonst die kinetische Energie (1431) nicht definiert wäre. Besagte Anfangsbedingungen entscheiden also zugleich, welche Teilmannigfaltigkeit von $\mathfrak{J}_n$ metrisiert wird. Bei der isometrischen Abbildung (1458) ist $\mathfrak{J}_n$ ein eigentlich RIEMANNscher Raum. Die konforme Abbildung (1503) hingegen versieht möglicherweise lediglich die Mannigfaltigkeit $\mathfrak{K}_n$ mit einer regulären Metrik in dem eventuell kürzeren Zeitintervall i_o. Aber auch in jedem Punkt $Q \in \mathfrak{J}_n$ außerhalb von $\mathfrak{K}_n$, in dem $\Phi(q^1,\ldots,q^n) \neq H_o$ gilt, definieren die Größen $\Gamma^\alpha_{\beta\gamma}$ ein Objekt des Zusammenhangs, da sie sich, wie man leicht bestätigt findet, gemäß dem Gesetz (1331) transformieren, so daß $\mathfrak{J}_n$ selbst in diesem Fall wenigstens partial ein affin zusammenhängender Raum ohne Windung ist.

Die Darstellung (1497) zeigt, daß die Abweichung der Richtung der in $Q \in \mathfrak{K}$ angreifenden Kraft (1403) von der zugehörigen Tangente um so geringer ist, je kleiner die positive Konstante ε_o gewählt wird. Bei besonders schwachen potentialfreien Anteilen von (1403), d.h. für sehr kleine Beträge von $R_1,\ldots,R_n$, unterscheidet sich das betreffende Kurvenstück $\mathfrak{K}$ der Mannigfaltigkeit $\mathfrak{J}_n$ nur geringfügig von einer Geodätischen, wenn H_o das absolute Maximum bzw. die obere

Grenze der Energie $E + \Phi$ im Zeitintervall i_o bzw. auf dem Rande von i_o repräsentiert. Unter der Bedingung (1500) ist dann $\mathfrak{R}$ eine Geodätische, und zwar unabhängig von der Wahl der Konstanten ε_o. Dieses Resultat entspricht im wesentlichen der JACOBIschen Form des Prinzips der kleinsten Wirkung (BUDÓ, 1956). Um festzustellen, ob die durch den Tensor (1503) metrisierte Mannigfaltigkeit $\mathfrak{R}_n \subset \mathfrak{I}_n$ speziell ein n-dimensionaler EUKLIDscher Raum ist, empfiehlt es sich, den Krümmungstensor (1369) zu bilden, dessen Verschwinden in allen Punkten des Raumes $\mathfrak{R}_n$ den EUKLIDschen Charakter von $\mathfrak{R}_n$ beweist. Dann bewegt sich der Punkt Q im Zeitintervall i_o, falls (1500) zutrifft, auf einer Strecke (ohne Endpunkte) etwa parallel zu einer Achse eines n-dimensionalen kartesischen Koordinatensystems; diese Bewegung wird von einer einzigen (Differential-) Gleichung beschrieben. Im allgemeinen ist die Bedingung (1500) nicht erfüllt, so daß die n-1 Krümmungen $\varkappa_1(s),\ldots,\varkappa_{n-1}(s)$ des von Q durchlaufenen Kurvenstücks $\mathfrak{R}$ (RAŠEVSKIJ, 1959) mehr oder weniger von Null verschieden sind.

Wenn schon die isometrische Abbildung (1458) zum EUKLIDschen Raum $\mathfrak{I}_n$ verhilft, kann eine konforme Abbildung (1472) nicht vorteilhafter sein. Generell ist jedoch $\mathfrak{I}_n$ mit dem sekundären metrischen Tensor (1439) kein EUKLIDscher Raum. Dann liegt der Versuch nahe, über eine konforme Abbildung (1472), wobei der Funktion (1473) die Darstellung (1495) nicht vorgeschrieben wird, einen primären metrischen Tensor (1247) zu gewinnen, der die Mannigfaltigkeit $\mathfrak{U}_n \subseteq \mathfrak{I}_n$ als EUKLIDschen Raum auszeichnet. Auf einen EUKLIDschen Raum konform abbildbare RIEMANNsche Räume heißen konform EUKLIDsche Räume. Bevor ein notwendiges und hinreichendes Kriterium dafür, daß die von (1439) bewirkte sekundäre Metrik einen konform EUKLIDschen Raum $\mathfrak{U}_n$ ergibt, geliefert wird, soll der seismometrisch wichtige Fall $n = 2$ ($\mathfrak{G}^{(k)} = \mathfrak{M}_2$) unter diesem Aspekt diskutiert werden. Einem Beweis in der differentialgeometrischen Theorie der gewöhnlichen Flächenstücke zufolge existiert immer ein isothermes Koordinatensystem in der Mannigfaltigkeit $\mathfrak{U}_2 \subseteq \mathfrak{I}_2$, das dem Punkt $Q \in \mathfrak{U}_2$ die Koordinaten q^1, q^2 umkehrbar eindeutig zuordnet und, wenn man (1394) beachtet, durch

$$(1505) \quad Q \in \mathfrak{U}_2 : \quad g_{\alpha\beta} = G\delta_{\alpha\beta} , \quad G = G(q^1,q^2) > 0 ,$$

charakterisiert ist. Zwischen diesem und dem mit $\mathfrak{M}_2$ definierten Tensor (1439) besteht auf Grund der konformen Abbildung (1472) die Beziehung

(1506) $Q \in \mathfrak{U}_2 : \quad G\delta_{\alpha\beta} = e^u f_{\alpha\beta}$.

Die physikalischen Funktionen (1439) erfüllen also wenigstens in $\mathfrak{U}_2$ die zu (1506) analogen Bedingungen

(1507) $Q \in \mathfrak{U}_2 : \quad f_{\alpha\beta} = H\delta_{\alpha\beta} , \quad H = H(q^1,q^2) > 0$.

Deshalb gilt

(1508) $Q \in \mathfrak{U}_2 : \quad G = e^u H$,

und man braucht nur

(1509) $u = - \ln H$

zu setzen, um statt (1505)

(1510) $Q \in \mathfrak{U}_2 : \quad g_{\alpha\beta} = \delta_{\alpha\beta}$

zu bekommen. Demnach ist jeder RIEMANNsche Raum $\mathfrak{U}_2 \subseteq \mathfrak{J}_2$ ein konform EUKLIDscher Raum.

Zur Diskussion der übrigen Fälle $n > 2$ führt man in (1369) die Relationen (1472), (1478) und (1300) ein und gelangt so schließlich zu den Gleichungen

(1511) $R_{\varrho\sigma\alpha\beta} = e^u(S_{\varrho\sigma\alpha\beta} + f_{\varrho\beta}F_{\sigma\alpha} + f_{\sigma\alpha}F_{\varrho\beta} - f_{\varrho\alpha}F_{\sigma\beta} - f_{\sigma\beta}F_{\varrho\alpha})$,

wobei die Substitutionen

(1512) $$S_{\varrho\sigma\alpha\beta} = \frac{1}{2}(f_{\varrho\beta|\sigma|\alpha} - f_{\varrho\alpha|\sigma|\beta} - f_{\sigma\beta|\varrho|\alpha} + f_{\sigma\alpha|\varrho|\beta}) + f_{\gamma\delta}(\Phi^{\gamma}_{\varrho\beta}\Phi^{\delta}_{\sigma\alpha} - \Phi^{\gamma}_{\sigma\beta}\Phi^{\delta}_{\varrho\alpha})$$

und

(1513) $$F_{\alpha\gamma} = \frac{1}{2} u_{|\alpha\|\gamma} - \frac{1}{4} u_{|\alpha}u_{|\gamma} + \frac{1}{8} f_{\alpha\gamma}f^{\varrho\sigma}u_{|\varrho}u_{|\sigma}$$

verwendet werden. Der Vergleich von (1512) mit (1369) läßt erkennen, daß $S_{\varrho\sigma\alpha\beta}$ den kovarianten Krümmungstensor bezüglich der sekundären Metrik von $\mathfrak{J}_n$ darstellt. In (1513) erscheint der zweifach kovariante Tensor

(1514) $$u_{|\alpha\|\gamma} \equiv u_{|\alpha|\gamma} - \Phi^{\beta}_{\gamma\alpha}u_{|\beta} ,$$

der wegen (1455) symmetrisch ist:

(1515) $u_{|\alpha\|\gamma} = u_{|\gamma\|\alpha}$.

Wird in (1313) anstelle des Differentials dz_α die äquivalente homogene Differentialform $z_{\alpha|\gamma}dq^\gamma$ eingesetzt, dann ergibt sich

(1516) $Dz_\alpha \equiv z_{\alpha\|\gamma}dq^\gamma$

mit

(1517) $z_{\alpha\|\gamma} \equiv z_{\alpha|\gamma} - \Gamma^\beta_{\gamma\alpha}z_\beta$.

Aus (1516) ersieht man den tensoriellen Charakter der sogenannten kovarianten Ableitung (1517) des stetig differenzierbaren Tensors $z_\alpha = z_\alpha(q^1,\ldots,q^n)$. Für $z_\alpha = u_{|\alpha}$ und $\Phi^\beta_{\gamma\alpha}$ statt $\Gamma^\beta_{\gamma\alpha}$ stimmt (1517) mit (1514) überein. Ähnlich zu (1516) wird die kovariante Ableitung irgendeines differenzierbaren Tensors erklärt; z.B. gilt per definition (bezüglich der sekundären Metrik von $\mathfrak{U}_n \subseteq \mathfrak{I}_n$)

(1518) $DF_{\alpha\gamma} = F_{\alpha\gamma\|\beta}dq^\beta$.

Daß $F_{\alpha\gamma}$ ebenso wie (1514) einen zweifach kovarianten symmetrischen Tensor repräsentiert, ist in Anbetracht von (1441), (1442), (1515) und der erlaubten Gleichsetzung $z_\alpha = u_{|\alpha}$ evident.

Nach (1511) bedeutet

(1519) $S_{\varrho\sigma\alpha\beta} = f_{\varrho\alpha}F_{\sigma\beta} + f_{\sigma\beta}F_{\varrho\alpha} - f_{\sigma\alpha}F_{\varrho\beta} - f_{\varrho\beta}F_{\sigma\alpha}$

eine notwendige und hinreichende Bedingung dafür, daß die sekundäre Metrik die Mannigfaltigkeit $\mathfrak{U}_n \subseteq \mathfrak{I}_n$ als konform EUKLIDschen Raum auszeichnet. Um festzustellen, wie der Tensor (1513) beschaffen sein muß, damit die Beziehung (1518) zustande kommen kann, ist er aus (1519) selbst zu bestimmen. Das gelingt, indem man unter Beachtung von (1442), (1447) und (1448) den RICCIschen Tensor (bezüglich der sekundären Metrik von $\mathfrak{I}_n$)

(1520) $S_{\sigma\alpha} = f^{\varrho\beta}S_{\varrho\sigma\alpha\beta} = (2-n)F_{\sigma\alpha} - f_{\sigma\alpha}f^{\varrho\beta}F_{\varrho\beta}$

und die skalare Krümmung

(1521) $S = f^{\sigma\alpha}S_{\sigma\alpha} = -2(n-1)f^{\varrho\beta}F_{\varrho\beta}$

bildet, so daß (1520) zu dem Resultat

(1522) $$F_{\sigma\alpha} = -\frac{S_{\sigma\alpha}}{n-2} + \frac{Sf_{\sigma\alpha}}{2(n-1)(n-2)}$$

verhilft. Es beantwortet die Frage, welche Funktionen von $q^1,\dots,q^n$ auf den linken Seiten der Gleichungen (1513) zu stehen haben. Dieses System von $\binom{n+1}{2}$ partiellen Differentialgleichungen zweiter Ordnung für die unbekannte Funktion (1473) soll in $\mathfrak{U}_n \subseteq \mathfrak{I}_n$ lösbar sein.

Man hat also jetzt die Integrabilitätsbedingungen des Gleichungssystems (1513) herzuleiten. Im Hinblick auf (1359), (1377) und (1516) ergibt sich vorerst

(1523) $$z_{\alpha\|\gamma\|\beta} - z_{\alpha\|\beta\|\gamma} = R_{\beta\gamma\alpha}{}^{\varrho} z_{\varrho}$$

und dementsprechend für $z_\alpha = u_{|\alpha}$ bezüglich der sekundären Metrik von $\mathfrak{U}_n \subseteq \mathfrak{I}_n$

(1524) $$u_{|\alpha\|\gamma\|\beta} - u_{|\alpha\|\beta\|\gamma} = S_{\beta\gamma\alpha}{}^{\varrho} u_{|\varrho}$$

oder wegen (1448) und der zu (1368) analogen Formel $S_{\beta\gamma\alpha\varrho} = S_{\beta\gamma\alpha}{}^{\sigma} f_{\varrho\sigma}$

(1525) $$u_{|\alpha\|\gamma\|\beta} - u_{|\alpha\|\beta\|\gamma} = S_{\beta\gamma\alpha\varrho} f^{\varrho\sigma} u_{|\sigma} .$$

Aus (1513) folgt, wenn zugleich

(1526) $$f_{\alpha\gamma\|\beta} = 0$$

und

(1527) $$(f^{\varrho\sigma} u_{|\varrho} u_{|\sigma})_{\|\beta} = (f^{\varrho\sigma} u_{|\varrho|\sigma})_{|\beta}$$

berücksichtigt wird,

(1528) $$F_{\alpha\gamma\|\beta} = \frac{1}{2} u_{|\alpha\|\gamma\|\beta} - \frac{1}{4}(u_{|\alpha\|\beta} u_{|\gamma} + u_{|\alpha} u_{|\gamma\|\beta}) + \frac{1}{8} f_{\alpha\gamma}(f^{\varrho\sigma} u_{|\varrho} u_{|\sigma})_{|\beta} ,$$

also anhand von (1515), (1524) und (1519), (1513) sowie der Symmetrie- und Orthogonalitätsrelationen in (1442), (1447) und (1448)

$$(1529)\quad F_{\alpha\gamma\|\beta} - F_{\alpha\beta\|\gamma} = \frac{1}{2} S_{\beta\gamma\alpha\varrho} f^{\varrho\sigma} u_{|\sigma} - \frac{1}{4}(u_{|\alpha\|\beta} u_{|\gamma} - u_{|\alpha\|\gamma} u_{|\beta})$$

$$+ \frac{1}{8}[f_{\alpha\gamma}(f^{\varrho\sigma} u_{|\varrho} u_{|\sigma})_{|\beta} - f_{\alpha\beta}(f^{\varrho\sigma} u_{|\varrho} u_{|\sigma})_{|\gamma}]$$

$$= \frac{1}{2}[f_{\beta\alpha}(\frac{1}{2} u_{|\gamma\|\varrho} - \frac{1}{4} u_{|\gamma} u_{|\varrho} + \frac{1}{8} f_{\gamma\varrho} f^{\varkappa\lambda} u_{|\varkappa} u_{|\lambda})$$

$$+ f_{\gamma\varrho}(\frac{1}{2} u_{|\beta\|\alpha} - \frac{1}{4} u_{|\beta} u_{|\alpha} + \frac{1}{8} f_{\beta\alpha} f^{\varkappa\lambda} u_{|\varkappa} u_{|\lambda})$$

$$- f_{\gamma\alpha}(\frac{1}{2} u_{|\beta\|\varrho} - \frac{1}{4} u_{|\beta} u_{|\varrho} + \frac{1}{8} f_{\beta\varrho} f^{\varkappa\lambda} u_{|\varkappa} u_{|\lambda})$$

$$- f_{\beta\varrho}(\frac{1}{2} u_{|\gamma\|\alpha} - \frac{1}{4} u_{|\gamma} u_{|\alpha}$$

$$+ \frac{1}{8} f_{\gamma\alpha} f^{\varkappa\lambda} u_{|\varkappa} u_{|\lambda})] f^{\varrho\sigma} u_{|\sigma}$$

$$- \frac{1}{4}(u_{|\alpha\|\beta} u_{|\gamma} - u_{|\alpha\|\gamma} u_{|\beta})$$

$$+ \frac{1}{8}[f_{\alpha\gamma}(f^{\varrho\sigma} u_{|\varrho} u_{|\sigma})_{|\beta} - f_{\alpha\beta}(f^{\varrho\sigma} u_{|\varrho} u_{|\sigma})_{|\gamma}]$$

$$= \frac{1}{8} f_{\alpha\beta}[2 f^{\varrho\sigma} u_{|\varrho\|\gamma} u_{|\sigma} - (f^{\varrho\sigma} u_{|\varrho} u_{|\sigma})_{|\gamma}]$$

$$- \frac{1}{8} f_{\alpha\gamma}[2 f^{\varrho\sigma} u_{|\varrho\|\beta} u_{|\sigma} - (f^{\varrho\sigma} u_{|\varrho} u_{|\sigma})_{|\beta}] .$$

Weil sich auch die Funktionen $f^{\varrho\sigma}$ gegenüber der kovarianten Ableitung bezüglich der sekundären Metrik von $\mathfrak{J}_n$ wie Konstanten verhalten, gilt hinsichtlich (1527) und (1447)

$$(1530)\quad (f^{\varrho\sigma} u_{|\varrho} u_{|\sigma})_{|\beta} = f^{\varrho\sigma}(u_{|\varrho\|\beta} u_{|\sigma} + u_{|\varrho} u_{|\sigma\|\beta}) = 2 f^{\varrho\sigma} u_{|\varrho\|\beta} u_{|\sigma} .$$

Demnach vereinfacht sich (1529) zu

$$(1531)\quad F_{\alpha\gamma\|\beta} - F_{\alpha\beta\|\gamma} = 0 .$$

Damit verfügt man über die Integrabilitätsbedingungen der Differentialgleichungen (1513). Sie garantieren die Existenz einer Lösung (1473) in einer Umgebung $\mathfrak{U}_n$ des beliebig vorgebbaren Punktes $Q_o \in \mathfrak{J}_n$. Die Mannigfaltigkeit $\mathfrak{U}_n \subseteq \mathfrak{J}_n$ mit dem (sekundären) metrischen Tensor (1439) ist offenbar genau dann ein konform EUKLIDscher Raum, wenn die Gleichungen (1519) und (1531) zu Identitäten werden, falls man den Ausdruck (1522) für $F_{\sigma\alpha}$ in sie einführt. Wird ein mechanischer Verband $\mathfrak{M}_3$ untersucht, so sind wegen $n = 3$ nur $\frac{9 \cdot 8}{12} = 6$

Koordinaten des kovarianten Krümmungstensors (1512) wesentlich, und es bieten sich 6 lineare Gleichungen (1519) mit den 6 Unbekannten (1522) an, die auf diese Weise immer ermittelt werden können. Man muß jedoch anschließend feststellen, ob die derart bestimmten 6 Funktionen (1522) auch den Integrabilitätsbedingungen (1531) genügen. Demgegenüber brauchen für $n > 3$ lediglich die Gleichungen (1519) befriedigt zu sein; die Integrabilitätsbedingungen (1531) sind dann automatisch erfüllt (RAŠEVSKIJ, 1959). Im allgemeinen ist aber die mit der sekundären Metrik versehene elementare Mannigfaltigkeit $\mathfrak{U}_n$ $(n > 2)$ kein konform EUKLIDscher Raum.

Da der Spezialfall $n = 2$ ein besonderes Interesse verdient (TEUPSER und ULLMANN, 1964; MALISCHEWSKY, TEUPSER und ULLMANN, 1970), sollen die Untersuchungen der Voraussetzungen, unter denen die Mannigfaltigkeit $\mathfrak{U}_n \subseteq \mathfrak{J}_n$ zu einem EUKLIDschen Raum wird, wenn man den metrischen Tensor (1247) anhand der physikalischen Funktionen (1439) gemäß der Vorschrift (1472) konstruiert, mit der in praxi wichtigen Bestimmung von isothermen Koordinaten q^1, q^2 des Punktes $Q \in \mathfrak{U}_2 \subseteq \mathfrak{J}_n$ abgeschlossen werden. Zwischen q^1, q^2 und den vorgegebenen Koordinaten $\overline{q}^1, \overline{q}^2$ bestehen die gesuchten Beziehungen (1204). Nach (1505) und (1256) ergibt sich für den kontravarianten metrischen Tensor (1253)

$$(1532) \quad g^{\alpha\beta} = \frac{1}{G}\,\delta^{\alpha\beta} \;;$$

$\delta^{\alpha\beta}$ ist das zweifach kontravariante KRONECKERsche Symbol. Bei dem in Betracht kommenden Koordinatenwechsel genügt (1532) dem Transformationsgesetz

$$(1533) \quad \frac{1}{G}\,\delta^{\alpha\beta} = \frac{\partial q^\alpha}{\partial \overline{q}^\varrho}\,\frac{\partial q^\beta}{\partial \overline{q}^\sigma}\,\overline{g}^{\varrho\sigma} \,,$$

und daraus resultieren die Gleichungen

$$(1534) \quad \overline{g}^{\varrho\sigma}\,\frac{\partial q^1}{\partial \overline{q}^\varrho}\,\frac{\partial q^2}{\partial \overline{q}^\sigma} = 0 \,, \qquad \overline{g}^{\varrho\sigma}\,\frac{\partial q^1}{\partial \overline{q}^\varrho}\,\frac{\partial q^1}{\partial \overline{q}^\sigma} = \overline{g}^{\varrho\sigma}\,\frac{\partial q^2}{\partial \overline{q}^\varrho}\,\frac{\partial q^2}{\partial \overline{q}^\sigma}$$

Entsprechend (1394) wird noch

$$(1535) \quad \overline{G} = \left|\sqrt{\det(\overline{g}_{\alpha\beta})}\right| > 0 \,, \qquad \overline{G} = \overline{G}(\overline{q}^1, \overline{q}^2) \,,$$

eingeführt und hinsichtlich (1207) ohne wesentliche Beschränkung der Allgemeinheit

$$(1536) \quad \det\left(\frac{\partial q^\alpha}{\partial \bar{q}^\gamma}\right) > 0$$

gesetzt, so daß (1248) und (1207)

$$(1537) \quad \bar{G} = G \det\left(\frac{\partial q^\alpha}{\partial \bar{q}^\gamma}\right)$$

gilt.

Durch

$$(1538) \quad \varepsilon_{\alpha\beta} = G(\delta_{\alpha 1}\delta_{\beta 2} - \delta_{\alpha 2}\delta_{\beta 1}) \,, \qquad \varepsilon_{\alpha\beta} = -\varepsilon_{\beta\alpha} \,,$$

wird der zweifach kovariante ε-Tensor eingeführt. Als zweifach kontravarianten ε-Tensor erhält man daher

$$(1539) \quad \varepsilon^{\alpha\beta} = g^{\alpha\varrho} g^{\beta\sigma} \varepsilon_{\varrho\sigma} = G(g^{\alpha 1} g^{\beta 2} - g^{\alpha 2} g^{\beta 1})$$

oder wegen (1532)

$$(1540) \quad \varepsilon^{\alpha\beta} = \frac{1}{G}(\delta^{\alpha 1}\delta^{\beta 2} - \delta^{\alpha 2}\delta^{\beta 1}) \,, \qquad \varepsilon^{\alpha\beta} = -\varepsilon^{\beta\alpha} \,.$$

Der ε-Tensor (1538) bzw. (1540) transformiert sich nach der Regel

$$(1541) \quad \bar{\varepsilon}_{\alpha\beta} = \frac{\partial q^\varrho}{\partial \bar{q}^\alpha} \frac{\partial q^\sigma}{\partial \bar{q}^\beta} \varepsilon_{\varrho\sigma}$$

bzw.

$$(1542) \quad \bar{\varepsilon}^{\alpha\beta} = \frac{\partial \bar{q}^\alpha}{\partial q^\varrho} \frac{\partial \bar{q}^\beta}{\partial q^\sigma} \varepsilon^{\varrho\sigma} \,.$$

Demnach ergibt sich im Hinblick auf (1538) und (1540)

$$(1543) \quad \bar{\varepsilon}_{\alpha\beta} = G\left(\frac{\partial q^1}{\partial \bar{q}^\alpha} \frac{\partial q^2}{\partial \bar{q}^\beta} - \frac{\partial q^2}{\partial \bar{q}^\alpha} \frac{\partial q^1}{\partial \bar{q}^\beta}\right) \,, \qquad \bar{\varepsilon}_{\alpha\beta} = -\bar{\varepsilon}_{\beta\alpha} \,,$$

bzw.

$$(1544) \quad \bar{\varepsilon}^{\alpha\beta} = \frac{1}{G}\left(\frac{\partial \bar{q}^\alpha}{\partial q^1} \frac{\partial \bar{q}^\beta}{\partial q^2} - \frac{\partial \bar{q}^\alpha}{\partial q^2} \frac{\partial \bar{q}^\beta}{\partial q^1}\right) \,, \qquad \bar{\varepsilon}^{\alpha\beta} = -\bar{\varepsilon}^{\beta\alpha} \,,$$

und damit

$$(1545) \quad \bar{\varepsilon}^{\gamma\alpha} \bar{\varepsilon}_{\gamma\beta} = \delta^\alpha_\beta$$

sowie unter zusätzlicher Beachtung von (1537) und (1207)

(1546) $\overline{G}\ \overline{\varepsilon}^{\alpha\beta} = \text{const}$.

Die zwischen den partiellen Ableitungen der gesuchten Funktionen (1204) bestehenden Beziehungen

(1547) $\frac{\partial q^1}{\partial \overline{q}^\alpha} = \overline{g}_{\alpha\varrho}\overline{\varepsilon}^{\varrho\sigma}\ \frac{\partial q^2}{\partial \overline{q}^\sigma}$

erfüllen die Gleichungen (1534). Sie gehen durch beiderseitige Überschiebung mit $\overline{g}_{\beta\varkappa}\overline{\varepsilon}^{\alpha\varkappa}$, wenn man (1545) und (1540) berücksichtigt, in

(1548) $\frac{\partial q^2}{\partial \overline{q}^\alpha} = -\ \overline{g}_{\alpha\varrho}\overline{\varepsilon}^{\varrho\sigma}\ \frac{\partial q^1}{\partial \overline{q}^\sigma}$

über. Die Integrabilitätsbedingungen des Differentialgleichungssystems (1547) lauten in Anbetracht von (1544) und (1546)

(1549) $\overline{G}\ \overline{\varepsilon}^{\alpha\beta}\ \frac{\partial^2 q^1}{\partial \overline{q}^\alpha \partial \overline{q}^\beta} = 0$

oder auch, indem die betreffenden Gleichungen (1547) eingesetzt und die zu (1539), (1256) analogen Formeln und (1545) angewandt werden,

(1550) $$\frac{\partial}{\partial \overline{q}^\beta}(\overline{G}\ \overline{\varepsilon}^{\alpha\beta}\overline{g}_{\alpha\varrho}\overline{\varepsilon}^{\varrho\sigma}\ \frac{\partial q^2}{\partial \overline{q}^\sigma}) = \frac{\partial}{\partial \overline{q}^\beta}(\overline{G}\ \overline{g}^{\alpha\varkappa}\overline{g}^{\beta\lambda}\overline{\varepsilon}_{\varkappa\lambda}\overline{g}_{\alpha\varrho}\overline{g}^{\varrho\gamma}\overline{g}^{\sigma\delta}\overline{\varepsilon}_{\gamma\delta}\ \frac{\partial q^2}{\partial \overline{q}^\sigma})$$

$$= \frac{\partial}{\partial \overline{q}^\beta}(\overline{G}\ \overline{g}^{\beta\lambda}\overline{g}^{\gamma\varkappa}\overline{\varepsilon}_{\varkappa\lambda}\overline{g}^{\sigma\delta}\overline{\varepsilon}_{\gamma\delta}\ \frac{\partial q^2}{\partial \overline{q}^\sigma})$$

$$= \frac{\partial}{\partial \overline{q}^\beta}(\overline{G}\ \overline{g}^{\sigma\delta}\overline{\varepsilon}^{\gamma\beta}\overline{\varepsilon}_{\gamma\delta}\ \frac{\partial q^2}{\partial \overline{q}^\sigma})$$

$$= \frac{\partial}{\partial \overline{q}^\beta}(\overline{G}\ \overline{g}^{\sigma\beta}\ \frac{\partial q^2}{\partial \overline{q}^\sigma}) = 0 .$$

Die Integrabilitätsbedingung von (1547)

(1551) $\frac{\partial}{\partial \overline{q}^\alpha}(\overline{G}\ \overline{g}^{\alpha\beta}\ \frac{\partial q^2}{\partial \overline{q}^\beta}) = 0$

ist eine lineare partielle Differentialgleichung für stetig differenzierbare Funktionen. In jeder hinreichend kleinen Mannigfaltigkeit $\mathfrak{U}_2 \subseteq \mathfrak{I}_2$ existieren nicht konstante Lösungen von (1551). Dasselbe trifft also für (1547) zu (KORN, 1914). Die Systeme (1547) und (1548) sind Verallgemeinerungen der üblichen CAUCHY-RIEMANNschen Differentialgleichungen

$$(1552) \quad \frac{\partial q^1}{\partial \bar{q}^1} = \frac{\partial q^2}{\partial \bar{q}^2} , \quad \frac{\partial q^2}{\partial \bar{q}^1} = - \frac{\partial q^1}{\partial \bar{q}^2} ,$$

wobei die Variablen $\bar{q}^1, \bar{q}^2$ selbst isotherme Koordinaten des Punktes $Q \in \mathfrak{U}_2$ darstellen, so daß $\bar{g}_{\alpha\varrho} = \bar{G}\delta_{\alpha\varrho}$ in (1547) bzw. (1548) zu beachten ist. Daraus resultieren dann unter Berücksichtigung von (1537), (1544) und (1207) die Gleichungen (1552). Die konforme Abbildung (1506) mit der Funktion (1509) hat notabene nur lokalen Charakter. Alle derartigen Abbildungen ermöglichen jedoch eine einheitliche konforme interne Abbildung von $\mathfrak{I}_2$. Dieses Problem ist eine Aufgabe in der Funktionentheorie (BIEBERBACH, 1931).

Die spezielle konforme Abbildung (1472), (1495) liefert den metrischen Tensor (1247) eines RIEMANNschen Raumes $\mathfrak{R}_n \subseteq \mathfrak{I}_n$, in dem das vom Punkt $Q \in \mathfrak{I}_n$ im Zeitintervall i_o unter den Bedingungen (1489) und (1500) durchlaufene Kurvenstück $\mathfrak{K}$ eine Geodätische ist, deren Differentialgleichungen in (1329) formuliert sind. Die aus (1295) und (1296) resultierenden Funktionen (1299) bilden in $\mathfrak{I}_n$ einen sogenannten RIEMANNschen Zusammenhang. Im folgenden werden weitere derartige Zusammenhänge in $\mathfrak{I}_n$ gesucht, die bewirken, daß $\mathfrak{K}$ auch in den betreffenden RIEMANNschen Räumen eine Geodätische ist, falls die Voraussetzungen (1489) und (1500) zutreffen. Einen solchen Zusammenhang mögen die Funktionen

$$(1553) \quad \tilde{\Gamma}^{\alpha}_{\beta\gamma} = \tilde{\Gamma}^{\alpha}_{\beta\gamma}(q^1,\ldots,q^n) , \quad q^{\delta} \in i^{\delta} , \quad \tilde{\Gamma}^{\alpha}_{\beta\gamma} = \tilde{\Gamma}^{\alpha}_{\gamma\beta} ,$$

definieren, und es wird angenommen, daß die Eigenschaft von $\mathfrak{K} \subset \mathfrak{I}_n$, eine Geodätische zu sein, erhalten bleibt, wenn an die Stelle von (1299) die Funktionen (1553) als Zusammenhangskoeffizienten treten. Um die Differentialgleichungen der Geodätischen $\mathfrak{K}$ für das Objekt des Zusammenhangs (1553) in die zu (1329) entsprechende Form bringen zu können, muß der zugehörige kanonische Parameter $\tilde{s} \in \tilde{t}$ verwendet werden. Die Darstellung

$$(1554) \quad Q \in \mathfrak{K} \subset \mathfrak{I}_n : \quad q^{\alpha} = \tilde{h}^{\alpha}(\tilde{s}) , \quad \tilde{s} \in \tilde{t} ,$$

ist zu (1219) äquivalent. Auf Grund von (1216) besteht zwischen $\tilde{s}$

und s eine umkehrbar eindeutige Beziehung; man darf wieder (1342)-(1344) nutzen und darüber hinaus ohne wesentliche Beschränkung der Allgemeinheit

(1555) $\frac{d\tilde{s}}{ds} = e^{\frac{v}{2}} > 0$

setzen, wobei die stetig differenzierbare Funktion

(1556) $v = v(s) \ , \quad s \in \mathfrak{t} \ ,$

eingeführt wird, die generell sowohl vom Ort $Q \in \mathfrak{R}$ als auch von dem Tangentialvektor (1243) abhängt. Insbesondere gilt

(1557) $\frac{d^2\tilde{s}}{ds^2} = \frac{1}{2} \frac{dv}{ds} e^{\frac{v}{2}} \ .$

Die äquivalenten Differentialgleichungssysteme (1329) und

(1558) $\frac{d^2\tilde{h}^\alpha}{d\tilde{s}^2} = - \tilde{\Gamma}^\alpha_{\beta\gamma} \frac{d\tilde{h}^\beta}{d\tilde{s}} \frac{d\tilde{h}^\gamma}{d\tilde{s}}$

ergeben unter Beachtung von (1343), (1344), (1555) und (1557)

(1559) $- \Gamma^\alpha_{\beta\gamma} \frac{dh^\beta}{ds} \frac{dh^\gamma}{ds} = - \tilde{\Gamma}^\alpha_{\beta\gamma} \frac{dh^\beta}{ds} \frac{dh^\gamma}{ds} + \frac{1}{2} \frac{dv}{ds} \frac{dh^\alpha}{ds}$

oder, wenn man sich des zweifach kovarianten, einfach kontravarianten Tensors

(1560) $G^\alpha_{\beta\gamma} = \tilde{\Gamma}^\alpha_{\beta\gamma} - \Gamma^\alpha_{\beta\gamma} \ , \quad G^\alpha_{\beta\gamma} = G^\alpha_{\beta\gamma}(q^1,\dots,q^n) \ , \quad q^\delta \in i^\delta \ ,$

mit der Symmetrieeigenschaft

(1561) $G^\alpha_{\beta\gamma} = G^\alpha_{\gamma\beta}$

bedient,

(1562) $\frac{1}{2} \frac{dv}{ds} \frac{dh^\alpha}{ds} = G^\alpha_{\beta\gamma} \frac{dh^\beta}{ds} \frac{dh^\gamma}{ds} \ ,$

also

(1563) $\frac{1}{2} \frac{dv}{ds} \frac{dh^\alpha}{ds} \frac{dh^\varkappa}{ds} = (\delta^\varkappa_\varrho G^\alpha_{\beta\gamma}) \frac{dh^\varrho}{ds} \frac{dh^\beta}{ds} \frac{dh^\gamma}{ds} \ .$

Diese Gleichungen ermöglichen die Elimination von $\frac{dv}{ds}$; aus ihnen resultiert nämlich

(1564) $(\delta^{\alpha}_{\varrho}G^{\varkappa}_{\beta\gamma} - \delta^{\varkappa}_{\varrho}G^{\alpha}_{\beta\gamma})\frac{dh^{\varrho}}{ds}\frac{dh^{\beta}}{ds}\frac{dh^{\gamma}}{ds} = 0$.

Da die homogenen kubischen Formen in $\frac{dh^{\alpha}}{ds}$ identisch verschwinden, sind ihre Koeffizienten sämtlich gleich Null, d.h., man erhält

(1565) $\delta^{\alpha}_{\varrho}G^{\varkappa}_{\beta\gamma} - \delta^{\varkappa}_{\varrho}G^{\alpha}_{\beta\gamma} + \delta^{\alpha}_{\gamma}G^{\varkappa}_{\varrho\beta} - \delta^{\varkappa}_{\gamma}G^{\alpha}_{\varrho\beta} + \delta^{\alpha}_{\beta}G^{\varkappa}_{\gamma\varrho} - \delta^{\varkappa}_{\beta}G^{\alpha}_{\gamma\varrho} = 0$

und speziell durch Verjüngung bezüglich der Indizes $\varkappa$ und ϱ

(1566) $G^{\alpha}_{\beta\gamma} - nG^{\alpha}_{\beta\gamma} + \delta^{\alpha}_{\gamma}G^{\varkappa}_{\varkappa\beta} - G^{\alpha}_{\gamma\beta} + \delta^{\alpha}_{\beta}G^{\varkappa}_{\gamma\varkappa} - G^{\alpha}_{\gamma\beta} = 0$

oder wegen (1561)

(1567) $G^{\alpha}_{\beta\gamma} = \frac{1}{n+1}(\delta^{\alpha}_{\beta}G^{\varkappa}_{\varkappa\gamma} + \delta^{\alpha}_{\gamma}G^{\varkappa}_{\varkappa\beta})$.

Die n stetig differenzierbaren Funktionen

(1568) $v_{\alpha} = \frac{4}{n+1}\, G^{\varkappa}_{\varkappa\alpha}$, $v_{\alpha} = v_{\alpha}(q^1,\ldots,q^n)$, $q^{\delta} \in i^{\delta}$,

bilden ein einfach kovariantes Tensorfeld in $\mathfrak{I}_n$. Ihre Verwendung in (1567) verhilft zu der übersichtlichen Darstellung

(1569) $G^{\alpha}_{\beta\gamma} = \frac{1}{4}(\delta^{\alpha}_{\beta}v_{\gamma} + \delta^{\alpha}_{\gamma}v_{\beta})$.

Wenn man sie in (1562) einführt und (1222), (1219), (1234), (1556) berücksichtigt, ergibt sich

(1570) $\frac{dv(s)}{ds} = v_{\alpha}(h^1(s),\ldots,h^n(s))\frac{dh^{\alpha}(s)}{ds}$, $s \in t$,

also

(1571) $v(s) = \int\limits_0^s v_{\alpha}(h^1(\sigma),\ldots,h^n(\sigma))\frac{dh^{\alpha}(\sigma)}{d\sigma}d\sigma$.

Demnach besitzen die beiden windungsfreien Objekte des Zusammenhangs (1299) und (1553) genau dann dieselben Geodätischen, wenn der Tensor (1560) die Struktur (1569) aufweist. Generell trifft

(1572) $v_{\alpha|\beta} = v_{\beta|\alpha}$

zwar nicht zu. In Anbetracht von (1570) ist diese Bedingung notwendig und hinreichend dafür, daß die Funktion (1556) nur vom Ort $Q \in \mathfrak{R}$ abhängt, was durch

(1573) $v = v^*(q^1,\dots,q^n) , \quad q^\delta \in i^\delta ,$

ausgedrückt wird; genau dann gilt

(1574) $v_\alpha = v_{|\alpha} .$

Um den mechanischen Verband $\mathfrak{M}_n$ wieder mittels eines informativen einfachen dynamischen Modells simulieren zu können, interessiert aber weiterhin allein die Hypothese (1572).

Es muß nun geprüft werden, ob der Spezialfall (1572) überhaupt eintreten kann. Zu dem Zweck bestimmt man $\Gamma^{\varkappa}_{\varkappa\alpha}$ und bekommt anhand von (1295), (1296)

(1575) $\Gamma^{\varkappa}_{\varkappa\alpha} = g^{\varkappa\delta}\Gamma_{\delta\varkappa\alpha} = \frac{1}{2}\, g^{\varkappa\delta} g_{\varkappa\delta|\alpha} .$

Für $n = 2$ liefern (1394) und die Orthogonalitätsrelationen (1256) die Beziehungen

(1576) $g^{11} = \frac{g_{22}}{G^2} , \quad g^{12} = -\frac{g_{12}}{G^2} , \quad g^{22} = \frac{g_{11}}{G^2} ,$

und (1575) erhält damit, wenn die Symmetrieeigenschaften (1249), (1254) und nochmals (1394) berücksichtigt werden, die Gestalt

(1577) $$\Gamma^{\varkappa}_{\varkappa\alpha} = \frac{1}{2G^2}(g_{22}g_{11|\alpha} - 2g_{12}g_{12|\alpha} + g_{11}g_{22|\alpha})$$
$$= \frac{1}{2G^2}(G^2)_{|\alpha} = (\ln G)_{|\alpha} .$$

Analog hierzu ergibt sich

(1578) $\widetilde{\Gamma}^{\varkappa}_{\varkappa\alpha} = (\ln \widetilde{G})_{|\alpha} , \quad \widetilde{G} = \left|\sqrt{\widetilde{g}_{11}\widetilde{g}_{22} - (\widetilde{g}_{12})^2}\right| > 0 ;$

die Bedeutung von $\widetilde{g}_{11}$, $\widetilde{g}_{22}$ und $\widetilde{g}_{12}$ ist evident. Aus (1568), (1560), (1578) und (1577) folgt im Fall $n = 2$

(1579) $v_\alpha = \frac{4}{3}(\ln \frac{\widetilde{G}}{G})_{|\alpha} .$

Demnach wird die Bedingung (1572) wenigstens für $n = 2$ automatisch erfüllt.

Neben (1247) kommt auch

(1580) $\widetilde{g}_{\alpha\beta} = \widetilde{g}_{\alpha\beta}(q^1,\dots,q^n) , \quad q^\delta \in i^\delta ,$

als metrischer Tensor von $\mathfrak{J}_n$ in Betracht, dem in der gleichen Weise die Zusammenhangskoeffizienten (1553) eindeutig zugeordnet sind wie die Funktionen (1299) dem metrischen Tensor (1247) auf Grund der Formeln (1256), (1295) und (1296). Entsprechend (1282) darf man

(1581) $d\tilde{s}^2 = \tilde{g}_{\alpha\beta}(\tilde{h}^1(\tilde{s}),\dots,\tilde{h}^n(\tilde{s}))d\tilde{h}^\alpha(\tilde{s})d\tilde{h}^\beta(\tilde{s})$

oder wegen (1555), (1282), (1219), (1554) und (1342)

(1582) $(\tilde{g}_{\alpha\beta} - e^v g_{\alpha\beta})dq^\alpha dq^\beta = 0$,

was im diskutierten Spezialfall (1573) mit

(1583) $\tilde{g}_{\alpha\beta}(q^1,\dots,q^n) = e^{v^*(q^1,\dots,q^n)} g_{\alpha\beta}(q^1,\dots,q^n)$

gleichbedeutend ist. Diese Beziehung zwischen den Tensoren (1247) und (1580) zeigt, daß die in (1572)-(1574) formulierte Bedingung für die Funktion v im Ansatz (1555) nur konform aufeinander bezogene RIEMANNsche Räume zur Konkurrenz zuläßt.

Der Vergleich von (1583) mit (1472) legt nahe, in (1478) die Größen $\Gamma^\alpha_{\beta\gamma}$, $\Phi^\alpha_{\beta\gamma}$, u, $f_{\beta\gamma}$, $f^{\alpha\delta}$ durch $\tilde{\Gamma}^\alpha_{\beta\gamma}$, $\Gamma^\alpha_{\beta\gamma}$, v, $g_{\beta\gamma}$, $g^{\alpha\delta}$ zu ersetzen, um für den Tensor (1560) sofort die Darstellung

(1584) $G^\alpha_{\beta\gamma} = \frac{1}{2}(\delta^\alpha_\beta v_{|\gamma} + \delta^\alpha_\gamma v_{|\beta} - g_{\beta\gamma} g^{\alpha\delta} v_{|\delta})$

zu gewinnen. Andererseits bewirkt (1574) die Abänderung von (1569) in

(1585) $G^\alpha_{\beta\gamma} = \frac{1}{4}(\delta^\alpha_\beta v_{|\gamma} + \delta^\alpha_\gamma v_{|\beta})$.

Beide Darstellungen von $G^\alpha_{\beta\gamma}$ sind genau dann kompatibel, wenn

(1586) $\delta^\alpha_\beta v_{|\gamma} + \delta^\alpha_\gamma v_{|\beta} - 2g_{\beta\gamma} g^{\alpha\delta} v_{|\delta} = 0$

oder, indem man die Verjüngung bezüglich der Indizes α und β vornimmt und dabei (1256) beachtet,

(1587) $nv_{|\gamma} + v_{|\gamma} - 2v_{|\gamma} = (n-1)v_{|\gamma} = 0$,

also wegen $n > 1$ schließlich

(1588) $v = \text{const}$

gilt. Demnach gelangt man über die bisherige konforme Abbildung

(1472), (1495) hinaus zu keiner vorteilhafteren Metrik der Mannigfaltigkeit $\mathfrak{I}_n$ im Sinne eines dem Verband $\mathfrak{M}_n$ optimal angepaßten Modells, was, nebenbei bemerkt, die Sonderstellung der JACOBIschen Form des Prinzips der kleinsten Wirkung zu erkennen gibt.

Die auf dem heuristischen Prinzip beruhenden Untersuchungen haben das mit der Einführung der Mannigfaltigkeit $\mathfrak{I}_n$ der potentialen Lagen des mechanischen Teilverbands (1197) relativ zum Inertialsystem $\mathfrak{S}$ verbundene Problem, die im Zeitintervall (1119) oder (1231) stattfindenden kinematischen und dynamischen Vorgänge durch ein einfaches informatives Modell zu demonstrieren, vollständig gelöst: Der autonome Verband $\mathfrak{M}_n$ wird stets von einem im n-dimensionalen eigentlich RIEMANNschen Raum prinzipiell frei beweglichen fiktiven Massenpunkt $Q \in \mathfrak{I}_n$, worauf eine generalisierte Kraft einwirkt, repräsentiert. Die Metrik des Raumes bestimmen entweder die Koeffizienten (1439) der in den verallgemeinerten Geschwindigkeiten (1228) von $\mathfrak{M}_n$ quadratischen Form (1444) für die (doppelte) kinetische Energie des Verbands $\mathfrak{M}_n$ in bezug auf $\mathfrak{S}$ oder die der Vorschrift (1472), (1495) genügenden Funktionen (1247). Im letzteren Fall legt der Punkt Q im Zeitintervall (1231) stets eine Geodätische zurück, wenn sämtliche eingeprägten Kräfte von $\mathfrak{M}_n$ aus einem Potential resultieren. Um die Struktur der nichtlinearen Bewegungsgleichungen (1413) oder (1414) des mechanischen Verbands $\mathfrak{M}_n$ weitestgehend zu vereinfachen, muß anhand des kovarianten Krümmungstensors (1369) festgestellt werden, ob $\mathfrak{I}_n$ ein n-dimensionaler eigentlich EUKLIDscher Raum ist. Trifft das zu, so verschafft man sich mit Hilfe des Systems von partiellen Differentialgleichungen (1350) neue generalisierte Koordinaten (1202), denen dann, eventuell erst nach einer immer ausführbaren Hauptachsentransformation (GANTMACHER, 1958), wobei die zugehörigen konstanten Tensorkoordinaten (1248) in $\delta_{\alpha\beta}$ übergehen, die Bedeutung von kartesischen Koordinaten des beweglichen Punktes Q zukommt. Falls die konforme Abbildung (1472), (1495) dazu verhilft, daß Q im EUKLIDschen Konfigurationsraum $\mathfrak{I}_n$ des konservativen Verbands $\mathfrak{M}_n$ ein Geradenstück durchläuft, läßt sich, wie schon bemerkt wurde, das n-dimensionale kartesische Koordinatensystem so wählen, daß dieses Geradenstück zu einer der Koordinatenachsen parallel ist und deshalb nur eine einzige nichtlineare Bewegungsgleichung übrigbleibt. Der hier erzielte Nutzen für die Lösungstheorie der Bewegungsgleichungen von $\mathfrak{M}_n$ ist evident. Er steht im engen Zusammenhang mit dem entsprechenden Vorteil, den ignorable (zyklische)

Koordinaten von holonomen mechanischen Verbänden bieten, für die das HAMILTONsche Prinzip gilt (BUDÓ, 1956).

Die isometrische Abbildung (1458) erbringt insbesondere die Identitäten (1463) und (1466), so daß man den Gleichungen (1414) im Hinblick auf (1420) und (1482), (1483) unter der dem HAMILTONschen Prinzip entsprechenden Bedingung (1500) die Form der HAMILTONschen kanonischen Bewegungsgleichungen

$$(1589) \quad \dot{q}^{\alpha} = \frac{\partial(E + \Phi)}{\partial p_{\alpha}}, \qquad \dot{p}_{\alpha} = -\frac{\partial(E + \Phi)}{\partial q^{\alpha}}$$

geben kann. Darin erscheint, weil der autonome Verband $\mathfrak{M}_n$ wegen (1500) konservativ ist, die Energie $E + \Phi$ als HAMILTONsche Funktion, deren Argumente die Variablen (1200) und (1260) sind. Die weitestgehende Symmetrie der Gleichungen (1589) verdeutlicht die im betrachteten seismometrischen Spezialfall vorhandene formale Korrespondenz der generalisierten Koordinate (1200) mit dem zu ihr „kanonisch konjugierten Impuls" (1260). Hierauf basiert die bekannte Berührungs- oder kanonische Transformation. Sie kann bewirken, daß der physikalische Unterschied zwischen den neuen Koordinaten und Impulsen verlorengeht. Für die Interpretation der HAMILTONschen Gleichungen (1589) eignet sich deshalb der 2n-dimensionale Phasenraum am besten. Ihm gehört unter dem bisherigen Aspekt der Konfigurationsraum $\mathfrak{J}_n$ als n-dimensionales Flächenstück an. Offensichtlich stellt bei diesem Modell des konservativen mechanischen Verbands $\mathfrak{M}_n$ der Punkt $Q \in \mathfrak{J}_n$ die Projektion des Phasenpunktes mit den 2n Koordinaten (1200), (1260) dar. Der Zweck der Berührungstransformation besteht darin, die beliebig vorgebbare Erzeugende der Transformation so zu wählen, daß möglichst alle neuen Koordinaten ignorabel sind bzw. die neue HAMILTONsche Funktion sich weitestgehend reduziert, also im Idealfall identisch verschwindet. Die Erzeugende bildet dann mit der neuen HAMILTONschen Funktion die HAMILTON-JACOBIsche partielle Differentialgleichung und ist übrigens in t linear. Diese Bemerkungen sollen hier genügen, zumal es sich notabene um die Erörterung von Ausnahmebedingungen für $\mathfrak{M}_n$ handelt.

Im allgemeinen, d.h., wenn der untersuchte mechanische Verband $\mathfrak{M}_n$ dem HAMILTONschen Prinzip nicht entspricht und sein Konfigurationsraum $\mathfrak{J}_n$ kein EUKLIDscher Raum ist, bevorzugt man selbstverständlich solche Koordinaten (1200) des Punktes $Q \in \mathfrak{J}_n$ zur Formulierung der nichtlinearen Bewegungsgleichungen (1413) bzw. (1414)

oder (1415), wodurch sich die Struktur der betreffenden Gleichungen vereinfacht. In derartige Koordinaten (1202) sind erforderlichenfalls die bisherigen Koordinaten (1200) gemäß der Vorschrift (1203) zu transformieren. Ist $\mathfrak{I}_n$, wie vorausgesetzt wird, kein EUKLIDscher Raum, so kann eine Lösung von (1350) nicht existieren. Die modifizierten partiellen Differentialgleichungen

$$(1590)\quad \frac{\partial^2 \overline{q}^\delta}{\partial q^\beta \partial q^\gamma} = \Gamma^\alpha_{\beta\gamma}(q^1_o,\ldots,q^n_o)\frac{\partial \overline{q}^\delta}{\partial q^\alpha}$$

verhelfen jedoch dazu, daß, wie man (1348)-(1350) entnimmt,

$$(1591)\quad \overline{\Gamma}^\delta_{\varrho\sigma}(\overline{q}^1_o,\ldots,\overline{q}^n_o) = 0$$

mit

$$(1592)\quad \overline{q}^\alpha_o = g^\alpha(q^1_o,\ldots,q^n_o)$$

gilt. Die von (1590) gelieferten n-tupel (1202) werden als geodätische Koordinaten im Punkt $Q_o \in \mathfrak{I}_n$ bezeichnet. Sie ähneln in einer engen Umgebung $\mathfrak{U}_n$ von Q_o affinen Koordinaten. Denn im Hinblick auf (1295), (1297) und (1591) ergibt sich

$$(1593)\quad \frac{\partial \overline{g}_{\alpha\beta}(\overline{q}^1_o,\ldots,\overline{q}^n_o)}{\partial \overline{q}^\gamma} + \frac{\partial \overline{g}_{\gamma\alpha}(\overline{q}^1_o,\ldots,\overline{q}^n_o)}{\partial \overline{q}^\beta} - \frac{\partial \overline{g}_{\beta\gamma}(\overline{q}^1_o,\ldots,\overline{q}^n_o)}{\partial \overline{q}^\alpha} = 0$$

oder durch die Indexvertauschung $\alpha \to \beta\ ,\ \beta \to \gamma\ ,\ \gamma \to \alpha$

$$(1594)\quad \frac{\partial \overline{g}_{\beta\gamma}(\overline{q}^1_o,\ldots,\overline{q}^n_o)}{\partial \overline{q}^\alpha} + \frac{\partial \overline{g}_{\alpha\beta}(\overline{q}^1_o,\ldots,\overline{q}^n_o)}{\partial \overline{q}^\gamma} - \frac{\partial \overline{g}_{\gamma\alpha}(\overline{q}^1_o,\ldots,\overline{q}^n_o)}{\partial \overline{q}^\beta} = 0$$

und folglich

$$(1595)\quad \frac{\partial \overline{g}_{\alpha\beta}(\overline{q}^1_o,\ldots,\overline{q}^n_o)}{\partial \overline{q}^\gamma} = 0\ .$$

Für den zweimal stetig differenzierbaren metrischen Tensor (1248) erhält man demnach in $\mathfrak{U}_n \subseteq \mathfrak{I}_n$ die Darstellung

$$(1596)\quad Q \in \mathfrak{U}_n \subseteq \mathfrak{I}_n :\quad \overline{g}_{\alpha\beta}(\overline{q}^1,\ldots,\overline{q}^n) = \overline{g}_{\alpha\beta}(\overline{q}^1_o,\ldots,\overline{q}^n_o) + \cdots\ ,$$

wobei die Punkte Terme andeuten, deren Ordnung in $\overline{q}^\alpha - \overline{q}^\alpha_o$ größer als Eins ist. Eine spezielle Lösung (1203) von (1590) bietet sich offensichtlich mit

$$(1597)\quad \bar{q}^{\delta} = a^{\delta}_{\beta}q^{\beta} + \frac{1}{2}\, a^{\delta}_{\alpha}\Gamma^{\alpha}_{\beta\gamma}(q^1_o,\dots,q^n_o)q^{\beta}q^{\gamma}\ , \qquad a^{\delta}_{\beta} = \text{const}\ ,$$

an; von den Konstanten a^{δ}_{β} wird nur verlangt, daß sie eine reguläre Matrix bilden:

$$(1598)\quad \|a^{\delta}_{\beta}\| \neq 0\ .$$

Die geodätischen Koordinaten (1597) in Q_o sind zumindest in der hinreichend engen Umgebung $\mathfrak{U}_n$ des Punktes Q_o zulässig.

Da das von Q im Zeitintervall $\mathfrak{i}_o \subseteq \mathfrak{i}$ durchlaufene Kurvenstück $\mathfrak{K} \subset \mathfrak{J}_n$ per definitionem doppelpunktfrei ist, darf man den Koordinaten (1200) die Bedingung

$$(1599)\quad Q \in \mathfrak{K} \subseteq \mathfrak{C}:\qquad q^{\alpha} = \delta^{\alpha}_1 s + q^{\alpha}_o\ , \qquad s \in \mathfrak{t}\ ,$$

auferlegen. Außerdem soll jetzt (1349) längs $\mathfrak{K} \subseteq \mathfrak{C}$ gelten. Die in jedem Punkt $Q \in \mathfrak{K}$ erklärten partiellen Ableitungen der Transformationsfunktionen (1203) hängen wegen (1599) nur von s ab. Dementsprechend wird

$$(1600)\quad Q \in \mathfrak{K} \subseteq \mathfrak{C}:\qquad \frac{\partial \bar{q}^{\varrho}}{\partial q^{\gamma}} = A^{\varrho}_{\gamma}(s)\ , \qquad s \in \mathfrak{t}\ ,$$

gesetzt. Die eingeführten n^2 Funktionen $A^{\varrho}_{\gamma}(s)$ sind zweimal stetig differenzierbar. Nach (1599) und (1600) erhält man

$$(1601)\quad Q \in \mathfrak{K} \subseteq \mathfrak{C}:\qquad \frac{\partial^2 \bar{q}^{\varrho}}{\partial q^{\beta}\partial q^{\gamma}} = \delta^1_{\beta}\,\frac{dA^{\varrho}_{\gamma}(s)}{ds}\ ,$$

und an die Stelle von (1590) treten die n^2 gewöhnlichen Differentialgleichungen erster Ordnung

$$(1602)\quad \frac{dA^{\varrho}_{\gamma}(s)}{ds} = \Gamma^{\alpha}_{1\gamma}(s + q^1_o, q^2_o,\dots,q^n_o)A^{\varrho}_{\alpha}(s)$$

für die in (1600) definierten Funktionen.

Um die Koordinaten (1202) so wählen zu können, daß (1349) entlang dem Kurvenstück $\mathfrak{K} \subseteq \mathfrak{C}$ zutrifft, ist die Integration der Differentialgleichungen (1602) notwendig. Wenn die beliebig vorgebbaren Anfangswerte $A^{\varrho}_{\gamma}(0)$ der Funktionen in (1600) lediglich eine reguläre Matrix bilden, d.h. der Bedingung

$$(1603)\quad \|A^{\varrho}_{\gamma}(0)\| \neq 0$$

genügen, existiert eine Lösung von (1602) mit der regulären Matrix $\|A^{\varrho}_{\gamma}(s)\|$ (KAMKE, 1956). Insbesondere folgt aus (1599) und (1600)

$$(1604) \quad \frac{\partial \overline{q}^{\varrho}}{\partial s} = A^{\varrho}_{1}(s) \, ,$$

also längs $\mathfrak{K} \subseteq \mathfrak{C}$ unter Beachtung von (1592)

$$(1605) \quad Q \in \mathfrak{K} \subseteq \mathfrak{C} : \quad \overline{q}^{\varrho} = \overline{q}^{\varrho}_{o} + \int_{0}^{s} A^{\varrho}_{1}(\sigma) d\sigma \equiv g^{\varrho}_{o}(s) \, , \quad s \in \mathfrak{t} \, ;$$

die Funktionen $g^{\varrho}_{o}(s)$ sind dreimal stetig differenzierbar. Die Koordinatentransformation (1203) von der speziellen Art

$$(1606) \quad \overline{q}^{\varrho} = g^{\varrho}_{o}(q^1-q^1_o) + A^{\varrho}_{\sigma}(q^1-q^1_o)[(q^{\sigma}-q^{\sigma}_o) - \delta^{\sigma}_{1}(q^1-q^1_o)]$$
$$+ \frac{1}{2} \Gamma^{\alpha}_{\sigma\tau}(q^1, q^2_o, \ldots, q^n_o) A^{\varrho}_{\alpha}(q^1-q^1_o) \times$$
$$\times [(q^{\sigma}-q^{\sigma}_o) - \delta^{\sigma}_{1}(q^1-q^1_o)][(q^{\tau}-q^{\tau}_o) - \delta^{\tau}_{1}(q^1-q^1_o)] + \cdots$$

ist wenigstens in einer gewissen Umgebung $\mathfrak{H}_n \subseteq \mathfrak{J}_n$ des Kurvenstücks $\mathfrak{K} \subseteq \mathfrak{C}$ zulässig. Die Funktionen (1203) erscheinen hier als Potensreihen in den n-1 Koordinatendifferenzen $q^2 - q^2_o, \ldots, q^n - q^n_o$, deren Koeffizienten von q^1 abhängen. Der Einfachheit halber darf man diese unendlichen Reihen hinter den quadratischen Gliedern abbrechen.

Hinsichtlich (1606) und (1599) liefert der Ansatz (1606) die partiellen Ableitungen

$$(1607) \quad \frac{\partial \overline{q}^{\varrho}}{\partial q^{\gamma}} = \delta^{1}_{\gamma} A^{\varrho}_{1}(q^1-q^1_o) + \delta^{1}_{\gamma} \frac{dA^{\varrho}_{\sigma}(q^1-q^1_o)}{dq^1}[(q^{\sigma}-q^{\sigma}_o) - \delta^{\sigma}_{1}(q^1-q^1_o)]$$
$$+ A^{\varrho}_{\sigma}(q^1-q^1_o)(\delta^{\sigma}_{\gamma} - \delta^{1}_{\gamma}\delta^{\sigma}_{1})$$
$$+ \Gamma^{\alpha}_{\sigma\tau}(q^1, q^2_o, \ldots, q^n_o) A^{\varrho}_{\alpha}(q^1-q^1_o) \times$$
$$\times [(q^{\sigma}-q^{\sigma}_o) - \delta^{\sigma}_{1}(q^1-q^1_o)](\delta^{\tau}_{\gamma} - \delta^{1}_{\gamma}\delta^{\tau}_{1}) + \cdots \, ;$$

die Punkte deuten die Existenz von Gliedern zweiter und möglicherweise höherer Ordnung in $q^2 - q^2_o, \ldots, q^n - q^n_o$ an. Längs $\mathfrak{K} \subseteq \mathfrak{C}$ ergibt sich wegen (1599)

$$(1608)\quad Q \in \mathfrak{R} \subseteq \mathfrak{C}: \quad \frac{\partial \bar{q}^{\varrho}}{\partial q^{\gamma}} = \delta^1_{\gamma} A^{\varrho}_1(s) + A^{\varrho}_{\sigma}(s)(\delta^{\sigma}_{\gamma} - \delta^1_{\gamma}\delta^{\sigma}_1) = A^{\varrho}_{\gamma}(s) ,$$

was mit (1600) übereinstimmt. Anhand von (1607) gelangt man zu

$$\begin{aligned}(1609)\quad \frac{\partial^2 \bar{q}^{\varrho}}{\partial q^{\beta}\partial q^{\gamma}} &= \delta^1_{\beta}\delta^1_{\gamma}\, \frac{dA^{\varrho}_1(q^1-q^1_o)}{dq^1} + \delta^1_{\gamma}\, \frac{dA^{\varrho}_{\sigma}(q^1-q^1_o)}{dq^1}(\delta^{\sigma}_{\beta}-\delta^1_{\beta}\delta^{\sigma}_1) \\ &+ \delta^1_{\beta}\, \frac{dA^{\varrho}_{\sigma}(q^1-q^1_o)}{dq^1}(\delta^{\sigma}_{\gamma}-\delta^1_{\gamma}\delta^{\sigma}_1) \\ &+ \Gamma^{\alpha}_{\sigma\tau}(q^1,q^2_o,\ldots,q^n_o)A^{\varrho}_{\alpha}(q^1-q^1_o)(\delta^{\sigma}_{\beta}-\delta^1_{\beta}\delta^{\sigma}_1)(\delta^{\tau}_{\gamma}-\delta^1_{\gamma}\delta^{\tau}_1) + \cdots \\ &= -\,\delta^1_{\beta}\delta^1_{\gamma}\Big[\frac{dA^{\varrho}_1(q^1-q^1_o)}{dq^1} - \Gamma^{\alpha}_{11}(q^1,q^2_o,\ldots,q^n_o)A^{\varrho}_{\alpha}(q^1-q^1_o)\Big] \\ &+ \delta^1_{\beta}\Big[\frac{dA^{\varrho}_{\gamma}(q^1-q^1_o)}{dq^1} - \Gamma^{\alpha}_{1\gamma}(q^1,q^2_o,\ldots,q^n_o)A^{\varrho}_{\alpha}(q^1-q^1_o)\Big] \\ &+ \delta^1_{\gamma}\Big[\frac{dA^{\varrho}_{\beta}(q^1-q^1_o)}{dq^1} - \Gamma^{\alpha}_{\beta 1}(q^1,q^2_o,\ldots,q^n_o)A^{\varrho}_{\alpha}(q^1-q^1_o)\Big] \\ &+ \Gamma^{\alpha}_{\beta\gamma}(q^1,q^2_o,\ldots,q^n_o)A^{\varrho}_{\alpha}(q^1-q^1_o) + \cdots ,\end{aligned}$$

wobei die Punkte auf Glieder von (mindestens) erster Ordnung in $q^1 - q^2_o ,\ldots, q^n - q^n_o$ verweisen, die unter der Bedingung (1599) sämtlich verschwinden. Dann vereinfacht sich (1609) in Anbetracht von (1602), (1608) und der Symmetrierelationen (1300) zu

$$(1610)\quad Q \in \mathfrak{R} \subseteq \mathfrak{C}: \quad \frac{\partial^2 \bar{q}^{\varrho}}{\partial q^{\beta}\partial q^{\gamma}} = \Gamma^{\alpha}_{\beta\gamma}(s+q^1_o,q^2_o,\ldots,q^n_o)\frac{\partial \bar{q}^{\varrho}}{\partial q^{\alpha}} .$$

Nach (1348)-(1350) sind diese Gleichungen notwendig und hinreichend dafür, daß

$$(1611)\quad Q \in \mathfrak{R} \subseteq \mathfrak{C}: \quad \bar{\Gamma}^{\delta}_{\varrho\sigma}(\bar{q}^1,\ldots,\bar{q}^n) = \bar{\Gamma}^{\delta}_{\varrho\sigma}(\bar{q}^1_o,\ldots,\bar{q}^n_o) = 0$$

und daher analog zu (1596)

$$(1612)\quad Q \in \mathfrak{H}_n \subseteq \mathfrak{J}_n: \quad \bar{g}_{\alpha\beta}(\bar{q}^1,\ldots,\bar{q}^n) = \bar{g}_{\alpha\beta}(\bar{q}^1_o,\ldots,\bar{q}^n_o) + \cdots$$

gilt; die Punkte deuten wie in (1596) Terme an, deren Ordnung in

$\overline{q}^{\alpha} - \overline{q}_{o}^{\alpha}$ größer als Eins ist.

Solche, etwa gemäß der Vorschrift (1606) bestimmte n-tupel (1202) werden geodätische Koordinaten längs des Kurvenstücks $\mathfrak{K} \subseteq \mathfrak{C}$ genannt. Ihre Ähnlichkeit in der engen Umgebung $\mathfrak{H}_n$ von $\mathfrak{K}$ mit affinen Koordinaten impliziert die Bemerkung zu der Darstellung (1612) des metrischen Tensors (1248). In praxi wird der Sachverhalt genutzt, demzufolge der Kurvenparameter s offenbar nicht die Bogenlänge von $\mathfrak{K}$, also kein kanonischer Parameter zu sein braucht; denn die Überlegungen bedienen sich, wenn man von (1612) absieht, nur des RIEMANNschen Zusammenhangs, den die in den Indizes β und γ symmetrischen Funktionen (1299) bilden. Unter der Voraussetzung (1489) kann dann nämlich $s = t - t_o$ $(t = i_o)$ in (1599)-(1605), (1608) und (1610) gesetzt werden. Das Problem, die geodätischen Koordinaten (1606) zu konstruieren, konzentriert sich im wesentlichen auf die Lösung der (rheolinearen) Differentialgleichungen (1602) und die Integration der Lösungsfunktionen von (1602) in (1605). Auf die Diskussion anderer spezieller Koordinaten (1202), und zwar der sogenannten halbgeodätischen und RIEMANNschen Koordinaten, soll verzichtet werden, obwohl auch ihre Verwendung die Struktur der Bewegungsgleichungen des mechanischen Verbands $\mathfrak{M}_n$ vereinfachen kann, wenn das von dem Punkt $Q \in \mathfrak{I}_n$ im Zeitintervall $i_o \subseteq i$ zurückgelegte Kurvenstück $\mathfrak{K} \subseteq \mathfrak{C}$ eine Geodätische ist, was jedoch nur bei einem konservativen Verband $\mathfrak{M}_n$ in Betracht kommt. Dieser schon hinreichend erörterte Spezialfall rechtfertigt aber hier die damit verbundenen aufwendigen Untersuchungen nicht. Übrigens sind RIEMANNsche Koordinaten stets zugleich geodätische Koordinaten im Punkt Q_o; sie lassen sich indessen nicht so weitgehend willkürlich wählen wie letztere.

Es wird nun wieder (1489) angenommen. Statt (1238) ist also die strengere Bedingung

$$(1613)\quad \text{Rang}\,\|p^{\alpha}(t)\| = 1\,, \qquad t \in i_o\,,$$

erfüllt. Die Positivfunktion (1233) möge n-mal stetig differenzierbar sein. Aus (1237) folgt

$$(1614)\quad Dp^{\alpha} = \dot{s}\, D\frac{dh^{\alpha}}{ds} + d\dot{s}\,\frac{dh^{\alpha}}{ds}\,,$$

denn es gilt $D\dot{s} = d\dot{s} = \frac{d^2s}{dt^2}\,dt$, weil $\dot{s}$ ein Skalar ist. Auf Grund von (1233) und (1614) erhält man

$$(1615)\quad \frac{Dp^{\alpha}}{dt} = \left(\frac{ds}{dt}\right)^2 \frac{D}{ds}\frac{dh^{\alpha}}{ds} + \frac{d^2s}{dt^2}\frac{dh^{\alpha}}{dt}$$

und stellt fest, daß sich gemäß (1237) und (1615) die zur Zeit $t \in i_o \subseteq i$ längs $\mathfrak{K} \subseteq \mathfrak{C}$ definierten Tensoren $p^{\alpha}(t)$ und $\frac{Dp^{\alpha}(t)}{dt}$ als Linearkombinationen von $\frac{dh^{\alpha}(s)}{ds}$ und $\frac{D}{ds}\frac{dh^{\alpha}(s)}{ds}$ ergeben. Die Darstellung

$$(1616)\quad \frac{D^{f-1}p^{\alpha}(t)}{dt^{f-1}} = C^{(f)}\frac{D^{f-1}}{ds^{f-1}}\frac{dh^{\alpha}(s)}{ds} + \ldots + C^{(1)}\frac{dh^{\alpha}(s)}{ds}$$

enthält gewisse von t abhängige f Skalare

$$(1617)\quad C^{(f)} = \left[\frac{ds(t)}{dt}\right]^f, \ldots, \quad C^{(1)} = \frac{d^fs(t)}{dt^f},$$

die jedoch weiterhin nicht näher zu interessieren brauchen. Sie ist nach (1237) und (1615) für $f = 1$ und $f = 2$ richtig. Im Sinne der vollständigen Induktion wird ihre Gültigkeit für $f > 2$ vorausgesetzt ($n > 3$). Durch die absolute Differentiation von (1616) bekommt man

$$(1618)\quad \frac{D^fp^{\alpha}(t)}{dt^f} = C^{(f)}\dot{s}\,\frac{D^f}{ds^f}\frac{dh^{\alpha}(s)}{ds} + \ldots + \frac{dC^{(1)}}{dt}\frac{dh^{\alpha}(s)}{ds},$$

womit gezeigt wird, daß dann der Vektor $\frac{D^fp^{\alpha}(t)}{dt^f}\vec{e}_{\alpha}$ aus einer Linearkombination der (linear unabhängigen) Vektoren $\frac{dh^{\alpha}(s)}{ds}\vec{e}_{\alpha}$, $[\frac{D}{ds}\frac{dh^{\alpha}(s)}{ds}]\vec{e}_{\alpha}, \ldots, [\frac{D^f}{ds^f}\frac{dh^{\alpha}(s)}{ds}]\vec{e}_{\alpha}$ resultiert, wenn die Darstellung (1616) zutrifft. Da deren Richtigkeit für $f = 1$ und $f = 2$ feststeht, ist auch (1618) bewiesen. Ebenso läßt sich $[\frac{D^f}{ds^f}\frac{dh^{\alpha}(s)}{ds}]\vec{e}_{\alpha}$ nach den Vektoren $p^{\alpha}(t)\vec{e}_{\alpha}$, $\frac{Dp^{\alpha}(t)}{dt}\vec{e}_{\alpha}, \ldots, \frac{D^fp^{\alpha}(t)}{dt^f}\vec{e}_{\alpha}$ zerlegen, d.h., die (f+1)-te Schmiegebene $\mathfrak{D}_{f+1}$ ist parameterinvariant.

Im Hauptfall $f = n-1$ ergibt sich mit $\mathfrak{D}_n$ der affine Tangentialraum $\mathfrak{T}_n$, die Verflachung von $\mathfrak{K} \subseteq \mathfrak{C}$ verschwindet, d.h., das Kurvenstück $\mathfrak{K}$ ist vom Haupttyp, so daß $\frac{D^np^{\alpha}(t)}{dt^n}$ und alle möglicherweise existierenden derartigen Ableitungen höherer Ordnung von

(1619) $p^\alpha(t)$, $\frac{Dp^\alpha(t)}{dt}$,..., $\frac{D^{n-1}p^\alpha(t)}{d^{n-1}t}$, $t \in i_o \subseteq i$,

linear abhängen. Die Auswirkung dieses Resultats auf die bereits in (1401), (1403) zusammengefaßten, durch (1228) zu vervollständigenden Bewegungsgleichungen

(1620) $\frac{Dp^\alpha}{dt} = F^\alpha$

besteht demnach im sogenannten Hauptfall ($n > 2$) in der linearen Abhängigkeit der Ableitung $\frac{D^{n-1}F^\alpha}{dt^{n-1}}$ von

(1621) p^α , F^α ,..., $\frac{D^{n-2}F^\alpha}{d^{n-2}t}$.

17. Der Bewegungs- und Phasenraum eines Teilverbands der seismischen Apparatur

Den folgenden Betrachtungen liegen die Bewegungsgleichungen des autonomen mechanischen Verbands $\mathfrak{M}_n \subseteq \mathfrak{V}^*$ in der Form (1413) unter der Bedingung (1411) zugrunde. Es wird nun

$$(1622)\quad F^{\alpha} - \Gamma^{\alpha}_{\beta\gamma} p^{\beta} p^{\gamma} \equiv \Phi^{\alpha}$$

und

$$(1623)\quad p^{\alpha} \equiv q^{\alpha+n} \in \iota^{\alpha+n}$$

gesetzt. Die Variabilitätsintervalle $\iota^{\alpha+n}$ der generalisierten Geschwindigkeiten des Verbands $\mathfrak{M}_n$ sind endlich, beiderseits offen und enthalten den Nullpunkt. Die Größen Φ^{α} stellen mindestens einmal stetig differenzierbare Funktionen der 2n Veränderlichen (1200) und (1623) dar:

$$(1624)\quad \Phi^{\alpha} = \Phi^{\alpha}(q^1, \ldots, q^{2n}) .$$

Mit den Substitutionen in (1622) und (1623) nehmen die expliziten gewöhnlichen (nichtlinearen) Differentialgleichungen erster Ordnung (1413) die Gestalt

$$(1625)\quad \dot{q}^{\alpha} = q^{\alpha+n} , \quad \dot{q}^{\alpha+n} = \Phi^{\alpha}(q^1, \ldots, q^{2n})$$

an.

Neben der Koordinatentransformation (1203), (1204) erscheinen jetzt die Relationen

$$(1626)\quad \bar{q}^{\alpha+n} = \frac{\partial \bar{g}^{\alpha}(q^1, \ldots, q^n)}{\partial \bar{q}^{\beta}} q^{\beta+n}$$

und deren Inversion

$$(1627)\quad q^{\alpha+n} = \frac{\partial g^{\alpha}(\bar{q}^1, \ldots, \bar{q}^n)}{\partial \bar{q}^{\beta}} \bar{q}^{\beta+n} ,$$

die nach (1208) gesichert ist, als adäquate Beziehungen zwischen den „alten" und den „neuen" Geschwindigkeits-„Koordinaten" (1623) und

$$(1628)\quad \bar{p}^{\alpha} \equiv \bar{q}^{\alpha+n} \in \bar{\iota}^{\alpha+n} .$$

Die Intervalle $\bar{\iota}^{\alpha+n}$ und $\iota^{\alpha+n}$ sind gleichartig. Aus formalen Gründen empfiehlt es sich auch noch, die Bezeichnungen

$$(1629) \quad t \equiv q^{2n+1} \in \iota^{2n+1} , \quad \bar{t} \equiv \bar{q}^{2n+1} \in \bar{\iota}^{2n+1}$$

einzuführen. Wegen der prinzipiellen Übereinstimmung von t und $\bar{t}$ kommt jedoch nur die identische Zeittransformation

$$(1630) \quad \bar{q}^{2n+1} = q^{2n+1} , \quad \bar{\iota}^{2n+1} = \iota^{2n+1} = \iota ,$$

in Betracht.

Einfach bzw. doppelt apostrophierte griechische Minuskeln repräsentieren als Indizes die Zahlen 1,...,2n bzw. 1,...,2n+1. Beide Male wird wieder die EINSTEINsche Summenkonvention befolgt. Das (2n+1)-tupel

$$(1631) \quad q^{\alpha''} \in \iota^{\alpha''}$$

beschreibt einen potentialen Bewegungszustand Q" des Verbands $\mathfrak{M}_n$. Alle derartigen Bewegungszustände definieren die Menge $\mathfrak{J}_{2n+1}$. Dem Element Q" von $\mathfrak{J}_{2n+1}$ entsprechen also die 2n+1 Zustandsvariablen (1631). Um mit $\mathfrak{J}_{2n+1}$ eine (2n+1)-dimensionale elementare Mannigfaltigkeit der Ordnung 3 zu erhalten, muß vorausgesetzt werden, daß die Abbildung

$$(1632) \quad \{q^1 \in \iota^1 ,\ldots, q^{2n+1} \in \iota^{2n+1}\} \quad \longleftrightarrow \quad Q'' \in \mathfrak{J}_{2n+1}$$

nur bis auf alle möglichen dreimal stetig differenzierbaren Transformationen

$$(1633) \quad \tilde{q}^{\alpha''} = \tilde{g}^{\alpha''}(q^1,\ldots,q^{2n+1}) , \quad q^{\delta''} \in \iota^{\delta''} ,$$

oder umgekehrt

$$(1634) \quad q^{\alpha''} = g^{\alpha''}(\tilde{q}^1,\ldots,\tilde{q}^{2n+1}) , \quad \tilde{q}^{\delta''} \in \tilde{\iota}^{\delta''} ,$$

bestimmt ist. Die Variabilitätsintervalle $\tilde{\iota}^{\delta''}$ sind ebenso wie $\iota^{\delta''}$ endlich und offen. Aus

$$(1635) \quad \frac{\partial q^{\alpha''}}{\partial \tilde{q}^{\gamma''}} \frac{\partial \tilde{q}^{\gamma''}}{\partial q^{\beta''}} = \delta^{\alpha''}_{\beta''}$$

resultiert die notwendige Bedingung

(1636) $\det(\frac{\partial \tilde{g}^{\alpha''}(q^1,\ldots,q^{2n+1})}{\partial q^{\beta}}) \neq 0$

dafür, daß die in (1634) postulierte Inversion von (1633) wenigstens in einer gewissen Umgebung des beliebigen Punktes Q" der Mannigfaltigkeit $\mathfrak{J}_{2n+1}$ gilt. Die Abbildung (1632) stellt ein spezielles Koordinatensystem in $\mathfrak{J}_{2n+1}$ dar. In (1633) sind die allein interessierenden physikalisch bedeutsamen, durch (1203), (1626) und (1630) ausgedrückten Koordinatentransformationen

(1637) $\{q^1 \in i^1,\ldots,q^{2n+1} \in i^{2n+1}\} \longleftrightarrow \{\bar{q}^1 \in \bar{i}^1,\ldots,\bar{q}^{2n+1} \in \bar{i}^{2n+1}\}$

enthalten.

Die in jedem Punkt $Q'' \in \mathfrak{J}_{2n+1}$ erklärten Koordinatendifferentiale $dq^{\alpha''}$ erzeugen ein einfach kontravariantes Tensorfeld. Wird ihnen von den Bewegungsgleichungen (1625) die Bedingung

(1638) $\|dq^{\alpha''}\| = \|q^{n+1},\ldots,q^{2n},\Phi^1,\ldots,\Phi^n,1\|dt$

auferlegt, dann bilden sie oder die in allen Punkten der Mannigfaltigkeit $\mathfrak{J}_{2n+1}$ angetragenen 2n+1 Größen $q^{n+1},\ldots,q^{2n},\Phi^1,\ldots,\Phi^n,1$ das sogenannte Richtungsfeld für das Gleichungssystem (1625). Denn die Koordinatendifferentiale $dq^{\alpha''}$ sind die 2n+1 affinen Koordinaten eines infinitesimalen Vektors $d\vec{r}''$ im (2n+1)-dimensionalen affinen Tangentialraum $\mathfrak{T}_{2n+1}$, der per definitionem mit $\mathfrak{J}_{2n+1}$ in einer unendlich kleinen Umgebung des gemeinsamen Punktes Q" vereinigt ist, und $d\vec{r}''$ läßt sich als eine infinitesimale Verrückung von Q" längs eines Kurvenstücks in $\mathfrak{T}_{2n+1}$ bzw. $\mathfrak{J}_{2n+1}$ deuten, das im Fall (1638) einer Lösungs- oder Integralkurve

(1639) $\mathfrak{C}'' \subset \mathfrak{J}_{2n+1}$

angehört. Demnach unterscheiden sich die Integralkurven von anderen Kurven in $\mathfrak{J}_{2n+1}$ dadurch, daß sie, kurz gesagt, auf das in (1638) gegebene (kontravariante) Richtungsfeld passen. Da die Funktionen (1624) stetig differenzierbar sind, verläuft durch jeden Punkt der Mannigfaltigkeit $\mathfrak{J}_{2n+1}$ genau eine Integralkurve (1639). Einer speziellen Lösung der Differentialgleichungen (1625) entspricht also eine einzige Integralkurve (1639).

Die Menge der Punkte von $\mathfrak{J}_{2n+1}$, deren Zeitkoordinate (1629) den gleichen festen Wert $t = \text{const}$ annimmt, bildet das Hyperflächenstück $\mathfrak{H}(t=\text{const})$ in $\mathfrak{J}_{2n+1}$:

(1640) $\mathfrak{H}(t=\text{const}) \subset \mathfrak{J}_{2n+1}$, $t \in \iota$.

Im Hinblick darauf ist die Definition der beiden Hyperflächenstücke $\mathfrak{H}(t_o)$ und $\mathfrak{H}(\sup \iota)$ evident. Sie beranden (begrenzen) die Mannigfaltigkeit $\mathfrak{J}_{2n+1}$, ohne ihr selbst anzugehören. Jede Integralkurve (1639) „beginnt im Limes" auf $\mathfrak{H}(t_o)$, hat nur einen Punkt mit $\mathfrak{H}(t=\text{const})$ gemeinsam und nähert sich unbeschränkt $\mathfrak{H}(\sup \iota)$. Übrigens können deshalb die Bewegungsgleichungen (1625) des mechanischen Verbands $\mathfrak{M}_n$ als schlicht bezeichnet werden. Den 2n+1 Anfangswerten (6), (1227) und (1229) ist der Randpunkt $Q_o'' \in \mathfrak{H}(t_o)$ von $\mathfrak{J}_{2n+1}$ umkehrbar eindeutig zugeordnet. In Anbetracht von (1229) und (1623) sind die Substitutionen

(1641) $p_o^\alpha \equiv q_o^{\alpha+n} \in \iota^{\alpha+n}$

verständlich, so daß man diese Zuordnung durch

(1642) $\{q_o^1 \in \iota^1, \ldots, q_o^{2n} \in \iota^{2n}\} \longleftrightarrow Q_o'' \in \mathfrak{H}(t_o)$

ausdrücken kann.

Von jetzt ab soll $\mathfrak{C}''$ die Integralkurve mit dem Anfangspunkt (Grenzpunkt) Q_o'' sein. Die derart modifizierte Integralkurve (1639) entspricht der speziellen Lösung

(1643) $q^{\alpha'} = \eta^{\alpha'}(q_o^1, \ldots, q_o^{2n}, t-t_o)$, $t \in \iota$,

des Differentialgleichungssystems (1625). Die 2n sogenannten charakteristischen Funktionen $\eta^{\alpha'}$ haben stetige partielle Ableitungen nach sämtlichen 2(n+1) Argumenten $q_o^1, \ldots, q_o^{2n}, t_o, t$ derselben Ordnung wie die (mindestens einmal stetig differenzierbaren) Funktionen (1624). Da der Verband $\mathfrak{M}_n$ autonom ist, gehen t und t_o nicht separat, sondern nur als Differenz $t-t_o$ in die charakteristischen Funktionen (1643) ein. Wegen (6), (1227), (1229) und (1641) ergibt sich

(1644) $q_o^{\alpha'} = \eta^{\alpha'}(q_o^1, \ldots, q_o^{2n}, 0)$,

und im Hinblick auf (1624) wird

(1645) $\Phi_o^\alpha = \Phi^\alpha(q_o^1, \ldots, q_o^{2n})$

gesetzt. Aus (1625) und (1643) folgt

(1646) $\frac{\partial \eta^{\alpha}}{\partial t} = - \frac{\partial \eta^{\alpha}}{\partial t_o} = \eta^{\alpha+n}$,

(1647) $\frac{\partial \eta^{\alpha+n}}{\partial t} = - \frac{\partial \eta^{\alpha+n}}{\partial t_o} = \Phi^{\alpha}(\eta^1,\ldots,\eta^{2n})$,

so daß man unter Berücksichtigung eines Satzes von LINDELÖF (KAMKE, 1956) die Beziehungen

(1648) $\frac{\partial \eta^{\alpha}}{\partial q_o^{\beta}} q_o^{\beta+n} + \frac{\partial \eta^{\alpha}}{\partial q_o^{\beta+n}} \Phi_o^{\beta} = \eta^{\alpha+n}$,

(1649) $\frac{\partial \eta^{\alpha+n}}{\partial q_o^{\beta}} q_o^{\beta+n} + \frac{\partial \eta^{\alpha+n}}{\partial q_o^{\beta+n}} \Phi_o^{\beta} = \Phi^{\alpha}(\eta^1,\ldots,\eta^{2n})$

erhält, die sich als ein System von 2n linearen Gleichungen mit den 2n Unbekannten $q_o^{\beta+n}$, Φ_o^{β} auffassen lassen, für dessen Koeffizien-tendeterminante die Formel

(1650) $\det(\frac{\partial \eta^{\alpha'}}{\partial q_o^{\beta'}}) = \exp \int_{t_o}^{t} \frac{\partial \Phi^{\alpha}(\eta^1,\ldots,\eta^{2n})}{\partial q^{\alpha+n}} d\tau$

gilt. Wenn $\mathfrak{I}_n$ ein EUKLIDscher Raum und das Koordinatensystem (1210) affin ist, verschwinden die Funktionen (1299) identisch, und man entnimmt (1411) und (1622)-(1624) die Relation

(1651) $\frac{\partial \Phi^{\alpha}}{\partial q^{\alpha+n}} = \frac{\partial F^{\alpha}}{\partial p^{\alpha}}$.

Zusätzlich kann der Fall

(1652) $\frac{\partial F^{\alpha}}{\partial p^{\alpha}} = C = \text{const}$

eintreten, indem z.B. die Funktionen (1411) bezüglich der generalisierten Geschwindigkeit (1623) höchstens linear sind. Dann reduziert sich die LINDELÖFsche Formel (1650) auf

(1653) $\det(\frac{\partial \eta^{\alpha'}}{\partial q_o^{\beta'}}) = e^{C(t-t_o)}$

Mit den wenigstens einmal stetig differenzierbaren Funktionen

(1654) $G_{\alpha''\beta''} = G_{\alpha''\beta''}(q^1,\ldots,q^{2n+1})$, $q^{\delta''} \in \iota^{\delta''}$, $G_{\alpha''\beta''} = G_{\beta''\alpha''}$, wird in der Mannigfaltigkeit $\mathfrak{I}_{2n+1}$ ein zweifach kovariantes symmetrisches Tensorfeld eingeführt. Sie gehen bei der Koordinatentransformation (1633) in die stetig differenzierbaren Funktionen

$$(1655)\quad \tilde{G}_{\alpha''\beta''} = \tilde{G}_{\alpha''\beta''}(\tilde{q}^1,\ldots,\tilde{q}^{2n+1}) \;,\quad \tilde{q}^{\delta''} \in \tilde{\iota}^{\delta''} \;,\quad \tilde{G}_{\alpha''\beta''} = \tilde{G}_{\beta''\alpha''} \;,$$

gemäß dem Gesetz

$$(1656)\quad \tilde{G}_{\alpha''\beta''} = \frac{\partial q^{\gamma''}}{\partial \tilde{q}^{\alpha''}} \frac{\partial q^{\delta''}}{\partial \tilde{q}^{\beta''}} G_{\gamma''\beta''}$$

über. Von den Funktionen (1655) interessieren jedoch nur die physikalisch motivierten Tensorkoordinaten

$$(1657)\quad \bar{G}_{\alpha''\beta''} = \bar{G}_{\alpha''\beta''}(\bar{q}^1,\ldots,\bar{q}^{2n+1}) \;,\quad \bar{q}^{\delta''} \in \bar{\iota}^{\delta''} \;,\quad \bar{G}_{\alpha''\beta''} = \bar{G}_{\beta''\alpha''} \;,$$

die aus (1654) nach der zu (1656) analogen Vorschrift

$$(1658)\quad G_{\alpha''\beta''} = \frac{\partial q^{\gamma''}}{\partial \bar{q}^{\alpha''}} \frac{\partial q^{\delta''}}{\partial \bar{q}^{\beta''}} G_{\gamma''\delta''}$$

resultieren. Es soll nun auch die Bedingung

$$(1659)\quad G_{11} > 0 \;,\quad \begin{vmatrix} G_{11} & G_{12} \\ G_{21} & G_{22} \end{vmatrix} > 0 \;,\ldots,\quad \det(G_{\alpha''\beta''}) > 0$$

erfüllt sein, die für die positive Definitheit der koordinateninvarianten quadratischen Differentialform

$$(1660)\quad G_{\alpha''\beta''}dq^{\alpha''}dq^{\beta''} = \tilde{G}_{\alpha''\beta''}d\tilde{q}^{\alpha''}d\tilde{q}^{\beta''} = \bar{G}_{\alpha''\beta''}d\bar{q}^{\alpha''}d\bar{q}^{\beta''}$$

notwendig und hinreichend ist (Satz von SYLVESTER). Der Tensor (1654) prägt der Mannigfaltigkeit $\mathfrak{I}_{2n+1}$ eine RIEMANNsche Metrik auf, so daß man mit $\mathfrak{I}_{2n+1}$ über einen (2n+1)-dimensionalen eigentlich RIEMANNschen Raum verfügt. Der Punkt $Q'' \in \mathfrak{I}_{2n+1}$, dessen Koordinaten $q^{\alpha'}$ die charakteristischen Funktionen (1643) darstellen, beschreibt im Zeitintervall ι die im Grenzpunkt $Q'' \in \mathfrak{H}(t_o)$ beginnende Bewegungskurve $\mathfrak{C}''$ (KAUDERER, 1958). Dementsprechend wird der RIEMANNsche Raum $\mathfrak{I}_{2n+1}$ als Bewegungsraum des mechanischen Verbands $\mathfrak{M}_n$ bezeichnet.

Die einfachste Vorgabe von $G_{\alpha''\beta''}$ ist offensichtlich $G_{\alpha''\beta''} = \delta_{\alpha''\beta''}$. Sie liegt den bekannten Existenzsätzen für Systeme von Differentialgleichungen erster Ordnung zugrunde (KAMKE, 1956), paßt sich jedoch im allgemeinen dem Verband $\mathfrak{W}_n$ zu wenig an. Um diese Anpassung zu verbessern, kann eine stetige Positivfunktion

(1661) $\Psi = \Psi(q^1,\ldots,q^{2n}) , \quad q^{\delta'} \in i^{\delta'} ,$

eingeführt werden, die lediglich der Forderung

(1662) $\Psi(q^1,\ldots,q^{2n}) - g_{\gamma\delta}(p^\gamma p^\delta + \psi^2 F^\gamma F^\delta) > 0$

zu genügen hat, sonst aber willkürlich wählbar ist. Die richtige Dimensionierung in (1662) erfolgt mit Hilfe der Größe

(1663) $\psi = 1 ,$

der im Hinblick auf (1413) die Dimension der Zeit zuerkannt werden muß. Der Ansatz

(1664) $G_{\alpha\beta} = g_{\alpha\beta} + \psi^2 g_{\gamma\delta}\Gamma^\gamma_{\varrho\alpha}\Gamma^\delta_{\sigma\beta}p^\varrho p^\sigma ,$

(1665) $G_{\alpha,\beta+n} = \psi^2\Gamma_{\beta\alpha\gamma}p^\gamma , \quad G_{\alpha+n,\beta} = \psi^2\Gamma_{\alpha\beta\gamma}p^\gamma ,$

(1666) $G_{\alpha+n,\beta+n} = \psi^2 g_{\alpha\beta} ,$

(1667) $G_{\alpha',2n+1} = 0 , \quad G_{2n+1,\beta'} = 0 ,$

(1668) $G_{2n+1,2n+1} = \Psi - g_{\gamma\delta}(p^\gamma p^\delta + \psi^2 F^\gamma F^\delta)$

verhilft zu einer dem Verband $\mathfrak{W}_n$ angepaßten Metrik von $\mathfrak{I}_{2n+1}$; denn anhand von (1664)-(1668) ergibt sich in Anbetracht von (1297) und (1300) die metrische Fundamentalform

(1669) $$G_{\alpha''\beta''}dq^{\alpha''}dq^{\beta''} = g_{\alpha\beta}dq^\alpha dq^\beta + \psi^2 g_{\alpha\beta}(dp^\alpha + \Gamma^\alpha_{\gamma\delta}p^\gamma dq^\delta)(dp^\beta + \Gamma^\beta_{\varrho\sigma}p^\varrho dq^\sigma)$$
$$+ (\Psi - g_{\alpha\beta}p^\alpha p^\beta - \psi^2 g_{\alpha\beta}F^\alpha F^\beta)dt^2 ,$$

deren positive Definitheit in dieser Schreibweise evident ist, wenn man nur die Bedingungen (1274), (1662) und (1663) beachtet. Unter Berücksichtigung von (1306) läßt sich (1669) in die übersichtlichere Gestalt

(1670) $$G_{\alpha''\beta''}dq^{\alpha''}dq^{\beta''} = g_{\alpha\beta}[dq^\alpha dq^\beta - p^\alpha p^\beta dt^2$$
$$+ \psi^2(Dp^\alpha Dp^\beta - F^\alpha F^\beta dt^2)] + \Psi dt^2$$

bringen.

Da die Bewegungsgleichungen (1625) oder (1228), (1620) schlicht sind, eignet sich die Zeit $t \in i$ als Kurvenparameter von $\mathfrak{C}''$. Diese Feststellung impliziert den Hinweis, daß in keinem Punkt $Q'' \in \mathfrak{C}''$ das Differential dt den Wert Null annimmt. Das Bogenelement $d\Sigma''$ längs der Bewegungskurve $\mathfrak{C}''$ ist wegen (1228), (1620) und (1670) sowie (1661), (1623) und (1643) durch

(1671) $$d\Sigma'' = \left|\sqrt{\Psi(\eta^1,\ldots,\eta^{2n})}\right| dt$$

bestimmt. Demnach bedeutet

(1672) $$\Sigma'' = \int_{t_0}^{t} \left|\sqrt{\Psi(\eta^1,\ldots,\eta^{2n})}\right| d\tau \; , \quad \Sigma'' = \Sigma''(t) > 0 \; , \quad t \in i \; ,$$

die Länge des Kurvenstücks von $\mathfrak{C}''$ zwischen den Punkten Q''_0 und $Q'' \in \mathfrak{C}''$, und es gilt

(1673) $$\dot{\Sigma}''^2 = \Psi(\eta^1,\ldots,\eta^{2n}) > 0 \; .$$

Die sehr einfachen Formeln (1671)-(1673) sind notabene dem Ansatz (1664)-(1668) zu verdanken. Übrigens braucht Ψ in (1662) nur eine feste obere Schranke von $g_{\gamma\delta}(p^\gamma p^\delta + \psi^2 F^\gamma F^\delta)$ zu sein, so daß an die Stelle der Forderung (1662) für die Funktion (1661) die Bedingung

(1674) $$g_{\gamma\delta}(p^\gamma p^\delta + \psi^2 F^\gamma F^\delta) < \Psi = \mathrm{const}$$

tritt. Dann reduziert sich (1671) auf

(1675) $$\Sigma'' = |\sqrt{\Psi}|(t - t_0) \; , \quad t \in i \; ,$$

und der Punkt Q'' durchläuft die Bewegungskurve $\mathfrak{C}'' \subset \mathfrak{I}_{2n+1}$ mit der konstanten Bahngeschwindigkeit

(1676) $$\dot{\Sigma}'' = |\sqrt{\Psi}| \; .$$

Da der mechanische Verband $\mathfrak{M}_n$ autonom ist, repräsentiert jedes Hyperflächenstück $\mathfrak{H}(t=\mathrm{const})$ denselben Phasenraum $\mathfrak{I}_{2n}$ von $\mathfrak{M}_n$. Die Wahl des Zeitwertes $t' \in i$ bezweckt allein, das Hyperflächenstück $\mathfrak{H}(t')$ als Phasenraum des Verbands $\mathfrak{M}_n$ auszuzeichnen:

(1677) $$\mathfrak{H}(t') = \mathfrak{I}_{2n} \subset \mathfrak{I}_{2n+1} \; .$$

Offensichtlich ist $\mathfrak{I}_{2n}$ ein 2n-dimensionaler eigentlich RIEMANNscher Raum, dessen metrische Fundamentalform sogleich in der Fassung

(1678) $G_{\alpha'\beta'}dq^{\alpha'}dq^{\beta'} = g_{\alpha\beta}[dq^{\alpha}dq^{\beta} + \psi^2(dp^{\alpha}+\Gamma^{\alpha}_{\gamma\delta}p^{\gamma}dq^{\delta})(dp^{\beta}+\Gamma^{\beta}_{\varrho\sigma}p^{\varrho}dq^{\sigma})]$

bzw.

(1679) $G_{\alpha'\beta'}dq^{\alpha'}dq^{\beta'} = g_{\alpha\beta}(dq^{\alpha}dq^{\beta} + \psi^2 Dp^{\alpha}Dp^{\beta})$

hingeschrieben werden kann, indem man alle mit dt^2 multiplizierten Größen in (1669) bzw. (1670) annulliert. Die Bedingung (1667) sorgt dafür, daß zwischen den metrischen Fundamentalformen von $\mathfrak{J}_{2n+1}$ und $\mathfrak{J}_{2n}$ die Beziehung

(1680) $G_{\alpha''\beta''}dq^{\alpha''}dq^{\beta''} = G_{\alpha'\beta'}dq^{\alpha'}dq^{\beta'} + G_{2n+1,2n+1}dt^2$

besteht.

Der Punkt Q' sei die Projektion von $Q'' \in \mathfrak{C}''$ auf $\mathfrak{J}_{2n}$ längs der Zeitkoordinatenlinie durch Q". Dieser dem Punkt $Q'' \in \mathfrak{C}''$ eindeutig zugeordnete Phasenpunkt $Q' \in \mathfrak{J}_{2n}$ beschreibt im Zeitintervall $\mathfrak{i}$ eine Bahn, nämlich die sogenannte Phasenkurve $\mathfrak{C}'$:

(1681) $Q'' \in \mathfrak{C}'' \subset \mathfrak{J}_{2n+1} \longrightarrow Q' \in \mathfrak{C}' \subset \mathfrak{J}_{2n}$.

Die Schlichtheit des Differentialgleichungssystems (1625) bewirkt zugleich, daß die Gesamtheit der in Betracht kommenden Phasenkurven, die als das Phasenporträt des mechanischen Verbands $\mathfrak{M}_n$ bezeichnet werden kann, in den Phasenraum schlicht eingebettet ist. Die Phasenkurve $\mathfrak{C}'$ wird möglicherweise von dem Phasenpunkt Q' mehrfach durchlaufen. Sie entartet genau dann in den stationären (singulären) Punkt Q', wenn die Bewegungskurve $\mathfrak{C}''$ mit einer Zeitkoordinatenlinie identisch ist. Leider scheinen die Kenntnisse über den Verlauf der Phasenkurven in einer engen Umgebung $\mathfrak{U}_{2n} \subset \mathfrak{J}_{2n}$ eines stationären Punktes für den hier interessierenden Fall $n > 1$ noch immer recht unvollkommen zu sein. Die charakteristischen Funktionen (1643) liefern eine geeignete Parameterdarstellung von $\mathfrak{C}'$.

Das Quadrat des eindeutig bestimmten Bogenelements $d\Sigma'$ der Phasenkurve $\mathfrak{C}'$ im Punkt Q' ergibt sich per definitionem unter Beachtung der metrischen Fundamentalform (1679) des Phasenraumes $\mathfrak{J}_{2n}$ und der Bewegungsgleichungen (1228), (1620) sowie von (1623), (1643) und (1247), (1411) zu

(1682) $$d\Sigma' = g_{\alpha\beta}(\eta^1,\ldots,\eta^{2n})[\eta^{\alpha+n}\eta^{\beta+n} + \psi^2 F^{\alpha}(\eta^1,\ldots,\eta^{2n})F^{\beta}(\eta^1,\ldots,\eta^{2n})]dt^2 .$$

Die Projektion des singulären Punktes Q' auf das Hyperflächenstück $\mathfrak{H}(t_o)$ längs der Zeitkoordinatenlinie $\mathfrak{C}''$ ist der Punkt Q''_o, dessen n Koordinatenwerte (1641) sämtlich gleich Null sind. Das folgt auch aus (1682); denn $d\Sigma'$ verschwindet wegen der positiven Definitheit der quadratischen Differentialform (1678) bzw. (1679) genau dann identisch in $t \in i$, wenn

$$(1683)\quad \eta^{\alpha+n}(q_o^1,\ldots,q_o^{2n},t-t_o) \equiv 0$$

und damit zugleich

$$(1684)\quad F^{\alpha}(\eta^1(q_o^1,\ldots,q_o^{2n},t-t_o),\ldots,\eta^n(q_o^1,\ldots,q_o^{2n},t-t_o),0,\ldots,0) \equiv 0$$

gilt, was hinsichtlich (1641), (1643) und (1644) das Resultat

$$(1685)\quad \mathfrak{C}' = Q' \longrightarrow Q''_o :\ p_o^{\alpha} = 0\ ,\quad F^{\alpha}(q_o^1,\ldots,q_o^n,0,\ldots,0) = 0$$

involviert. Die Bedingung $d\Sigma' = 0$ ist aber notwendig und hinreichend dafür, daß Q' einen stationären Punkt repräsentiert. Im Hinblick auf (1680) ergibt sich speziell

$$(1686)\quad d\Sigma''^2 = d\Sigma'^2 + G_{2n+1,2n+1}(\eta^1,\ldots,\eta^{2n},t_o)dt^2\ ,$$

d.h., entsprechend dem Lehrsatz von PYTHAGORAS sind die positiven Bogenelemente $d\Sigma'$, $\left|\sqrt{G_{2n+1,2n+1}(\eta^1,\ldots,\eta^{2n},t_o)}\right|dt$ und $d\Sigma''$ die Längen der Katheten und der Hypothenuse eines in $Q'' \in \mathfrak{C}''$ angetragenen rechtwinkligen infinitesimalen Dreiecks.

Übrigens kann man statt (1682) unmißverständlich kürzer

$$(1687)\quad \dot{\Sigma}'^2 = g_{\alpha\beta}(p^{\alpha}p^{\beta} + \psi^2F^{\alpha}F^{\beta})$$

schreiben und gelangt, hiervon ausgehend, mittels (1422) und (1419) zu den Relationen

$$(1688)\quad \dot{\Sigma}'^2 = g_{\alpha\beta}(p^{\alpha} \pm \psi F^{\alpha})(p^{\beta} \pm \psi F^{\beta}) \mp 2\psi\dot{T}\ .$$

Demnach gelten zu jeder Zeit $t \in i$ die beiden Ungleichungen

$$(1689)\quad \pm\,\psi\dot{T} < \tfrac{1}{2}\, g_{\alpha\beta}(p^{\alpha} \pm \psi F^{\alpha})(p^{\beta} \pm \psi F^{\beta})\ ,$$

falls die Phasenkurve $\mathfrak{C}'$ nicht entartet. Im Zeitintervall $i_o \subseteq i$ läßt sich (1687) in Anbetracht von (1284), (1403) und (1262) vorerst durch die Darstellung

=

(1690) $\dot{\Sigma}'^2 = \dot{s}^2 + \psi^2|\dot{\vec{F}}|^2$

ersetzen. Nun verhelfen aber die Formeln (1423), (1280), (1324), (1262) und (1426) zu

(1691) $Q \in \mathfrak{K} \subseteq \mathfrak{C} : \quad |\vec{F}|^2 = \ddot{s}^2 + \dot{s}^4[\varkappa_1(s)]^2$,

weshalb man anstelle von (1690) für $t \in i_o \subseteq i$ die Gleichung

(1692) $\dot{\Sigma}'^2 = \dot{s}^2 + \psi^2\{\ddot{s}^2 + \dot{s}^4[\varkappa_1(s)]^2\}$

erhält. Sie zeigt, daß sich im stationären Fall $\dot{\Sigma}' = 0$ sowohl $\dot{s} = 0$ als auch $\ddot{s} = 0$ ergibt. Ist das vom Punkt $Q \in \mathfrak{J}_n$ im Zeitintervall i_o zurückgelegte Kurvenstück $\mathfrak{K} \subset \mathfrak{J}_n$ eine Geodätische, dann verschwindet gemäß (1427) die erste Krümmung $\varkappa_1(s)$ identisch, und demzufolge reduziert sich (1692) auf

(1693) $\dot{\Sigma}'^2 = \dot{s}^2 + \psi^2\ddot{s}^2$.

Die Menge aller Punkte von $\mathfrak{J}_{2n}$, deren n Koordinaten (1623) sämtlich gleich Null sind, bildet den Konfigurationsraum $\mathfrak{J}_n$ des mechanischen Verbands $\mathfrak{M}_n$. In dem Zusammenhang stellt $\mathfrak{J}_n$ ein bestimmtes physikalisch definiertes n-dimensionales Flächenstück des Phasenraumes $\mathfrak{J}_{2n}$ bzw. des Bewegungsraumes $\mathfrak{J}_{2n+1}$ dar:

(1694) $\mathfrak{J}_n \subset \mathfrak{J}_{2n} \subset \mathfrak{J}_{2n+1}$.

Der Punkt $Q \in \mathfrak{C}$ ist dem Phasenpunkt $Q' \in \mathfrak{C}'$ eindeutig zugeordnet, so daß die Abbildung (1681) durch

(1695) $Q' \in \mathfrak{C}' \subset \mathfrak{J}_{2n} \longrightarrow Q \in \mathfrak{C} \subset \mathfrak{J}_n$

fortgesetzt wird. Nach (1623), (1643) und (1683) gehört insbesondere jeder stationäre Punkt des Phasenporträts von $\mathfrak{M}_n$ dem Konfigurationsraum $\mathfrak{J}_n$ an. Viele der differentialgeometrischen Untersuchungen von $\mathfrak{J}_n$ können in bezug auf den Phasenraum $\mathfrak{J}_{2n}$ wiederholt werden, dessen Metrik mit der des n-dimensionalen eigentlich RIEMANNschen Raumes $\mathfrak{J}_n$ vollständig bestimmt ist und ihr weitestgehend entspricht. Beispielsweise ist $\mathfrak{J}_{2n}$ genau dann ein EUKLIDscher Raum, wenn $\mathfrak{J}_n$ diese Eigenschaft aufweist.

18. Literatur

AGAMENNONE, G., La registrazione dei terremoti.
Casa Editrice „L'Elettricista", Novità scient. n. 1, Roma 1906.

AGAMENNONE, G., I terremoti di lontana provenieza registrati al Collegio Romano.
Atti della Accademia nazionale dei Lincei, Ser. 5 Rendiconti 7 (1894) Sem. 1, 265-271.

ALSOP, L. E., Transmission and Reflection of LOVE Waves at a Vertical Discontinuity.
Journ. Geophys. Res. 71 (1966) 16, 3969-3984.

ANDERSON, G. C., BENNETT, A. S., PARKS, R. and P. L. WILLMORE, Advances in Instrumentation.
Proceedings of the Royal Society London, Ser. A 290 (1960) 323-327.

BARATTA, M., Ricerche storiche sugli apparecchi sismici.
Annali dell' ufficio centrale meteorologico e geodinamico Italiano, Ser. 2 17 (1895) 1, 3-37.

BARBASCHIN, J. A., Funkcii Ljapunova (LJAPUNOVsche Funktionen).
Moskva Isd-vo „Nauka" 1970, 240 S.

BÅTH, M., Futur développement des réseaux de stations séismologiques.
Scientia, Asso 58 (1964) Sept.

BÅTH, M., Methods to improve seismograph data.
Scientia, Asso 102 (1967) Juli/Aug.

BELLER, W. S., Seismic array refines blast detection.
Missiles and rockets (1965) Feb. 24-25.

BENIOFF, H., A new electromagnetic seismograph.
Proceedings of the fifth Pacific Science Congress. Bd. 3 (1933) 2442-2450.

BERCKHEMER, H., Mündlicher Hinweis während der ESC-Tagung in Leningrad 1968.

BERLAGE, H. P., Seismometer.
Handbuch der Geophysik, Bd. 4, Borntraeger, Berlin 1932, 299-526.

BIEBERBACH, L., Lehrbuch der Funktionentheorie.
Bd. 2, Teubner, Leipzig 1931.

BOLT, B. A., Recent information of the earth's interior from studies of mantle waves and eigenvibrations.
Physics and chemistry of the earth 5 (1964) 55-119.

BORISEVIČ, E. S., Novye pribory s fotografičeskoj i neposredstvenno vidimoj zapis'ju dlja registracii seijsmičeskich processov (Neue Geräte mit photographischer und unmittelbar sichtbarer Aufzeichnung für die Registrierung seismischer Prozesse).
Bjull. Sov. Sejsmol., Moskva (1963) 14, 28-38.

BORISEVICH (BORISEVIČ) E. S., Present-day methods of recording seismic events.
Studia geophysica et geodaetica 9 (1965) 4, 350-358.

BORISEVIČ, E. S., Sowjetische Geräte für die Erdbebenregistrierung.
Zeitschr. Geophys. 33 (1967) 6, 425-438.

BREMAECKER de, J. C., DONOHO, P. and J. G. MICHEL, A direct Digitizing Seismograph.
Bull. Seis. Soc. Am. 52 (1962) 3, 661-672.

BUDÓ, A., Theoretische Mechanik.
VEB Deutscher Verlag der Wissenschaften, Berlin 1956.

BUIST, M., On the problem of noise on L. P. seismographs.
Earthquake Notes 33 (1962) 88-92.

BULLEN, K. E., The problem of the earth's density variation.
Bull. Seis. Soc. Am. 30 (1940) 235-250.

BULLEN, K. E., The density variation of the earth's central core.
Bull. Seis. Soc. Am. 32 (1942) 19-29.

BYCROFT, G. N., The magnification caused by partial resonance of the foundation of a ground vibration detector.
Trans. Am. Geophys. Union 38 (1967) 6, 928-930.

BYERLY, P., Theory of the hinged seismometer with support in general motion.
Bull. Seis. Soc. Am. 42 (1952) 251-261.

CANCANI, A., Sugli strumenti più adatti allo studio delle grandi ondulazioni provenienti da centri sismici lontani.
Atti della Accademia nazionale dei Lincei, Ser. 5 Rendiconti 3 (1894) Sem. 1, 551-555.

Comité International de Géophysique: Future programmes of geophysical research c) Upper mantle project.
Cronique U.G.G.I. 34 (1961) 20-24.

CREMER, L., Die Verringerung der Zahl der Stabilitätskriterien bei Voraussetzung positiver Koeffizienten der charakteristischen Gleichung.
Zeitschr. Angew. Math. und Mech. 33 (1953) 221-227.

CREMER, L., Ein neues Verfahren zur Beurteilung der Stabilität linearer Regelungs-Systeme.
Zeitschr. Angew. Math. und Mech. 25/27 (1947) 161-163.

DAVISON, Ch., The founders of Seismology.
University Press, Cambridge 1927.

DERWIDUÉ, L., Introduction à l'algèbre supérieure et au calcul numérique algébrique.
Masson et Cie, Paris/Sci. et lettres, Liège 1957.

DEWEY, J. and P. BYERLY, The Early History of Seismometry (to 1900).
Bull. Seis. Soc. Am. 59 (1969) 1, 183-227.

DUCLAUX, F., Séismométrie théorique.
Gauthier-Villars, Paris (1960) 129 S. (Mémorial des sciences physiques, fasc. 64).

DUSCHEK, A. und A. HOCHRAINER, Grundzüge der Tensorrechnung mit analytischer Darstellung II.
Springer, Wien 1950.

DUTTA, K., On the secondary Wave Associated with a Rayleigh Wave.
Gerl. Beitr. Geophys. 77 (1968) 487-501.

EHLERT, R., Zusammenstellung. Erläuterung und kritische Beurtheilung der wichtigsten Seismometer mit besonderer Berücksichtigung ihrer praktischen Verwendbarkeit.
Beitr. Geophys. 3 (1898) 350-475.

EHLERT, R., Das dreifache Horizontalpendel.
Beitr. Geophys. 3 (1898) 481-494.

EWING, J. A., Earthquake measurement.
Memoirs of the Science Department, University of Tokio, No. 9, 1883.

FANSELAU, G., Über Schwingungsvorgänge in inhomogenen Kraftfeldern.
Gerl. Beitr. Geophys. 75 (1966) 393-395.

FÖPPL, A., Vorlesungen über technische Mechanik.
Bd. 6, 6. Aufl. Teubner, Leipzig, Berlin 1944.

FORBAT, N., Analytische Mechanik der Schwingungen.
VEB Deutscher Verlag der Wissenschaften, Berlin 1966.

FORBES, J. D., On the theory and construction of a seismometer, or instrument for measuring earthquake shocks, and other concussions.
Trans. Roy. Soc. of Edinburgh 15 (1844) 219-228.

FOUQUE, F., Les tremblements de terre.
Baillière et fils, Paris 1888.

GALITZIN (GOLICYN), B. B., Über seismometrische Beobachtungen.
Buchdruckerei der Kaiserlichen Akademie der Wissenschaften, Petersburg 1902.

GALITZIN (GOLICYN), B. B., Die elektromagnetische Registriermethode.
Buchdruckerei der Kaiserlichen Akademie der Wissenschaften, Petersburg 1907.

GALITZIN (GOLICYN), B. B., Über die Methoden zur Beobachtung von Neigungswellen.
Buchdruckerei der Kaiserlichen Akademie der Wissenschaften, Petersburg 1907.

GALITZIN (GOLICYN), B. B., Vorlesungen über Seismometrie.
Teubner, Leipzig und Berlin 1914.

GAL'PERIN, E. I., Azimutal'nij metod sejsmičeskich nabljudenij (Die Azimutalmethode für seismische Beobachtungen). Gostoptechizdat (1955) 80 S.

GAMBURCEV, G. A., GAL'PERIN, E. I., Azimutal'nye sejsmičeskie nabljudenijas naklonnymi sejsmografami (Seismische Azimutalbeobachtungen mit geneigten Seismographen). Izvestija Akademii nauk SSSR, Serija Geofizičeskaja, Moskva (1954) 2, 184-189.

GANTMACHER, F. R., Matrizenrechnung. VEB Deutscher Verlag der Wissenschaften, Berlin 1958.

GASSMANN, F., Über mechanische Empfänger von Seismographen und Schwingungsmessern. Archiv für Meteorologie, Geophysik und Bioklimatologie, Ser. A 3 (1951) 5, 408-422.

GEIGER, L. und B. GUTENBERG, Über Erdbebenwellen VI. Nachrichten von der Königlichen Gesellschaft der Wissenschaften zu Göttingen, Mathematisch-physikalische Klasse (1912) 623-675.

GERECKE, F., Seismische Registrierungen der Stationen Jena und Moxa 1964. Veröffentlichungen des Instituts für Geodynamik Jena (1970) 10.

GILLE, J. C., PELEGRIN, M. und P. DECAULNE, Lehrgang der Regelungstechnik. Bd. I: Theorie der Regelung. Technik, Berlin und Oldenbourg, München 1960.

GRAY, T., On silk versus wire suspensions in galvanometers. Philosophical Magazine, Ser. 5 23 (1887) 46-51.

GRAY, T., On an improved form of seismograph. Philosophical Magazine, Ser. 5 23 (1887) 353-364.

GUTENBERG, B., Die Geschwindigkeit der Erdbeben-Wellen in den obersten Erdschichten und ihr Einfluß auf die Ergebnisse einiger Probleme der Seismometrie. Gerl. Beitr. Geophys. 15 (1926) 51-63.

HAHN, W., Eine Bemerkung zur zweiten Methode von LJAPUNOV. Mathematische Nachrichten 14 (1956) 349-354.

HAHN, W., Zur Stabilität nichtlinearer Systeme. Zeitschr. Angew. Math. und Mech. 35 (1956) 459-462.

HECKER, O., Zur Gründung der Reichsanstalt für Erdbebenforschung in Jena. Veröffentlichungen der Reichsanstalt für Erdbebenforschung in Jena (1924) 3, 3-9.

HEIDRICH, W. und H. JUST, Die Rückwirkung von Schwingungsmeßgeräten auf das Meßergebnis in der Bodendynamik. Freiberger Forschungshefte C 81 (1959) 33-43.

HERGLOTZ, G., Über das BENNDORFsche Problem der Fortpflanzungsgeschwindigkeit der Erdbebenstrahlen. Physikalische Zeitschrift 8 (1907) 145-147.

HERRIN, E., 1968 Seismological tables for P phases.
Bull. Seis. Soc. Am. 58 (1968) 4, 1193-1241.

HERVÁS BURGOS, P., Aplicación de las ecuaciones de Appell a los sistemas electromecánicos.
Revista de Geofisica 25 (1966) 98, 85-93.

HUND, F., Einführung in die theoretische Physik. Bd. 1 (Mechanik).
Bibliographisches Institut, Leipzig 1948.

HURWITZ, A., Über die Bedingungen, unter welchen eine Gleichung nur Wurzeln mit negativen reellen Teilen besitzt.
Math. Annalen 46 (1895) 273-384.

INGLADA, V., Die Berechnung der Herdkoordinaten eines Nahbebens.
Gerl. Beitr. Geophys. 19 (1928) 73-98.

INGRAM, R. E., An integral solution of the electromagnetic seismograph equation.
Bull. Seis. Soc. Am. 50 (1960) 3, 461-465.

JEFFREYS, H., The earth, its origin, history and physical constitution.
University Press, Cambridge 1962.

JULIAN, B. R. and D. L. ANDERSON, Travel times, apparent velocities and amplitudes of body waves.
Bull. Seis. Soc. Am. 58 (1968) 1, 339-366.

KAISER, H., Theorie der photographischen Registrierung.
Zeitschr. techn. Physik 16 (1935) 303-310.

KAMKE, E., Differentialgleichungen, Lösungsmethoden und Lösungen I. 5. Aufl.
Geest & Portig, Leipzig 1956.

KAMKE, E., Differentialgleichungen reeller Funktionen. 3. Aufl.
Geest & Portig, Leipzig 1956.

KANAI, K. and K. SEZAWA, On the problem of instabilities of higher orders in a seismometer I.
Bull. Earthqu. Res. Inst. 18 (1940) 483-496.

KAUDERER, H., Nichtlineare Mechanik.
Springer, Berlin, Göttingen, Heidelberg 1958.

KIRNOS, D. P., BORISEVIČ, E. S. and D. A. CHARIN, Automatic apparatus for registration of strong earthquakes with time recording.
Proceedings of the 10th assembly of the ESC, Leningrad, 3-11 September 1968. Academy of Sciences of the USSR, Moscow Bd. 2 (1970) 473-484.

KLOTTER, K., Technische Schwingungslehre. Bd. 2, 2. Aufl.
Springer, Berlin, Göttingen, Heidelberg 1960.

KNOTHE, Ch., Verbesserte Auswertung tiefenseismischer Beobachtungen durch Verwendung von Mehrkomponenten-Stationen.
Freiberger Forschungshefte C 149 (1963) 1-53.

KOLESNIKOV, J. A., PEVZNER, B. N. i V. N. SOLOV'EV, Ustanovka dlja perezapisi sejsmogramm (Einrichtung zum Kopieren von Seismogrammen). Trudy Instituta Fiziki Zemli Moskva (1963) 26, 16-24.

KORN, A., Zwei Anwendungen der Methode der sukzessiven Annäherungen.
H. A.-Schwarz-Festschrift, 215-229, Springer, Berlin 1914.

KREYSZIG, E., Differentialgeometrie.
Geest & Portig, Leipzig 1957.

KRUMBACH, G., Seismische Registrierungen in Jena 1. Okt. 1926 bis 31. Dez. 1927.
Veröffentlichungen der Reichsanstalt für Erdbebenforschung in Jena (1928) 7.

KRUMBACH, G., Über ein Stationsseismometer für optische Registrierung.
Zeitschr. Geophys. 15 (1939) 1/2, 17-28.

LACOSTE, L., A New Type Long Period Vertical Seismograph.
Physics 5 (1934) 178-180.

LAGALLY, M., Vorlesungen über Vektor- und Tensorrechnung.
Becker & Erler, Leipzig 1945.

LANDAU, L. D. und E. M. LIFSCHITZ, Lehrbuch der Theoretischen Physik, Bd. 1.
Akademie-Verlag, Berlin 1962.

LANDAU, L. D. und E. M. LIFSCHITZ, Lehrbuch der Theoretischen Physik, Bd. 5.
Akademie-Verlag, Berlin 1966.

LANDISMAN, M., MÜLLER, S. and K. FUCHS, Further Evidence for the Sialic Low-velocity Zone in Continental Areas.
Geophys. Journ. Roy. Astr. Soc. 13 (1967) 367-368.

LEONHARD, A., Neues Verfahren zur Stabilitätsuntersuchung.
Archiv für Elektrotechnik, 38 (1944) 17-28.

LIPPMANN, G., Sur la théorie et le mode d'emploi des appareils séismographiques.
Comptes rendus hebdomadaires des Séances de l'Académie des Sciences 110 (1890) 440-444.

LOVE, A. E. H., Some problems of Geodynamics.
University Press, Cambridge (1911) 89-104, 149-152.

MAAZ, R., Theoretische Untersuchung der Wechselwirkung zwischen dem mechanischen Empfänger eines Seismographen und einer longitudinalen harmonischen Planwelle im Vollraum.
Veröffentlichungen des Institutes für Bodendynamik und Erdbebenforschung in Jena (1963) 73, 59 S.

MACELWANE, J. B. and F. W. SOHON, Introduction to Theoretical Seismology II (Seismometry).
St. Louis University, Saint Louis 1932.

MAL, A. K. and L. KNOPOFF, Transmission of Rayleigh Waves past a Step Change in Elevation.
Bull. Seis. Soc. Am. 55 (1965) 2, 319-334.

MALISCHEWSKY, P., TEUPSER, Ch. und W. ULLMANN, Der Vertikalseismograph unter besonderer Berücksichtigung des Typs VSJ-I.
Veröffentlichung des Instituts für Geodynamik Jena, Reihe A (1970) 15, 77 S.

MALKIN, J. G., Theorie der Stabilität einer Bewegung.
Akademie-Verlag, Berlin 1959.

MALLET, R., The First Principles of Observational Seismology.
Chapman and Hall, London 1862.

MANCHEE, E. B., SOMERS, H., The Yellowknife seismological array.
Publication of the Dominion Observatory Ottawa 32 (1966) 2, 67-84.

MATUZAWA, T., SATÔ, K. and M. HUKUNAGA, Über die Bewegung des Seismologischen Pendels.
Journal of the Faculty of Science, Sec. II, 5 (1938) 47-57.

MAYER-ROSA, D., Die Geschwindigkeitsverteilung seismischer Wellen im oberen Erdmantel Europas.
Dissertation an der Universität Stuttgart 1969 (79 S.).

McGARR, A. and L. E. ALSOP, Transmission and Reflection of Rayleigh Waves at Vertical Boundaries.
Journ. Geophys. Res. 72 (1967) 8, 2169-2180.

MELTON, BEN S. and B. M. KIRKPATRICK, The Symmetrical Triaxial Seismometer - Its Design for Application to Long-Period Seismometry.
Bull. Seis. Soc. Am. 60 (1970) 3, 717-739.

MILLER, W. F., The Caltech digital seismograph.
Journ. Geophys. Res. 68 (1963) 3, 841-847.

MILNE, J., Earth-tremors in Japan.
Nature 26 (1882) 125-126.

MILNE, J., Seismic experiments.
Trans. Seis. Soc. of Japan 8 (1885) 1-82.

MILNE, J., Abstract of a report to the British Association.
Seis. Journ. of Japan 2 (1893) 93-109.

MILNE, J. and T. GRAY, On seismic experiments.
Philos. Trans. Roy. Soc. of London 173 (1883) 3, 863-883.

MOHOROVIČIĆ, A., Das Beben vom 8.X.1909.
Jahrbuch des Meteorologischen Observatoriums in Zagreb 9 (1910) 57-63.

MOHOROVIČIĆ, S., Die reduzierte Laufzeitkurve und die Abhängigkeit der Herdtiefe eines Bebens von der Entfernung des Inflexionspunktes der primären Laufzeitkurve.
Gerl. Beitr. Geophys. 13 (1914) 217-240.

MOHOROVIČIĆ, S., Über die Berechnung der Herdtiefe auf Grund der Lage des Inflexionspunktes der P-Laufzeitkurve.
Zeitschr. Geophys. 3 (1927) 326-329.

NAAS, J. und H. L. SCHMID, Mathematisches Wörterbuch. I.
Akademie-Verlag, Berlin und Teubner, Leipzig 1961.

NEEDHAM, J., Science and Civilization in China.
3 (1959) 624-635, Cambridge.

NYQUIST, H., Regeneration Theory.
The Bell System Technical Journal 11 (1932) 126-147.

OLIVER, J., A Summary of observed seismic surface wave dispersion.
Bull. Seis. Soc. Am. 52 (1962) 81-86.

PASEČNIK, I. P., Rezultaty eksperimental'nogo izučenija resonansnych javlenij v kolebatelnoj sisteme počva-sejsmograf (Ergebnisse der experimentellen Untersuchung der Resonanzerscheinungen im System Boden-Seismograph).
Izvestija Akademii nauk SSSR, Serija Geofizičeskaja, Moskva (1952) 3, 34-57.

PERRY, J. and W. E. AYRTON, On a neglected principle that may be employed in earthquake measurement.
The philosophical magazine, Ser. 5 8 (1879) 30-50.

PRESS, F., Resonant vibration of the earth.
Scientif. Amer. 213 (1965) 28-37.

PRESS, F., Seismic instruments.
Trans. Am. Geophys. Union 41 (1960) 2, 145-146.

PRESS, F., EWING, M. and F. LEHNER, A Long-Period Seismograph System.
Trans. Am. Geophys. Union, Washington 39 (1958) 106-108.

QUERVAIN DE, A. und A. PICCARD, Beschreibung des 21-Tonnen-Universal-Seismographen System DE QUERVAIN-PICCARD.
Jahresbericht des Schweizerischen Erdbebendienstes 1924, Anhang 1, 12-21.

RASCHEWSKI (RAŠEVSKIJ), P. K., Riemannsche Geometrie und Tensoranalysis.
VEB Deutscher Verlag der Wissenschaften, Berlin 1959.

RAYLEIGH, Lord, On waves propagated along the plane surface of an elastic solid.
Proceedings of the Mathematical Society 17 (1885) 4-11.

REBEUR-PASCHWITZ von, Das Horizontalpendel.
Nova acta Academiae Caesaraea Leopoldino-Carolinae naturae 60 (1894) 1-126.

REICHENEDER, K., Das Pendel im inhomogenen Schwerefeld.
Gerl. Beitr. Geophys. 74 (1965) 218-229.

REINHARDT, H.-G., Steinbruchsprengungen zur Erforschung des tieferen Untergrundes.
Freiberger Forschungshefte C 15 (1954) 91 S.

RODGERS, P. W., The Response of the Horizontal Pendulum Seismometer to Rayleigh and Love Waves, Tilt, and free Oscillation of the Earth.
Bull. Seis. Soc. Am. 58 (1968) 5, 1385-1406.

ROSEMANN, H., Der Einfluß der Ankopplung des Seismometers an den Untergrund auf die Energieübertragung.
Freiberger Forschungshefte C 64 (1959) 63 S.

ROSENTHAL, E., Über die Tiefenbestimmung von Erdbeben.
Gerl. Beitr. Geophys. 13 (1914) 106-147.

ROUTH, E. J., Dynamik der Systeme starrer Körper.
Bd. 2. Teubner, Leipzig 1898.

SAWARENSKI (SAVARENSKIJ), E. F. und D. P. KIRNOS, Elemente der Seismologie und Seismometrie.
Akademie-Verlag, Berlin 1960.

SCHLÜTER, W., Schwingungsart und Weg der Erdbebenwellen I und II.
Beitr. Geophys. 5 (1903) 314-360, 401-466.

SCHMEIDLER, W., Vorträge über Determinanten und Matrizen mit Anwendungen in Physik und Technik.
Akademie-Verlag, Berlin 1966.

SCHMERWITZ, G., Einfluß der Schneidenlagerung auf die Meßgenauigkeit geophysikalischer Instrumente.
Zeitschr. Geophys. 8 (1932) 439-445.

SCHMERWITZ, G., Messung von Schneidenkrümmungsradien.
Zeitschr. für Instrumentenkunde 52 (1932) 1-14.

SCHMERWITZ, G., Die Wirkungsweise eines Klinographen bei der Aufzeichnung von Neigungswellen.
Zeitschr. Geophys. 11 (1935) 273-288.

SCHMIDT, A., Die Aberration der Lothlinie.
Beitr. Geophys. 3 (1898) 1-15.

SCHMIDT, A., Zur Herdtiefe des süddeutschen Erdbebens vom 16. November 1911.
Gerl. Beitr. Geophys. 12 (1913) 1-12.

Sejsmičeskie pribory (Seismische Instrumente).
Trudy Instituta Fiziki Zemli Moskva (1961) 19(186) 144 S.

Sejsmičeskie pribory (Seismische Instrumente) Heft 2.
Trudy Instituta Fiziki Zemli Moskva (1963) 26(193) 103 S.

SIEBERG, A., Geologische Einführung in die Geophysik.
Fischer, Jena 1927.

SKODO, D., SATÔ, Y., Optimum distribution of seismic observation points. III.
Bull Earthqu. Res. Inst., Tokyo 44 (1966) 1, 13-22.

STILLER, H., ULLMANN, W. and C. WAGNER, Considerations on microscopic foundation of continuum mechanics with regard to seismology.
Veröffentlichungen des Instituts für Geodynamik Jena, Reihe A (1969) 13, 139-144.

STRAUBEL, R. und O. EPPENSTEIN, Das Vertikalseismometer der seismischen Station zu Jena.
Beitr. Geophys. 9 (1908) 593-604.

STRECKER, R., Praktische Stabilitätsprüfung mittels Ortskurven und numerischer Verfahren.
Springer, Berlin, Göttingen, Heidelberg 1950.

SYNGE, J. L., Riemannian metric in Gibbsian phase-space.
Proceedings of the Royal Society, London. Ser. A. 319 (1970) 307-317.

TEODORESCU, P. P., Schwingungen elastischer Kontinua.
Abhandlungen der Deutschen Akademie der Wissenschaften zu Berlin, Klasse für Mathematik, Physik und Technik (1965) 2, 29-67, Erscheinungsjahr 1966.

TEUPSER, Ch., Der Rückwirkungsfaktor bei elektrodynamischen Erschütterungsmessern.
Freiberger Forschungshefte C 51, Berlin 1958.

TEUPSER, Ch., Die Eichung und Prüfung von elektrodynamischen Seismographen.
Freiberger Forschungshefte C 130, Berlin 1962.

TEUPSER, Ch., Verallgemeinerung der Theorie elektrodynamischer Seismographen durch frequenzabhängige Koppelung.
Veröffentlichungen des Instituts für Geodynamik Jena (1965) 2.

TEUPSER, Ch. und W. ULLMANN, Der neue Jenaer Horizontalseismograph HSJ-I.
Veröffentlichungen des Institutes für Bodendynamik und Erdbebenforschung in Jena (1964) 76.

THOMAS, L., Rayleigh Wave Dispersion in Australia.
Bull. Seis. Soc. Am. 59 (1969) 1, 167-182.

TRUSCOTT, J. R., The Eskdalemuir seismological station.
Geophys. Journ., London 9 (1964) 1, 59-68.

ULLMANN, W., Bemerkungen zum Äquivalenzsatz von KAUDERER.
Gerl. Beitr. Geophys. 79 (1970) 11-15.

ULLMANN, W. und Ch. TEUPSER, Die seismische Apparatur SSJ-I.
Monatsberichte der Deutschen Akademie der Wissenschaften zu Berlin 5 (1963) 8/9, 582-586.

ULLMANN, W., Mechanischer Empfänger eines Vertikalseismographen.
Deutsches Wirtschaftspatent Nr. 36221 1956.

ULLMANN, W., Nonlinear Mechanics in Seismometry Problems. Geophys. Journ. Roy. Astr. Soc. 11 (1966) 175-179.

UL'MAN, V. (ULLMANN, W.), Problema postojanstva značenij perevodnych množitelej v obščem slučae uravnenija dviženija sejsmografov, vibrografov i izmeritelej kolevanij (Das Problem der Konstanz der Übertragungsfaktoren in der allgemeinen Bewegungsgleichung von Seismographen, Schwingungs- oder Erdschütterungsmessern).
Bjulleten' Soveta po Sejsmologii No 6 - Materialy sentrjabr'skoj sessii 1956 g. g. Leningrad (1957) 127-129.

ULLMANN, W., Stabilität des Gleichgewichts eines elektrodynamischen Seismographen.
Veröffentlichung des Instituts für Geodynamik Jena, Reihe A (1969) 13, 19-38.

UNTERREITMEIER, E., Störungen bei langperiodischen Vertikalseismographen. Zur Kompensation der Temperaturabhängigkeit der Nullage. Veröffentlichungen des Instituts für Geodynamik Jena, Reihe A (1969) 14, 77-94.

WALZER, U., Ein magnetisch astasiertes Vertikalseismometer. Gerl. Beitr. Geophys. 79 (1970) 4, 265-278.

WEBER, M., P.G.-Seismographen und ihre Eichung. Eclogae geologicae Helvetia 53 (1961) 2, 653-655.

WEBER, M., Theorie des Kombinationsseismographen. Zeitschr. Angew. Math. Phys. (ZAMP) 4 (1953) 1, 57-81.

WIECHERT, E., Seismometrische Beobachtungen im Göttinger geophysikalischen Institut.
Nachrichten der Königlichen Gesellschaft der Wissenschaften zu Göttingen, Math.-phys. Klasse (1899) 2, 1-14.

WIECHERT, E., Theorie der automatischen Seismographen. Abhandlungen der Königlichen Gesellschaft der Wissenschaften zu Göttingen, Math.-phys. Klasse, Neue Folge 2 (1903) 1, 1-128.

WIECHERT, E., Das Institut für Geophysik der Universität Göttingen. Festschrift 1906 (Die Physikalischen Institute der Universität Göttingen). Teubner, Leipzig 1906.

WIECHERT, E. und L. GEIGER, Bestimmung des Weges der Erdbebenwellen im Erdinnern.
Physikalische Zeitschrift 11 (1910) 294-311.

WIECHERT, E. und K. ZOEPPRITZ, Über Erdbebenwellen. Nachrichten von der Königlichen Gesellschaft der Wissenschaften zu Göttingen, Math.-phys. Klasse (1907) 415-550.

ZOEPPRITZ, K., Über Reflexion und Durchgang seismischer Wellen durch Unstetigkeitsflächen.
Nachrichten von der Königlichen Gesellschaft der Wissenschaften zu Göttingen, Math.-phys. Klasse (1919) 66-84.

ZÖLLNER, F., Über eine neue Methode zur Messung anziehender und abstoßender Kräfte.
Berichte über die Verhandlungen der Sächsischen Akademie der Wissenschaften zu Leipzig, Math.-nat. Klasse 21 (1869) 280-284.

ZÖLLNER, F., On the origin of the earth's magnetism and the magnetic relations of the heavenly bodies.
The Philosophical Magazine, Ser. 4, 43 (1872) 345-365, 446-469, 481-502.

FSC
www.fsc.org
MIX
Papier | Fördert gute Waldnutzung
FSC® C083411

Kolibri 360 GmbH
Ferdinand-Jühlke-Straße 7
99095 Erfurt, Deutschland
produktsicherheit@kolibri360.de